宏大爆破技术丛书/HONGDA BAOPO JISHU CONGSHU

建筑物倒塌动力学（多体－离散体动力学）及其爆破拆除控制技术

魏晓林 著

中山大学出版社

·广州·

图书在版编目（CIP）数据

建筑物倒塌动力学（多体－离散体动力学）及其爆破拆除控制技术/魏晓林著．—广州：中山大学出版社，2011.4
（宏大爆破技术丛书）
ISBN 978－7－306－03806－7

Ⅰ．建… Ⅱ．魏… Ⅲ．①建筑物—坍塌—离散—动力学 ②建筑物—爆破拆除
Ⅳ．TU746.5

中国版本图书馆 CIP 数据核字（2011）第 045743 号

出版人：祁 军
策划编辑：李 文
责任编辑：李 文 黄龙飞
封面设计：曾 斌
责任校对：曾育林
责任技编：黄少伟
出版发行：中山大学出版社
电 话：编辑部 020－84111996，84111997，84113349，84110779
发行部 020－84111998，84111981，84111160
地 址：广州市新港西路 135 号
邮 编：510275 传 真：020－84036565
网 址：http：//www.zsup.com.cn E-mail：zdcbs@mail.sysu.edu.cn
印 刷 者：广州中大印刷有限公司
规 格：787mm×1092mm 1/16 16 印张 400 千字
版次印次：2011 年 4 月第 1 版 2011 年 4 月第 1 次印刷
印 数：1－2500 册 定 价：35.00 元

内 容 简 介

本书将初始失稳的极限分析、变拓扑多体系统动力学、多体离散动力分析和离散体动力分析相结合，组成多体－离散体动力学，用以数值模拟爆破拆除建筑物倒塌的全过程。大多数的建筑物爆破拆除，仅用该动力学简化后的单开链系统就可以模拟，本书推导出了各种建筑物的1～3体倒塌的动力方程，提出它们的解析解和近似解。其方程的解，动量定理和功能定理分析了爆破拆除高烟囱、剪力墙、框架和排架等结构，以及多切口楼房的倒塌控制，从而解决了倾倒姿态预计，下坐、后坐、爆堆形态及其判断，控制倒塌措施及切口措施参数等。本书可供从事爆破拆除建筑物工作的研究人员和工程技术人员使用，也可供力学、建筑、矿业等类大专院校的教师和学生参考。

作 者 简 介

魏晓林，1940年生，1962年大学本科毕业，教授级高级工程师，博士生副导师。1992年获国务院特殊津贴专家，1996年获广东省突出贡献专家。从事工程爆破和矿山安全研究工作，在国内核心期刊和国内外学术会议上发表论文40余篇，被EI. 收录3篇，合著一部。

通信地址：广州市珠江新城华夏路49号津滨腾越大厦21层，广东宏大爆破股份有限公司转魏晓林。邮编：510623。传真：020－38092800（转）。办公电话：020－38092895；手机：13622899257，13316112901（转）；E-mail：wxl_ 40@163. com。

序

广东宏大爆破股份有限公司自1985年成立以来，在国内几十位爆破专家的扶持、指导下，先后完成了数千项爆破工程，其中有环境及条件十分复杂的城镇石方爆破及拆除爆破，有150m高烟囱的折叠定向爆破，有开采强度超过3万m^3/d的采石场爆破，有装药量达3000t级的硐室爆破。这些工程磨砺了我们，也考验了我们，帮助我们成熟，促使我们奋发。经历了近20年的坎坎坷坷，爆破工作的辛酸苦辣、荣辱成败都沉积在我们心中，使我们深感爆破工作对社会、对人民负有重大的责任。因此，我们希望把自己以往工作中的经验、教训加以总结，并参照一些兄弟单位的成功工程实例，进行一些条理化和规范化的探索，既作为我们今后工作的借鉴，也借此与同行进行交流，以促进爆破工程技术的进步。

基于上述想法，我们在专家的指导和帮助下组织编写了“宏大爆破技术丛书”。我们期望该丛书的出版与发行能为从事爆破安全管理、技术设计的同行提供一些参考，同时也是我们为推动行业发展进行的一点尝试。

由于我们的工作和认识还带有一定的局限性，一些做法或看法偏颇之处在所难免，敬请爆破界同仁给予批评、指正。

广东宏大爆破股份有限公司

2004年2月

序　言

拆除爆破作为爆破工程的重要组成部分，在我国国民经济建设中运用十分广泛。就总量、规模、难度和复杂程度而言，我国的拆除爆破技术在国际上是领先的，这与我国经济和建设的飞速发展密切相关。

拆除爆破机理复杂，目前拆除爆破还没有完整的力学基础，因此研究爆破拆除建筑物的动力学，并将之应用于控制拆除的工程中，是精确、高效和环保爆破的必由之路。本书提出了多体－离散体动力学来描述建筑物的倒塌运动，介绍了它的力学依据、基本原理、数值方法、程序编制，以及结构冲击撞地的破坏规律和姿态变化；提出了建筑机构多体动力学方程库及其解析解和近似解，以及相应多体系统的功能原理。应用以上原理，实现了爆破拆除各类建筑物的全局仿真，研究出控制建筑物拆除的各类各种技术，其中着重介绍了本书作者在该领域的最新科研成果。该书的研究成果和工程实例，基本上反映了当前我国在该领域的研究水平，我相信该书对相关从业人员与科技工作者会有帮助。

本书作者从事爆破拆除研究十余年，成功从事过许多具有挑战性的爆破拆除工程。在工程爆破实践的同时，亲历科研观测，坚持从拆除效果实际中总结概括和提高，非常重视爆破拆除力学基础理论的研究。该书就是作者多年来从事理论研究与工程实践的部分总结。鼓励和支持整理出版他的科技创新成果，是我本人的心愿，更是我的职责。因此，我十分乐意写下这些文字，把这本书推荐给广大读者。

中国工程院院士

2010 年 10 月

前言

爆破拆除建筑物的倒塌是一个力学过程，目前爆破拆除研究的主要问题，是缺少像建筑学那样，有一套如理论力学、材料力学和结构力学等的完整力学基础。要建立爆破拆除建筑物的动力学，是个长期研究积累的过程，甚至几代人才能完成。本书叙述动力学只想引起爆破界同仁的重视，起到抛砖引玉的作用。在爆破拆除钢筋混凝土建筑物的实践和现场观测基础上，提出了以多体－离散体动力学为主体组成的建筑物倒塌动力学。大多数建筑物在低位切口爆破拆除时，结构倾倒快撞地时才非完全离散，因此仅用变拓扑多体系统动力学，就可以研究其倒塌过程。多数楼层是由众多梁、柱等组成的非树平行多体系统，由于楼层都是由同跨平行的梁，同层平行的柱的多层、多跨所组成，因此，可以去掉冗余约束后并以相同自由度的等效动力体代替，以单开链体法将非树多体简化为单开链系统。建筑拆除的单开链运动，多由1～3体的拓扑所组成。因此，本书研究了建筑物倒塌1～3个体的各种动力学方程组，得到了在重力场有限域内的解析解和近似解，并均与数值解相吻合，又经建筑物倒塌的观测所证明正确。将多体－离散体动力方程的数值解、解析解以及近似解按拓扑变化组合，实现了对爆破拆除建筑物倒塌的全局模拟。应用建筑物倒塌各种动力方程的解析解、近似解和多体系统的动量定律、功能转换和守恒定律，研究了控制建筑物倒塌的技术，即控制建筑物倒塌姿态、后坐、下坐、爆堆形态及判断，以及控制建筑物倒塌的措施和措施参数。

本书依据广东宏大爆破股份有限公司的爆破拆除工程实践、观测和研究而写成，并参考了其他爆破拆除工程的有关资料。如果没有这些爆破拆除工程实践经验，本书就不可能进行建筑物倒塌动力学的研究。因此，首先要感谢广东宏大爆破股份有限公司广大工程技术人员的热情支持，特别是郑炳旭总经理的支持、关心和帮助。

本书的完成得到了中国工程院院士汪旭光的指导，中国工程院院士钱七虎为本书作序，在此深表感谢！本书的完成还得到了中国工程爆破协会副理事长、中国力学学会常务理事、水利电力科学院前院长霍永基教授，中山大学陈树坚教授，陈锦安高工，北京科技大学于亚伦教授，铁道部第四设计院关志中教授等专家的宝贵意见和建议。在此，一并表示衷心感谢！

书中采用了施富强、谢先启、张志毅、邓志勇、杨年华、曲广健、汪浩等教授所做的拆除工程及其资料，在此特向他们表示诚挚的感谢！

本书第2章以后列举的爆破工程案例，未注明施工单位和参考文献的，均由广东宏大爆破股份有限公司负责爆破。本书内容涉及多个力学分支和工程领域，由于篇幅有限，有些力学、数学及计算内容，只能简述。读者若有疑问和对描述不清内容，以及爆破拆除建筑物的其他问题，欢迎来电来信与作者深入讨论，相互学习。由于研究时间仓促，加之水平有限，书中的缺点和错误在所难免，敬请读者批评指正，作者由衷地感谢！书中部分计算程序可联系作者提供。通讯地址及联系方式，见作者简介。

作者
2010年6月21日

Dynamics Used on Building Demolition by Blasting & Controlled Theory

Abstract

Based on this book, multibody—discretebody dynamics has been produced, which consists of initial instability extreme analysis, dynamics of vary topological multibody system, by which whirling and toppling of building mechanism can be described, multibody discrete analysis and dynamic analysis to complete discrete bodies fallen down on ground before collecting, by that overall process of building demolition by blasting can be simulated with numerical value.

Many constructions are demolished by blasting lower cutting and arc crashed on ground to incomplete disintegrate, its toppling process are analyzed only by vary topological multibody dynamics. The system without tree structure with parallel bodies is made up of many pillars and beams of frame structure building, which redundant constraints are deleted and are exchanged by equipotent beam and pillar with same freedom, so that the system is simplified to single open chain system with many bodies. The movement of single open chain system with many bodies of building demolished is usually made by topologies with 1 ~ 3 bodies. In limitary region of weighted space analytics and approximate solutions of serial dynamic equations of 1 ~ 3 bodies are produced. Used for combined with numerical, analytics, approximate solutions of vary topological multibody dynamics, and theorem of momentum and work-power, large scale overall simulation of building toppling demolished by blasting is completed, and that analyzes collapse control of high chimney, shear wall, frame, and untangle demolished by blasting and building by many cutting. The forecast of tolling carriage, sitting down, sitting back, collapse form, its judgment, measurements of controlling collapse and cutting parameter have been made solution.

The researchers and engineers working on demolishing construction by blasting can be supplied by the book for application, and teaches and students of universities and colleges of mechanics, architecture and mining can also be supplier by the book fore reference.

目　录

1 概述

1.1 拆除爆破技术的产生和发展

一般认为，拆除爆破是在清除第二次世界大战遗留建筑物的背景下兴起的。

当建筑达到一定的规模后，传统的拆除方法在拆除这些建筑时会显得既不经济又不安全。目前，在拆除高层建筑时，爆破拆除法已经成为首选。拆除爆破一直是我国工程爆破的重要组成部分，但我国的爆破拆除技术起步较晚，20 世纪 80 年代后，城市爆破拆除技术才有了长足发展。广东宏大爆破股份有限公司，在郑炳旭总经理的领导和主持下，于 1995 年 12 月和 1996 年 1 月，在广东茂名石化厂分别将两座 120m 的钢筋混凝土烟囱成功爆破拆除；2001 年 5 月，将总面积达 4.3 万 m^2 的旧广州体育馆成功爆破拆除，并首次应用爆破拆除降尘技术（见图 1.1）；2003 年 12 月，爆破拆除了宁波镇海发电厂的 150m 高的烟囱，顺利实现了在场地狭窄的情况下采用折叠爆破技术成功拆除高耸建筑物（见图 1.2）；2007 年 1 月，将位于广州繁华闹市区的广州天河城西塔楼成功爆破拆除，这次爆破是我国爆破拆除史上一个里程碑式的事例，是一次真正意义上的清洁环保爆破拆除（见图 1.3）；2007 年 2 月，将总面积逾 10 万 m^2 的沈阳五里河体育场成功爆破拆除（见图 1.4）。其中尤以 2005 年 4 月，广东宏大爆破股份有限公司将广州纸厂 100m 高的烟囱 3 折叠爆破拆除，开创了我国多折叠拆除高耸建筑物的成功典范。

图 1.1　旧广州体育馆爆破拆除瞬间

图 1.2　宁波镇海发电厂 150m 烟囱双折叠爆破拆除瞬间

图 1.3　广州天河城西塔楼环保清洁爆破拆除瞬间

图 1.4 沈阳五里河体育场爆破拆除瞬间

据不完全统计，1995 年至 2004 年我国爆破拆除 15 层以上高楼 10 幢，拆除 120m 高以上的烟囱 13 座（见表 1.1、表 1.2）。

表 1.1 国内 15 层以上楼房的爆破拆除情况

工程名称	拆除年份	结构形式	楼房层数/高度	爆破切口
武 汉 危 楼	1995	剪 - 筒	18 层/56m	单切口爆破
上海长征医院	1999	框 - 剪	16 层/67m	四切口爆破
北京东直门 16 号楼	2002	剪力墙	22 层	单切口爆破
南宁公安大楼	2003	框 - 剪	15 层/54.6m	单切口爆破
哈尔滨车辆厂大楼	2003	框	17 层/55m	单切口爆破
重庆轮船公司 1 号宿舍楼	2003	剪 - 筒	18 层/57.6m	单切口爆破
重庆轮船公司 2 号宿舍楼	2003	剪 - 筒	16 层/49.6m	单切口爆破
郑州田园大酒店	2004	框	16 层/52m	双切口折叠爆破
温州中银大厦	2004	框 - 剪	23 层/93m	三切口爆破
哈尔滨大楼	2004	框 - 剪	26 层/89.4m	双切口爆破

表 1.2　国内 120m 高以上烟囱爆破拆除情况

工程名称	拆除年份	烟囱高度（m）	爆破拆除方法
山东十里泉电厂	1987	180	分段爆破切割拆除
茂名石化三、四部炉烟囱	1995	120	单切口爆破
茂名石化沸腾炉烟囱	1996	120	单切口爆破
鞍钢二发电厂烟囱	1998	120	单切口爆破
云南宣威烟囱	2001	120	单切口爆破
天津大港烟囱	2002	120	单切口爆破
广西合山电厂烟囱	2002	120	单切口爆破
山东新汶电厂烟囱	2003	120	单切口爆破
镇海电厂烟囱	2003	150	双切口双向折叠爆破
峨眉铝业烟囱	2003	120	单切口爆破
吉林电石烟囱	2004	120	单切口爆破
鞍钢第二发电厂烟囱	2004	120	单切口爆破
常州戚墅堰发电厂烟囱	2004	120	单切口爆破

由此可见，我国在爆破拆除高耸建筑物的实践方面，已经取得了巨大的成绩和飞速的发展，爆破拆除成为人工和机械拆除方法不可替代的技术手段。而且，无论是国内还是国外，高层和超高层建筑物都在迅速增加，21 世纪拆除爆破建（构）筑物将趋向高层化。

但是，我国拆除爆破理论研究相对滞后于工程实践的需求。2001 年以来，我国在取得拆除爆破多例成功的同时，也出现了一些安全事故。从这些事故可见，当前以结构力学和单体动力学为基础的爆破设计理论，已经不能满足日益复杂和高耸、大型结构的拆除爆破设计要求，急需创建拆除爆破新的力学理论和相应的仿真技术，以满足我国建筑业在城市改建、扩建中飞速发展的需要。而且，中国是世界水泥和线材生产最大国，绝大多数多层及高层建筑是钢筋混凝土结构，因此，我们有责任研究具有中国特色的建筑爆破拆除力学和技术，从而促进我国国民经济和社会的发展，并且也将促进中国力学学科自身的发展。

1.2　国内外爆破拆除和建筑物倒塌力学研究现状

为解决日趋复杂的拆除爆破工程实际问题，国内外学者通过大量的拆除爆破模型试验、现场观测研究和理论分析，取得了许多研究成果。从 20 世纪 70 年代末开始，国内外学者运用爆炸力学、断裂力学、岩土力学、材料力学、结构力学、运动学及动力学理论，结合高速摄影、振动测试等多种观测手段，分析研究拆除爆破建筑物的破碎、倒塌、解体的力学过程，并结合工程实践经验，总结出了一批经验公式和半经验公式，这些公式和工程实例对后来的工程发挥了极大的指导和借鉴作用，成为爆破设计、规程制定的基本依据。并且，在此基础上涌现出大量拆除爆破的新理论、新技术，表现在以下三方面：

（1）初始失稳。用压杆稳定原理研究钢筋混凝土承载立柱的失稳条件和破坏高度的计算又有新的发展。传统的压杆原理是将立柱爆破后裸露钢筋部分看做单根主筋的压杆，利用失稳临界应力的方法计算立柱的最小爆破高度。1992 年，卢文波提出小型钢架失稳模型[1]，他将承重立柱爆破后裸露钢筋骨架部分视作一个小型钢结构，提出了基于结构力学的钢架失稳计算方法，以此确定立柱的最小爆破高度。2000 年，张奇提出框架楼房的变刚度有限元法[2]，将立柱爆破后裸露钢筋和整个楼房框架看做整体，以认识结构爆破前后的内力分布，计算结构的塑性铰分布，并判断结构失稳。

（2）建筑物的倒塌过程的数值模拟。国内外虽有众多学者利用有限元方法[3]和离散元法（DEM）[4][5][6]研究倒塌过程的数值模拟，以确定爆破切口位移、爆破顺序和分段时间差对爆破倒塌的影响。具有代表意义的是用 DDA 法[7]（不连续变形分析法）进行倒塌过程的数值模拟。DDA 法是我国留美学者石根华博士提出的，是与有限元连续变形分析法相平行的非连续变形方法。与有限元的不同点是可以计算不连续面开裂和旋转等大位移的静力和动力问题。此外，国内外许多学者将 Cundall 的离散元块体模型改进，引入到结构工程领域，提出了各种离散单元的结构离散模型，并以构件截面特性来反映钢筋混凝土的非线性力学性质。2008 年，我国学者用网格实体的离散元模型[8]模拟了框架爆破拆除的倒塌。另具有代表意义的是采用 LS - DYNA 通用软件进行倒塌过程的数值模拟。LS - DYNA 中包含功能齐全的几何非线性、材料非线性和接触非线性的动态显式有限元程序，能够处理大位移、大转动、大变形且具有未知接触边界条件等强非线性问题。LS - DYNA 中也包含多刚体动力学程序，因此，当结构破坏成铰后，也能进行旋转等大位移的动力问题模拟。DDA 法、网络实体的离散元法和 LS - DYNA 通用软件模拟爆破拆除的倒塌，都取得了不同程度近似实际的模拟倒塌效果。

日本的小林茂雄等人是第一个采用 DDA 法研究建筑物拆除倒塌的学者[9]，在充分研究了钢结构爆破解体后，他认为钢结构倒塌是弹塑性领域的动态大变形现象，因此要注意以下四方面的研究：①对主要构件弹性阶段的静力分析，核查塑性铰预定发生部位的应力。②对主要构件进行弹塑性阶段的静力分析，求出结构的极限载荷，研究倒塌的确定性。③研究钢结构发生大变形时力 - 位移关系。④模拟倒塌过程的各个阶段。

（3）观测技术。瑞典的 Conny Sjöberg 利用高速摄影机对高层建筑物拆除爆破的倒塌过程进行了观测[10]。楼房高 10 层，在楼房不同位置上安置了若干标志点。高速摄影机以每秒 64 幅的速度记录了倒塌的全过程，共拍摄 500 幅，用数字化仪将摄得标志点的位置信息输入计算机，通过计算机分析绘制成时间 - 位移图、时间 - 速度图。可以计算出结构的势能、动能、总能量、建筑物爆破高度上部作用力和塌落荷载。

综上可见，虽然近年来涌现了爆破拆除的新理论和新技术，但是从中也可看出，现有建筑物倒塌的力学，大多还涉及初始失稳，较少研究倒塌姿态和爆堆形状，无法满足建筑拆除环境日益复杂和苛刻的要求；现有倒塌过程数值模拟，如不连续变形分析法的通用软件较多适合砖石结构，国外动力有限元通用软件，也难以适应钢筋混凝土结构离散的特点和中国的建筑规范；由于对钢筋混凝土构件的后破损效应和冲击破坏的机理认识欠深，也使数值模拟参数难以选取，模拟结果又缺乏观测验证；观测手段没有推广数字化近景摄像技术和计算机技术；拆除设计和施工停滞在半理论半经验阶段，导致在经验之外的冒险事故频繁发生。由此可见，爆破拆除领域的研究，在着重各个工程问题研究的同时，应转入到综合的、涵盖整体的、基本的力学问题研究，急需从现有的力学领域，集成新的爆破拆除建筑物倒塌力学理论系统。

1.3 多体系统动力学研究现状

由多个刚体通过某种联系所组成的系统称为多刚体系统，是爆破拆除领域最可能移植的力学。多刚体系统动力学的研究包含两个方面的问题：①如何建立多刚体系统的动力学方程。②如何求解多刚体系统的动力学方程。前一问题属于多刚体系统动力学的建模问题，而后一问题可归结为微分方程（或微分代数混合方程）的数值求解问题。尽管形式各异的多刚体动力学方程在理论上是等价的，但在数值求解方面却有很大差异，多刚体系统动力学中，不同的动力学模型形成两类完全不同的数值处理方法，形成了两种相互独立流派，即拉格朗日方法和笛卡儿方法。

尽管原则上我们可以直接应用经典分析力学理论和单刚体动力学来建立任意多刚体系统的动力学方程，但随着系统内刚体数和自由度的增多以及刚体之间联系状况的复杂化，动力学方程的推导过程会变得极其繁琐。为了克服这一障碍，人们针对多刚体系统的特点，逐步发展和提出了多刚体系统动力学建模的多种方法，这些方法的风格虽然不尽相同，但其共同特点是将经典力学原理和现代计算技术相结合，形成易于面向计算机的、高效的、规格化的建模方法，现今已实现了计算机符号运算自动建模和数值分析，由此形成了计算多体系统动力学[11]。

然而，目前工程中复杂机械系统的部分构件已采用轻质柔性材料，部件作刚体假设的动力学模型已无法描述系统复杂的动力学性态。因此，从20世纪70年代起，出现了同时考虑部件大范围运动和构件本身的变形的柔性多体系统动力学模型。20世纪90年代以后，许多学者又在变拓扑的多体系统动力学[12]和多体系统碰撞动力学[13][14]方面做了大量工作。2004年，我国学者栾茂田将多体系统动力学和体内的有限元分析结合[15]，发表了多体非连续变形系统的论文。由多体系统涵盖的内容可见，多体系统动力学是较难描述建筑结构的完全离散的。

1.4 离散元法研究现状

离散单元法（discrete element method）是20世纪70年代发展起来的一种分析节理岩石的数值计算方法。其基本思想最初是由Cundall[16]提出的，它可用来模拟岩石等非连续体的断裂和破坏过程。离散单元法的基本原理是将研究对象离散成若干个单元的集合，在运动过程中单元之间可以相互分离，即一个单元与其邻近单元可以接触，也可以分开。单元之间相互作用的力可以根据不同的本构关系求得，而单个单元的运动则完全根据该单元所受的不平衡力和不平衡力矩的大小按牛顿运动定律来确定，运动方程的求解一般都采用动态松弛法。

1988 年，石根华博士和 Goodman 根据离散元的思想提出了数值流形和非连续变形分析（DDA）的离散体动力学的数值分析方法，用以计算事先被节理裂隙、断层分割和包围的实际隔离岩体的运动和变形。1999 年，DDA 法又完善为三维非连续变形分析方法。DDA 可以被认为是一种平行于有限元的数值计算方法，主要是因为：①以最小势能原理建立平衡方程式；②DDA 是一种隐式方法，求解过程中位移为联立方程式的未知数，这一点是不同于离散元法（DEM）的；③刚度、质量和荷载的子矩阵被加到联立方程的系数矩阵中。它解的是有限元类型的网格，但所有单元是被事先存在的不连续缝所包围的实际隔离块体，然而这是更为普通的形式。DDA 法的单元或块体可以是任何凸形或凹形的，甚至可以是带孔的多接点的多边形，而有限元法限定只能用标准形状的单元。在 DDA 法中，当块体接触时，莫尔－库仑定律可用于调整接触关系，而联立平衡方程式是对每一荷载或时间增量来选择和求解的，方程中的未知数是所有块体的自由度之和。如果知道每个块体的几何形状、荷载及材料常数，以及块体接触的摩擦角、黏着力和阻尼特性，用 DDA 即可计算应力、应变、滑动、块体接触力和块体位移。

近些年来，许多学者对 Cundall 的块体模型进行了改进，把其引入到结构工程领域的分析研究工作中[17][18]，由此形成结构离散动力学。Motohiko 等[18]提出了扩展离散单元模型，把混凝土中的骨料模拟为圆形离散单元，砂浆模拟为单元间相互作用的弹簧，单元模型采用圆单元，其在结构体中一般呈六边形排列。Motohiko 用此模型对钢筋混凝土框架结构在地震荷载作用下的倒塌过程进行了仿真分析，取得了进一步较好的结果。Noriyuiko 等[19]认为单元间通过法向、切向和转动三个弹簧相连，并用此模型对钢筋混凝土房屋在控制爆破下的破坏进行了仿真研究。李承[20]在 Noriyuiko 的圆形模型的基础上，提出了矩形模型。然而，上述模型在应用中都存在着一定的缺陷，如在 Motohiko 的模型中，并没有明确的考虑钢筋的作用，因此该模型可以说只是一个“素混凝土”模型；Noriyuiko 和李承等曾希望通过构件截面特性来反映结构的物理特性，但只适用于弹性阶段。文献［21］针对文献［18，19，20］构造离散单元中未考虑混凝土材料的非线性，而提出了非线性混凝土的弹性刚度系统，但仍局限于文献［19］的单元形式。针对以上方法的缺陷，2005 年文献［23］提出了一种改进后的模型，并详细介绍了方形离散单元、带阻尼的法向、切向和受弯矩弹簧的力学模型、计算模型、弹塑性弹簧系数和单元长度的确定等，但是，由于未考虑钢筋从混凝土中拔拉脱粘，钢筋混凝土框架结构的倒塌数值模拟与实际框架倾倒垮塌有明显差异，模拟的梁端过早地完全脱离支柱。2008 年，某学者用网格实体模拟框架爆破拆除的倒塌，用虚拟的均质弹性梁将网格实体的钢筋混凝土块体单元连接[8]，也是属于“素混凝土”的弹性模型，而难以等效钢筋混凝土材料的。

1992 年，首先将 DDA 法用来研究建筑物拆除倒塌的学者是日本的小林茂雄等人，他们采用不连续变形分析法对钢筋混凝土框架结构的爆破拆除进行研究，以块体表示钢筋混凝土，用钢棒代表连接块体的钢筋，因此钢棒必须与钢筋混凝土构件的弹性、塑性以及脆性破坏阶段的法向抗力、切向抗力和转动抵抗弯矩等等效，显然这是难以实现的。并用 DDA 法数值模拟了单层仓库的爆破拆除倒塌过程，得到接近实际倒塌的效果。2000 年，某学者按照日本学者小林茂雄的模型，数值模拟了 8 层框架楼的单跨倾塌，其模拟结果各层楼梁跨落堆积倒地，而广州海员宾馆 8 层框架楼的单跨倾倒事故实例，各层梁柱却在空中全部悬吊在相邻节点上，实例与模拟明显差异。之后，我国学者用不连续变形分析法的通用软件，相继数值模拟了钢结构框架、80m 高砖烟囱单向倾倒、100m 高钢筋混凝土双向折叠倾倒，其模拟比倒塌时间结果稍慢，七层钢筋混凝土框架和预制楼板梁两跨三柱楼房的倾倒，其模拟楼撞地即散，但位置姿态与实际爆破拆除的倒塌结果也基本相符。

1.5 本文主要研究内容

尽管爆破拆除理论有了新的发展，但是还是相对滞后 21 世纪拆除工程发展的需求，目前爆破拆除仍然多是凭设计者的经验和估计，爆破设计还停留在工艺技术的水平，有待上升为科学理论。现有的爆破拆除理论亟待发展，建筑拆除力学要在分析初始失稳的静态结构力学基础上，研究建筑机构离散动力学；研究适合钢筋混凝土结构特点的建筑机构，要研究钢筋混凝土构件冲击动力学，以及破损后的钢筋混凝土材料力学；数值模拟要从典型拆除建筑案例入手，增加观测内容，提高实测技术，着重研究力学机理，强调宏观数值模拟，用被实测验证了的正确力学模型，以实例为中心实施案例推理指导工程。因此，本书主要在以下方面进行了研究。

1.5.1 提出多体－离散体动力学

目前，结构的力学性能和破坏状况的数值模拟一般都采用有限元法，但有限元方法所研究的对象主要是连续体，而对于钢筋混凝土结构在爆炸冲击、地震等动荷载作用下的破坏过程，则是一个从连续到不连续直至破坏的过程，因而采用静力有限元法进行模拟并不合适，而且动力有限元法在处理非线性问题时的单元刚度矩阵的推导十分复杂，当使用精度较高的钢筋分离模型，模拟钢筋混凝土的复合材料结构，更增添了矩阵的繁杂。因此，对于拆除结构的可简化模型的模拟，尚需寻找新的方法。

然而，从钢筋混凝土结构的连续体，转变到破坏，都将经历多体系统的过程。即结构在重载作用下，构件某些点的应力达到极限强度，应变也跟随增大，在极限强度弯矩截面两侧形成塑性变形区，应力超过极限强度后而衰减为残余强度，塑性区两侧弹性变形跟随部分恢复，构件变形向塑性区集中，从而形成塑性铰。当结构的塑性铰达到既定数量，结构将转变为可运动的机构。任何钢筋混凝土、型钢混凝土和钢结构等的倒塌，都将经历形成机构多体的过程，而后多体机构才倒塌着地。只有部分建筑的多体间的某些塑性铰，由于残余抗力的削弱，随着多体机构的运动而破坏，至使构件间进入非完全离散，而后钢筋被拔拉脱粘，构件完全离散，直至结构破坏，而完全离散着地。由此可见，多体系统阶段是钢筋混凝土结构倒塌必定经历的最重要过程。

从拉格朗日研究分析力学，经近 250 年发展，在此基础上多体系统动力学，经过近 40 余年发展已经成为成熟的动力学分支。现今计算机技术的引入，计算多体系统动力学已能符号运算自动建模，数值积分解算动力学方程，高效而精确。本文提出的多体－离散体的动力学，在拆除领域，首先将多体系统与自然生成的塑性铰结合，构件成为钢塑性体，构造了塑性结构和机构模型，从而引入了塑性力学、钢筋混凝土结构学及其材料力学，为创建动力学方程模型打好了基础。并且，让建筑拆除模型不仅便于离散，而且富有塑性。可将建筑机构的成百上千个柱、梁复杂非树多体，化简为数个单开链的等效动力体和分结构多体，由此大大简化了建模的微分方程和数值积分，减少了运算误差，至使演算稳定。随着体数减少和体间关系简化，部分建筑倒塌的动力方程可获得近似解乃至解析解，从而改变过去动力方程，束之高搁，难于应用的状态，倒塌过程实现了公式显示表示和方便了参数实测。多体系统的体间力，是以内力而解出，可以属弹性也可以适应塑性阶段，因而求解准确，又避免了离散体外力求解过程带来的随机振动和不必要的波动，且不受体间表面形状的影响。由此可见，多体系统动力学不仅方便了建筑拆除的数值模拟，而且更重要的是给创立建筑拆除力学奠定了基础。

当今的爆破拆除建筑领域，不仅仅需要以具体工程为目标模拟建筑物倒塌的姿态，预计爆堆的形态，而且，需要研究各个建筑拆除工程，倒塌姿态和爆堆等的共同规律，需要研究控制倒塌运动的一般措施和措施参数；不仅仅只停留在倒塌姿态的模拟上，而且需要计算出运动中各构件间的相互作用力和其规律。因此，研究建筑拆除的力学，有时比仅仅建筑倒塌的数值模拟更重要。本文提出的建筑拆除的力学为多体－离散体动力学，是多体－离散体动力分析的基础，是模拟方法的依据，仿真方法改进的指导，应用其动力学不仅可以解决姿态仿真，而且可以解决爆破拆除领域的其他力学难题。

多体离散后体间可以完全脱离接触，这时仅用多体系统动力学已不适应这种状态，而必须引入离散体模型，才能适合建筑机构铰断解体后的运动特点。空中坠落的已离散构件，相互压接触多属弹性，适合现今的离散体模型。多体离散是在部分塑性铰处断裂，正当动力切换点时实现，断裂的铰有限，判断离散的时刻近似确定，因此采用多体系统模型也相应减少了后期离散体模拟的计算量。

因此，从工程应用的现实出发，选择相对成熟的力学分支，分阶段的描述，首先研究结构的连续体，而后失稳转变为机构多体，此时大多数的建筑都已倒塌着地，少数建筑的多体演变为钢筋相连的非完全离散体，直至研究钢筋断开完全离散和塌落堆积。本文的研究，一方面，以大多数建筑的多体为主，采用了反映结构倒塌力学机理的分阶段研究的技术路线；另一方面，本文又将多体系统动力学和离散体动力学结合，集成为多体－离散体动力学。因此，它既可以处理多数建筑的单一多体系统运动阶段，又可适应少数建筑从多体跨越到离散的阶段；既可处理简化后的 1 ～ 3 体的有根体系统，又可适应复杂非树多体及众多离散体；既可以数值模拟，也可以动力学分析；既可处理按破碎功计算刚塑性体的破碎和压溃，也可包含动态有限元的柔性多体及离散体。多体阶段内的简化力学模型，便于在模拟效果与实际对照中，摸清破坏机理，测定准确参数，便于在实施中不断自我完善。而其他阶段破坏机理暂时不清部分，也易于用经验处理来弥补。由此，本文首先提出了多体－离散体动力学，并以此与冲击动力分析相结合，形成建筑物倒塌动力学。

1.5.2 拆除损伤断裂后的钢筋混凝土材料力学

随着建筑业的发展，从结构安全出发，发展了材料力学，结构力学和钢筋混凝土结构学。

作为结构倒塌多体动力学的参数，应借鉴现今钢筋混凝土的材料力学及后破损效应的研究成果。首先视爆破拆除结构倒塌为随机事件，从结构倒塌概率和可靠指标来研究材料的强度。建筑结构预拆除时，为确保短期施工安全，混凝土及钢筋强度可采用 95% 概率保证率的强度标准值，并以此为结构安全极限弯矩；判断建筑结构因破损而初始失稳，并转变为建筑机构，本文采用了材料随机强度均值决定的构件极限强度，并以此为结构失稳弯矩；在建筑机构倒塌运动中，本文提出了以随机强度均值，决定塑性铰的机构残余强度，并以此计算机构运动。

现代爆破行业对拆除建筑的研究，仅止步于结构失稳。但是从结构失稳转变到机构多体运动，必须了解机构运动所需的塑性铰。本文以烟囱倾倒支撑部破坏观测为例，研究构件损伤和破坏后，应力剧烈重新再分配，强度再确立和塑性铰的产生、位置，在倒塌运动中的变化、位移以及破坏和消亡的规律，以此奠定本文应用多体系统动力学的物理基础；在自重力作用下倒塌结构的钢筋混凝土构件，破损失稳后首先在两端形成塑性铰；撞地冲击的层间长柱，由强度决定可在柱中部形成弯曲塑性铰。在构件的横断面，塑性铰的转动中心在中性轴上。随着拆除建筑物不断增高、扩大，立柱、剪力墙、筒体等支撑构件，在建筑物倒塌过程中，下坐判断越显得重要，由于大弯矩压弯和压弯剪构件比纯弯楼梁构件要复杂，本文将着力研究钢筋混凝土支撑构件破坏成铰后的变形行为，特别是大弯矩压剪构件钢筋混凝土烟囱脆性断裂的破坏过程；研究了钢筋混凝土烟囱的稳定倾倒、支撑部的前剪、下坐和后剪；以延性破坏设计的钢筋混凝土立柱多为延性（受拉）破坏，由此决定相应的塑性铰位置。本文以烟囱倾倒支撑部破坏观测和计算为例，证实了存在塑性铰，及其位移、破坏和消亡过程，决定了多体系统动力学的运动。观测也证实了钢筋的拔拉脱粘和屈服伸长，由此决定了转动铰断开后的非完全离散。因此可见，本文解决了钢筋混凝土各类构件破坏生成塑性铰及其抵抗力的规律和计算。

1.5.3 结构体撞击

建筑物爆破拆除撞地冲击解体，是比空中解体更为重要的过程，但目前研究甚少，仅有个别论文涉及结构及其构件在弹性范围内的撞地和相互碰撞，而以钢筋混凝土随动软化的弹脆性体的撞地碰撞论文，却几乎没有。而本文研究了立柱撞地冲击破坏，由于冲击应力波在撞击面和楼梁面的不断反射，应力近似加倍，首先在立柱两端形成塑性区（铰），长立柱中部还会生成新的塑性铰。本文着重从实测研究了弹脆性随动软化复合材料的钢筋混凝土柱，冲击破坏的不同压缩历程，即非稳态压缩、渐进稳态压缩和混合压缩等历程，并因此分别形成折叠柱和压溃柱。推导建立了渐进稳态压缩和混合压缩的单位体积材料破碎比功与非稳态压缩材料强度的关系。研究了变质量构件冲击和定质量构件冲击，及其构件的破坏长度，和撞地时结构体的姿态变化。研究了层内短柱的破坏，首先发生在柱的两端压溃；层间长柱依爆破高度引发的撞地冲量，可在柱中段破坏生成塑性铰，从而形成折叠柱。从观察中总结了楼房冲击撞地时，由层间折叠柱和层内柱端压溃生成“层间叠塌”，由柱端铰侧移引起楼房倾倒“层间侧移”，和由同跨梁端铰下移引起楼房的“跨间下塌”等结构破坏形态。因此，本文解决了结构体冲击碰撞姿态变化、破坏历程区分、压溃测算和楼房破坏形态判断等结构冲击动力分析，并与多体－离散体动力学相结合，组成建筑物倒塌动力学。

1.5.4 结构体倒塌的动力过程

随着拆除建筑物向高、大发展，单体倾倒数值模拟，已经不能满足实际的需要，而应用世界通用软件已快十年了，直接解决实际拆除问题却进展缓慢。因此，在寻找数值软件的同时，我们还应全面、深入研究拆除倒塌过程的动力学及其破坏机理。建筑物倒塌是由初始失稳、旋转倾倒、撞地（或运动）解体和塌落堆积等不同性质的复杂过程所组成。建筑物在失稳之前是结构体，主要应研究节点破坏，转变为铰点的过程，本章将从结构力学及其相应的增量变刚度有限元来研究失稳判据，塑性铰的发生、分布和初始拓扑。当存在数个初始拓扑时，应以变形路径和“移行铰”来判断。初始失稳的判断是静力学问题，爆破行业已研究得比较成熟。

建筑物失稳后，结构转变为机构，由于钢筋混凝土构件所形成的铰点与岩石块体的接触点不同，自然生成的塑性铰，其端弯矩、支撑力有一个变化、位移以及断裂的过程。建筑物失稳后，结构转变成的机构，面临如此复杂的铰接（包括滑移铰），多体系统动力学处理起来可得心应手，而构件的大范围运动，多体动力学能精确描述和高效计算。因此，易于满足拆除工程数值模拟，和建筑机构倒塌研究的需要。

爆破拆除建筑机构是变拓扑运动过程，本文采用变拓扑多体系统动力学来研究。构件空中解体后，形成离散单体，它们与其余的多体系统会再接触、滑移、碰撞和着地堆积，而离散元的思路则方便处理，因此本文提出多体离散动力分析法并和离散体动力分析方法，来研究结构解体和堆积过程。由此，本文将初始失稳、多体系统动力学、多体离散动力分析直至离散体的全过程分析结合，集成为“多体－离散体动力学”，来描述建筑物的倒塌运动；并以观测 3 折烟囱倾倒等实例证明，多体－离散体动力学和数值模拟是正确的、可行的。

在拆除爆破后，各种建筑结构初始失稳，都必先步入变拓扑多体系统的倒塌运动，多数建筑坍塌已近结束。研究建筑机构变拓扑多体塑性铰的生成、变化、分布、移行到消亡，是对多体系统动力学应用范围的扩大和发展。建筑物是同跨的平行梁和同层的平行柱组成的结构，对梁柱的平行运动，在去除冗余约束后，可用同自由度的等效动力体代替，由此提出单开链体法，将非树系统的建筑机构多体都可以化简为单开链体，为多体系统动力学描述建筑物倒塌创立了简化途径。建筑物倒塌时柱、烟囱压碎变短，质量散失减少，本文成功尝试了变质量变形体分析，丰富、发展了建筑多体系统。从爆破行业来看，将变拓扑多体系统动力学成功应用在多折烟囱、双折剪力墙、框架和排架等结构的旋转倾倒，和运动解体阶段的数值模拟，并经观测验证是正确的，促进了拆除动力学的发展。多数建筑物可以简化为简单数体，其在建筑机构倒塌重力场的有限域内，本文得到了解析解和近似解，为拆除力学研究开辟了新路径，解决了动力分析的显式表示，方便了控制参数研究；并且总结了多体系统中的功能原理，在未十分明确运动过程条件下，解决了多数建筑结构倒塌初姿态和组合单体末姿态间动力规律的计算，方便了爆堆判断，推动了多体系统动力学的应用。

1.5.5 拆除建筑物的倒塌控制

爆破切口决定了主要拓扑的多体系统运动，由此控制了建筑拆除。利用本文提出的建筑多体系统动力学方程的解析解和近似解，根据上述动力学的功能原理和动量定理，推论了切口参数控制砖烟囱、钢筋混凝土烟囱、剪力墙结构、框剪结构、框架结构、排架结构及多切口楼房、多切口烟囱的拆除倒塌姿态、爆堆形态、后坐和下坐状态等的爆破控制倒塌原理及其相应计算公式，简述了以此控制倒塌原理所构成的十项控制爆破拆除技术，并列举爆破拆除工程实例予以说明。

1.5.6 集合现代信息技术的拆除综合观测

显然，没有综合的现代观测技术是无法总结、验证以上拆除力学理论的。本文从拆除研究的需要出发，将现代信息技术、数字技术、计算机技术集合起来，进行摄影测量、破坏外观观测、大变形及应力应变观测，开发出建筑物爆破拆除的综合观测技术。

参考文献

[1] 卢文波．拆除爆破中裸露钢筋骨架的失稳模型［J］．爆破，1992，19（2）：31-35.

[2] 张奇，吴枫，王小林．框架结构爆破拆除失稳过程有限元计算模型［J］．中国工程科学，2005，10（3）：22-28.

[3] 王勖成，邵敏．有限单元法基本原理和数值方法［M］．北京：清华大学出版社，1997.

[4] 唐明辉，滕伟福．岩土工程中数值模拟新方法［J］．地质科技情报，1998，17：41-48.

[5] 魏群．散体单元法的基本原理、数值方法及程序［M］．北京：科学出版社，1991.

[6] 罗定安．工程结构数值分析方法与程序设计［M］．天津：天津大学出版社，1995.

[7] 石根华．数值流形方法与非连续变形分析［M］．裴觉民，译．北京：清华大学出版社，1997.

[8] 谢先启．拆除爆破数值模拟与应用［M］．武汉：湖北科学技术出版社，2008.

[9]（日）小林茂雄，等．RC 制御发破の倒坏举动の预测［A］．土木学会第 48 次学术讲演会［C］（平成五年九月）：10-11.

[10] Conny Sjöbergetal. 拆除爆破高层建筑物倒塌过程研究［D］．第四届国际岩石爆破破碎学术会议论文集［C］．北京：冶金工业出版社，1995：455-460.

[11] 洪嘉振．计算多体系统动力学［M］．北京：高等教育出版社，1999.

[12] 洪嘉振，倪纯比．变拓扑多体系统动力学的全局仿真．力学学报，1996，28（5）：633-636.

[13] 洪嘉振，梁敏．多刚体系统内碰撞数学模型和计算程序［J］．力学学报，1989，21（4）：509-512.

[14] 梁敏，洪嘉振，刘廷柱．多刚体系统碰撞动力学方程及可解性判别准则［J］．应用力学学报，1991，8（1）：56-62.

[15] 栾茂田，黎勇，攀成，叶祥记．多体非连续变形系统的计算力学模型及其应用［J］．工程力学，2004，21（4）：66-74.

[16] 王永嘉，邢纪波．离散单元法及其在岩土工程中的应用［M］．沈阳：东北工学院出版社，1991：44-47.

[17] G G Mustoe，H P Huttelmaier. Dynamic simulation of a rockfall fence by the discrete element method［J］．Microcomputers in Civil Engineering，1993，8：423-437.

[18] Cundall P A. A Computer model for simulating progressive large scale movement in blocky rock system [J]. Proceedings of the Symposium of the International Society of Rock Mechanics, 1971, 2: 129-136.

[19] Motohiko Hakuno, Kimiro Meguro. Simulation of concrete-frame collapse due to dynamic loading [J]. Journal of Engineering Mechanics, 1993, 119: 1709-1723.

[20] Noriyuki Utogawa. Simulation of demolition of reinforced concrete buildings by controlled explosion [J]. Microcomputers in Civil Engineering, 1992, 7: 151-159.

[21] 李承. 基于离散单元法的钢筋混凝土框架结构爆破拆除计算机仿真分析 [D]. 上海: 同济大学, 2000.

[22] 方韬, 龚顺风, 金伟良. 混凝土结构破坏过程的离散单元法模拟 [J]. 浙江大学学报: 工学版, 2004, 38 (7): 921-925.

[23] 金伟良, 方韬. 钢筋混凝土结构破坏性能的离散单元法模拟 [J]. 工程力学, 2005, 22 (4): 67-73.

2 建筑倒塌的构件破损及塑性铰

建（构）筑物的各梁、柱等构件以节点相连而稳定，其间没有相对运动，则构件组合体为结构。当爆破拆除了部分构件，使结构中另一部分构件端点和集中力作用点的应力超过极限强度，其该点的形变迅速增大，超过附近构件变形几个数量级，因此可以将附近构件的这些变形忽略，而其该点则可认为转变为铰点，并允许构件间发生由构件非变形引起的相对运动；则这时的构件组合体，本文称为建筑机构。构件端点应力超过极限强度，构件破损，强度下降，应力应变重新分布，变形集中，直至断裂离散现象，本文统称为构件后破损效应。当结构失稳转变为机构，其铰点的材料强度可采用随机强度均值，构件的失稳极限抗力是失稳的判据之一，超过失稳抗力后生成塑性铰，塑性铰的残余抗力则决定建筑机构倒塌运动直至离散；而铰点间为构件，并与其铰点组成整个建筑机构。

迄今为止，国内外很少研究结构破坏为破损机构后的运动，而研究机构则需了解其铰。因此，本章将着重研究铰的材料力学，即建筑机构概率强度、构件塑性铰的位置，及其生成、变化和破坏，并提出了随机强度均值、结构节点失稳弯矩和铰点机构残余弯矩，研究了拆除结构塑性铰分布，机构大偏心受压侧移构件，剪力墙组合抗力，烟囱支撑部的分区抗力，建筑平行构件机构的塑性力学规律，等等。

2.1 材料强度

建筑结构在拆除时，显然无需考虑长期使用建筑所需的安全富余，因而可以采用降低可靠度 β_d[1] 的设计强度，经验表明预拆除工程仅需按材料标准强度设计，其 β_d 可大于 1.2～1.5。由于建筑钢筋和建筑混凝土的强度符合正态分布，在结构预拆除时，为确保短期的安全，采用混凝土强度的标准值 f_c[2]，即具有不小于 95% 保证率的强度值

$$f_c = \mu_c(1 - 1.645\delta_c) \tag{2.1}$$

钢筋强度的标准值 f_y[2] 为具有 97.73% 保证率的强度

$$f_y = \mu_t(1 - 2\delta_s) \tag{2.2}$$

式中：μ_c 为混凝土强度均值；μ_t 为钢筋强度的均值；混凝土强度的变异系数 δ_c[1]，见表 2.1；钢筋强度的变异系数 $\delta_s = 0.08$[3]。

表 2.1 混凝土强度对应的变异系数

混凝土强度等级	C_{15}	C_{20}	C_{25}	C_{30}	C_{35}	C_{40}	C_{45}	C_{50}
δ_c	0.21	0.18	0.16	0.14	0.13	0.12	0.12	0.11

在爆破拆除时，结构失稳判别和机构运动分析，采用材料随机强度均值 μ_c 和 μ_t。现将

混凝土的强度标准值f_c和随机强度均值$\sigma_{cs}(\mu_c)$列于表2.2。

表2.2 混凝土的强度标准值和随机强度均值（MPa）

强度等级		C_{15}	C_{20}	C_{25}	C_{30}	C_{35}	C_{40}	C_{45}	C_{50}
标准	轴心抗压	10.0	13.5	17.0	20.0	23.5	27.0	29.5	32.0
强度f_c	弯曲抗压	11.0	15.0	18.5	22.0	26.0	29.5	32.5	35.0
随机强度	轴心抗压	15.3	19.2	23.0	26.0	29.9	33.6	36.8	39.1
均值σ_{cs}	弯曲抗压	16.8	21.3	25.1	28.6	33.1	36.8	40.5	42.7

热轧钢筋的屈服强度标准值f_y和随机强度均值$\sigma_{st}(\mu_t)$列于表2.3。

表2.3 热轧钢筋的屈服强度标准值和随机强度均值（MPa）

钢筋种类	Ⅰ级（3号钢）	Ⅱ级（20锰硅 $d\leqslant 25$mm）（20锰铌 $d\leqslant 28\sim 40$mm）		Ⅲ级（25锰硅）
标准值f_y	235	335	315	375
随机强度均值σ_{st}	280	399	375	446

2.2 钢筋和混凝土的应力-应变本构关系

钢筋和混凝土在单轴应力作用下的应力-应变本构关系可以通过实验得到。对于有明显屈服点且流辐较短的低强度热轧钢筋，其应力-应变曲线通常假定为3折线，如图2.1所示。对受拉、压钢筋，当超过屈服限f_y的标准值，结构构件失效；而机构构件的运动，在塑性铰破坏前的运动过程中，取抗拔拉脱粘强度σ_{ts}，即近似认为极限强度σ_{tp}与屈服限值σ_{st}的中值σ_{ts}，即$\sigma_{ts}=(\sigma_{tp}+\sigma_{st})/2$。Ⅰ、Ⅱ级钢筋的极限强度均值$\sigma_{tp}$分别为450MPa和580MPa。

混凝土的应力-应变关系可以采用Kent-Park模型，如图2.2所示。此模型提出了受矩形箍筋约束混凝土的应力-应变关系[4]，即

$$\left.\begin{aligned}&\text{上升段}\ \sigma_{uc}=\left[2\varepsilon/\varepsilon_0-(\varepsilon/\varepsilon_0)^2\right]\sigma_0 \quad 0\leqslant\varepsilon\leqslant\varepsilon_0\\&\text{下降段}\ \sigma_{dc}=\left[1-0.5(\varepsilon-\varepsilon_0)/(\varepsilon_{50c}-\varepsilon_0)\right]\sigma_0 \quad \varepsilon_0\leqslant\varepsilon\end{aligned}\right\}\tag{2.3}$$

式中：$\varepsilon_{50c}=(3+0.29\sigma_0)/(145.1\sigma_0-1000)+(3/4)\rho''(b''/s_h)^{0.5}$；应力峰值$\sigma_0=k_{ct}\sigma_{cs}$，即混凝土圆柱体抗压峰值强度；峰值应变值$\varepsilon_0=0.002$；$k_{ct}$为峰值强度与强度$f_c$或$\sigma_{cs}$之比，对轴心抗压为1.47~1.53；由于构件混凝土不断压坏，若其上部损伤较小混凝土下移补充时，因而使全部受压混凝土丧失抗力时，在受压区的压缩极限比例范围ε_p增大到ε_{pe}；ρ''为约束箍筋的体积配箍率，混凝土核芯体积算至箍筋的外边缘；b''为算至箍筋外边缘的受

约束核心的宽度；s_h 为箍筋间距。混凝土残余抗压强度 $\sigma_a = 0.2\sigma_0$；σ_{cs} 为混凝土随机强度均值，MPa。

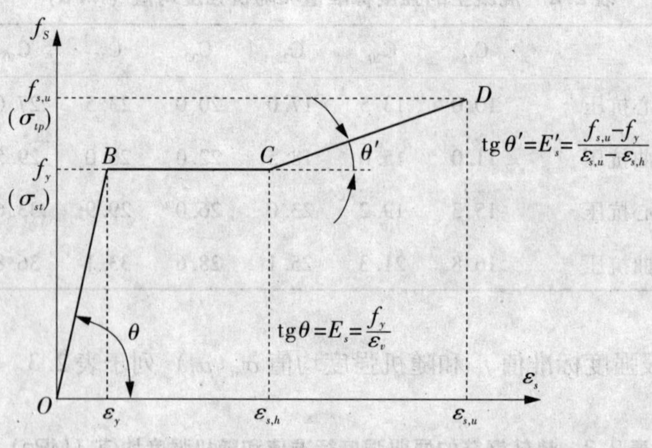

图 2.1　三折线钢筋应力应变

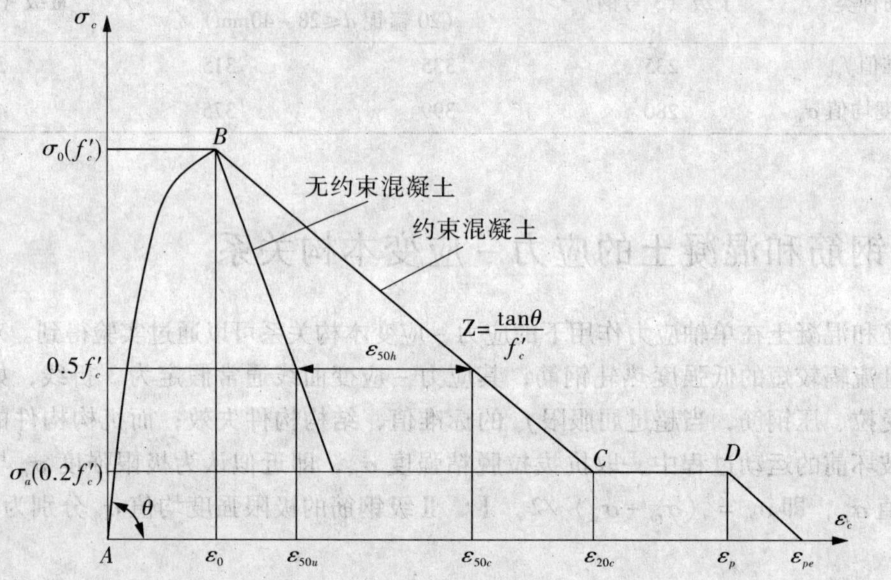

图 2.2　Kent and Park 建议的混凝土应力－应变本构模型

2.3　轴心受压

爆破拆除结构时，在以下情况立柱可近似视为轴心受压，如排架的后排柱，可看做下端固定、上端自由的压杆，稳定性计算时，构件计算长度 $l_0 = 2l$，l 为构件实际长度；当立柱爆破下端后，可看做两端铰支，$l_0 = l$。对框架结构的立柱，为了简化计算，也可以在以下情况，将立柱看做类似轴心受压来计算，如受撞地冲击载荷的立柱[5]，立柱着地前，失重状态使由自重引起的变形恢复为零，由于冲击时间很短，根据理论力学碰撞假设，在极短的碰撞过程中，因碰撞而发生的位移非常小而可以忽略，碰撞力很大，可将抵抗弯矩忽略，因此，可以看做上、下端铰支的立柱；另外，框架后排立柱在极大结构自重压力下，上、下端部被破坏，钢筋压曲，原拉区钢筋也受压屈曲时，因此，上、下端可以看做两端铰支的立柱；立柱下端因爆破破坏而不能承受弯矩，可看做下端铰支；而铰支铰只能承受少量弯矩，都可近似认为没有抵抗弯矩。而构件端部固定的固端铰，所能承受的极限弯矩，详见 2.4 节和 2.5 节。

按长细比可将钢筋混凝土立柱分为长柱和短柱，观察表明各种偶然因素将造成初始偏心矩，对长柱受压承载力影响较大。《混凝土设计规范》以纵向弯曲系数 φ_λ 来表示长柱承载力的降低程度，即

$$\varphi_\lambda = N_u^l / N_u^s$$

式中：N_u^l，N_u^s 分别为长柱和短柱的承载力，φ_λ 值见表 2.4[3]。

表 2.4 钢筋混凝土构件的纵向弯曲系数 φ_λ

l_0/b	≤8	10	12	14	16	18	20	22	24	26	28
l_0/d	≤7	8.5	10.5	12	14	15.5	17	19	21	22.5	24
φ_λ	1.0	0.98	0.95	0.92	0.87	0.81	0.75	0.70	0.65	0.60	0.56
l_0/b	30	32	34	36	38	40	42	44	46	48	50
l_0/d	26	28	29.5	31	33	34.5	36.5	38	40	41.5	43
φ_λ	0.52	0.48	0.44	0.40	0.36	0.32	0.29	0.26	0.23	0.21	0.19

注：表中 l_0 为构件计算长度；b 为矩形截面的短边尺寸；d 为图形截面的直径。

在考虑长柱承载力的降低可靠度的调整因素后，规范的轴心受压承载力[6]

$$N_u = 0.9\varphi_\lambda \ (\sigma_c A + \sigma_s' A_s') \tag{2.4}$$

式中：0.9 为可靠调整系数；A_s'在式（2.4）中为全部纵向钢筋截面面积，A 为柱截面面积；σ_c 为混凝土的轴心抗压强度，σ_s'为钢筋受压屈服限，当考虑结构安全时取标准值，当机构失稳以后运动取随机均值。

用爆破方法炸毁框架立柱或排架立柱时，将混凝土炸碎并与钢筋脱离，纵向钢筋仍有一定支撑力，支撑着其上的框架和屋盖。显然，欲使框架失稳或排架的屋盖倾倒，首先必须使钢筋在其上的压力作用下失稳。立柱纵向多排钢筋的下端可看成固定端，其上端可认为不可转动，但可移动的组合钢筋架；或框架前跨切口前柱钢筋，也可以下端看作固定，上端看作不可移动，但可转动的压杆。裸露钢筋数量 n_u 的立柱的最小临界载荷

$$N_u^l = n_u \pi^2 E I_c / l_0^2 \tag{2.5}$$

式中：E 为钢筋的弹性模量，2.1×10^5MPa；I_c 为钢筋断面对过圆心的轴的惯性矩，m^4；l_0 为临界载荷时钢筋裸露的计算长度，$l_0 = l$，m；l 为裸露钢筋长度，m；n_u 钢筋的数量；对有后坐的倾倒楼房和整体下塌楼房的切口立柱裸露钢筋，以及切口后柱的钢筋，也可看作钢筋下端固定，上端自由的压杆，其式（2.5）中 $l_0 = 2l$。当压塌炸高 $h_e > l$，或使立柱的载荷

大于 N_u^l 时，满足了保证立柱钢筋压塌，引起框架及排架倾倒、整体下落炸高的必要条件。

在结构自重重载作用下，3 跨 4 柱多层框架的后立柱有可能在自重载荷下失稳，4 跨以上高、多层框架自重载荷下，后立柱大多会失稳，立柱失稳下坐的条件，详见 7.5.4.1 节。

2.4 受弯

2.4.1 极限弯矩

建筑结构的梁，当爆破拆除梁跨的前柱后，梁形成悬臂状态的弯曲构件，梁近端弯矩为 M_A，如图 2.3，其矩形正截面受弯承载力满足以下力的平衡条件[6]：

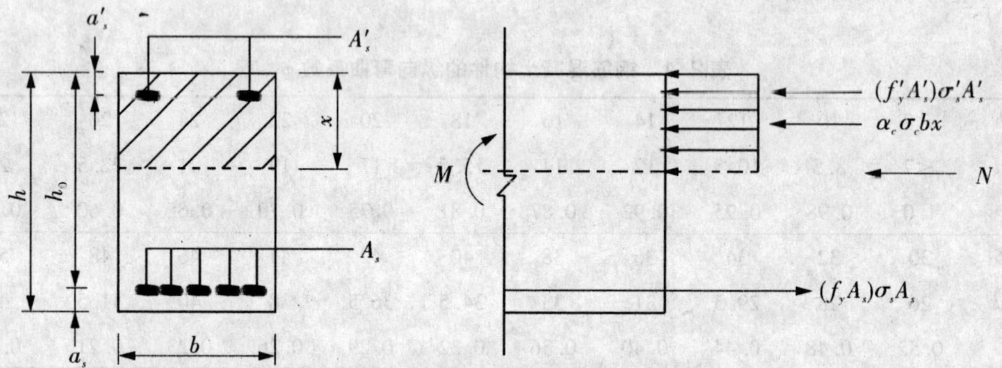

图 2.3 双筋构件计算简图

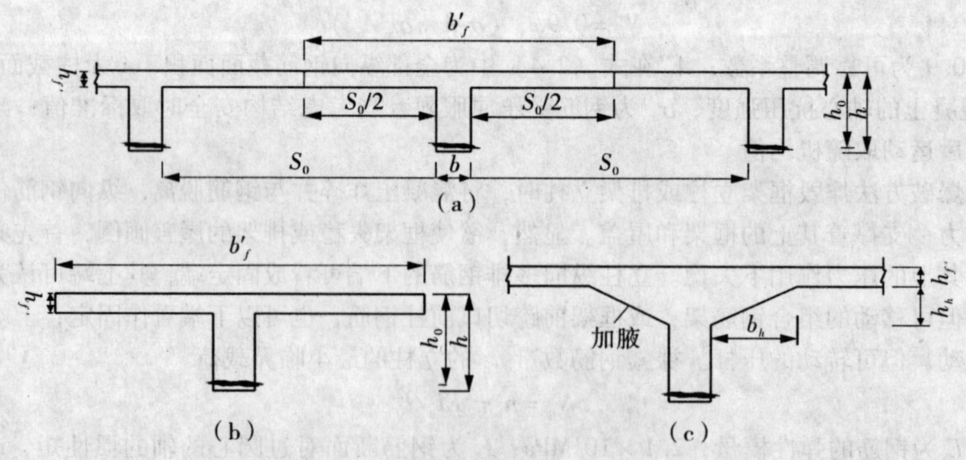

图 2.4 T 型截面应力计算参数

$$N=\alpha_c\sigma_c bx+\sigma_s'A_s'-\sigma_s A_s \tag{2.6}$$

$$M=\alpha_c\sigma_c bx\ (h_0-x/2)\ +\sigma_s'A_s'\ (h_0-a_s') \tag{2.7a}$$

$$M=\alpha_c\sigma_c bx^2/2+\sigma_s'A_s'\ (x-a_s')\ +\sigma_s A_s\ (h_0-x) \tag{2.7b}$$

式中：N 为轴力，当纯弯曲时，$N=0$；α_c 为混凝土受压等效矩形应力图系数[6]，即文献［7］所称受压不均匀系数，而 α_c 是与受压混凝土总压力和总压力作用点等效；b 为截面的宽度；x 为混凝土受压区高度；h_0 为截面的有效高度；A_s 为纵向受拉钢筋截面面积；A_s'为受压钢筋截面面积；a_s'为受压钢筋合力点至受压区边缘的距离；σ_c 为混凝土弯曲抗压强度；σ_s'为受压钢筋抗压强度；σ_s 为受拉钢筋强度；M 为抵抗弯矩。

当 $\sigma_c=f_c$，$\alpha_c=1$，$\sigma_s=f_y$，$\sigma_s'\doteq f_y$ 时，式（2.7a）[8]的 M 为结构安全极限弯矩（M_u），以判断结构在预拆除时的安全；当 $\sigma_c=\sigma_{cs}$，$\alpha_c=1$，$\sigma_s=\sigma_{ts}$，$\sigma_s'\doteq\sigma_{st}$时，式（2.7b）对中性轴的矩 M 为极限弯矩，本文称为结构失稳弯矩（M_{um}），用以判断结构失稳转变为机构；而当建筑机构运动时，受压区混凝土破坏应力下降，压区保护层厚 a_s'脱落，$\alpha_c=0.25\sim1$[7]，$\sigma_c=\sigma_{cs}$，$\sigma_s\doteq\sigma_{ts}$，$\sigma_s'=\sigma_{st}$，或当压区钢筋压折松弛，$\sigma_s'\approx0$ 时，由于实际抵抗弯矩比 $M(\sigma_{ts}\alpha_t)$ 衰减快，因此取 $k_d M\alpha_{tn}$ 为铰抵抗机构运动的弯矩，本文称为机构残余弯矩（M_d），见 2.4.4 节、2.5.4 节和 2.7.3 节；M 为式（2.7b）对中性轴的矩；k_d 为动力强度提高系数[9]，本文简称动强度系数，可取 1～1.1；α_{tn} 为弯矩衰减系数，梁的 $\alpha_{tn}=\alpha_t$；α_t 为钢筋弯曲系数，详见 2.4.4 节。

由于多数梁均设计为“强剪弱弯”的“延性破坏”适筋断面，当梁端载荷弯矩 $M_A>M_{um}$时，梁端将形成塑性铰而转动。

装配式钢筋混凝土梁，多为矩形截面。但现浇钢筋混凝土梁都与楼板组成 T 型梁，当形成悬臂框架梁时，见图 2.21，梁的近端 A 弯曲时受拉区在翼缘，中性轴多在梁肋内，而受拉钢筋在翼缘的范围 b_f'按梁肋净距 s_0 与梁肋宽 b 计算，即 $b_f'=b+s_0$，如图 2.4。而梁的远端 B，见图 2.21，梁在弯曲时，受压区混凝土在翼缘，一般中性轴在翼缘，受压区按 $b_f'=l_s/3$ 计（l_s 为梁跨）[1]，见图 2.4。

2.4.2 塑性铰区

钢筋混凝土结构在载荷作用下，当构件端点和集中力作用点等部分区段内的钢筋达到屈服强度（对应弯矩 M_y）；但截面弯矩仍小于其极限值（$M_y\leqslant M<M_{um}$）时，在最大弯矩截面两侧形成一个塑性变形区，长度为 l_p。进而在塑性区应力衰减形成残余抗力，塑性区两侧的变形从而得以恢复，构件应力应变重新分布，构件变形向塑性区集中，此区段内钢筋的塑性伸长增大，超过构件附近区域几个数量级，曲率 θ_p 也大大地超过构件的其他部分，形成一个局部的集中转角，称为塑性铰转角 θ_{cp}（$\theta_p=\theta_{cp}$）。如果把梁（或构件）理想化为刚塑性梁，而将它的塑性变形集中在最大弯矩的截面，这个截面形成塑性铰[8]。

随着载荷和截面最大弯矩的增大，塑性区的长度和塑性转角继续加大。当截面最大弯矩达到极限弯矩 M_{um}时，转角值也达到了构件的结构极限塑性转角 θ_u。

根据我国实验结果的统计，结构塑性（铰）区等效长度为[8]：

$$l_p = (0.2 \sim 0.5)\ h_0 \tag{2.8a}$$

平均值约为 $l_p = h_0/3$。而结构极限塑性转角（$R^\circ = rad$）的经验式[8]：

$$\theta_u = 1/(65 + 1000\xi)\ (\xi \leqslant 0.5) \tag{2.8b}$$

式中：ξ 为极限弯矩时截面受压区的相对高度系数[1]。θ_u 值见图 2.5。

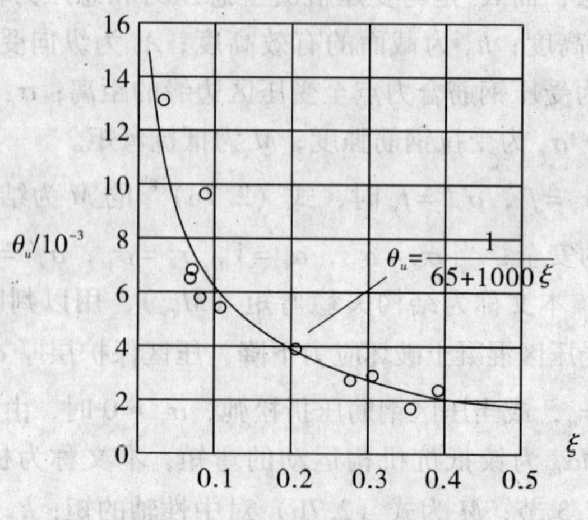

图 2.5 结构极限塑性转角

当截面最大弯矩达到极限弯矩 M_{um} 后，如果体间相对运动继续加大，构件将进入机构运动。本文将运动构件间存在拉力、压力和剪力等约束，并且存在与转动方向始终相反的塑性抵抗弯矩，该约束称为转动塑性铰。当塑性抵抗弯矩衰减到零，该约束为机械铰，机械铰也包括有剪刀约束的滑移铰。

在梁、柱的纵向，当受横向静载及拟静载，塑性铰在最大弯矩截面；在正常配筋情况下，一般先在支座处形成塑性铰；当支座处的配筋率比跨中大很多（3 倍以上）时，则可能先在跨中出现塑性铰[9]；当受横向冲击时，梁、柱的塑性铰会移行[10]到近支撑端。当柱承受纵向冲击载荷时，在撞击面及柱与楼梁结合处，由于应力波的反射，应力增强，也将形成塑性区；破坏严重的塑性铰区，纵钢筋折屈，断面抗弯能力丧失，而形成机械铰；而长柱，因柱中不稳定弯曲，将在静载或冲击动载时，于柱中形成弯曲塑性铰。在构件的横向，塑性铰的转动中心发生在中性轴上。在结构形成的塑性铰，将在建筑机构中转动。钢筋混凝土大断面的脆性破坏形成铰性铰，其旁的压力不均区较大。建筑机构相邻两塑性铰转动中心距离，为构件长或构体长。在重力恒量场，建筑材料强度的随机性，形成了构件长的随机性质。

2.4.3 塑性铰的观测

现以烟囱支撑部观测为例，说明钢筋混凝土大断面上的塑性铰的生成、移行和消亡的过程。根据烟囱支撑部观测的破坏状况，可将支撑部从切口向后分为压应力极限平衡区（简称“2 区”）、压应力增高峰值区（简称“1 区”）和拉应力区（简称“3 区”）。在 2 区将产生前剪面，形成前剪区。1 区压应力增高后，将产生后剪面，在 1 区和 2 区中形成后剪区

(见图2.6)。各区的划分由烟囱自重和筒壁的弹塑性应力应变关系和带钢筋的损伤混凝土决定，2区的应力还由带钢筋的断裂混凝土决定。

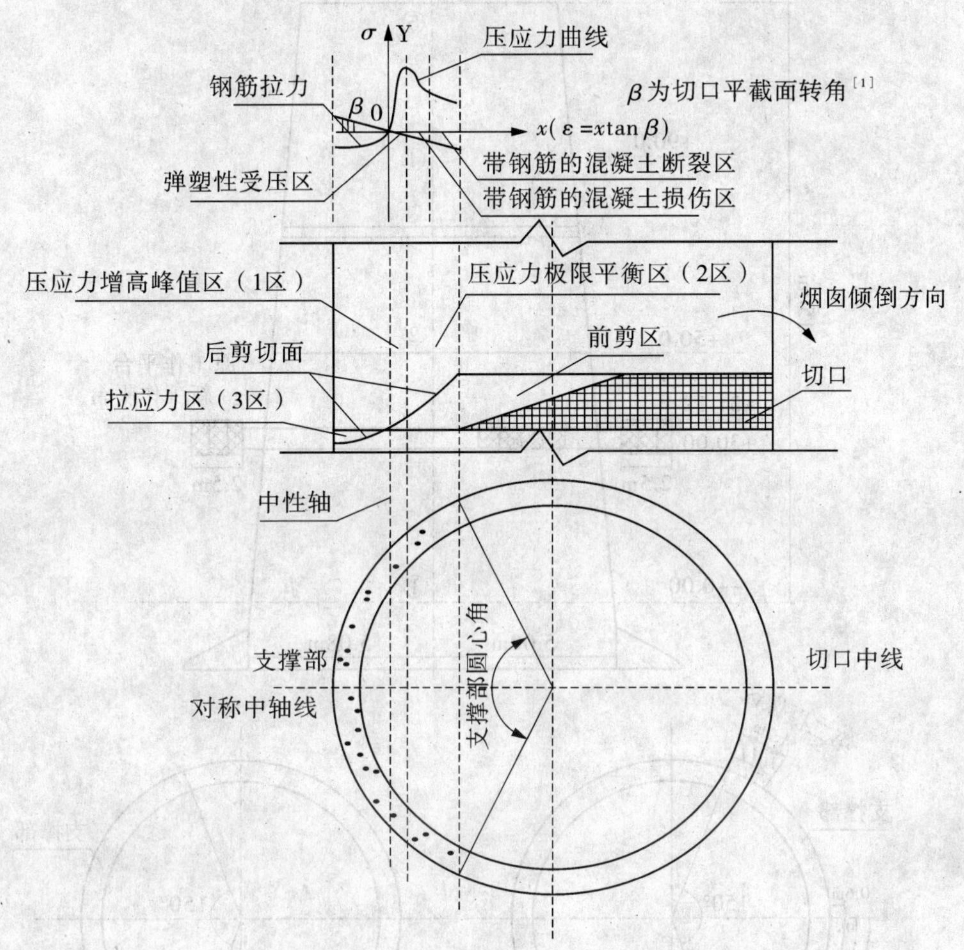

图2.6 烟囱支撑部受力分区示意图

2.4.3.1 烟囱倾倒失稳和中性轴（塑性铰轴）后移

镇海电厂150m高烟囱（简称“烟囱1”），+30.0m切口支撑部外侧布置的摄像头，如图2.7所示，以观测+30.0以上120m高烟囱倾倒时，支撑部的破坏外观，而位移计及应变计布置见图2.8。山东新汶电厂120m高烟囱（简称“烟囱2”）+0.5m切口支撑部位移计布置见图2.9，以观测支撑部钢筋和混凝土内壁受力应变和位移的变化。

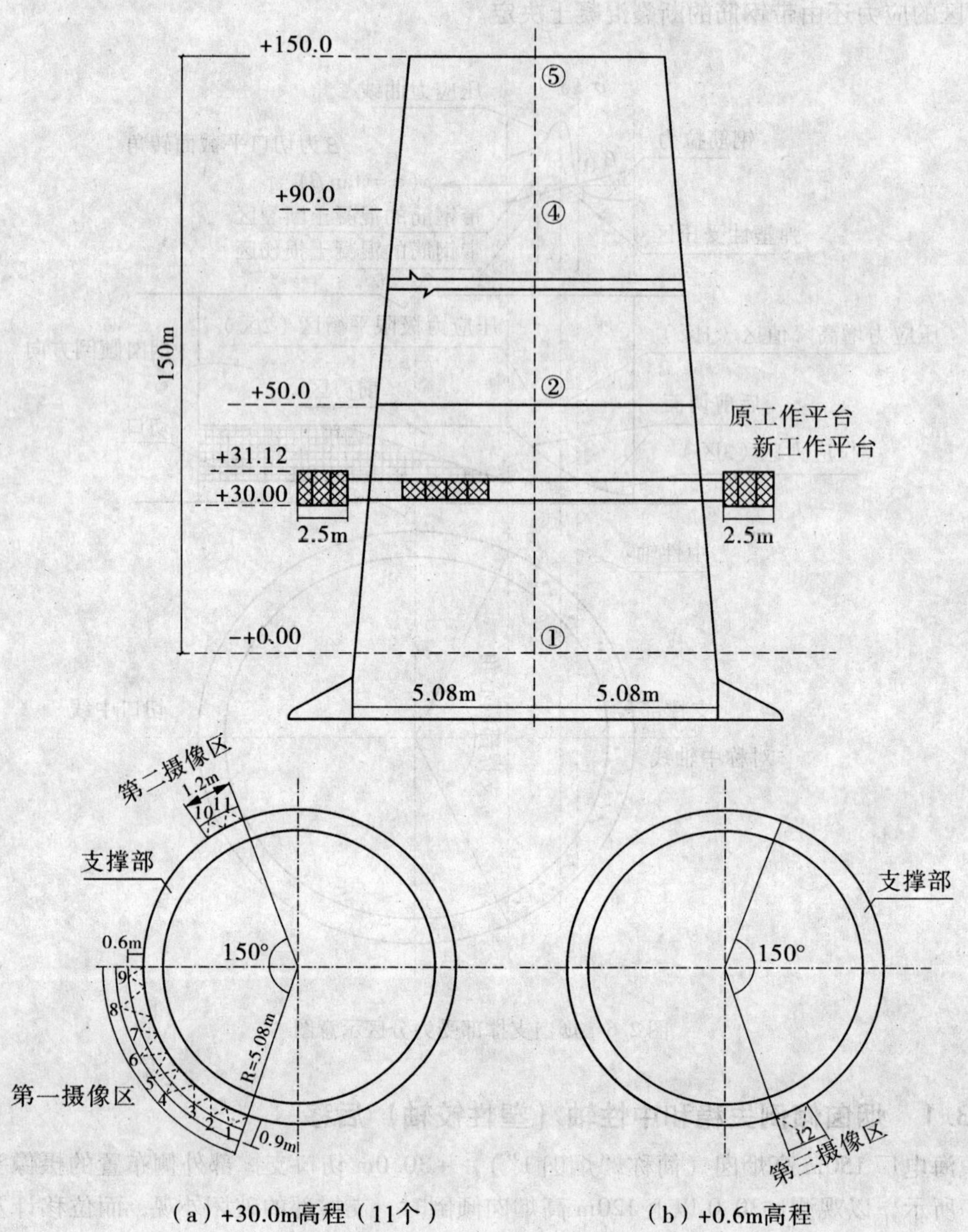

图 2.7 镇海电厂烟囱各摄像点布置及其覆盖范围

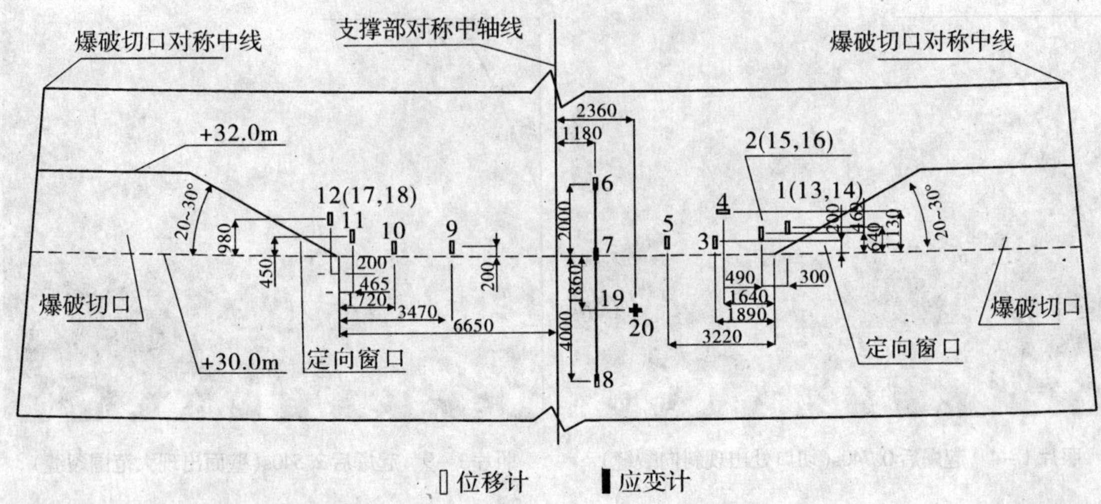

图 2.8 镇海电厂烟囱 +30.0m 位移计及应变计布置展开图(括号内为内壁安装应变计，尺寸标注为 mm)

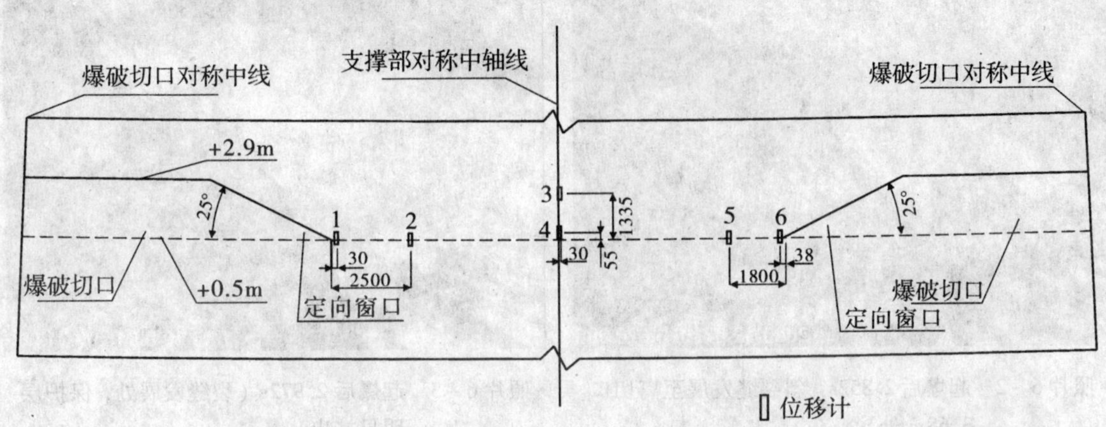

图 2.9 新汶电厂烟囱大变形位移计布置展开图（尺寸标注为 mm）

烟囱支撑部破坏次序[11]如下：

从烟囱 1 摄像观测看，烟囱切口爆破 90ms 后，烟囱突加载荷在支撑部引发比爆破振动强 5 ~ 10 倍振幅的振波，而爆破后 0.74s，在定向窗口端外壁开始出现水平裂纹（见图 2.10：1 – 4），很快转为 45°倾斜裂纹，1.11s 裂纹迅速分岔，1.9s 其伸延速度 26mm/s，且裂纹成片发展成 X 状（见图 2.10：1 – 9），在 2.28 ~ 2.55s 时，这种压剪裂纹以 880 ~ 4200mm/s 速度沿水平且向支撑部中间扩展，直至距定向窗口 3.68m（见图 2.10：6 – 2）裂纹也张开，裂缝宽达 8 ~ 30mm，外壁混凝土保护层挤出、垮落（见图 2.10：6 – 3）。由此显示混凝土压剪破坏向支撑部中间发展。2.86s 时，距定向口 3.75m 开始发现水平挤出裂纹，并以 7200mm/s 速度向支撑部中间延伸，3.27s 时与支撑部中轴水平裂纹贯通（见图 2.10：9 – 2），3.636s 时在支撑部中轴向上发展到三条水平裂缝和竖向裂纹（见图 2.10：9 – 4）。由此显示囱壁切口端先受压破坏，而后中轴受拉，在受拉区和受压区间，再伴有挤出拉伸裂纹[11]，并且切口端先受压破坏的混凝土，在切口端堆积。

照片1－4　起爆后0.740s(切口处出现斜向裂缝)

照片1－9　起爆后2.540s(壁面出现大范围裂缝)

照片6－2　起爆后2.852s（斜裂缝发展至离切口3.68m处）

照片6－3　起爆后2.972s（裂缝发展处，保护层明显挤出）

照片9－2　起爆后3.276s（水平、斜裂缝发生离切口端5.75m处）

照片9－4　起爆后3.636s（新水平裂缝发生）

图2.10　镇海电厂烟囱（烟囱1）各摄像点摄像图（照片标注：摄像测点号－照片序号）

支撑部外表面各测点裂缝出现时刻，详见表2.5[12]。各测点位置见图2.7。

表2.5 切口爆破支撑部背面各测点裂缝发展时刻

测点编号	1#	2#	3#	4#	5#	6#	7#	8#	9#
裂缝时刻（s）	0.74	1.99	2.34	2.67	2.63	2.85	3.09	3.07	2.93

支撑部背后环向钢筋暴露时刻为：1#测点3.14s；2#测点3.55～4.07s；3#测点3.58s；4#测点3.05s；5#测点4.1s；6#测点4.31s；但7#～9#测点处未见环筋暴露，其发展规律与表2.5有相似之处。由此可见，中性轴在6#～7#测点之间，1#～6#测点段下压，7#～9#测点段上拉，其转动方向与烟囱倾倒方向一致，以中性轴为铰轴，烟囱绕其倾旋。1#～6#段抵抗烟囱下旋而为受压1区和2区，因此，混凝土受压横胀，外保护层脱落，个别环筋脱开；而7#～9#段纵钢筋受拉，为受拉3区，形成水平张拉平行裂缝组。抗拉力和抗压力对中性轴形成抵抗塑性弯矩，由此围绕中性轴区域形成塑性铰。而烟囱上下段（体）间界面的中性轴，是烟囱单向倾倒运动的铰点。由表2.5还可看出，钢筋混凝土大断面的脆性断裂的塑性铰铰点（轴）是逐渐后移的，其先在切口定向窗口角点，随着烟囱的倾倒趋势，当极限平衡2区和压应力增高峰值1区，无法承受烟囱自重和拉区弯矩共同形成的压力时，压应力增高1区峰值将后移，即中性轴随烟囱倾倒而向后移动。由此可见，塑性铰在形成过程中是向后移行的，并且导致钢筋混凝土构件脆性断裂时有较大的受压不均区。

当受压1区、2区能够承受烟囱自重和拉区弯矩共同形成压力时，压应力增高峰值及中性轴将停止后移，此时支撑部中轴将迅速受拉，混凝土和纵筋急速破坏。如烟囱2，在起爆2.39s后，位移计5#、2#分别受压、拉，表明中性轴随烟囱倾倒，在测点5#、2#位之间，在4.84s后位移计5#逐渐受拉，显示中性轴停止后移，又再随竖向压力减少微弱前移。另如烟囱1，+28.1m处向后距切口端4.8m纵筋上的20#竖向应变计，在切口爆破0.8s后开始受压，2s达最大应变ε为1.3×10^{-3}，2.7s逐渐转为受拉，最大应变ε为4.2×10^{-3}，表明中性轴不再后移而在距切口边后方4.8m附近，说明随烟囱倾倒，竖向压力分量减少，中性轴又有微弱前移趋势。由此可见，中性轴位置是由烟囱自重、拉区弯矩形成的压力载荷和1压区、2压区的抗力所决定，如果抗力最终小于载荷，中性轴将不断后移，直至支撑部压塌。从中性轴移动可见，支撑部塑性铰不是一成不变的，但是有其相对稳定而缓慢移动的时段。由于本文的多体系统，其铰的位置假设为固定，因此只能在机构初始失稳后，塑性铰相对稳定期，应用多体系统动力学模型。从支撑部塑性铰的观测可见，塑性铰内不存在一般机构机械铰内的空隙，因此，塑性铰在某些位置会发生多体间的过约束，而导致非完全离散。过约束的判断和后果，详见4.3节。另外，支撑部观测所见，受压2区破坏的混凝土，在定向窗口处部分堆积，烟囱倾倒旋转时，切口是在堆积体上闭合，塑性铰微小前移，因此要精确计算烟囱的多体系统，可设支撑部塑性铰为滚动移行铰。

2.4.3.2 支撑部塑性铰后剪或为前壁铰替代

高烟囱在极大的自重压力和倾倒水平后推力作用下，支撑部1区、2区、3区有可能向后剪切，形成后剪区。如烟囱1，+30m支撑部中轴，在2.93～3.17s摄像可见，受拉混凝土向外推出，表明烟囱上段向后剪切。一旦后剪滑移失稳，将使上、下段烟囱圆心错开，上、下段烟囱壁仅两侧点接触，巨大的点接触压强，将使上下筒壁相互嵌入，烟囱上段被剖开成前后两片，而整体下坐，如烟囱1。若这时烟囱已进入初倾中期（倾倒角大于4.0°），烟囱上段已经离散整体下坐将不致影响倒向，如果支撑部能够抵抗上段筒壁的后剪力时，随着烟囱的倾倒，切口前壁闭合，支撑部的全部纵筋，将被倾倒的烟囱拉起，纵筋从混凝土囱壁内拔拉脱粘，而最终逐根断裂，支撑部的塑性铰因破坏而消亡。烟囱倾倒的原支撑部中性轴铰点前移到切口前壁，而成为前壁机械铰。

由上述可知，当塑性铰强度难于抵抗向后（横）剪力或切口闭合向前上方拉力时，塑性铰将完全破坏而消亡，由此依赖于该塑性铰的多体运动拓扑也跟随结束。

2.4.3.3　支撑部拉区钢筋拔拉脱粘

在支撑部塑性铰破坏前，可以观测到支撑部中轴拉区钢筋“拔拉脱粘”。从图2.10：9－4可见，中轴拉区钢筋，在上下0.7m摄像范围出现多组水平裂缝，混凝土被裂缝分割而剥落，纵钢筋在混凝土中暴露或脱粘滑移并抽拔而出，混凝土丧失握裹力和黏结力，本文称为钢筋的拔拉脱粘。从倾倒着地的烟囱支撑部中轴，可见混凝土囱壁已经脱落，钢筋可露出1.5～2.0m，钢筋拉细，钢筋头端有45°的拉断斜断口。由此可见，钢筋在混凝土脱粘区，Ⅱ级钢筋的绝对拉伸可达0.3m，Ⅰ级钢筋可达0.5m。钢筋混凝土构件的钢筋拔拉脱粘，增大了构件对应点间的相对位移，延长了离散构件间的连接时间，形成了机构塑性铰和体间的非完全离散。

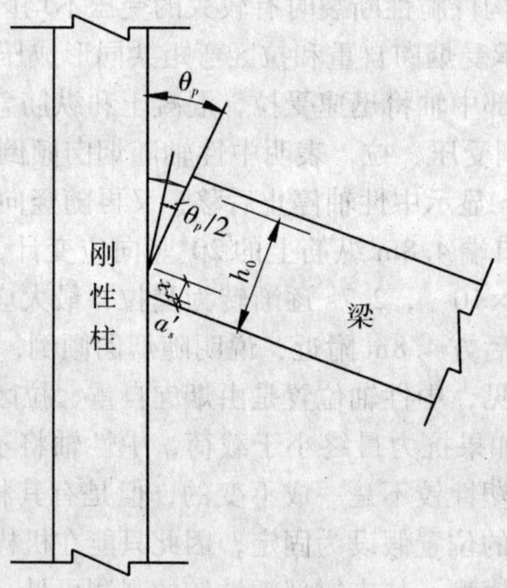

图2.11　钢筋弯曲系数 α_t 力图

2.4.4　机构残余弯矩

大多数钢筋混凝土梁、柱是按柔性破坏设计的，当构件端破坏生成的塑性（铰）转角 $\theta_p > \theta_u$，构件进入机构运动。梁最大弯矩截面的受压区开始破坏，靠梁边缘混凝土保护层压碎剥落，受压区梁保护层内缘应力下降到残余抗压强度 σ_a，根据式（2.6），当 $N \approx 0$ 时，受压区高度扩大，而 σ_c 分布更加不均，α_c 等效矩形应力图系数和 σ_c 在受压区的平均值也开始降低，从而由式（2.7b），促使 M 下降并形成 M_d，M_d 应用在 $\theta_u < \theta_p$，而 θ_p 的最大值可近似如图 2.12 所示，通过现场实测，楼梁悬臂的倾斜角 $\theta_p < 0.5236$（弧度 $0.5236 \approx \frac{\pi}{6}$，$\frac{\pi}{6}$ 为角度 30°）。此时，一般两跨框架的前跨楼梁端还未完全破坏，抗剪力仍能维持梁端铰，经观测和图中所见塑性铰仍然存在。当 $\theta_p > 0.5236$ 后，完全破坏的梁端纵钢筋可能全部承担维持塑性铰的剪力和吊起的拉力，如图 2.12 所示，垮塌的梁跨内的楼板、梁和前柱全部被后梁端纵钢筋吊起。有些情况钢筋达到极限抗拉强度后而断裂。

图 2.12　海员宾馆框架楼梁垮塌而悬臂状况

综上观察和分析，可以得到机构残余弯矩的算法，当 $\theta_p > \theta_u$ 后，梁的钢筋因 θ_p 弯曲，而正截面外法线钢筋拉力分量强度降低到 $\alpha_t\sigma_{ts}$，α_t 为钢筋弯曲系数；压区 a_s' 厚保护层脱落，受压区内移；α_c 下降到 0.8 左右甚至以下，压区范围增大，压区钢筋压折松弛，如图 2.11 所示，力矩 M 降低。因此，若对中性轴求矩，当 $\theta_p = \theta_u$ 时，忽略受压钢筋得纯弯梁结构失稳弯矩 $M_{um} = \sigma_{ts}A_s \cdot (h_0 - x/2)$；当 $\theta_p > \theta_u$ 时，机构残余弯矩计算应以 a_s' 调整拉筋对中性轴的距离，并以 σ_{ts} 调整为 $\alpha_t\sigma_{ts}$，由图 2.11 得到弯曲钢筋影响的纯弯梁机构残余弯矩

$$M_d = \sigma_{ts}A_s\ (h_0 - x_0/2 - a_s')\ \cos(\theta_p/2)\ k_d \tag{2.9a}$$

式中：x_0 为初始受压区高度，应由降低了的 α_c，以式（2.6），当 $N = 0$，$\sigma_s' = 0$ 时的 x 而算出；当压区保护层脱落时，由此计算出 M_d，并最终算出机构残余初弯矩 $M_{d,0} = M_d/\alpha_t$。

综上各式，还可以得到上式中钢筋弯曲系数 α_t 的算式，即

$$\alpha_t = \cos(\theta_p/2) \tag{2.9b}$$

虽然随即 $\theta_p > 0.5236$ 后，压区应力会减小，但中性轴和压区中心变化较小，仍可认为维持不变，因此式（2.9a）可以应用，直至拉区纵筋拉断，则 $M_d = 0$。由于梁端 A 破坏多呈斜面，为简化计算，仍按图 2.11 计算。

2.5　大偏心受压

2.5.1　受偏压构件极限抗力

建筑结构的柱，多为矩形，其正截面受弯承载力同样应满足式（2.6）和式（2.7a）的

平衡条件，在结构预拆除时，以 $\sigma_c = f_c$，$\alpha_c = 1$，$\sigma_s = f_y$，$\sigma_s' = f_y$ 计算结构安全极限弯矩和结构安全极限支撑力 $N_u = N$，以判断结构的安全。

2.5.2 受偏压构件失稳

当爆破拆除了框架前、中排柱后，后排立柱将大偏心受压；烟囱、剪力墙及筒体，当采用切口法拆除时，切口支撑部抗力小于附近构件其他部分，切口支撑部也处于大偏心受压破坏。以 $\sigma_c = \sigma_{cs}$，$\alpha_c = 1$，$\sigma_s = \sigma_{ts}$，$\sigma_s' = \sigma_{st}$，计算结构失稳极限弯矩 M_{um}，用以判断结构失稳。

受压构件有两种破坏方式，即脆性破坏[3]（受压破坏）和延性破坏[1]（受拉破坏）。钢筋混凝土立柱一般设计为延性破坏，即使受压区高度 $x \leqslant y_{b0}$（$=\xi_b h_0$），y_{b0} 为界限混凝土破坏时，受压区计算高度，ξ_b 为界限受压系数[1]。钢筋混凝土烟囱的切口支撑部，其切口是按拆除爆破的需要切割的，据观测多属脆性破坏。延性破坏和脆性破坏这两种破坏方式都属于材料破坏，其相同之处是受压区边缘混凝土达到其极限压应变值而被压碎；不同之处在于截面破坏的起因，即截面受拉部分和受压部分谁先发生破坏，前者是截面受拉区钢筋先受拉屈服而后受压区混凝土被压碎；后者是截面的受压区部分先发生破坏。因此，判断结构失稳的力图和计算 M_{um}，M_d 以及中性轴时应给予区别。延性破坏的受压区相对较小，α_c 取 0.8 ~0.9；脆性破坏的受压区相对较大，详见 2.7.1 节和 2.7.2 节。只要截面受拉区全部钢筋屈服，而受压区进入极限应力和残余应力状态或截面全部进入残余应力状态，则截面抗力耗尽，构件失稳。

偏心受压柱在纵向弯曲影响下，可能发生两种形式的破坏即当 $l_0/b > 8$ 为长柱破坏，$l_0/b \leqslant 8$ 为短柱破坏[3]，长细比很大时，称为“失稳破坏”，见图 2.13。爆破拆除时，切口高度可达 3 层，2 层以下砖墙预拆除，后立柱长细比 l_0/b 一般情况均小于 20 但大于 8，l_0 为支撑计算高度，b 为矩形断面短边宽，其立柱破坏仍属于长柱材料破坏范围，但是柱中产生弯矩弯曲的塑性铰，特别在柱冲击撞地时更易由此而破坏。当大梯形切口高达 4 层，横墙也拆至 4 层，l_0/b 可大于 30，后立柱就很有可能失稳破坏[4]，即柱中还没有达到材料所能承受的弯矩，已早破坏。

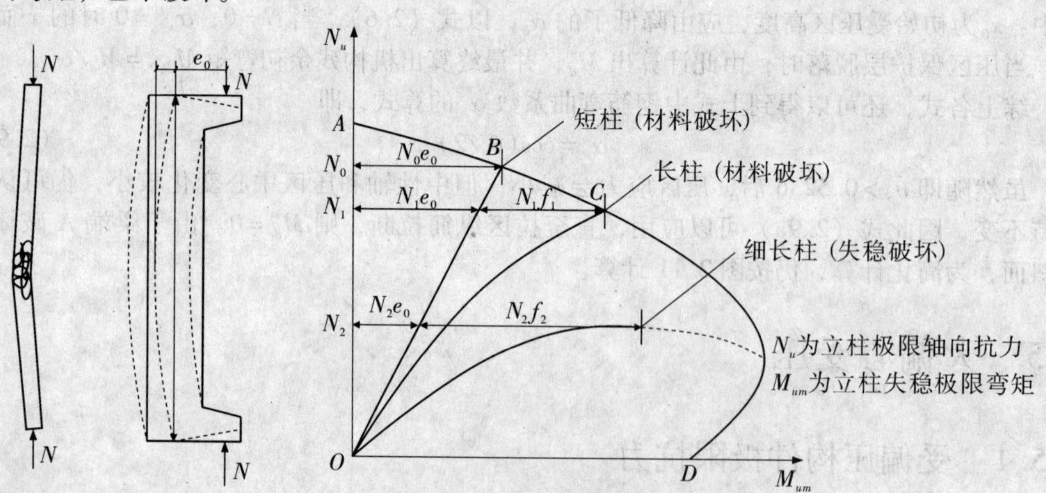

图 2.13　不同长细比柱从加载至破坏的 $N-M$ 关系

2.5.3 带侧移的大偏心受压

偏心受压构件纵向弯曲引起的二阶弯矩[6]，随着构件两端弯矩的不同而异，爆破拆除结构的后立柱，是结构有侧移的偏心受压；二阶弯矩进一步将立柱上下两端弯矩加大。从图 2.13 可见，立柱的支撑力 N_u 在 ABC 段，是随弯矩而减少。因此，立柱偏心受压时，柱的上下两端抗力因弯矩而削弱，将首先压坏，而形成塑性（铰）区。而结构后坐的侧移，又使后柱中部的弯矩减小[6]甚至为零，后柱中部抗力基本保持，见图 2.14 所示。从图中可见，爆破拆除时，2 层以下的后立柱受静载时，柱中部多数并不首先折断，而仅在弯矩较大的柱两端破坏成铰。

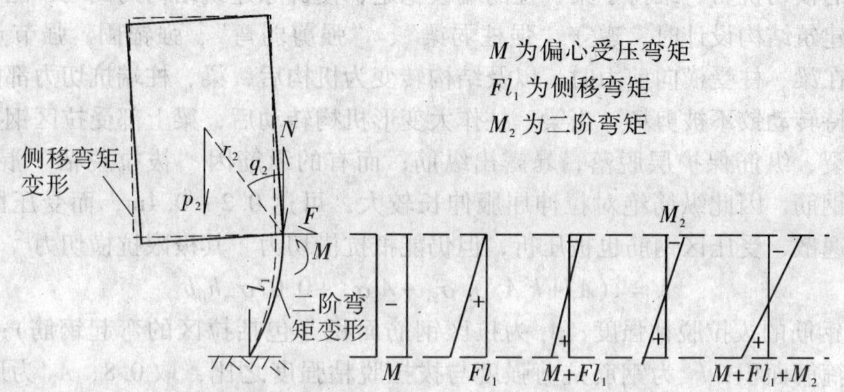

图 2.14 结构侧移引起的弯矩和二阶弯矩

2.5.4 机构偏心受压残余弯矩

建筑物的后排立柱，以 $a_c=0.8\sim1$，$\sigma_c=\sigma_{cs}$，$\sigma_s{}'=\sigma_{st}$，$\sigma_s=\alpha_t\sigma_{ts}$，$\alpha_t=\cos(\theta_p/2)$，代入式（2.7b）考虑到压区 $a_s{}'$厚保护层脱落，

$$M=\alpha_c\sigma_c bx^2/2+\sigma_s A_s\ (h_0-x-a_s{}')\ +\sigma_s{}'A_s{}'x \tag{2.10}$$

计算机构运动过程中大偏心受压立柱的残余初弯矩 $M_b=k_dM$。对现浇钢筋混凝土框架结构，当框架前倾而后排立柱后倒时，其柱的初始轴压力为

$$N_0=p_2[1-m_2r_2^2\sin^2q_{2,0}/\ (J_{b2}-m_2r_2^2\cos^2q_{2,0})] \tag{2.11}$$

式中：p_2 为切口上建筑物重；m_2 为切口上建筑物质量，r_2，q_2，$q_{2,0}$ 和 J_{b2} 分别为其质心对立柱上端中性轴连线的距离、与铅垂线的夹角、它的初始夹角和转动惯量，见图 2.14，并详见 7.5.4.1 节。由式（2.11）决定的初始轴压力 N_0，再由式（2.6），得压区高度 $x_0=(N_0-\sigma_{st}A_s{}'+A_s\sigma_{ts})/(\alpha_c\sigma_{cs}b)$，以 $x=x_0$ 代入式（2.10），考虑到 $\theta_p=q_2-q_{2,0}-q_1$，忽略压区钢筋，得机构残余弯矩

$$M_d\ =k_d[x_0N/2+\sigma_{ts}A_s(h_0-x_0/2-a_s{}')\cos(\theta_p/2)] \tag{2.12}$$

以 $q_2=q_{2,0}$，$q_1=0$，$N=N_0$，和估计的最终转角 q_2，q_1，N，依次代入式（2.12），并分别计算出 M_d，将其取平均值，即为偏心受压构件机构残余弯矩均值。式中 N 和 q_1 分别为后立柱

的轴压力和后倒角（负值），q_2，q_1，N 可由解（6.88）方程和其近似解获得，见 7.5.4.1 节。机构残余弯矩均值也可以由小于机构残余弯矩初值 M_b 粗略估计，由此引起的误差，见 6.3.9.2 节。

从图 2.14 可见，最大弯矩 M_d 发生在后立柱的两端。由图 2.14 又可见，由于后立柱中部的弯矩接近零，故其极限支撑力大于柱的两端。因此，支柱两端首先压溃而抵抗弯矩下降，支柱抵抗整体下坐压溃的极限支撑力，可不考虑弯矩的影响，而采用式（2.4）计算。

2.6 梁柱横切和受拉

梁柱端的横切抗力，维持了梁、柱的端铰稳定，使拆除建筑结构的倒塌，能够以较保持多体运动。建筑结构设计时，遵守“强柱弱梁”、“强剪弱弯”、强锚固，强节点等设计原则，因此，在梁、柱受横向剪力时，以及结构转变为机构后，梁、柱端抗切力都能承受横向剪力，而维持转动铰不被剪坏。当梁、柱作大变形机构转动后，梁上部受拉区钢筋因向上横拉，箍筋断裂，纵筋保护层脱落，暴露出纵筋；而有的纵筋因“拔拉脱粘”混凝土裂开，暴露出拉区钢筋，因此纵筋绝对拉伸屈服伸长较大，可达 0.2～0.4m，而受压区混凝土压碎、卸载、逸散，受压区钢筋也被压折，但仍能抵抗横切力。其极限抗横切力[2]

$$V=(A_s+k_vA_s')\sigma_{ts}+A_z\sigma_{st}+0.07\sigma_{cs}h_0b \tag{2.13}$$

式中：σ_{ts}为钢筋的拔拉脱粘强度；A_s 为拉区钢筋面积（包括拉区的弯起钢筋）；A_z 为通过剪切面积的箍筋面积；k_v 为钢筋抗剪强度与拔拉脱粘强度之比，取 0.8；A_s'为压区钢筋面积；

当梁、柱转动$\frac{\pi}{3}$以后，原受压区压折纵筋可转而承受横向剪切引起的拉力，因此梁、柱端由抗剪转为抗拉，而此时钢筋混凝土构件的抗横切力也接近此时的抗拉力 T_s；梁、柱端的抗拉力

$$T_s=(A_s+A_s')\sigma_s \tag{2.14}$$

式中：$\sigma_s=\sigma_{ts}$时，T_s 为非完全离散的塑性牵拉力；当牵拉伸长超过极限时，可以认为 $\sigma_s=\sigma_{tp}$，则 T_s 为极限抗拉力 T_p，钢筋也将全部拉断。

一般来说，受拉梁、柱的极限抗横切力接近极限抗拉力，并可达到或超过 2 跨楼梁的剩余重量（砖墙跨落滑出），如 2.4.4 节所述。而在纵筋塑性牵拉伸长超过极限，且当剪、拉载荷大于 T_p 后，纵筋拉断，梁、柱间将完全离散。

现浇钢筋混凝土建筑机构，其梁柱钢筋的抗拔脱粘拉力，是形成非完全离散的依据。

2.7 高烟囱切口支撑部破坏失稳力学分析

钢筋混凝土烟囱高度多在 60m 以上。随着烟囱从 80m 增高到达 150m，其底外半径也从 3.5m 加大到 5.8m，壁厚与半径之比都相对从大于 0.1 减小到 0.075。从结构上看，烟囱增高，自重加大，但烟囱壁却没相应半径增厚，而成为薄壁结构。从拆除环境看，近年来国内高烟囱倒塌的环境越发苛刻，要求烟囱的倒向应越来越准。由此，迫使人们缩小切口圆心

角，以减小自重大的高烟囱过多、过快地破坏相对壁薄的支撑部，防止可能过大的偏离倒向。但是，缩小切口圆心角却减慢了烟囱的初始倾倒，甚至可能停倒。因此，迫切需要弄清高烟囱倾倒失稳的切口圆心角和倾倒时保持支撑部的纵向稳定，增强准确倒向措施，特别是高烟囱大自重引发的突加载荷破坏烟囱自身和支撑部，引起烟囱折断和倒向偏离现象更是不容忽视。近年来，苛刻环境下所采用的折叠烟囱拆除，必须维持支撑部的塑性铰，因此也提出了研究后剪支撑部的难题。

从研究中可知，爆破切口后，随着烟囱失稳和倾倒，支撑部从大偏心受压转为大偏心剪压的塑性状态，构件破坏复杂，已很难从钢筋混凝土结构学和前人有关烟囱切口支撑部受力分析研究中找到现成的结论以供借鉴，只能从支撑部破坏的观测中汲取经验，深化研究，形成认识。

2.7.1 倾倒失稳的圆心角和失稳弯矩

切口爆破形成后，支撑部在大偏心受压下脆性断裂，首先在定向窗口处破坏，截面上受压 1 区（见图 2.6）混凝土达到极限强度，受压钢筋达到屈服，压应力为矩形分布；由于是脆性破坏，受拉 3 区钢筋平均强度小于屈服极限，但是在判断倾倒失稳时，可留有富余，设 3 区钢筋达到极限抗拔拉强度，拉应力为矩形分布；切口支撑部破坏从受压区开始而形成残余压应力 2 区。根据烟囱纵轴 Y 的力平衡条件，在支撑部截面内有 $\sum Y = 0$，见图 2.15。因此，拉、压区边界（中性轴）圆心角之半 q_s 见式（2.15）[7]：

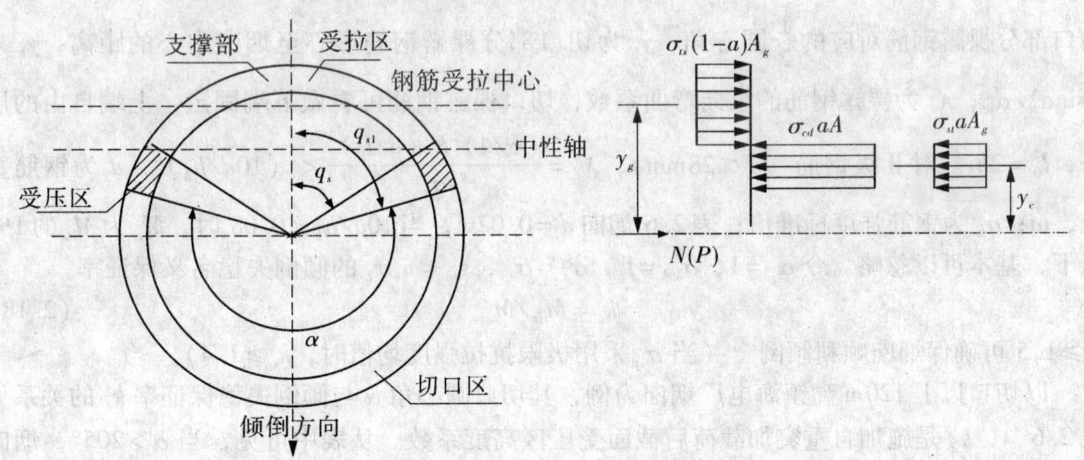

图 2.15 烟囱爆破切口截面受力图

图中 A 为全截面面积；aA 受压区面积；A_g 为钢筋总面积；aA_g 为受压区钢筋面积；$(1-a)A_g$ 为受拉区钢筋面积。

$$q_s = [(\delta \cdot \sigma_{cd} \cdot \lambda \cdot r_{cs} \cdot r_e + s_p) \cdot q_{s1} - p/2]/(\delta \cdot \sigma_{cd} \cdot \lambda \cdot r_{cs} \cdot r_e + s_p + s_{ap}) \tag{2.15}$$

式中：q_{s1} 为保留支撑部圆心角之半，R°＝rad；$q_{s1} = \pi - \dfrac{\alpha}{2}$；$\alpha$ 为切口圆心角，R°；r_e 为切口断面平均半径，m；r_{cs} 为混凝土在筒壁温度作用后的强度折减系数[13]；σ_{cd} 为 1 压区和 2 压区混凝土破坏抗压强度平均值，MPa，且 $\sigma_{cd} = \alpha_c \sigma_{cs}$，其中 σ_{cs} 为混凝土的弯曲随机抗压强度

均值（MPa），α_c 为混凝土受压等效矩形应力图系数，为 1.00～0.25；初始失稳取 1.0，中性轴后移时取小值；λ 为支撑部截面的纵向弯曲系数，按表 2.4 中 φ_λ 选取，表中 l_0 为切口高度 h_b；s_p 为每弧度圆心角的钢筋随机抗压强度均值（kN/R°），且 $s_p = n_s\sigma_{st}\lambda$，其中 σ_{st} 为钢筋随机强度均值（MPa）；n_s 为每弧度圆心角的钢筋面积 $10^3\text{mm}^2/\text{R}°$；$s_{ap}$ 为每弧度圆心角的钢筋平均抗拉强度，当中性轴后移过程中 $s_{ap} = n_s \cdot \sigma_s$，$\sigma_s$ 为钢筋抗拉强度，取（σ_{ts}～σ_{tp}），kN/R°；σ_{ts} 为钢筋抗拔强度均值，MPa，σ_{ts} 略小于钢筋极限抗拉强度标准值 σ_{tp}，δ 为烟囱切口处壁厚，m；p 为烟囱自重，kN。

烟囱倒向切口截面“受压区高度系数”[6] $\xi = (\cos q_s - \cos q_{s1})/(1 - \cos q_{s1})$，考虑到受拉 3 区钢筋按圆周分布连接中性轴，应调整 $\xi \geqslant 0.4$ 时，属于大偏心受压破坏，即烟囱失稳由受压区破坏引起。

在中性轴后移过程中，为在分析确保倾倒失稳时留有足够的保证余地，而设 $\alpha_c = 1$，$\sigma_{cd} = f_c$，$\sigma_s = \sigma_{tp}$ 和 $s_{ap} = \sigma_{tp} n_s$，截面倾倒力矩之半为[7]

$$M_{sp} = (p/2) \cdot r_e \cdot \cos q_s \tag{2.16}$$

截面抵抗力矩之半为

$$M_{sc} = \sigma_{cd} \cdot \lambda \cdot (q_{s1} - q_s) \cdot \delta \cdot r_{cs} \cdot r_e (r_e \cos q_s - y_c) + \sigma_{st} \cdot n_s \cdot \lambda \cdot (q_{s1} - q_s)(r_e \cos q_s - y_c) + \sigma_{tp} \cdot n_s \cdot q_s \cdot (y_g - r_e \cos q_s) + M_{ct} \tag{2.17}$$

式中：$y_c = r_e(\sin q_{s1} - \sin q_s)/(q_{s1} - q_s)$[7]，$y_g = r_e \sin q_s / q_s$[7]

初始失稳时截面抵抗力矩即为失稳弯矩。

M_{ct} 切口部位裸露钢筋的抗压抵抗力矩之半，即 $M_{ct} = s_p \alpha_{tc}(y_{tc} + r_e \cos q_s)\lambda_t$；式中 α_{tc} 为切口部分裸露钢筋对应的 $\frac{1}{2}$ 圆心角；y_{tc} 为切口部分裸露钢筋形心至烟囱中心的距离，$y_{tc} = r_e \sin\alpha_{tc}/\alpha_{tc}$；$\lambda_t$ 为裸露钢筋的纵向弯曲系数，切口裸露钢筋可看做下端固定，上端自由的压杆，$l_0 = 2h_b$。对Ⅱ级钢筋（$d > 28\text{mm}$），$\lambda_t = \dfrac{(\pi/4)^2 E\ (d/l_0)^2}{\sigma_t} < (10d/h_b)^2$，$d$ 为钢筋直径，m；σ_t 为钢筋强度标准值；表 2.6 烟囱 $d = 0.02\text{m}$，当 $10d/h_b < 0.08$ 时，M_{ct} 为 M_{sc} 的 1% 以下，基本可以忽略。令 $\alpha_c = 1$，$\sigma_{cd} = f_c$，$\sigma_s = \sigma_{tp}$，$s_{ap} = n_s\sigma_{tp}$ 的倾倒失稳名义保证率

$$k_c = M_{sp}/M_{sc} \tag{2.18}$$

$k_c \geqslant 1.5$ 可确保烟囱顺利倾倒[7]（当 σ_{tp} 采用极限抗拉强度均值时，$k_c \geqslant 1.4$）。

以切口以上 120m 高镇海电厂烟囱为例，其切口圆心角 α 与倾倒失稳保证率 k_c 的关系见表 2.6[7]，k_λ 是施加自重突加载荷后截面受压区高度系数。从表中可见，当 $\alpha > 205°$，烟囱于纵向力平衡下，在支撑部形成“塑性铰”，可实现顺利倾倒。

表 2.6　120m 烟囱切口圆心角 α 与倾倒失稳保证率 k_c 和 k_λ 对应关系

α（度）	190	200	210	220	230	240	260
k_c	1.108	1.414	1.786	2.250	2.825	3.558	5.721
k_λ	0.5962	0.6292	0.6639	0.7008	0.7397	0.7811	0.8697

2.7.2 自重突加载荷的圆心角

切口爆破瞬间，还存在突加载荷，切口上方的烟囱自重会以突加载荷叠加在支撑部上[7]，有可能压塌支撑部。其施加突加载荷后的峰荷值与原烟囱自重引起的载荷比值，$\lambda_p=[2(\pi-q_{s1})+q_{s1}]/\pi=2-q_{s1}/\pi$；对应不同的切口圆心角 α，施加突加载荷后的峰荷 $\lambda_p \frac{p}{2}$ 引起的受压区（q_s-q_{s1}）的高度系数 $k_\lambda=(\cos q_s-\cos q_{s1})/(1-\cos q_{s1})$，当 $k_\lambda>0.85$ 后，支撑部的受压区高度已接近支撑部全断面，为了安全不可再大。从表2.6中可见，当 $\alpha\geqslant 260°$，k_λ 已大于0.85，由此可见，在安全上留有余地时，α 应不大于240°。

突加载荷除了短时叠加在支撑部外，也短时增大烟囱各部的应力。突加载荷与切口上烟囱自重成正比，当切口角偏大，切口高度偏高时，其突加载荷越明显，烟囱高度越高，其突加载荷作用时间越长，因此可引发起爆后，烟囱及支撑部破坏，其防治措施详见7.2.2.2节。

2.7.3 中性轴后移和机构残余弯矩

随着高烟囱倾倒，支撑部处于大偏心受压破坏，其特征是中性轴向后移动。设烟囱系由切口弹塑性体和切口上方的刚体组成，切口截面遵从平截面假设[3]，则受压1区混凝土边缘的极限压应变

$$\varepsilon_{cu}=x_a\tan\beta$$

式中：β 为切口平截面转动角[1]，即刚体烟囱倾倒角；x_a 为混凝土的实际受压1区高度，混凝土的受压1区计算高度 $x\approx 2k_2x_a$，k_2 为受压1区混凝土应力合力作用点到受压1区外边缘的距离与 x_a 的比值，$2k_2\approx 0.8$[1]，因此

$$\varepsilon_{cu}=x\tan\beta/(2k_2)=r_e(\cos\alpha_{s1}-\cos\alpha_0)\tan\beta/(2k_2)^{[7]} \tag{2.19}$$

式中：α_{s1} 为压应力增高1区与极限平衡2区交界对应圆心角之半；α_0 为移动中性轴对应圆心角之半。根据 $\sum Y=0$（由于烟囱初始倾倒很慢，动强度系数 k_d 近似为1），则

$$\begin{aligned}&(\alpha_{s1}-\alpha_0)\cdot\sigma_{cs}\cdot\delta\cdot\lambda\cdot r_{cs}\cdot r_e+(q_{s1}-\alpha_{s1})\cdot\sigma_a\cdot\lambda\cdot\delta\cdot r_{cs}\cdot r_e+\sigma_{st}\cdot(q_{s1}-\alpha_0)\cdot n_s\\&=N_h/2+\sigma_{ts}\cdot\alpha_0\cdot n_s\end{aligned} \tag{2.20}$$

式中：N_h 为烟囱自重和质量引起对支座的竖直压力，kN；当烟囱单体倾倒时，

$$N_h=N\cos(q_0+\beta)-R\sin(q_0+\beta)^{[14]} \tag{2.21a}$$

此时，水平推力[14]

$$R_h=N\sin(q_0+\beta)+R\cos(q_0+\beta) \tag{2.21b}$$

其中径向反力[14]

$$N=P\{\cos(q_0+\beta)-(2mr_c^2/J_b)[\cos q_0-\cos(q_0+\beta)]\} \tag{2.22a}$$

切向反力[14]

$$R=P(1-mr_c^2/J_b)\sin(q_0+\beta) \tag{2.22b}$$

式中：m 为烟囱质量，10^3kg；J_b 为烟囱对切口支点的转动惯量，$10^3\text{kg}\cdot\text{m}^2$；而烟囱的初始倾倒角

$$q_0 = \tan^{-1}\left(\frac{r_e\cos(q_s)}{r_c}\right) \qquad (2.22c)$$

r_c 为烟囱重心高，m；σ_a 为残余压应力极限平衡区混凝土的抗压强度，MPa；σ_{cs} 为混凝土的抗压强度均值，MPa；σ_{cs} 和 σ_a 应考虑环向筋侧限影响的 Kant-Park 的 $\sigma_c(\varepsilon)$ 的表达式，详见式（2.3），由于烟囱倾倒时，切口逐渐闭合，定向窗口角端混凝土不断压坏，而当低切口闭合时，切口端应变计测值，不断在受压和卸载间振动，说明其上部损伤较小混凝土下移补充，因而使受压 1 区、2 区 ε_0，ε_{50c} 以及极限 ε_p 均增大。经观测中性轴后移推断，1 区和 2 区交介处的应变 ε_{cu} 增大为 ε_{50c} 的倍数近似为 2～6，而 $\varepsilon_p/\varepsilon_0$，可取至 q_{s1}；ρ'' 为环筋的体积比；s_h 为环筋间距；b'' 为受侧限混凝土的宽度，烟囱近似取壁厚 δ；$\sigma_a = 0.2\sigma_0$；$\sigma_0 = k_{cb}\sigma_{cs}$，当 σ_{cs} 取弯曲抗压强度均值时，C_{20}～C_{30} 混凝土 $k_{cb} = 1.35$；σ_{st} 为钢筋屈服强度平均值，MPa。

为简化分析，可近似认为 $\varepsilon_{cu} = 6\varepsilon_{50c}$，解力平衡方程式（2.20）至式（2.22）和变形协调方程式（2.19）、式（2.3）联立方程，可得切口上倾倒角 β 与移动中性轴圆心角之半 α_0 的关系，见图 2.16[7]。

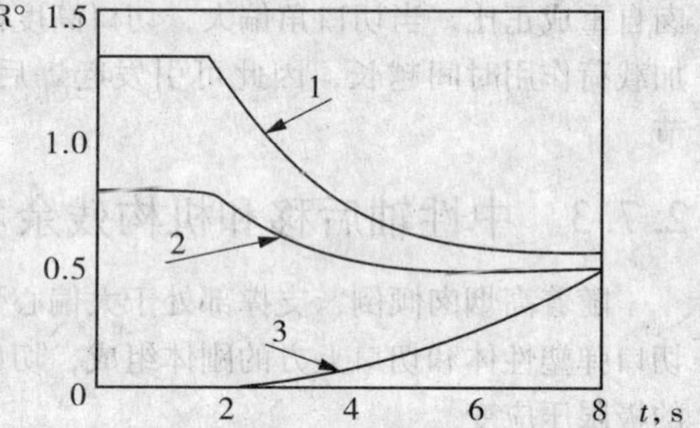

图 2.16　镇海电厂 +30m 支撑部中性轴及其参数

1—受压 1 区与 2 区交界圆心角之半 α_{s1}；2—中性轴圆心角之半 α_0；3—切口支撑部截面转动角 β。

从图中可见 α_0 随 β 增大而减小，并逐渐趋近极限值本文称极限中性轴，表明支撑部压应力增高 1 区和残余压应力极限平衡 2 区的总抗力已能支撑烟囱自重和 2 区拉应力弯矩所形成的载荷；这与观测一致[12]，由此说明以上分析，正确地反映了烟囱倾倒时，切口支撑部应力重新分布的过程。中性轴停止后移表明，烟囱在倾倒初期，暂时性纵向平衡，由此保证了在微倾阶段（倾倒角 1.5°～2°）烟囱的倒向，并顺利进入初始倾倒阶段。但当倾倒角 1.5°以上时，如果 α_0 减小到 $r_e(1-\cos\alpha_0) < \delta/2$，则支撑部将无能力支撑烟囱自重而被竖直压力 N_h 压塌。以切口以上为 120m 高的镇海电厂烟囱为例，极限中性轴圆心角之半 α_0 与切口圆心角 α 的关系，见表 2.7[7]，表中采用了标准强度，安全上留有了余地。从表中可见，当 $\alpha = 260°$ 时，中性轴已使受拉区缩小到壁厚 δ 之内，故难以承受 N_h 压力。从安全上留有余地考虑，α 不应大于 235°。计算和观测都显示，伴随着中性轴后移，压应力 1 区缩小，而压应力极限平衡 2 区增大，两区之比可小于 1/9。

表 2.7　极限中性轴圆心角之半 α_0 与切口圆心角 α 关系

α（度）	200	210	220	230	240	260	备注
α_0（度）	29.2	25.9	22.6	19.4	16.3	10.6	$\delta = 0.3$
$r_e(1-\cos\alpha_0)$	0.6286	0.4942	0.3779	0.2804	0.1994	0.0844	

中性轴后移稳定初期，支撑部的截面抵抗力矩为机构残余弯矩 $M_d = 2k_d M\alpha_{tn}$，

$$M \approx \sigma_{cd}\lambda \cdot (q_{s1} - q_s)(\delta - a_s')r_{cs}r_e(r_e\cos q_s - y_c)$$

$$+\sigma_{st}n_s\lambda(q_{s1}-q_s)(r_e\cos q_s-y_c)+\sigma_{ts}n_sq_s(y_g-r_e\cos q_s) \quad (2.23)$$

式中：$\sigma_{cd}=\alpha_c\sigma_{cs}$；$\alpha_{tn}$见式（6.36），$\alpha_{tn}\approx\cos q$。

极限压区边介对应的圆心角之半 α_0，是以中性轴后移推断应变极限 ε_p 获得，因而是近似的。在烟囱倾倒的初倾倒段，也可以用倾倒角 $q=(\beta+q_0)$ 与时间 t 的观测值，在切口闭合前，以式（6.38）曲线拟合出初始倾倒角 q_0 和对应的底部塑性铰的抵抗弯矩 M_b。由此，

$$q_s=\arccos(r_c\tan q_0/r_e) \quad (2.24)$$

$$\alpha_0=q_s \quad (2.25)$$

其对应的压区等效矩形应力图系数 α_c，应考虑后期拉区钢筋逐条拉断和 N_h、σ_c 随烟囱倾倒而减小，引起 M 降低，由此引入残余弯矩余留系数 k_{rM} 后，而由 $M_d=2k_dMk_{rM}\alpha_{tn}$，$q_s$ 在式（2.23）中求出 α_c。显然 α_c 随着烟囱增高、混凝土强度降低而取小值，C_{25} 混凝土的120m 高烟囱2 求得 $\alpha_c\approx0.3$。由于压应力相对均匀的2 区约占整个压区90%以上，因此以观测值曲线拟合的计算值 α_c，可以用于式（2.15）计算，并算出类似条件烟囱的极限中性轴位置及其对应的圆心角之半 α_0。

2.7.4　前剪区压剪引发不对称塑性铰轴

高烟囱在极大的自重压力下，切口前方筒壁压剪破坏是必然的，但前剪区的压剪力随烟囱倾倒角增大而减小，因此由前剪区压剪破坏引起的下坐是有限的，改善切口前方筒壁的强度，可以限制这种有限的下坐。当切口两端不同时，不平衡压碎时，将引起切口两端塑性铰不平衡和不对称底塑性铰轴。由于它多发生在微倾或初倾早期，发生越早越易引起倒向偏离。加强切口前方强度，采取减少定向窗夹角，减小切口高度，加强环筋对混凝土横向约束等措施，均可以推迟、延缓、限制这种压剪。因此，定向窗口的作用不仅在尔后切口闭合时，有均匀支撑烟囱的可能，而更重要的是在微倾和初倾阶段前期，较小的定向窗口角加强了前剪区的强度。烟囱倒向观测表明，见表2.8[7]，定向窗口角在30°以下，切口高在2.4m以下，前剪区的压剪破坏，引起的倒向偏离只在±2°以内，已经可以满足拆除工程的要求。

表2.8　钢筋混凝土高烟囱倒向偏离观测

名　称	切口以上烟囱高（m）	切口圆心角（度）	定向窗口角（度）	切口高（m）	倒向偏离（度）
茂名3、4 部炉烟囱	120	231	38	3	9
茂名沸腾炉烟囱	120	220.4	20～25	3	1
新汶电厂（烟囱2）	120	220	25	2.4	1.9
镇海电厂上切口（烟囱1）	120	210	20～25	2.0	1.5
广州纸厂烟囱中切口	70	220	30	1.8	<1

2.7.5　支撑部后剪和塑性铰消亡

随着烟囱的倾倒，烟囱倾倒角 β 的增大，根据观测前剪区已破坏，支撑部中性轴后移到

极限中性轴，从2.7.3节可知支撑部面临被后剪切危险，大偏心压剪破坏主要在压应力2区，即烟囱支撑部的塑性铰压区。维持塑性铰不后剪破坏，是应用多体动力学的主要条件。根据烟囱1环向摄像和广州纸厂烟囱竖向摄像观测后剪的范围，为简化分析，设后剪切面由1压应力区、2压应力区的斜平面，和拉应力3区的上凹曲面所组成，如图2.6所示。剪切面以上烟囱构成向后滑动体模型，仿照钢筋混凝土梁剪压破坏分析的“理论与试验结合法”，在本模型上建立公式，式中参数可参考钢筋混凝土受剪承载力计算取值和烟囱后剪观测，由此形成后剪滑动分析。

设 α_s 为剪切斜面的水平角，则斜平面的下滑力[7]

$$F(\alpha_s) = N_s\sin\alpha_s + R_s\cos\alpha_s \tag{2.26}$$

N_s 为1区和2区竖向压力，$N_s = N_h - N_t$；N_h 为烟囱的竖直压力（包括烟囱自重和3区纵筋拉力），kN；N_t 为1区和2区纵筋支撑力，kN；$N_t = 2\sigma_{st}\cdot(q_{s1}-\alpha_0)\cdot n_s\cdot k_{td}$；$k_{td}$ 为钢筋的动强度系数，取1.35；R_s 为支撑部的水平推力，kN，$R_s = R_h - T_t$；R_h 为烟囱水平推力，kN；T_t 为环筋的拉力在倾倒面的分量总和，kN，T_t 为 α_s 的函数，即 $T_t(\alpha_s)$；而滑动面抗滑力[7]

$$R(\alpha_s) = [N_c f_2 + (N_s - N_c)f_1]\cos\alpha_s - R_s f_2\sin\alpha_s + t_f + t_\tau \tag{2.27}$$

式中：N_c 为2区的支撑力（kN），$N_c = 2\sigma_a\ (q_{s1}-\alpha_{s1})\ (\delta - a'_s)\ r_e r_{cs}$；$f_1$ 为1区混凝土的摩擦系数，0.6~0.7，可取0.6；f_2 为2区破坏混凝土的摩擦系数取0.2；t_f 为支撑部纵向钢筋的暗锁抗力，kN；$t_f = \tau_0\cdot k_{sp}\cdot\cos\alpha_{st}$，$\tau_0$ 为纵筋剪切力；k_{sp} 为纵钢筋暗锁系数，1区取1，3区取0.3，当切口高度 $h_b > 1.5$m时，2区取0，$h_b \leqslant 1.5$m，k_{sp} 随 h_b 减小而从0线性增加到1；α_{st} 纵筋剪切力的水平角，1区取 α_s，3区取 $\alpha_s/2$；t_τ 为1区和部分3区混凝土的剪力和骨料咬合力（kN），其强度取混凝土抗压强度的0.125倍。则剪切滑动失稳系数[7]为

$$k_s = \max[F(\alpha_s)/R(\alpha_s)] \tag{2.28}$$

当

$$k_s(\alpha_{sm}) > 1 \tag{2.29}$$

支撑部将大偏心压剪失稳破坏。式（2.29）成立的最小 α_s 为 α_{sm}；式（2.28）中 $\tan\alpha_s \leqslant \alpha_h = h_b/\ [r_e\ (\cos\alpha_0 - \cos q_{s1})]$。当式（2.28）采用标准强度，3区采用极限抗拉强度，式（2.29）留有安全余地。

表2.9 部分钢筋混凝土烟囱后剪状况

序号	名称	切口以上烟囱高/m	切口圆心角/（°）	切口高/m	后剪状况	备注
1	镇海电厂烟囱1，+30m切口烟囱上段	120	210	2.00	明显后剪	当 $\beta = 0.1606$，$k_s = 0.99$；当 $\beta = 0.4678$，$k_s = 1.11$；
2	广州纸厂+30m切口以上烟囱	70	230	1.8	未后剪	$\beta = 7.6°$，$k_s = 0.98$，折叠烟囱
3	韶钢烧结厂14#烟囱	80	210	2.0	明显后剪	纵筋 $\varphi16@100$ 双层，底外半径 $R_2 = 3.38$m，壁厚 $\delta = 0.3$m，烟囱重953.8T

续表 2.9

序号	名称	切口以上烟囱高/m	切口圆心角/（°）	切口高/m	后剪状况	备注
4	韶钢烧结厂 90#烟囱	80	210	2.0	未后剪	纵筋 φ18@100 双层底外半径 $R_2=2.83$m，壁厚 $\delta=0.3$m
5	兰州西固电热厂 100m 高烟囱[15]	74	232	1.85	明显后剪	
6	恒运电厂 100m 高烟囱	99	237	2.00	拉区钢筋有后剪断裂现象	
7	广州纸厂 60m 高烟囱	60	235	3.00	半个支撑部滑离基础	
8	新汶电厂烟囱 2	120	220	2.4	后剪着地	支撑部拉区先切割 1/4 纵钢筋
9	茂名 3、4 部炉烟囱	120	231	3.0	后剪着地	
10	成热电 210m 烟囱	断裂面以上约 100m		0	断口似后剪	
11	武昌电厂烟囱[16]	100	220	3.8	明显后剪着地	支撑部拉区先部分切割纵钢筋
12	黄石电厂烟囱[16]	150	216	2.4	明显后剪着地	

从表 2.9 中可见，支撑部的后剪具有钢筋牵拉粘塑性特征，即 k_s 不仅应大于等于 1，而且应长时维持式（2.29），则是支撑部后剪失稳的充分条件，但长时多少还待研究。

观测烟囱后剪实况见表 2.9，由于 f_2，t_f，很难准确计算[1]，因此 k_s 也难准确算出。从部分烟囱以式（2.29）估算可知，120m，70m 乃至高位切口以上 50m 高烟囱支撑部，都有可能满足式（2.29），从而有可能发生后剪破坏。

从式（2.29）可知，支撑部后剪失稳与剪切角 α_s 紧密相关，降低切口高度和切口角，降低切口底高度，以减小可能发生的最大 α_s，是防止后剪失稳的主要措施。120m 高的单向倾倒烟囱，切口高度在 1.5m 以下，可以防止后剪。而降低切口高度后，应相应采取的其他措施，详见 7.2.2.7 节。

从式（2.27）可见，混凝土在后剪破坏中，受压 2 区和受拉 3 区的混凝土强度削弱，减弱了抗剪能力，而钢筋的随动硬化属性，却使其在塑性剪切变形中，抵抗了主要的后剪力。因此，不应该在后剪面附近切割支撑部中轴附近纵筋，详见 7.2.2.7 节。另外，尽可能增大支撑部对应的圆心角，增加并维持支撑部的纵钢筋，也能增加其抗后剪能力；此外，尽可能降低切口底高度，在 0.5m 以下，充分利用基础向上伸出插筋的抗剪力，减小拉区的 α_s，也可增强其抗后剪能力。

从式（2.26）可见增加对 N_h 的支撑，减小 N_h 对 $F(\alpha_s)$ 的载荷，也是防止下坐和后剪的措施，见 7.2.2.6 节。

表 2.9 也证实，高位切口 50m 高以上烟囱有可能后剪破坏，因此在混凝土烟囱多折爆破时，下切口应在相应上切口爆破后 1.5 ~4.0s 内起爆，以便在后剪未发生时，使下段烟囱向后运动而卸除后剪力，以免除塑性铰后剪破坏，详见 7.2.2.10 节。

在烟囱支撑部的塑性铰区，维持塑性铰不后剪破坏，是应用多体动力学实现烟囱折叠拆除的主要条件。

2.8 剪力墙受压

剪力墙在结构预拆除时，为受压构件，其极限支撑力 N_u 和极限弯矩 M_u 可按 2.5.1 节计算，以判断结构的安全。

当采用切口法拆除结构时，被切口切割后的剪力墙多为 T 形、L 形，为压、弯、剪力共同作用下的复合受力构件，其正截面承载计算与 2.5.2 节的大偏心受压构件相同。但是由于分布筋直径一般较细，因此墙外的异缘受拉区钢筋考虑受拉屈服，同时忽略墙体受压区的分布筋和靠近墙体中性轴的受拉分布筋的作用。由于纵横向剪力墙总是连成整体共同工作，当横墙受压时可将纵墙的一部分作为横墙的翼缘予以考虑。当纵墙受压时，也可将横墙的一部分作为纵墙的翼缘予以考虑。现浇剪力墙翼缘的有效宽度见表 2.10 所列各项中最小值取用，表中符号意义见图 2.17[17]。剪力墙的总承载力，由前后各分区的抗力所合成。由于剪力墙的倾倒，结构进入机构运动，在表 2.10[17]翼缘划分内，又可再按塑性变形抗力的不同，划分为翼缘连接区和单面墙区，见图 2.18。翼缘连接区，其翼缘边距横墙中轴 $1.5\delta_f$，而该区边距翼缘中轴为 $1.5b$；由于两区的抗力不同，单面墙区内横墙和纵墙及翼缘连接区抗力不同，由此合成剪力墙的机构残余总抗力。

表 2.10 剪力墙的有效翼缘宽度 b_f

考虑方式	截面形式	
	T（或 I）形截面	L 形截面
按剪力墙的间距 S_0 考虑	$b+\frac{S_{01}}{2}+\frac{S_{02}}{2}$	$b+\frac{S_{03}}{2}$
按翼缘厚度 δ_f 考虑	$b+12\delta_f$	$b+6\delta_f$
按窗间墙宽度考虑	b_{01}	b_{02}
按剪力墙总高度 H 考虑	$b+H/10$	$b+H/20$

按 2.4.3 节和 2.4.1 节，大偏心受压剪力墙的失稳弯矩 M_{um}，以下列方程计算[17]

$$N=\alpha_c\varphi_2\sigma_{cs}\delta_w\cdot x-\sigma_{ts}\cdot A_{sw}\cdot(h_0-1.5x)/h_0-A_s\cdot\sigma_{ts} \tag{2.30}$$

当 $x>(h_0-\delta_f)$，

$$M=\alpha_c\varphi_2\sigma_{cs}\delta_w x^2/2 \tag{2.31a}$$

当 $x\leqslant(h_0-\delta_f)<1.5x$，

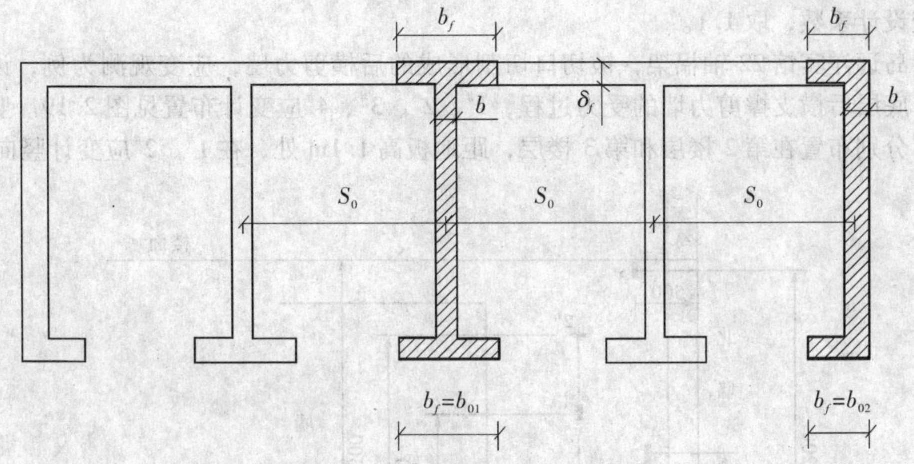

图 2.17 剪力墙结构翼缘划分

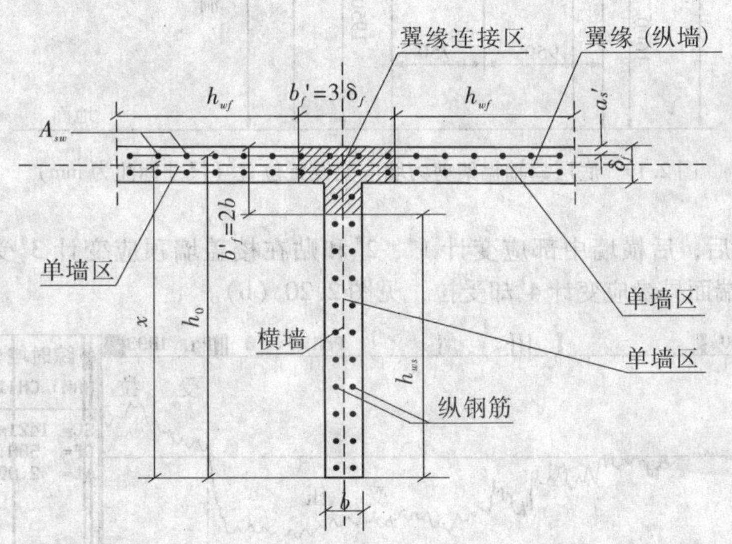

图 2.18 剪力墙翼缘连接区和单墙区（受压区 x，$h_0>x>h_0-\delta_f$）

$$M=\alpha_c\varphi_2\sigma_{cs}\cdot\delta_w\cdot x^2/2+\sigma_{ts}\cdot A_{sw}(h_0-1.5x)(0.5h_0-0.25x)/h_0+A_s\sigma_{ts}(h_0-x)\quad(2.31b)$$

式中：N_u 为剪力墙正截面抗压力；δ_w 为剪力墙厚；A_{sw}为 h_0的横墙全部钢筋面积，A_s 为 T 形或 L 形翼缘和翼缘连接区内钢筋面积；x 为剪力墙截面受压区高度；$(h_0-1.5x)$ 简化假定为受拉区；α_c 为混凝土受压等效矩形应力图系数；φ_2 为单墙区纵向稳定系数，见表 2.4 的 φ_λ。当 $\alpha_c=1$ 时，M 为结构失稳弯矩 M_{um}，用以判断剪力墙失稳转变为机构；而当建筑物机构运动时，受压区混凝土破坏应力图系数 α_c 下降，$\alpha_c=0.25\sim1$；h_0 为异缘受拉区钢筋到压区墙边距离；$k_dM\alpha_{tn}$为机构残余弯矩 M_d，见 2.4.1 节。多数剪力墙在失稳，而步入机构运动时，对单向倾倒的剪力墙，由于式（7.24）中 $N_s>N_u$，而开始下坐，N_s 为剪力墙的竖直压力，详见 7.4.2 节。即

$$x=(N_s+\sigma_{ts}\cdot A_{sw}+A_s\sigma_{ts})/(\alpha_c\varphi_2\sigma_{cs}\delta_w+1.5\sigma_{ts}\cdot A_{sw}/h_0)\quad(2.32)$$

当 $k_xx>h_0-\delta_f$ 时，中性轴移到翼缘，再由式（2.33）判断剪力墙下坐。式中 k_x 为压区

压力渐变设计系数，取 1. 1。

以青岛远洋宾馆 22 轴榀架，被切口切割形成的后横剪力墙，应变观测为例，说明切口爆破后，底层后横支撑剪力墙的受力过程，1[#]、2[#]、3[#]、4[#]应变计布置见图 2. 19。竖向应变计 5[#]、6[#]分别布置在第 2 楼层和第 3 楼层，距地板高 1. 1m 处，在 1[#]、2[#]应变计竖向上方。

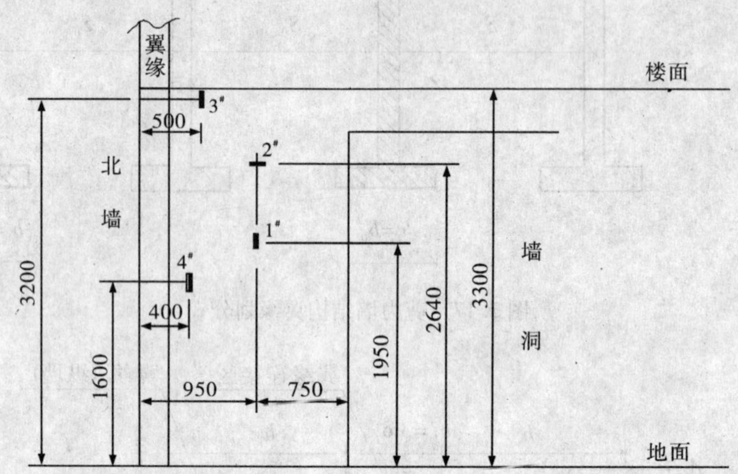

图 2. 19　底层㉒轴榀架剪力墙应变设置位置（尺寸标注为 mm）

当切口起爆后，后横墙中部应变计 1[#]、2[#]和贴在楼盖墙顶应变计 3[#]受压，见图 2. 20（a）；而后横墙端面异缘应变计 4[#]却受拉，见图 2. 20（b）。

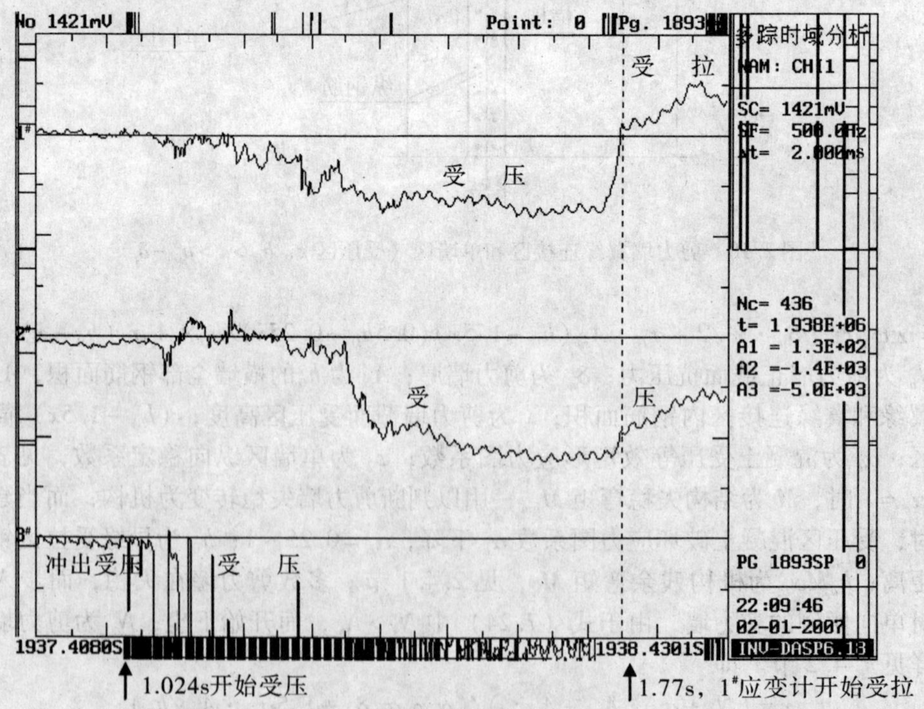

图 2. 20（a）　起爆后 1[#]～3[#]测点记录应变波形（0. 908～1. 932s）

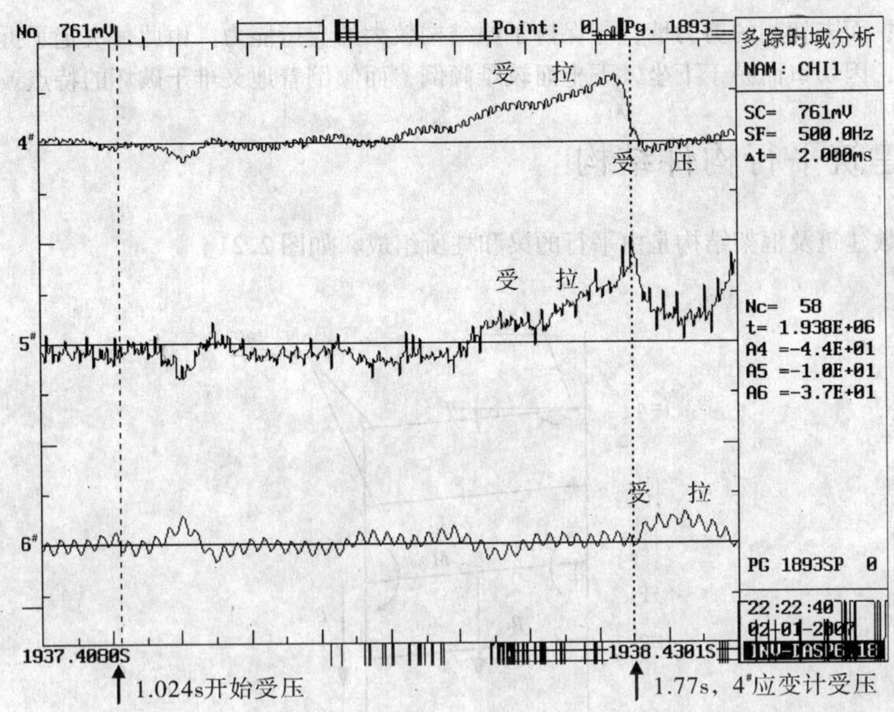

图 2.20（b） 起爆后 4# ~6# 测点记录应变波形（0.908 ~1.932s）

图 2.20 起爆后剪力墙应变观测

从图中可见，墙中性轴在 1#、4#应变计之间，后横墙承受大偏心压力，由此描述受压过程的式（2.30）、式（2.31a）、式（2.31b）和式（2.32），是正确的。随着后横剪力墙向前倾倒，后横墙端面异缘 4#应变计开始受压，而横墙中部 1#应变计转为受拉，表明后横墙受压而纵向屈曲破坏，横墙抗压大减，中性轴移到纵翼缘并转而受压，应变受压不大。即 $x > h_0 - \delta_f$，但还需验算横墙和纵翼缘最大承载力

$$N_u = \sum \varphi_1 \sigma_{cs} \delta_w h_{w1} + \sum \varphi_2 \sigma_{cs} \delta_w h_{w2} \alpha_c \qquad (2.33)$$

式中：h_{w1}，φ_1，h_{w2} 和 φ_2 分别为剪力墙翼缘连接区和单墙区的正截面高度和纵向弯曲系数，如图 2.18 所示，φ_1 和 φ_2 见表 2.4 的 φ_λ。构件计算支撑长度 l_0，当墙底爆后视为铰点时，大梯形爆破切口，高两层以上，并切割 2 层后跨，可视 l_0 为底两层楼层高，φ_1 的构件截面宽 b 取翼缘连接区边长宽 b_f' 的短边长 $2b$。当 $b_w = \delta_f$，$b_w = b$，$b = \delta_f$ 时，$\sum h_{w1}$ 取纵横墙的翼缘之和，即 $\sum h_{w1} = b_f'$（长边）+（$2b - \delta_f$），φ_2 的构件截面宽 b 取剪力墙厚 b_w，$\sum h_{w2} \alpha_c$ 为单墙区的正截面高度与 α_c 积之和，即 $\sum h_{w2} \alpha_c = h_{ws} \alpha_c + 2h_{wf} \alpha_c$；$\alpha_c$ 在横墙取 0.25 ~0.35，翼缘取 0.45 ~0.6；h_{ws} 和 h_{wf} 分别为横墙和翼缘纵墙的截面高度。

如果 $x > h_0 - \delta_f$，

$$N_u < N_s \qquad (2.34)$$

剪力墙也将破坏而开始下坐。

综上所述，切割后的剪力墙，由翼缘连接区和单面墙区，其中有抗力较小的单面横墙区和翼缘单面墙区的抗力组成剪力墙的总抗力，由此较大地削弱了抗压、抗剪、抗弯能力，而

易于下坐；而未切割的剪力墙，却保持了原结构较大的支持能力。由此，决定了拆除现浇剪力墙结构，因切口而易于下坐，下坐而较难倾倒，而倾倒着地又难于破坏的特点。

2.9 建筑平行构件结构

大多数建筑及框架结构是由平行的梁和柱所组成，如图 2.21。

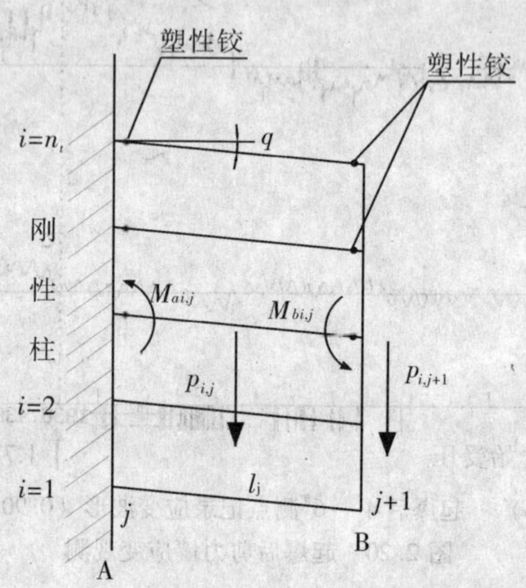

图 2.21 建筑平行结构力图（A、B 梁端成铰）

当各层梁的 A_i 端和 B_i 节点，都转变为塑性铰时，平行梁柱组合体才可能发生向下转动，即 j 跨组合体的抵抗弯矩

$$M_{uj} = \sum_{i=1}^{n_t} (M_{ai,j} + M_{bi,j}) \qquad i=1,\ 2,\ \cdots,\ n_t \tag{2.35}$$

式中：M_{uj}为组合体的极限抵抗弯矩，n_t 为楼层数，$M_{ai,j}$为第 i 层梁 A 端的节点极限弯矩；$M_{bi,j}$为梁 B 端第 i 层的极限弯矩；

当 j 跨载荷弯矩 M_j 考虑 B 端柱所带自重时，

$$M_j = \sum_{i=1}^{n_t} p_{i,j} l_j/2 + \sum_{i=1}^{n_t-1} p_{i,j+1} l_j \tag{2.36}$$

式中：$p_{i,j}$为跨 j 第 i 层梁所承担载荷；l_j 为跨 j 的跨度；$p_{i,j+1}$为跨 j 远端 B 所附的载荷与柱的自重之和；从式（2.9a）可知式（2.35）和式（2.36）也是倾倒角 q 的函数。

各层梁端的节点塑性铰的转角都达到或超过极限转角 θ_u，梁的端弯矩 $M_{ai,j}$和 $M_{bi,j}$均达到极限失稳弯矩时，若 $M_j > M_{uj}$，则 j 跨失稳而倾旋。

随着框架的下倾，$\theta_p > \theta_u$，$M_{ai,j}$和 $M_{bi,j}$逐渐减少，其和达到残余弯矩的 M_{dj}。

平行梁柱组合体的 A 端，塑性铰发生在梁端。B 端塑性铰的位置则不一定，对现浇钢筋混凝土框架，在设计节点时，梁端和柱端所能承受的弯矩是平衡的[18]，即 B 节点梁端弯矩

$$M_{B,i} \approx M_{cu,i} + M_{cd,i} \tag{2.37}$$

式中：$M_{cu,i}$为 i 层上柱下端弯矩；$M_{cd,i}$为 i 层下柱上端弯矩。

当切口层柱爆破后，其上的节点下柱已失去承受弯矩，即 $M_{cd,1}\approx 0$，由此破坏了切口以上 1 层节点原力矩的平衡式（2.37），使梁端弯矩大于节点上柱底端弯矩，即 $M_{B,1}>M_{cu,1}$，当框架在自重或撞地作用下作平行组合体形变，首先将破坏该节点上柱底端点，$M_{cu,1}$减小，从而减弱再上的 2 层节点下柱的端弯矩 $M_{cd,2}$，从而引起 2 层节点上柱端点的破坏，再使 $M_{cu,2}$减小，各上层节点上柱端点的破坏，可依次向上类推。由此可见，现浇钢筋混凝土框架，在作平行变形过程中，各层节点上柱端点的开始破坏可能相对梁端严重；最终当梁端出现塑性铰后，柱端和梁端都会破坏。而框架前趾撞地冲击，应力波在柱与楼梁交介处反射，总应力近倍增，若爆破切口高达 3 层，撞地冲量足够大，就足以使所有前排柱端塑性铰区形成。

但对装配式钢筋混凝土框架的牛腿柱，现浇框架 B 端柱与电梯间或与行路方向垂直倒向的楼梯间相连时，由于其结构相对梁端增大了强度，因此塑性铰仍发生在梁端 B。

2.10 小结

本章从建立建筑物拆除的多体－离散体动力学出发，研究了结构构件后破损效应及建筑机构的塑性铰性质，由此可以得到以下结论：

（1）本文以材料标准强度计算出结构安全极限抗力（弯矩）。以随机强度均值计算出结构失稳抗力（弯矩），并结合混凝土的受压等效矩形应力图系数和钢筋弯曲系数，在去除压区混凝土保护层后，计算了机构残余抗力（弯矩）。

（2）经观测和计算证实，构件的塑性铰，有其生成、发展、维持和消亡的过程。塑性铰的存在和规律，决定了多体系统动力学的运动。全断面钢筋的拔拉脱粘和屈服伸长，决定了转动铰断的非完全离散。

（3）建筑物倾倒时，框架后柱多为带侧移的大偏心受压构件，切割后的剪力墙为抗力各异的各单面墙区和翼缘连接区组成，烟囱支撑部由压应力增高区、压应力极限平衡区和拉应力区组成。由此构成各构件的抗力规律。

（4）在自重作用下倒塌结构的钢筋混凝土构件，破损失稳后首先在两端形成塑性铰；撞地冲击的长柱由强度决定，可能在柱中部形成弯曲塑性铰。构件结构安全极限弯矩，构件结构失稳弯矩和机构残余弯矩，可由式（2.6）、式（2.7a）、式（2.7b）及由分别相应参数计算，结构塑性铰的长度由式（2.8a）计算。在构件的横断面，塑性铰的转动中心在中性轴上。

（5）大偏心受压构件有两种破坏方式，以延性破坏设计的钢筋混凝土梁、立柱多为“延性（受拉）破坏”，钢筋混凝土烟囱切口支撑部多为“脆性（受压）破坏”，由此决定相应的塑性铰位置。

（6）大多数建筑及框架结构是由平行的梁和柱所组成，当同跨各层梁两端或相应上下柱端都产生塑性铰，框架开始失稳倾倒。建筑平行构件结构，给建筑机构多体形成丛多冗余约束，由此可以简化多体系统。爆破切口高达 3 层的现浇钢筋混凝土结构，当切口前沿柱爆破拆除而冲击撞地，足以使所有前排柱端塑性铰区形成，而发生叠饼式坍塌，由此决定爆堆前沿位置。

参考文献

[1] 丁大钧．混凝土结构学［M］．北京：中国铁道出版社，1988.

[2] 程文瀼，康谷贻．混凝土结构［M］．北京：中国建筑工业出版社，2001.

[3] 腾智明，等．混凝土结构及砌体结构［M］．北京：中国建筑出版社，1995.

[4] 江见鲸，李杰，金伟良．高等混凝土结构理论［M］．北京：中国建筑工业出版社，2007.

[5] 林晓，查宏振，魏惠之．撞击与侵彻力学［M］．北京：兵器工业出版社，1992.

[6] 程文瀼，康谷贻，颜德姮，江见鲸，混凝土结构［M］．北京：中国建筑工业出版社，2001.

[7] 郑炳旭，魏晓林，陈庆寿．钢筋混凝土高烟囱切口支撑部失稳力学分析［J］．岩石力学与工程学报，2007，25（增1）：3348－3354.

[8] 过镇海．钢筋混凝土原理［M］．北京：清华大学出版社，1999，3.

[9] 李国豪．工程结构抗爆动力学［M］．上海：上海科学技术出版社，1989，7.

[10] 余同希，（香港）W. J. 斯壮．塑性结构的动力学模型［M］．北京：中国建筑工业出版社，2007.

[11] 郑炳旭，魏晓林，傅建秋，王永庆，林再坚．高烟囱爆破拆除综合观测技术［A］//中国爆破新技术［C］．北京：冶金工业出版社，2004：857－867.

[12] 郑炳旭，魏晓林，陈庆寿．钢筋混凝土烟囱爆破切口支撑部破坏观测研究［J］．岩石力学与工程学报，2006，第25卷（增2）：3513－3517.

[13] 曹祖同，丁玲勇，陈云霞．钢筋混凝土特种结构［M］．北京：中国建筑工业出版社，1987.

[14] 魏晓林，郑炳旭，傅建秋．钢筋混凝土烟囱折叠倾倒的力学分析及数值模拟［A］//中国爆破新技术［C］．北京：冶金工业出版社，2004：564－471.

[15] 齐世福，龙源，徐全军，等．100m高烟囱高位切口定向爆破效果分析［A］//工程爆破文集（第七辑）［C］．乌鲁木齐：新疆青少年出版社，2001：437－443.

[16] 谢先启，韩传伟，刘昌邦．高大烟囱定向爆破中的下沉现象及引起事故的原因分析与对策探讨［A］//中国爆破新技术Ⅱ［C］．北京：冶金工业出版社，2008：464－468.

[17] 车宏亚，颜德姮，程文瀼，江见鲸．混凝土结构［M］．北京：中国建筑工业出版社，1998.

[18] 丰定国，王社良．抗震结构设计［M］．武汉：武汉工业大学出版社，2001.

3　建筑构件冲击

3.1　引言

建筑结构冲击撞地破坏的力学过程，本章抽象为重物刚体，对支撑构件弹塑性体，在着地时的碰撞来研究。本章首先分析了弹性共轴正碰撞，而后分析了弹塑性共轴正碰撞。研究了层内短柱的破坏，首先发生在柱的两端压溃；层间长柱依爆破高度引发的撞地冲量，可在柱中段破坏生成塑性铰，从而形成折叠柱。本文着重研究了钢筋混凝土柱冲击破坏的不同压缩历程，即非稳态压缩、渐进稳态压缩和混合压缩等历程，并因此分别形成折叠柱和压溃柱。推导建立了含渐进稳态压缩的混合压缩历程的单位体积破碎比功与非稳态压缩比功的关系。研究了冲击构件的破坏长度，及撞地时其上的结构体的姿态变化。总结提出了楼房冲击撞地时，由层间折叠柱和层内柱端压溃生成“层间叠落”，由柱端铰侧移引起楼房倾倒“层间侧移”，和由同跨梁端铰下移引起楼房的“跨间下塌”等结构破坏形态。

楼房撞地的速度，一般在 15m/s 以下，而大多在 10m/s 左右，为极低的速度碰撞，而碰撞结构体的质量又比被撞支撑构件大 30～50 倍。因此，本文在撞击碰撞时，除采用应力波分析外，必要时也采用准静态分析。由于建筑物撞地时，距地面已近，从拆除工程和爆堆确定的需求出发，并不需要精确的细观分析。因此，本文仍采用理论力学对碰撞的描述，其基本特征和相应假设如下：

（1）碰撞延续的时间极短，通常以千分之几甚至万分之几秒计；

（2）物体在碰撞前后的速度是有限值，所以，在极短的碰撞过程中，因碰撞而发生的位移非常小，因此位移可以忽略，结构位态不变；在构件破坏的塑性碰撞中，由于楼房质量比构件大一个数量级，因此也要考虑碰撞体碰撞时的位移和势能变化；由于碰撞力是一个很大的力，它的功仍需考虑，因而碰撞产生了塑性铰和破坏区并改变了碰撞构件的速度；

（3）在碰撞过程中，碰撞物体之间产生很大的碰撞力，相形之下，非碰撞力显得微不足道，因此略去了非碰撞力。但是碰撞后，解体构件的运动，将由自重、动能、克服塑性铰弯矩、摩擦力和破碎构件抗力等做功决定。

从理论力学对碰撞描述的特征和假设，可以看出，建（构）筑物冲击的解体和运动，不可能像第 2 章、第 4 章和第 6 章那样去比较精确计算。而且结构的碰撞问题，不但在相关学科研究甚少，并且没有现成的结论，而且研究观点和方法也难以借鉴。因此，研究时在总结归纳现场观测基础上，将适当简化，多以动量定律、功能转换和守恒原理以及经验和实测来解决。

3.2　冲击应力

框架下落，立柱冲击受压，发生在前立柱和爆破的后立柱。由于切口爆破，柱的上端与楼梁连接处因塑性铰而部分断开，见2.9节和2.5.3节。当立柱下落率先撞击地面后，可设楼梁刚体再撞击立于地面刚体的立柱，见图3.1，其中 l_1，s_1，m_1，ρ_0，E_0，c_0 分别为混凝土立柱的长度、断面积、质量、密度、弹性割量和纵波波速，柱的上端以45°压力扩散角内的楼梁断面比柱断面大约 n_s 倍，前后完整楼面 $n_s>7$，中间边柱半楼面 $n_s>4$，m_2 为楼梁质量；当楼梁撞柱的速度 $v_0 \ll \dfrac{\sigma_{cs}}{2\rho_0 c_0}$，立柱上端产生的应力[1]

$$\sigma_{u,1} = c_0\rho_0 v_0 \exp\left(-\frac{s_1}{m_2}\sqrt{E_0\rho_0}\,t\right) \tag{3.1}$$

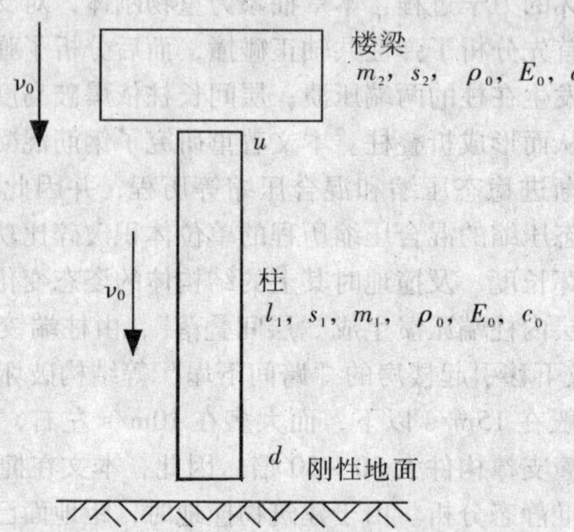

图3.1　楼梁和柱下落冲击地面简图

当应力峰值 $\sigma_0 = c_0\rho_0 v_0$[2]，传播到撞地端，在时间 l_1/c_0 内反射后应力增至

$$\sigma_{d,1} = 2\sigma_0 \quad [1] \tag{3.2}$$

当应力波反射回柱上端，在 $t=2l_1/c_0$ 时，令反射波时间 $t_1=0$，柱上端总应力[1]

$$\sigma_{u,1} = \frac{2\sigma_0}{1+1/n_s} + \sigma_0 \exp\left(-2\frac{m_1}{m_2}\right) \tag{3.3}$$

当 $2l_1/c_0 < t < 4l_1/c_0$ 时，其总应力[1]

$$\sigma = \exp\left(-s_1\sqrt{E_0 p_0}\,t_1/m_2\right)\left\{\sigma_0 \exp\left(-2m_1/m_2\right) - \left[2\sigma_0/\left(1+1/n_s\right)\right] s_1\rho_0 c_0 l_1/m_2\right\} \tag{3.4}$$

当 $t=3l_1/c_0$ 时，撞地端再次反射的总应力

$$\sigma_{d,1} = 2\sigma\,(0) + \sigma_0\exp\left(-2m_1/m_2\right) = 3\sigma_0\exp\left(-2m_1/m_2\right) \tag{3.5}$$

从以上柱撞地应力分析看，柱两端的应力峰值在线弹性变形阶段，总大于柱中部的应力。当未反射应力波的 $\sigma_{u1} > \sigma_{cs}\,(1+1/n_s)/2$，未反射的 $\sigma_{d1} > \sigma_{cs}/2$ 时，柱的上下端因应力波反射，叠加应力大于强度而开始破坏，形成塑性区[2]；由于撞地端的反射系数为2，大于上端的应力反射系数 $2/(1+1/n_s) >= 1.6 \sim 1.75$，因此撞地端的破坏将大于柱上端，已为框架、仓体前后柱撞地的破坏事实所证实。

剪力墙撞地也与立柱相似，见第2章2.8节图2.20，楼盖下墙的上端3#应变计，因撞地应力波的反射而加强，压应变比墙中部的应变计1#和2#大很多，当未反射的应力波 $\sigma_{u1} > \frac{\sigma_{cs}}{2}(1+1/n_s)$ 时，在墙的楼盖处必先破坏，而形成塑性区。

从式（3.1）、式（3.3）和式（3.5）可见，当楼房的质量 m_2 很大时，$\frac{m_1}{m_2}$就很小，一般为$\frac{1}{30} \sim \frac{1}{50}$，$\sigma_{u1}$将衰减得很慢，而接近$\frac{c_O\rho_O v_O}{(1+1/n_s)}$，支撑构件两端塑性破坏应力保持时间也越长。我们也可以按极端情况作出估计，当撞击楼梁以上的质量 m_2 比被撞击柱的质量 m_1 大得多时，那么在楼梁静止下来之前，压力波在相对较短的柱内往返反射多次。任何瞬时，设柱中的应力状态在全柱中近似均匀，则可以令柱中的最大应变能$\frac{s_1 l_1 \sigma_1^2}{2E_0}$与撞击楼梁损失的动能$\frac{m_2 v_0^2}{2}$相等[3]，则柱中的最大应力

$$\sigma_{1,\max} = v_0 \ (m_2 E_0 / s_1 l_1)^{\frac{1}{2}} \tag{3.6}$$

从以上分析可见，撞地楼柱的速度 v_0 越大，撞地柱中的应力 σ_1 成线性地增大，撞地楼质量 m_2 越大，$\sigma_{1,\max}$成平方根关系增大；而$\frac{m_2}{m_1}$越大，被撞柱两端塑性破坏应力维持的时间也越长，引起柱端的破坏也越严重。

3.3 冲击破坏

当冲击应力大于动应力强度后，支撑构件开始破坏，而破坏多少却取决于破碎功，以下研究柱冲击破坏的位置。

3.3.1 冲击破坏的位置

立柱撞地，当

$$\sigma_{u1} > \sigma_{cs} \ (1+1/n_s) \ /2, \ \sigma_{d1} > \sigma_{cs}/2 \tag{3.7}$$

立柱的两端首先出现应力波反射破坏，立柱拉区钢筋松弛，继而上下端失去抵抗弯矩能力，可近似认为立柱轴心受压。对 $l_0/b \geqslant 8$ 的长柱，当冲击载荷两端破坏后，继续动压，在立柱中部可出现冲击动压失稳的弯曲破坏断面，形成新的塑性铰区。

现以3柱2跨8层恒运电厂办公楼后立柱为例，研究爆破后柱对其受力的影响。当切口层的前排、中排立柱爆破拆除后，见第2章2.5.4节，如图2.14所示，和第6章6.3.9节，后排立柱同时作用竖直轴向压力 $N = p_2[1 - m_2 r_2^2 \sin^2 q_{2,0} / (J_{b2} - m_2 r_2^2 \cos^2 q_{2,0})]$，水平后推力 $R = p_2 m_2 r_2^2 \sin q_{2,0} \cos q_{2,0} / (J_{b2} - m_2 r_2^2 \cos^2 q_{2,0})$，以及向前倾倒弯矩 $M_{t0} = p_2 r_2 \sin q_{2,0}$，仅以上算式忽略了柱端抵抗弯矩 M_p，详见式（6.88）的简化假设，$q_{2,0}$为初始 q_2。但抵抗推力 $R_p = M_p / l_1$，当 $M_{t0} > M_p$，一般来说 $R > R_p$，向后力矩 $Rl_1 > M_p$，后立柱向后倾倒，在柱底端形成塑性铰；而柱内应力如图2.14所示，从图中可见，柱中部弯矩最小，由此说明，当爆破切口达

3层，2层内砖横墙预拆除，后立柱支撑高度可达2层高，成为长柱，但中部仍可以不发生弯曲折断。当后立柱下端爆破后，柱下落撞地，其下落高度 $h_d=2w_b n_{le}$，$h_d=h_e$，式中：h_e 为爆破炸高，w_b 为柱断面长边 b_l 布孔最小抵抗线长，当单排孔时 $h_d=2w_b$，n_{le}为炮眼排数，撞地速度 $v_0=\sqrt{2gh_d}$，对应的冲击应力 $\sigma_{cr}=\frac{\sqrt{3}}{2}v_0\sqrt{E_0\rho_0}$，式中$\frac{\sqrt{3}}{2}$为钢筋混凝凝土柱的应力应变非线性系数，应力－应变关系按 Kent-Park 模型曲线，见图2.2，以等弹塑性功和 E_0 求得 $\sigma_{cr}=\frac{\sqrt{3}}{2}\sigma_0$；$E_0$ 为破坏时的割线弹性模量，由于 $v_0\leqslant 10\text{m/s}$，为极低速碰撞，立柱各截面应力见表3.1。

表3.1　立柱内冲击应力近似值

项目	单排	双排	三排
炮孔间距，m	0.4	0.4	0.4
爆破长度 h_e，m	0.4	0.8	1.2
立柱断面积 s_1，m^2	0.24	0.24	0.24
撞地速度 v_0，m/s	2.8	3.96	4.85
柱内冲击应力 σ_{cr}，MPa	14.06	19.88	24.35
结构自重应力 σ_p，MPa	6.2	6.2	6.2
下端反射后总应力 $2\sigma_{cr}$	28.11	39.76	48.70
C_{20}峰值动强度 σ_{C20}，MPa	21.12	21.12	21.12
2层支撑高度纵向弯曲系数 φ_λ	0.91	0.92	0.95
柱中强度 MPa	19.22	19.43	20.01

注：1. $\sigma_{cr}=\frac{\sqrt{3}}{2}v_0\sqrt{E_0\rho_0}$，动割线弹性模量 $E_0=14\times10^9\text{Pa}$，$\rho_0=2.4\times10^3\text{kg/m}^3$，$\sigma_p=p_2\left[1-m_2r_2^2\sin^2q_{2,0}/\left(J_{b2}-m_2r_2^2\cos^2q_{2,0}\right)\right]/s_1$，$m_2=244\times10^3\text{kg}$，$q_{2,0}=0.5185$；$\sigma_{c20}=\sigma_{cs}\times k_d=19.2\times1.1=21.12\text{MPa}$；$k_d$ 为混凝土动强度系数，取1.1；

2. 柱上端反射后总应力略小于柱下端；2层支撑高度 l_0＝层高×2－梁高－炸高＝$3.3\times2-0.5-h_e$，h_e 为炸高，h_d 近似取 h_e；

3. 质量系数 K_m 取1.05；

4. 以上未说明符号意义，详见6.3.9.1节。

从表中可见，柱内冲击应力峰值总小于柱上、下端应力，柱的大部分破坏将在下端；柱内的动应力峰值在单排孔爆破时小于柱中强度，故单排孔爆破不会引起后立柱折断；三排孔爆破，楼房下落冲击，柱中部动应力峰值大于柱中强度的1.2倍，因此后立柱中段，在爆破撞地时，当 m_1/m_2 很小，σ_{cr}衰减得很慢，长柱将压坏，并出现新的塑性铰区，双排炮孔爆破有可能柱中部形成新的塑性铰，但也有可能不破坏。当然，如果在2层楼板面上层柱断面缩小，则极有可能形成应力集中，而在爆破时楼房下落冲击破坏，而形成新的塑性铰，如表3.2例3。部分框架及其上的仓体，后立柱折断和压碎状况见表3.2和图3.2，从表中可见上述结论基本正确。后立柱中部形成新的塑性铰后，爆破切口也应相应加高，以免框架前趾撞地而不易倾倒。框架后排的中间层间柱，当柱中有边柱楼面时，为可靠地防止单孔爆破应力在楼面叠加而柱中可能折断，应采取松动爆破或仅切断柱底纵筋。

表3.2 爆破拆除框架类建筑后立柱炸高与折断实况

序号	工程名称	底层后立柱断面/m^2	立柱层高/m	楼层数	楼层高度/m	炮孔排数	实际炸高/m	后立柱破坏状况	备注
1	恒运电厂办公楼	0.4×0.8	6.6	8	26.4	3	0.9	中部折断	柱中断面0.4m×0.6m
2	海员宾馆楼	0.4×0.5	6.6	7	23.1	3	0.9	中部折断	
3	东莞信立农贸市场大楼	0.9×0.9	11	8	26.5	3	1.2	2层后柱根压碎，底层后柱根压碎2.5m	2层柱断面0.8m×0.8m
4	深圳西密电子厂2#楼	0.42×0.62	7.2	7	22.7	4	1.2	底层柱顶和柱根压坏	
5	深圳西密电子厂3#楼	0.42×0.62	5.3	7	17.8	4	1.2	底层柱已压碎大部分	
6	深圳潮味大酒楼	0.85×0.85	16.5	11	45	3	0.75	中部折断	外侧切钢筋
7	东莞建丰水泥厂方仓	0.5×0.5	4.8		24.5	1	0.4	仅后柱根和柱顶压碎0.4m	
8	东莞黄涌水泥厂圆仓1	0.5×0.5	6.5		21	切纵筋	0	未折断	
9	东莞黄涌水泥厂圆仓2	0.6×0.6	3.4			切纵筋	0	未折断	

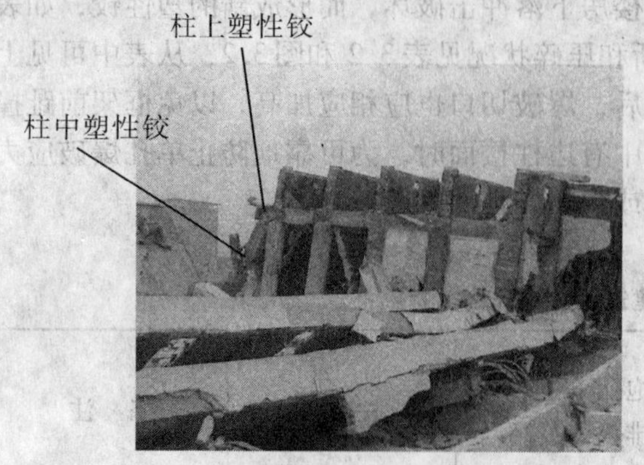

（a）东莞信立农贸市场大楼前视

（b）东莞信立农贸市场大楼后视

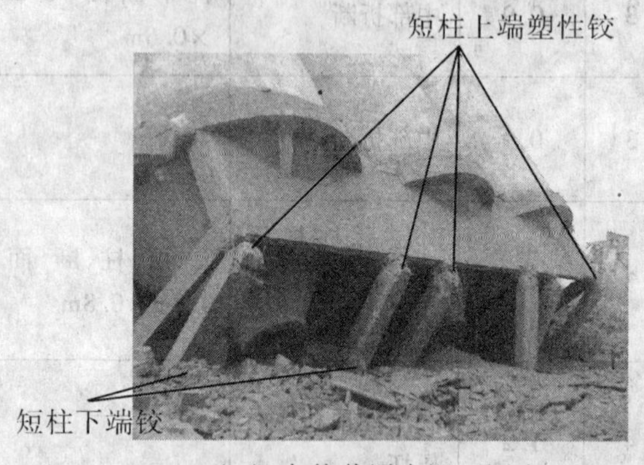

（c）东莞黄涌水泥厂圆仓1

（d）东莞黄涌水泥厂圆仓2

图 3.2　部分建筑后立柱折断实况

3.3.2　破坏历程和破碎功

构件撞地的破碎，缩短了构件长度，其破碎区的大小由钢筋混凝土的破碎功和框架撞地损失的机械能决定。而像钢筋混凝土这类的弹脆性随动软化复合材料，其冲击破碎功与冲击压缩的历程有关。由于至今其冲击破碎的机理不清，因而冲击破碎功的规律也就无从明晰。自 1948 年泰勒研究金属长杆弹冲击破坏以来，冲击动力学多研究金属弹体对靶体的冲击穿甲。近年来，由于抗冲击防护的需要，复合材料圆柱管轴向冲击压缩的研究也活跃起来，在研究冲击压缩的历程上，积累了实验结果。本章在其复合圆柱管冲击压缩研究的基础上，从钢筋混凝土柱和钢筋混凝土剪力墙破坏时的应变观测中，提出了弹脆性随动软化复合材料柱，冲击压缩的历程及其破碎功的规律。

3.3.2.1　非稳态压缩

立柱、剪力墙等支撑构件；当长宽比$\frac{l_0}{b}>8$ 属于长柱时，冲击撞地时在柱、墙中部形成破坏和塑性区，并以中部折断为特征，如表 3.2 中的例 1 和例 2，以及青岛远洋宾馆的后部割切的剪力墙等。该后墙前柱爆破后，应变计布置见第 2 章图 2.19，应变测定见图 2.20。从图中可见，墙体中的应变计 1#、2#、5#、6#应变很少上下波动，不论受压或受拉（塑性铰的受拉区），应变曲线与混凝土的损伤破坏段 $\varepsilon_0 - \varepsilon_{20c}$ 应力曲线单向衰减相似，见第 2 章图 2.2，呈现非稳态压缩形式，墙中段塑性区压坏，构性丧失支撑能力，表现在压缩载荷增大到 $k_d\sigma_0$ 动峰值载荷后，抗力从 $k_d\sigma_0$ 迅速减小到 σ_a。其破坏支撑构件的单位体积破碎比功，由形成塑性铰而导致整体破坏支撑构件的单位体积钢筋混凝土所需的比功 w_n（$\mathrm{J/m^3}$）决定，即混凝土应力—应变本构关系曲线包围的面积确定，其本构关系采用 Kent-Park 曲线时，见第 2 章图 2.2；破碎单位体积钢筋混凝土所需的比功

$$w_n = \left(\int_0^{\varepsilon 0}\sigma_{uc}\mathrm{d}\varepsilon + \int_{\varepsilon 0}^{\varepsilon 20c}\sigma_{dc}\mathrm{d}\varepsilon + \int_{\varepsilon 20c}^{\varepsilon p}\sigma_a\mathrm{d}\varepsilon\right)k_d = k_d\sigma_0(0.64\varepsilon_{50c} - 0.173\varepsilon_0 + 0.2\varepsilon_p) \tag{3.8}$$

式中：k_d 为动强度系数，取 1 ~ 1.2；$\varepsilon_p =$ （$2\varepsilon_{50c} - \varepsilon_0$） ~ $6\varepsilon_0$；该两系数均与碰撞速度有关，撞地速度越大，取大值。当 $\varepsilon_p = 2\varepsilon_{50c} - \varepsilon_0$ 时，$\sigma_c = 0$，

$$w_n = k_d\left(\frac{\varepsilon_{50c}}{\varepsilon_0} - \frac{1}{3}\right)\frac{\sigma_0^2}{E_0} \tag{3.9}$$

支撑件折叠破坏所形成塑性铰的破坏功

$$E_n = w_n \cdot s_1 \cdot l_1 \tag{3.10}$$

3.3.2.2 渐近稳态压缩

构件冲击，从一端或两端首先发生局部初始破坏后，随着冲击进一步加载以及楼梁下移，破坏从初始端向另一端或初始破坏的两端，向中部扩展，表现为渐进破坏行为，如受冲击的短柱，两端逐层压碎，而中部完整，这种破坏历程称为稳态压缩过程，本文称为压溃。其典型载荷位移曲线如图 3.3 所示[4]。

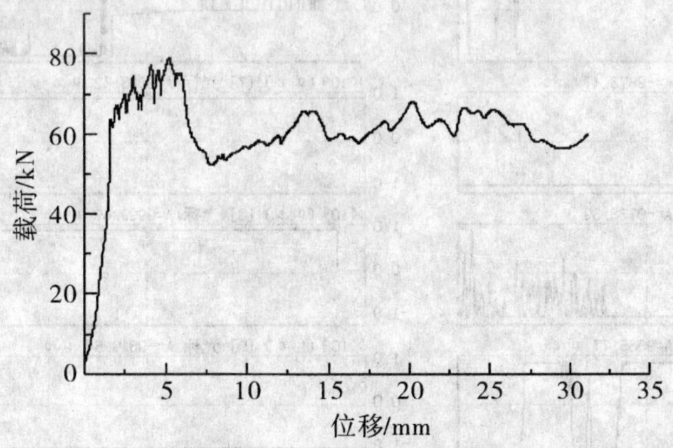

图 3.3 稳态压缩载荷位移曲线

从爆破拆除高层楼房后排立柱的应变观测，也可看到这种状况。沈阳天涯宾馆后柱安装的应变计，如图 3.4 所示。当柱爆破后撞地压应变稍增以后 1#、2#、5#、6#等应变计的压应变不断反复减小又反复增加，形成应变不断振动，如图 3.5 所示，而每次波动的时间，多大于应力波在楼层间的反射时间 $\frac{l_1}{c_0}$。

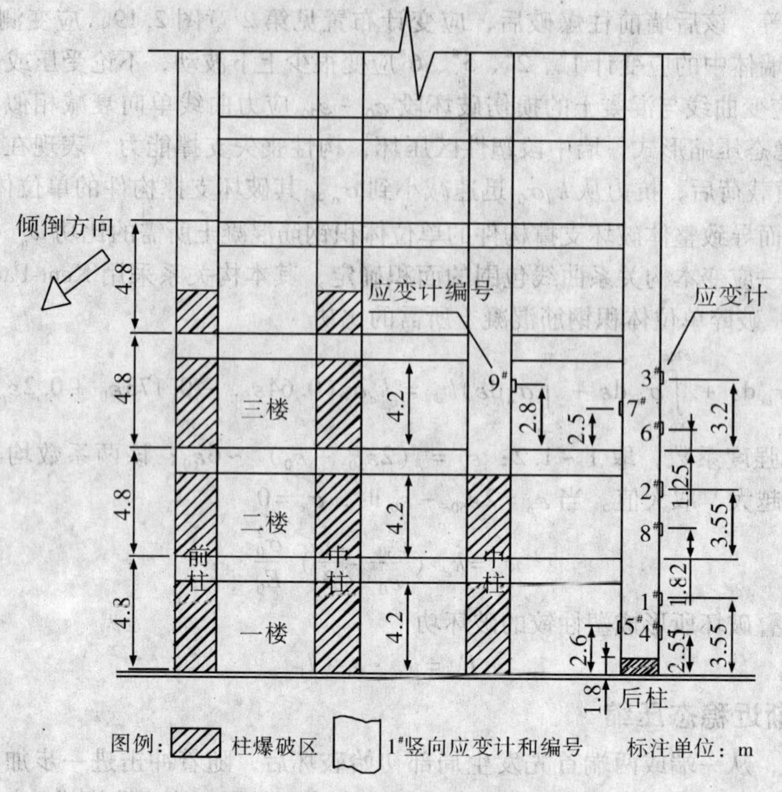

图 3.4　天涯宾馆后柱安装的应变计

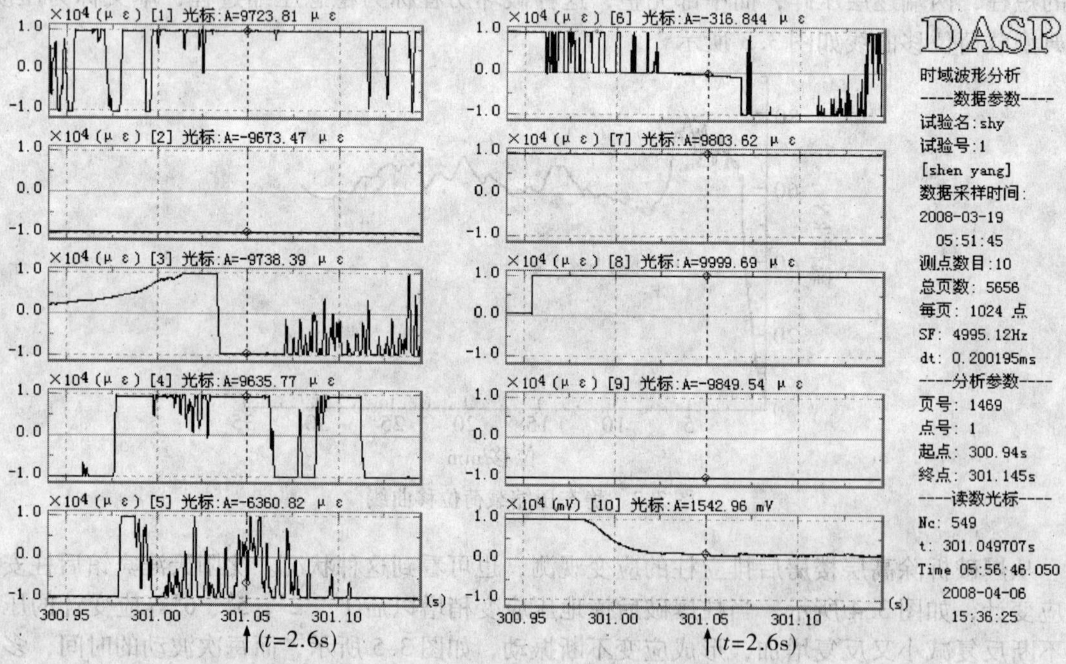

图 3.5　底层一楼前排柱起爆 1.63s（总起爆时间 t = 2.6s）后应变测点记录（各个测点初始应变为 0，[　] 内的数为应变计号）

由此可见，观测应变的不断大幅振动，不仅直接反映了楼层间应力波的不断反射传递，而主要是立柱受楼梁的冲击压力，反映了立柱两端逐层破碎所造成。由于层内破碎的碎片飞散的速度大于楼梁冲击下移速度，破碎层内短暂卸载，而后楼梁下移再次全断面接触加载，形成再下层破碎，由此逐层不断反复加载—卸载循环，表现出渐近稳态压缩历程中的应力振动。设柱与楼梁及地面全断面接触时，柱两端压缩时楼梁下移距离 Δl_i，i 为柱端破坏层序号，由于钢筋混凝土的脆性和随动软化性质，破坏速度（即塑性波速度，一般超过 200m/s）远大于楼梁冲击速度（一般小于 15m/s），脆性破坏导致箍筋间的碎块瞬间弹射，柱端破碎块飞出逸散，没有逸散的部分混凝土仍可受压，柱内而短暂部分卸载，楼梁会继续下移，其 i 全层的楼梁下移量 $\Delta l_{1,i}$，为 i 层的柱全部压缩长度，继续下移的楼梁又使立柱再次全断面接触，形成下次加载—卸载应力振动循环。由此可见，$\Delta l_{1,i}$是由全断面接触的压缩长度 Δl_i 和局面断面接触的压缩长度（$\Delta l_{1,i}-\Delta l_i$）所组成，$\Delta l_{1,i}>\Delta l_i$，而（$\Delta l_{1,i}-\Delta l_i$）为柱的局部断面与楼梁或地面接触时破碎混凝土的压缩长度。

在柱全断面被楼梁和地面压缩时，设柱的动强度抵抗应力 $k_d\sigma_{cs}$，近似常量，其抗力相应所做的破碎功，相等于定质量 m_2 楼梁下落消耗的动能和势能之和，即

$$k_d\sigma_{cs}s_1\Delta l_i=\frac{m_2}{2}(v_{2,i-1}^2-v_{2,c}^2)+m_2g\Delta l_i \tag{3.11}$$

式中：$v_{2,i-1}$和 $v_{2,c}$分别为压缩该段 Δl_i 的楼梁初速和末速。

钢筋混凝土随动软化弹脆性柱，断面内压碎部分，弹射飞散，而在柱剩余局部断面被楼梁及地面压缩时，设等效到 σ_{cs}强度的剩余局部平均断面 $k_s s_1$，则其剩余局部断面抗力相应所做的破碎功，同理也相等于定质量 m_2 楼梁下落消耗的机械能，即

$$k_s s_1 k_d\sigma_{cs}(\Delta l_{1,i}-\Delta l_i)=\frac{m_2}{2}(v_{2,c}^2-v_{2,i}^2)+m_2g(\Delta l_{1,i}-\Delta l_i) \tag{3.12}$$

式中：$v_{2,i}$为楼梁下移 $\Delta l_{1,i}$的末速度。

在楼梁下移 $\Delta l_{1,i}$柱抵抗楼梁所做的总破碎功，等于定质量 m_2 楼梁下落减少机械能总和，即

$$k_d\sigma_{cs}s_1k_{sc}\Delta l_{1,i}=\frac{m_2}{2}(v_{2,i-1}^2-v_{2,i}^2)+m_2g\Delta l_{1,i} \tag{3.13}$$

式中：k_{sc}为 i 段压缩 $\Delta l_{1,i}$的柱等效接触断面系数，即 $k_{sc}=[k_s(\Delta l_{1,i}-\Delta l_i)+\Delta l_i]/\Delta l_{1,i}$；在整个稳态压缩段，$i=1,2,\cdots,s-1,s$；$s$ 为压缩层段总数。柱在稳态压缩历程段抵抗楼梁所做的总破碎功为 E_l，即 $E_l=k_d\sigma_{cs}s_1k_{sc}\sum_1^s\Delta l_{1,i}=\frac{m_2}{2}(v_{2,0}^2-v_{2,s}^2)+m_2g\sum_1^s\Delta l_{1,i}$，则

$$E_l=k_d\sigma_{cs}s_1k_{sc}h_f \tag{3.14}$$

式中：h_f 为在稳定压缩历程楼梁质心下落的总高度 $h_f=\sum_1^s\Delta l_{1,i}$，如果 l_1 柱稳态压缩后，转为非稳态压缩，$k_l l_1$ 为楼梁最终下落高度，则楼梁最终下落 $k_l l_1$ 所做的破碎功

$$E_s=k_d\sigma_{cs}s_1k_{sc}k_l\cdot l_1 \tag{3.15}$$

式中：k_l 为 l_1 柱中的含 h_f 稳态压缩段和非稳态压缩历程的压碎部分的比例，$k_l<1$；E_s 包含稳态压缩所做的功 E_l 和非稳态压缩所做的功，而后段所做的功近似显现在后段压碎上。楼

梁全部坍塌 l_1 的所减少的机械能消耗在破碎功 E_s 上，即为

$$E_s=\frac{m_2}{2}\left(v_{2,0}^2-v_{2,l}^2\right)+m_2gl_1 \tag{3.16}$$

式中：$v_{2,l}$为柱塌 l_1 时楼梁末速，$v_{2,l}=\sqrt{v_{2,s}^2+2g\left(l_1-h_f\right)}$。

式（3.15）和式（3.16）分别为钢筋混凝土随动软化弹脆性柱的破碎功和机械能规律关系式。

从以上分析可见，柱受冲击而稳态压缩的破碎块度尺寸 d_2，必小于柱与楼梁全断面接触到局部断面，再到全断面接触的单个循环内的压缩的长度 $\Delta l_{1,i}$，即 $d_2\leqslant \max\Delta l_{1,i}$。而 $\Delta l_{1,i}$ 多与柱的箍筋间距有关，因为箍筋之间混凝土更易于压碎飞散。而柱的非稳态压缩，其柱破碎的块变最大尺寸 d_1 为相邻塑性区的间距，即 $d_1<l_1-2l_p$，l_p 为塑性区的长度，见第 2 章 2.4.2 节，故 $d_1\gg d_2$。

从式（3.10）和式（3.15）可见，包含稳态压缩的混合压缩柱与假设仅非稳态压缩长度 l_1 柱所做的功之比 E_s/E_n，可以实测出参数 k_{sc}，即

$$E_s/E_n\approx k_d\sigma_{cs}s_1k_{sc}k_ll_1/\left[\left(\varepsilon_{soc}/\varepsilon_0-\frac{1}{3}\right)\cdot k_d\sigma_0^2s_1l_1/E_0\right]$$

式中：E_n 为柱非稳态压缩所做的总功；E_0 为割线弹性模量。即

$$E_s/E_n\approx k_{sc}k_l/\left[k_{cf}\varepsilon_0\left(\varepsilon_{soc}/\varepsilon_0-\frac{1}{3}\right)\right] \tag{3.17}$$

k_{cf}为混凝土峰值强度均值 σ_0 与随机强度均值 σ_{cs}之比，见 2.2 节的 k_c，C_{30}的 $k_{cf}=1.5$。从式（3.17）相似求得含冲击稳态压缩历程的混合压缩段的单位体积破坏比功 w_s 与假设非稳态压缩的单位体积破坏比功 w_n 之比为$\frac{w_s}{w_n}$，$\frac{w_s}{w_n}=\frac{E_s}{E_n}$，即

$$k_{sc}=\left(\frac{w_s}{w_n}\right)\left(\varepsilon_{soc}-\varepsilon_0/3\right)\frac{k_{cf}}{k_l} \tag{3.18}$$

沈阳天涯宾馆 C_{30}柱和剪力墙在原地坍塌时，经实测$\frac{w_s}{w_n}$约为 28.32，大多数残留柱长 1.0m，l_1＝层高－梁高＝3－0.6＝2.4m，k_l＝（柱高－残柱长）/柱高＝（2.4－1.0）/2.4＝0.58。在天涯宾馆 1～5 层和 11～14 层柱平均 $\varepsilon_{soc}=0.01074$，应力峰值应变 $\varepsilon_0=0.002$。由式（3.18）可估算立柱接触楼梁等效断面系数 $k_{sc}=0.74$。由此，当已知钢筋混凝土的混凝土标号和箍筋布置，利用式（3.9）可计算动态压坏混凝土的破坏的 w_n，再实测出 w_s，并由 k_l（≈ 0.58）可计算得 k_{sc}（≈ 0.74）。并由式（3.15）的 E_s，得全部定质量压缩过程的等效强度

$$\sigma_e=E_s/s_1l_1=k_dk_{sc}k_l\sigma_{cs} \tag{3.19}$$

并且得

$$w_s=E_s/s_1l_1=\sigma_e \tag{3.20}$$

从式（3.19）可见，σ_e 正比于 σ_{cs}，k_l，k_{sc}，k_d。因此可得 C_{30}钢筋混凝土的 σ_e 推导其他混凝土标号，见 6.3.10 节的式（6.114）和 6.4.1.2 节的式（6.126）。当压溃柱段长在 1/2 层高柱内时，k_l 可取 1。不同支柱断面尺寸和箍筋间距也影响 k_{sc}，从而决定 σ_e 取值。

3.3.2.3 混合压缩历程

构件经历了初始阶段的渐进压碎破坏过程后，一些缺陷的扩展，累积逐渐明显，并取得支配地位，使构件后续阶段无法保持破坏状态，其承载能力也迅速降低，压缩抗力在波动中做微小增大波动后，迅速减小至很小幅值，而完全失去支撑能力，如图3.6所示[4]。这种压缩过程称为混合压缩过程。在原地坍塌爆破拆除楼房时，所受压的柱和剪力墙破坏，多为混合压缩过程。显而易见，混合压缩过程的能量消耗是稳态与非稳态过程所组成，由于非稳态压缩破坏功相对小1个数量级，因此混合压缩的破坏功可近似认为k_l比例的柱在稳态压缩历程的破坏功。

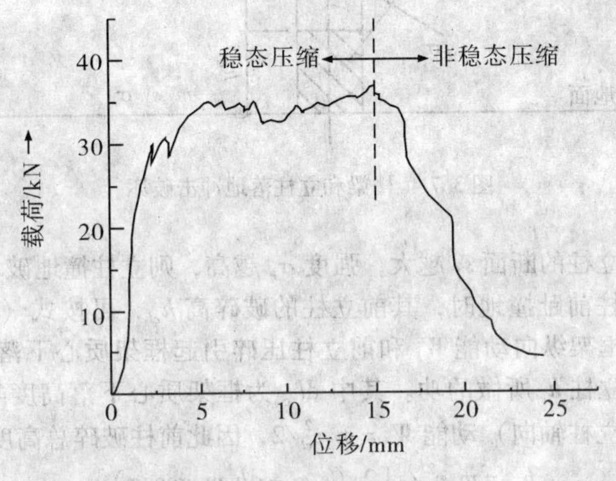

图3.6 混合压缩历程

3.3.3 冲击构件破碎高度

建（构）筑物冲击解体和破碎范围，难于准确计算，因此研究时，在总结归纳现场观测基础上，按3.3.2节的冲击混合压缩历程，将冲击过程适当简化和假设后，多以功能转换与守恒定律、动量定律以及结合经验和实测来解决。

3.3.3.1 底层柱的破碎高度

当立柱的压碎仅限于楼层底层内时，由于底层楼盖以上楼房的质量，比立柱自身的质量要大25倍以上，因此可以忽略掉立柱的质量，但必须考虑冲击过程中楼房下落的势能，则如图3.1所示的楼梁和立柱落地冲击，可简化为图3.7的力学模型。根据式（3.13）和式（3.16）能量方程，当楼梁停止下落时，$v_{2,S}=0$，得底层柱的压碎总高度h_{pf}

$$h_{pf}=m_2v_{2,0}^2/\left[2\left(s_1\eta-m_2g\right)\right] \tag{3.21}$$

式中：η为压碎单位体积m^3钢筋混凝土所需的比功，$10^3kJ/m^3$，$\eta=\sigma_e$；σ_e为立柱冲击破坏时的等效强度，10^3kPa，由式（3.19）得$\sigma_e\approx k_dk_{sc}k_l\cdot\sigma_{cs}$。当后柱撞地时，由于$h_{pf}$多小于层高较多，且没有非稳态压缩历程，故仅指渐近稳态压缩，$k_l=1$。

由式（3.21）可见，立柱的破坏高度h_{pf}与撞地速度的平方成正比，当楼梁的质量m_2越

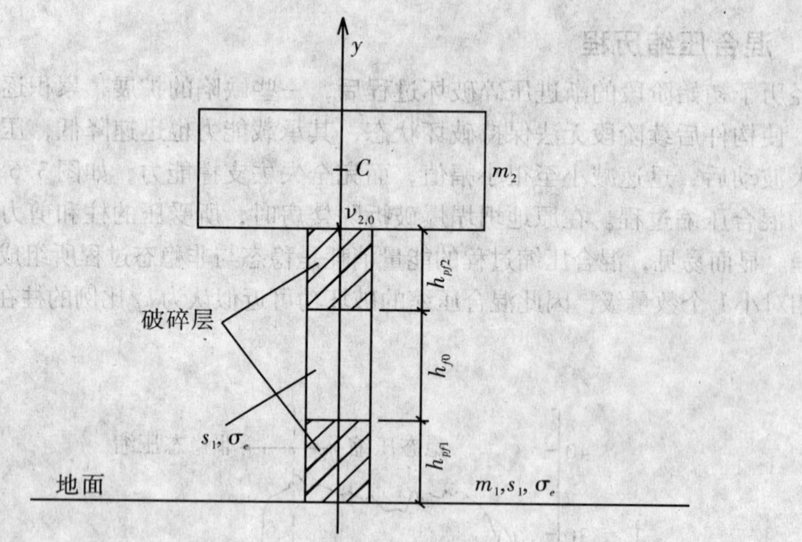

图 3.7　楼梁和立柱落地冲击破坏

大，h_{pf}也越大，但是立柱的断面 s_1 越大，强度 σ_e 越高，则立柱撞地破坏的高度也越小。

计算楼房倾倒前柱前趾撞地时，其前立柱的破碎高 h_{cf}，可按式（3.13）和式（3.16）能量方程，得到撞地框架纵向动能 W_l 和前立柱压碎引起框架质心下落（$dh_c \cdot h_{cf}$）的势能总和，用于全部压碎立柱 h_{cf}所做的功。其中 dh_c 为框架质心下落高度与前柱前趾下落高度之比；框架的纵向（立柱轴向）动能 $W_l = m_2 v_{cl}^2/2$，因此前柱破碎总高度

$$h_{cf} = m_2 v_{cl}^2 / \left[2 \left(s_1 \eta - dh_c m_2 g \cos\varphi \right) \right] \tag{3.22}$$

式中：φ 为框架撞地时，前立柱的撞地角，即立柱与竖直线的夹角；v_{cl}见式（6.125），详见6.4.1.2 节。

3.3.3.2　楼房原地坍塌高度

高层及多层楼房，在采用原地塌落爆破拆除时，立柱在底层内压碎，压碎立柱的质量 m_1，相对底层以上楼房的质量 m_2 很小时，$m_1/m_2 \leqslant 0.2$，其力学模型可简化为定质量冲击定抗力模型，见图 3.8 所示。从图中可见，根据楼房势能 mgh，原地塌落后剩余楼房势能 m_2gh_2，其势能差（$mgh - m_2gh_2$）全部消耗在克服层内破坏全部柱（面积 s，s 为图 3.7 中 s_1）产生竖向抗力 $s\sigma_e$ 所做的功 $s\sigma_e h_{fs}$，h_{fs}为除去梁高和爆破高度后，立柱破坏的高度。由此，利用楼房的原地塌落，可以测量立柱受冲击时的等效定强度 σ_e，即定质量冲击定抵抗强度

$$\sigma_e = (mgh - m_2gh_2)/(sh_{fs}) \tag{3.23}$$

也可以已知 σ_e，预计楼房原地坍塌时，柱的破坏高度 h_{fs}

$$h_{fs} = (mgh - m_2gh_2)/(s\sigma_e) \tag{3.24}$$

式中：m，m_2 分是楼房坍塌前、后的质量，h，h_2 分别是楼房坍塌前、后的切口爆堆上质心高度。

当力学模型为定质量冲击变抗力模型，见第 6 章 6.3.5 节式（6.56）。

但是，如果 $m_1/m_2 > 0.2$ 以上，被压碎的下层的质量散失，相应也带去了部分动能，上述定质量的冲击模型将不适用，而应当应用高层建筑变质量冲击的力学模型，如图 3.9 所示。

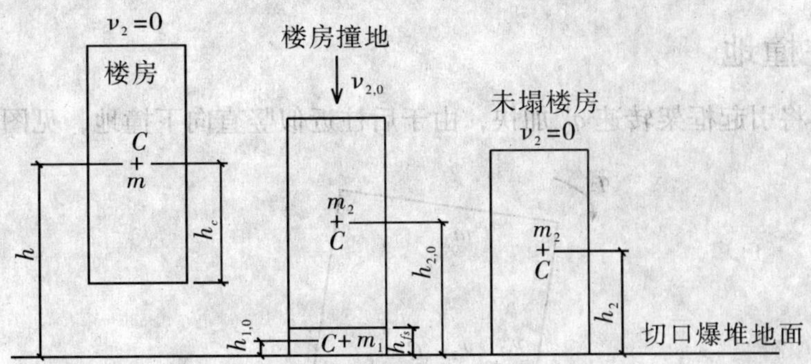

图 3.8　楼房原地坍塌定质量冲击机械能

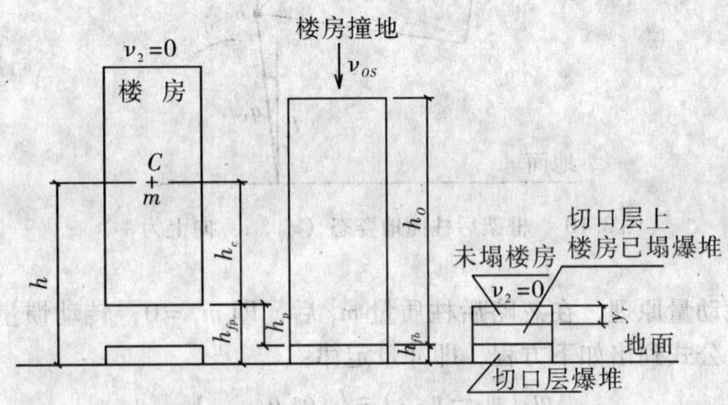

图 3.9　高层建筑变质量冲击

C 为质心；$m=m_1+m_2$

高层楼底连续下坐，克服立柱的动强度的单位 m^3 体积钢筋混凝土比功 σ_{cg} 所下坐高度计算，详见 6.3.6 节动力方程式（6.60）和 7.5.4.4 节。

$$\sigma_{cg}=[v_{os}^2+(\frac{2}{3})g(h_0-y_r^3/h_0^2)]\rho/[(1-y_r^2/h_0^2)s] \tag{3.25}$$

式中：ρ 为楼房沿高度的线质量，10^3kg/m；s 为底层立柱总横断面积，m^2；v_{os} 为楼房撞地时的速度，m/s，$v_{os}^2=2gh_p$；h_p 为切口层内不含梁高的楼房下落高度，m；$h_p=h_{fp}-h_{fb}$；h_{fp} 为切口高，m；h_{fb} 为切口层堆积的爆堆高，m；h_0 为楼房刚着地时，在切口层爆堆上的楼高，m；$h_0=H-h_{fp}$；H 为楼原高，m；y_r 为楼房着地停止坍塌的楼高，y_r 可近似取爆堆上的楼高；由于已塌落楼房在原地的堆积，并没有如模型所假设的状况，塌落楼房质量的完全散失，从而减少了未塌楼房的高度，因此所计算的 σ_{cg} 应比实际偏大。

3.4　结构体撞地姿态

构体、框架结构偏心撞地，除了撞地柱发生破坏外，还会引起构体和框架结构姿态的改变。

3.4.1　后柱撞地

后柱撞地还将引起框架转速 $\dot{q}_2$ 加快，由于后柱近似竖直向下撞地，见图 3.10。

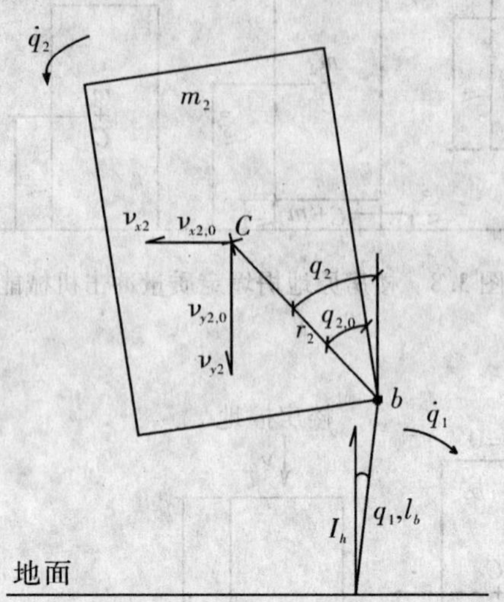

图 3.10　框架后柱撞地姿态（v_{y2}，$v_{y,0}$ 向上为 +）

根据后柱撞地动量原理，在忽略后柱质量 m_1 后，即 $m_1 = 0$，转动惯量 $J_{b1} = 0$，可由多体碰撞的拉格朗日公式列出如下方程，即冲量定律：

$$\left.\begin{aligned} m_2(v_{y2} - v_{y2,0}) &= I_h \cos^2 q_1 \\ m_2(v_{x2} - v_{x2,0}) &= I_h \cos q_1 \sin q_1 \end{aligned}\right\} \tag{3.26}$$

冲量矩定律：

$$J_c(\dot{q}_2 - \dot{q}_{2,0}) = I_h \cos^2 q_1 \sin q_2 r_2 + I_h \cos q_1 \sin q_1 \cos q_2 r_2 \tag{3.27}$$

式中：$v_{x2,0}$，$v_{y2,0}$，$\dot{q}_{2,0}$，v_{x2}，v_{y2} 和 $\dot{q}_2$ 分别为撞地前后框架质心的水平前向、竖直下落速度 m/s 和转动速度 R°/s，$v_{y2,0} = \dot{y}_c$，$\dot{q}_{2,0} = \dot{q}_c$；$I_h$ 为后柱撞地的竖直冲量，10^3kg · m/s，由于

$$\left.\begin{aligned} v_{y2} &= -(l_1 - l_e)\sin q_1 \dot{q}_1 - r_2 \sin q_2 \dot{q}_2 \\ v_{x2} &= (l_1 - l_e)\cos q_1 \dot{q}_1 + r_2 \cos q_2 \dot{q}_2 \end{aligned}\right\} \tag{3.28}$$

式中：q_2，q_1，$\dot{q}_2$，$\dot{q}_1$ 分别为框架和立柱的与铅垂线夹角 R° 和转速 R°/s，由于碰撞前后框架位形不变，$q_2 = q_c$；l_e 为长 l_1 后柱的爆破高度；r_2 为框架质心到后柱顶铰点 b 的距离；

由式（3.26）、式（3.27）和式（3.28）可推出后柱撞地后框架的转速

$$\dot{q}_2 = \{J_c \dot{q}_{2,0} - m_2 r_2 [\sin q_2 \ (l_b \sin q_1 \dot{q}_1 + v_{y2,0}) + \cos q_2 (-l_b \cos q_1 \dot{q}_1 + v_{x2,0})]\} \ / \ [J_c + m_2 r_2^2 (\sin^2 q_2 - \cos^2 q_2)] \tag{3.29}$$

由式（3.26）、式（3.28）得

$$\dot{q}_1 = [-r_2 \dot{q}_2 \cos(q_2 - q_1) - v_{y2,0} \sin q_1 + v_{x2,0} \cos q_1] / l_b \tag{3.30}$$

联立式（3.29）、式（3.30）得

$$\dot{q}_2 = \{J_c q_{2,0} - m_2 r_2 [\cos(q_2 + q_1)(v_{y2,0} \sin q_1 - v_{x2,0} \cos q_1) + v_{y2,0} \sin q_2 + v_{x2,0} \cos q_2]\} / \{J_c + m_2 r_2^2 [\sin^2 q_2 - \cos^2 q_2 + \cos(q_2 + q_1)\cos(q_2 - q_1)]\} \tag{3.31}$$

式中：J_c 为框架对质心的转动惯量，$10^3\text{kg}\cdot\text{m}^2$；撞地前、撞地时后立柱长 $l_b=l_1-l_e$（未考虑撞地后柱压溃）；$v_{y2,0}$向下为负。

高层多跨框架重心以后柱撞地，除引起框架向前转速加快，还将引起框架前柱撞地。

3.4.2 前柱撞地

框架前柱前趾撞地，如图 3.11 所示。框架撞地点 f 速度，因与地面完全非弹性碰撞，而速度为零，撞地纵向冲量将引起撞地柱的压溃，不大的横向冲量引起与柱相连梁的少量压碎，其柱压溃长度 h_{cf}，可按式（3.22）计算。而梁的没有压溃部分将阻止柱沿横向后切，框架撞地层内的柱和梁因撞地冲量而转速变化而差异（理论力学碰撞假设为碰撞梁柱位形不变，仅碰撞后速度改变），撞地层柱梁的矩形连接，将因其转速差异而逐渐转变为柱梁连接的平行四边形，但这种相对变形程度将为梁柱间的抵抗弯矩所阻止。经实例计算，框架撞地，引起撞地底层内梁柱相对变形较小，本文予以忽略；而撞地冲量将主要引起整个框架转速和动能的改变。当忽略框架撞地层内梁柱的相对变形时，根据对撞地点的动量矩定理，框架转速的改变量为

$$\Delta\dot{q}_f=m_2r_f\ (v_{xc}\cos q_{rf}+v_{yc}\sin q_{rf})\ /J_f$$

式中 r_f 和 q_{rf}分别为框架质心至前趾距离和质心到前趾直线与竖直线的夹角；v_{xc} 和 v_{yc} 分别为框架质心的水平速度和竖直速度；J_f 为框架对撞地 f 点的转动惯量。如果撞地前，框架还以$\dot{q}_c$运转，其对质心 C 的转动惯量为 J_c，则根据动能守恒原理，框架撞地后的转速 $\dot{q}_f$ 为

$$\dot{q}_f=\dot{q}_c\sqrt{J_c/J_f}+m_2r_f\ (v_{xc}\cos q_{rf}+v_{yc}\sin q_{rf})\ /J_f \tag{3.32}$$

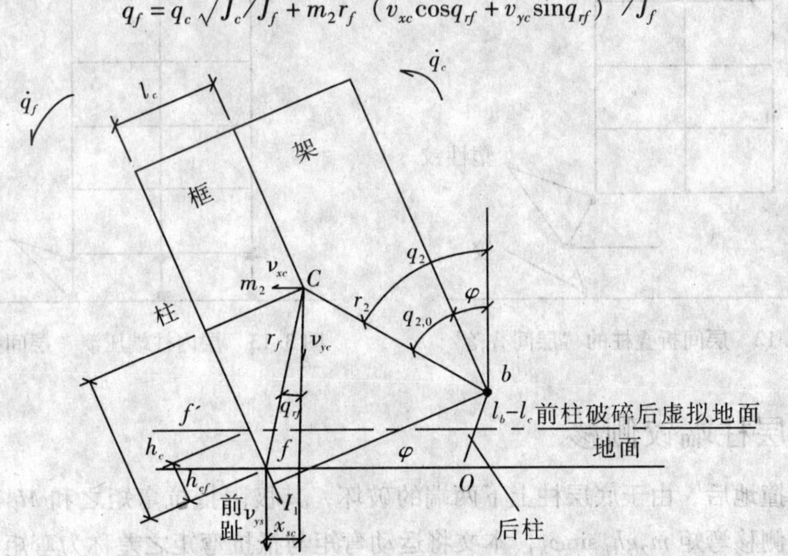

图 3.11 框架前柱撞地姿态（v_{cy}向上为 +）

3.5 结构撞地破坏形态

观察楼房撞地，结构和构件破坏，层内柱的撞地端和楼梁的连接端，将形成压缩破坏区

而生成塑性铰，层间柱有可能在柱中段形成弯曲破坏区而形成塑性铰，此外，梁端也将可能破坏生成塑性铰，由此塑性铰将原结构分割为新的分结构体；而这些塑性铰又将原结构体，形成新的多体基本系统，由此生成新的变拓扑多体系统。由于，柱梁的破坏形态不同，而其破坏组合，可将结构的破坏分成以下类型。

3.5.1 层间折叠柱和层内柱端压溃柱

层内各短柱因撞地而同时柱两端压溃，或层间各长柱中部因弯曲破坏生成塑性铰，而形成折叠柱，由此形成楼层撞地从下层至上层逐层破坏，而“层间叠落”，见图 3.12 和图 3.13。当冲击柱的两端满足式（3.7），结构将在两端破坏，而破坏区的总长度 h_{pf}，将由式（3.20）的单位 m^3 体积冲击比功 W_s 和式（3.19）以及式（3.21）决定。层间柱的中部受压承载力 N_u，由式（2.4）计算，当 $k_d N_u$ 小于由式（3.6）计算的最大压力 $\sigma_{1,\max} \cdot s_1$ 时，即

$$k_d N_u < \sigma_{1,\max} \cdot s_1 \tag{3.33}$$

可将在柱中部生成塑性铰，当冲击能足够时，而折叠破坏；楼房按有根双体倾倒的后柱，以式（7.152）判断。结构“层间叠落”破坏后，其叠落规律详见第 6 章 6.3.5 节和 6.3.6 节。

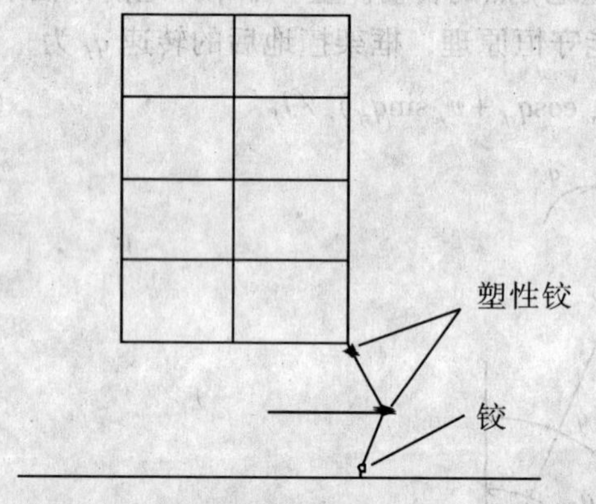

图 3.12 层间折叠柱的“层间叠落”

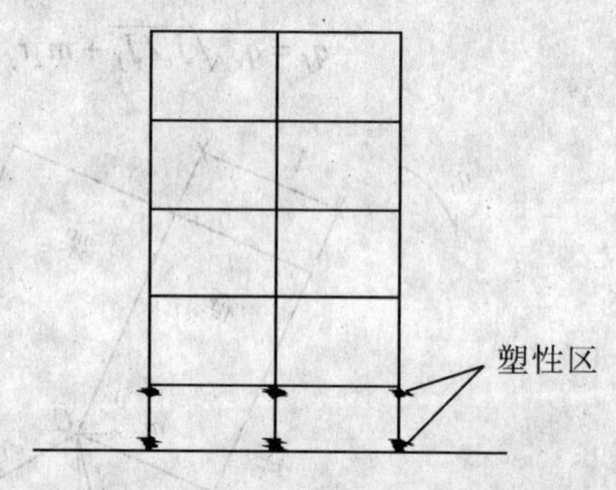

图 3.13 层内柱端压溃“层间叠落”

3.5.2 同层柱端铰侧移

楼房倾倒撞地后，由于底层柱上下两端的破坏，其极限抵抗弯矩之和 M_{cl} 减小，无法克服上层楼房的侧移弯矩 $m_2 g h_{lf} \sin\varphi_h$，本文将运动弯矩与抵抗弯矩之差称为弯矩余量，即层间侧移弯矩余量

$$M_{fc} = m_2 g h_{lf} \sin\varphi_h - M_{cl} > 0 \tag{3.34}$$

式中：h_{lf} 为底层层高；φ_h 为底层楼面的倾角；M_{cl} 为底层内全部柱上下端抵抗（失稳）弯矩之和，即

$$M_{cl} = \sum_{1}^{n_c} (M_{uj} + M_{dj}) \tag{3.35}$$

式中：M_{uj}为立柱上端极限弯矩；M_{dj}为立柱下端极限弯矩；n_c 为底层柱数。

由此，底层柱上下两端破坏，生成柱端塑性铰，形成上层楼房平行于底层楼梁，侧向向前下方运动，如图3.14所示。结构“层间侧移”后的运动规律见后续第6章6.3.3节。

另外，撞地横向冲量形成的初始横向动能 T_0，也将与（$m_2gh_{lf}\sin\varphi_h - M_{cl}$）$\alpha_h$ 力矩差所做的功，促使框架横向侧移，当式（3.33）不成立时，即

$$\alpha_h = T_0/(M_{cl} - m_2gh_{lf}\sin\varphi_h) > \theta_n \tag{3.36}$$

撞地框架将“层间侧移”。式中

$$T_0 = J_f q_f^2/2 \tag{3.37}$$

其中 θ_n 为柱倾倒时，压力移出柱与在支承面法线的最大夹角，取（柱宽/柱高）的正切，约0.22。

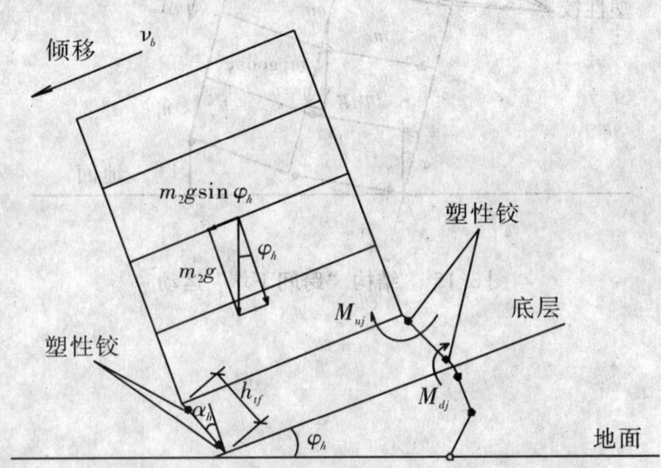

图3.14 柱端铰侧移引起“层间侧移”

3.5.3 同跨梁端铰下移

框架前柱撞地后，由于前 j 跨各层梁前后两端的抵抗（失稳）弯矩之和 M_{bj} 无法阻止下塌跨的弯矩等效自重 $m_{bj}g$ 所生成的下塌弯矩 $m_{bj}gl_{bj}\cos\varphi_h$，即跨间下塌弯矩余量

$$M_{cbj} = m_{bj}gl_{bj}\cos\varphi_h - M_{bj} > 0 \tag{3.38}$$

式中：l_{bj}为前 j 跨长度；φ_h 为撞地柱的与竖直线夹角；m_{bj}为前 j 跨及后各跨的弯矩等效自重质量，

$$m_{bj} = m_{lj}/2 + m_{cj} + \sum_{1+j}^{n_{bs}} (m_{lj} + m_{cj}) \tag{3.39}$$

式中：m_{lj}和 m_{cj}分别为 j 跨间各层楼盖质量和 j 跨后柱质量，n_{bs}为楼房的 j 跨以后总跨数。

$$M_{bj} = \sum_{n_l}^{n_t+1} (M_{fj} + M_{rj}) \tag{3.40}$$

式中：M_{fj}为前 j 跨的前端极限弯矩；M_{rj}为前 j 跨的后端极限弯矩；n_l 为底层数，n_t 为顶层数。

由此，当式（3.34）和式（3.33）不能满足，而式（3.38）可以满足时，前j跨梁的前后两端将破坏，生成梁端塑性铰，形成j跨以后各跨平行j跨前柱而向下塌落，形成“跨间下塌”的前拓扑，如图3.15所示。结构“跨间下塌”的运动规律，见后续第6章6.3.8.4节和6.4.1.2.2节后。

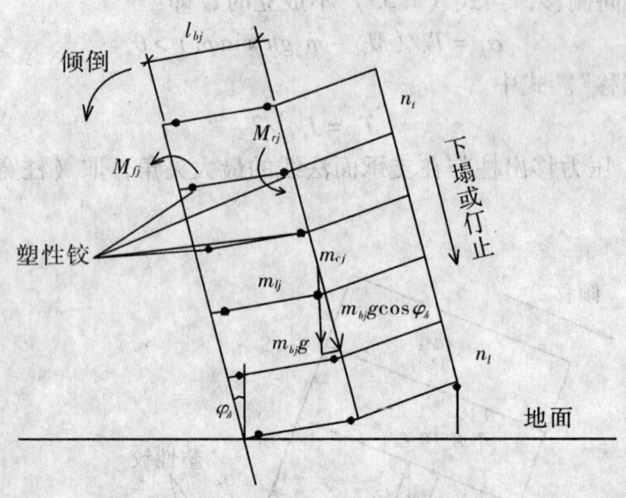

图3.15　结构“跨间下塌”运动

3.6　小结

本章从结合建筑物拆除的多体－离散体动力学出发，研究了结构构件撞地冲击，以及引起的破坏和生成塑性铰的性质，由此可以得到以下结论：

（1）立柱撞地冲击，由于冲击应力波在撞击的地面和楼梁面的不断反射，应力叠加接近加倍，首先在层内立柱两端形成压溃破坏区及塑性铰。框架后立柱以单排孔爆破下落撞地，在立柱中部一般不生成塑性区，而以三排以上炮孔爆破撞地，层间长立柱中段还会生成新的塑性铰，而形成层间折叠柱。

（2）经现场观测发现，钢筋混凝土墙、柱等支撑构件，在遭受冲击时，将经历非稳态压缩、渐近稳态压缩和混合压缩等历程。支撑构件非稳态压缩可在构件中段产生塑性铰区，形成折叠柱或折叠墙。立柱在渐近稳态冲击压缩下，柱仅在上下两端破坏，而形成柱压溃。随着冲击应力波的不断反射，材料强度的逐渐下降，和柱、墙的歪斜而进入非稳态压缩，由此与稳态冲击压缩组成了混合压缩历程。

（3）非稳态压缩柱破坏的单位破坏比功，为钢筋混凝土应力－应变曲线所包围的图形面积。而研究渐近稳态冲击压缩破碎功，本文从柱两端破碎，碎块逸散的循环破碎机理出发，推导提出了定质量冲击含稳态压溃的混合压缩的破碎功与层内立柱非稳态压缩破坏功的（3.17）关系式，和定质量冲击混合压缩历程的等效强度的式（3.19）以及破碎比功的（3.20）表示式。

(4) 由于切口楼盖以上楼房的质量比立柱自身质量大 25 ~ 50 倍，因此楼房撞地，立柱压缩过程中楼房下落所追加的势能必须考虑，柱正撞地的立柱破碎高以式 (3.21) 表示，倾倒旋转框架偏心撞地的前柱破碎高以式 (3.22) 表示，高层及多层定质量撞地原地坍塌的柱抵抗强度和坍塌高度分别以式 (3.23) 和式 (3.24) 表示。高层及多层变质量撞地原地坍塌柱的抵抗强度以式 (3.25) 测定。

(5) 结构偏心撞地，将引起结构运动姿态的改变。框架后柱撞地，后柱和框架转速加快，分别由式 (3.30) 和式 (3.31) 计算。框架前趾撞地，形成框架的转速改变，其转速见式 (3.32) 表示。

(6) 楼房结构冲击破坏的形态包括：由层间折叠柱和层内柱端压溃柱，从下层向上层发展成楼房的冲击“层间叠落”破坏；由底层柱端铰侧移，形成框架楼从底层至上层的“层间侧移”倾倒；和由同跨梁端铰下移，形成框架楼的“跨间下榻”破坏。

参考文献

[1] 马晓青. 冲击动力学 [M]. 北京：北京理工大学出版社，1992.

[2] 林晓，查宏振，魏惠之. 撞击与侵彻力学 [M]. 北京：兵器工业出版社，1992.

[3] K. L. Johnson. 接触力学 [M]. 北京：高等教育出版社，1992.

[4] 林星文，宋宏伟. 圆柱壳冲击动力学及耐撞性设计 [M]. 北京：科学出版社，2005.

4 多体－离散体动力学

4.1 引言

中国现阶段的建筑爆破拆除需要反映其特点的动力学理论和数值模拟方法。自改革开放以来，中国经济的飞速发展，目前建筑钢材和水泥的产量已跃居世界首位。现今中国的建筑，绝大多数是钢筋混凝土结构、因而所带来的建筑拆除多以钢筋混凝土建造的框架，框－剪结构，剪力墙结构、框架上的仓储结构以及筒体等。爆破拆除这些建筑，将经历倾倒失稳、空中倒塌、撞地解体和塌落堆积的过程，而其结构将从弹性变形进入塑性变形，经历塑性铰生成，而后又破坏、断裂乃至离散，钢筋历经屈服、牵拉、脱粘直至拉断等过程。因此，现有的动力学分支，已难于单独地、完美地描述建筑拆除的整个破坏过程，由此需要从破坏机理出发，发挥各自分支动力学的优点，从相互的结合和转换上来描述整个爆破拆除过程。钢筋混凝土结构的破坏，主要是以带塑性铰的多个混凝土构件所组成的机构运动过程。因此，本文将以建筑拆除的多体动力学为主，研究从多体离散的动力过程，由此建立多体－离散体动力学。

4.2 多体系统动力学

4.2.1 多体系统动力学的基本概念

4.2.1.1 多体系统的四要素

在对复杂的建筑物爆破拆除系统进行运动学与动力学分析前需要建立它的多体系统力学模型。多个物体通过运动副连接的系统，称为多体系统。因此，应对系统的如下四个要素进行定义[1]：

1. 物体

多体系统的构件定义为物体。首先需要指出的是，多体系统力学模型中的物体定义并不一定与具体工程对象的零部件一一对应，它的定义与研究的目的有关。在运动学分析中，通常将对其运动性态特别关心的零部件定义为物体，如图 4.1 所示的曲柄滑块机构，尽管它由曲柄、连杆、滑块与基座四个零部件组成，但如果关心的是曲柄与滑块运动的关系，那么可以定义一个有三个物体的多体系统作为该实际系统的力学模型，它们分别是曲柄、滑块与基座。在动力学分析中，物体的惯性特性是影响系统的重要参数，对于那些惯量比较小，且可以忽略不计的零部件，可以不作物体定义。

对于如图 4.1 所示的系统，如果滑块的质量比较小，可以定义含曲柄、连杆与基座的多体系统模型。对于静止不动的零部件，如上述的基座，通常可以定义为系统运动的参考系，

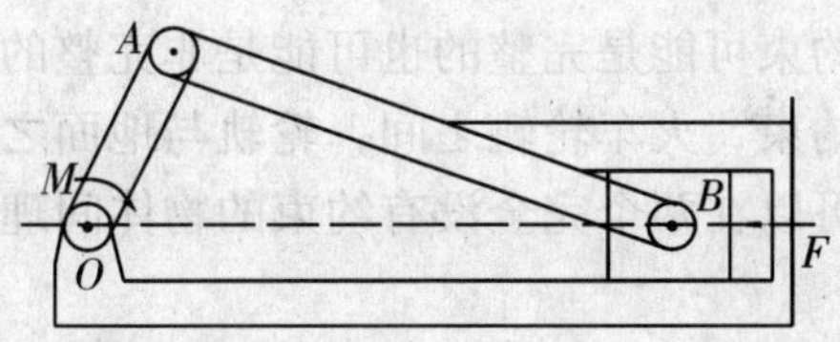

图 4.1 曲柄滑块机构

即也可以不将其定义为多体系统中的一个物体。

其次是物体的性质假定。对于低速运动的实际工程对象，其零部件的弹性变形并不影响其大范围的运动性态，在这种情况下，系统中的物体可作刚体假定，这样的多体系统称为多刚体系统。

由于大型、轻质机械系统的出现，高速运动的工况将使系统的动力学性态愈来愈复杂，这些现象是由于零部件的大范围运动与构件的弹性变形耦合引起的，在分析这类系统动力学时，物体必须作柔性体假定，这类力学模型称为柔性多体系统。

如果上述系统中部分物体仍可以作为刚体假定，那么构成的力学模型为刚－柔混合多体系统，它是多体系统中最一般的模型。

2. 铰

在多体系统中，将物体间的运动约束定义为铰。

在实际工程对象中机构的运动副是铰的物理背景，然而铰的定义具有更加广泛的意义。如在上面定义的曲柄滑块的三体运动学模型中，虽然连杆不作为物体，但它限制了曲柄与滑块间的运动，即在运动过程中，点 A 与点 B 间的距离始终保持不变。同样，对于上述的三体动力学模型，虽然滑块不作为物体，但它限制了连杆与基座间的运动，即在运动过程中，点 B 始终在过点 O 的水平线上运动。上述的两种约束的力学抽象即为铰。

3. 外力（偶）

多体系统外的物体对系统的物体的作用定义为外力（偶）。

重力是典型的外力。需要注意的是，在外力的定义中，对于刚体，力偶的作用与作用点无关；然而对于柔性体，力偶的作用与作用点有关，因为它不仅对其大范围运动而且对其弹性变形均有影响。此外，如果在实际的工程对象中，外力作用的零部件没有做物体定义，那么在多体系统的力学模型中应该定义外力作用在等效点上。

4. 力元

在多体系统中物体间的相互作用定义为力元。

在实际的工程对象中，零部件之间的相互联系，一种是通过运动副，一种是通过力的相互作用。两者的差异是，前者限制了相连物体的相对运动的自由度，后者却没有这种限制。通常，在实际的工程对象中，力元的作用也是通过器件来实现的，如两物体之间的线弹簧阻尼器。引入力元的目的是为了减少多体动力学模型的规模。

4.2.1.2 多体系统拓扑构型的描述[1]

1. 铰与邻接物体

如上节所述，系统中连接两物体且限制他们相对运动自由度的物理抽象称为铰，铰连接的一对物体成为该铰的邻接物体。从运动学的观点出发，不计铰的质量，将铰理解为邻接物体的一对运动学约束，这对约束可能是完整的也可能是非完整的。机械学中所提到的运动副如柱铰，万向节等都是完整约束，火车轮轨之间，轮轨与地面之间的联系就是典型的非完整约束。有时为了便于分析也可以在两个完全没有约束的物体间理解为存在一个自由度为6的抽象的铰，称为虚铰。

实际铰都有一定的形状和尺度，通常可以用一个几何点表示铰的位置，称为铰点。如球铰、万向节的中心，圆柱铰转轴的中点可以作为铰点。对于滑移铰（见图4.1），一个铰点可以选在滑槽的某一点 O 上，另一个铰点选在滑块 B 上，这两个铰点的相对运动描述了两个物体的相对滑动。

2. 系统的拓扑构型

多体系统各个物体的联系方式称为系统的拓扑构型，简称“拓扑”。任意一个系统的拓扑构型可用图4.2的方式表达。每个物体计作 B_i（$i=1,\cdots,n$），n 为系统物体的个数。铰用一条连接邻接物体的有向线段表示，记作 H_j（$j=1,\cdots,n$）。下标 i 和 j 分别表示物体与铰的序号。B_0 表示系统外运动为已知的物体。将铰定义为有向的目的有两个，一是在两个邻接物体中定义其中一个为参考物，以描述另一个物体的相对运动；二是定义邻接物体间作用与反作用力的正方向。

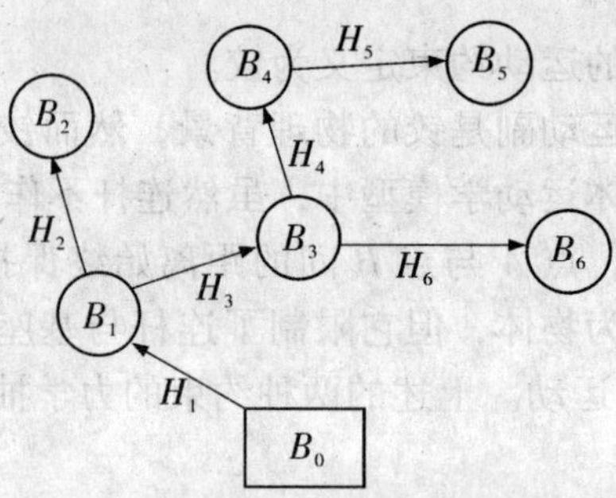

图4.2 某多体系统的拓扑构型

铰与邻接物体的关系称为关联。如图4.2中铰 H_4 与物体 B_3 和 B_4 相关联，如果由物体 B_i 沿一系列物体和铰到达物体 B_j，其中没有一个铰被重复通过，则这组铰（或物体）构成物体 B_i 至物体 B_j 的路，记作（B_i，B_j）。物体 B_i 至 B_0 的路通常简称为物体 B_i 的路，记为（B_i）。例如，铰 H_4 在 B_1 至 B_5 的路上，也在 B_5 至 B_0 的路上，故可以表达为 $H_4\in$（B_1，B_5）与 $H_4\in$（B_5）。对于树系统，若 B_j 在 B_i 至 B_0 的路上，称 B_j 为 B_i 的内侧物体或者称为 B_i 为 B_j的外侧物体。在物体 B_j 的外（内）侧物体，又与 B_i 邻接的物体称为 B_i 的内（外）接物体。与物体 B_i 相关联，又在 B_i 至 B_0 路上的铰称为 B_i 的内接铰。除了内接铰外还存在的其他铰，统称为该物体的外接铰。

3. 系统的分类

任意两个物体之间的路为唯一的多体系统称为树系统（如图4.2所示的系统）；反之，则称为带回路的系统，或者非树系统。非树系统可以人为地切断回路中的某些约束使原系统成为一个树系统，称此树系统为原非树系统的派生树系统。这样原非树系统就会等效地转化为树形系统来处理，所以在多刚体系统的动力学研究中，树形系统的动力学研究占有重要的基础地位[2]。

工程中的大多数对象的多体系统力学模型与系统外运动规律为已知的物体有铰的联系，称该系统为有根系统。与系统外运动规律为已知的物体无任何铰的联系的系统称为无根系统，例如各种航天器等。如果将描述无根系统运动的参考系记作 B_0，通过一个虚铰与无根系统中的某物体相关联，则无根系统与有根系统在拓扑结构上取得一致。对于运动学分析，这两类系统可以不作区分。

基于以上的分类准则，我们可以将多刚体系统分类为：

$$
多刚体系统\begin{cases}有根系统\begin{cases}有根树形系统\\有根非树形系统\end{cases}\\无根系统\begin{cases}无根树形系统\\无根非树形系统\end{cases}\end{cases}
$$

4.2.2 建筑机构的多体系统

组成建筑机构的构件及其分结构体称作构体，简称“体”，构体间由铰连接形成多体系统。具有与转动方向始终相反的塑性抵抗弯矩的铰称为塑性铰，当塑性抵抗弯矩衰减近零的铰称为机械铰。

4.2.2.1 倒塌运动的拓扑

建筑爆破拆除时，立柱、支撑部切口多是按顺序爆破，节点上的广义力也会跟随变化，当部分支撑拆除或节点转为铰点，或因撞地构件局部破坏转为铰点，其构体的变化与划分及其相互的联系方式也跟随改变，也即多体系统的自由度发生改变，因此，结构在爆破拆除倒塌时，所形成的机构是拓扑变化的系统，统称变拓扑多体系统[3]。

统观现今爆破拆除的建筑结构，在撞地前可归纳为以下拓扑运动。

（1）单体无根系统：支撑失稳下坐撞地冲击坍塌解体，如烟囱下坐；高层建筑下坐坍塌，如图 4.3。

图 4.3　高层 23 层建筑下坐坍塌

（2）单体单向倾倒：如单向倾倒的伞状水塔，见图 4.4（a），单向倾倒的烟囱，如图 4.4（b）；单向倾倒的低层楼房；单向倾倒的剪力墙多层结构和框剪结构，如图 4.5；单向倾倒的多跨框架楼房，如图 4.6；多层楼房爆破拆除前排立柱后，该跨楼梁断裂倾旋，如图 4.7。

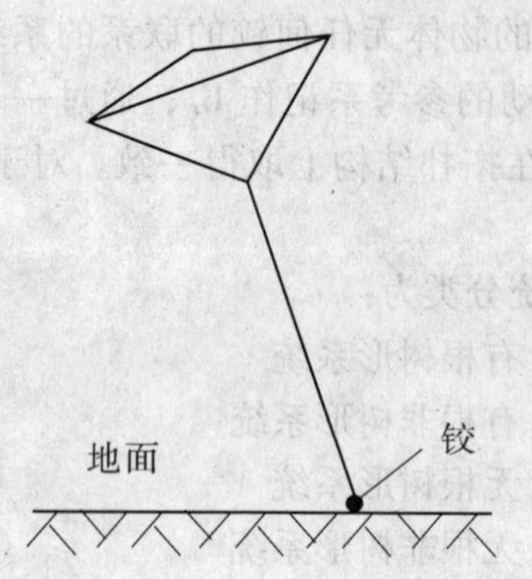

图 4.4（a） 伞状水塔单向倾倒

图 4.4（b） 单向倾倒的 120m 高烟囱

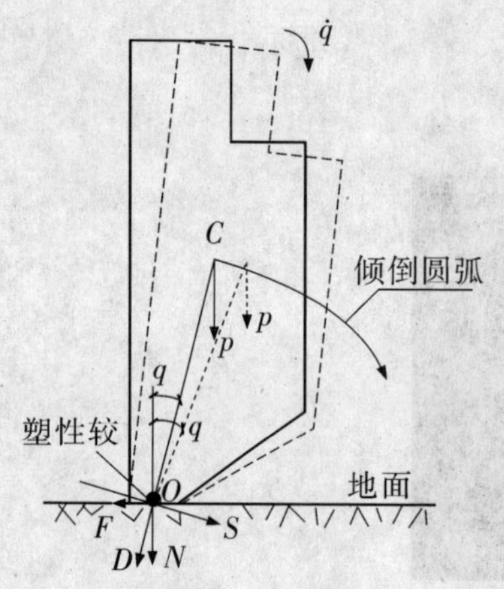

图 4.5 剪力墙结构或框剪楼房单向倾倒

如中山古镇 13 层灯饰楼爆破拆除

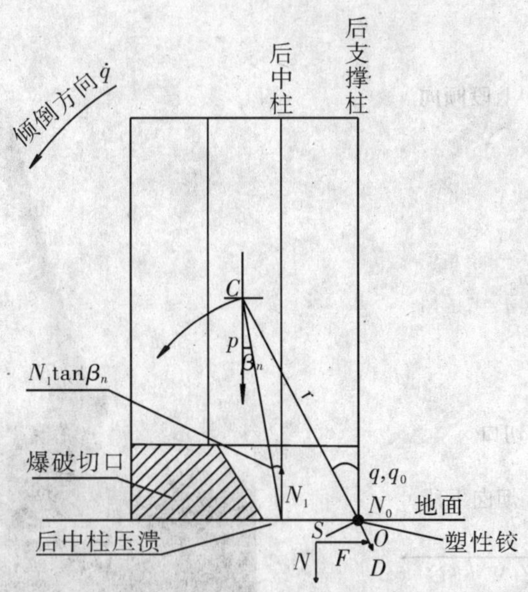

图 4.6 多跨框架后两排支柱支撑单向倾倒（C 为切口上楼房质心）

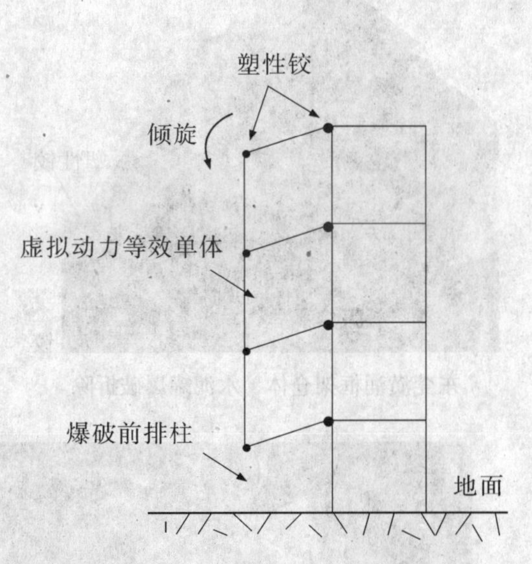

图 4.7 前跨楼梁解体下塌

深圳南山违章建筑爆破拆除（和利爆破）

（3）双体双向倾倒：如高烟囱双向折叠倾倒，如图 4.8；多、高层现浇钢筋混凝土框架楼房、仓体前中排立柱爆破，后排立柱上下端分别成铰，双向折叠倒塌，如图 4.9；剪力墙结构上下切口，双向折叠倾倒，如图 4.10；厂房单跨排架爆破拆除双向折叠，如图 4.11。

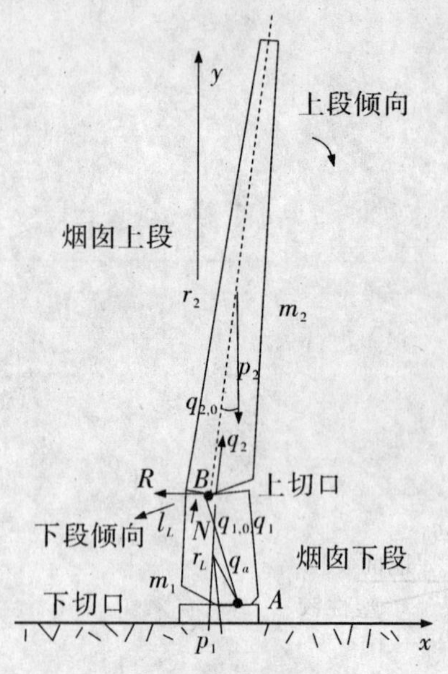

图 4.8　烟囱双向折叠倾倒

阳逻化工厂 100m 高烟囱爆破拆除（武汉爆破公司）

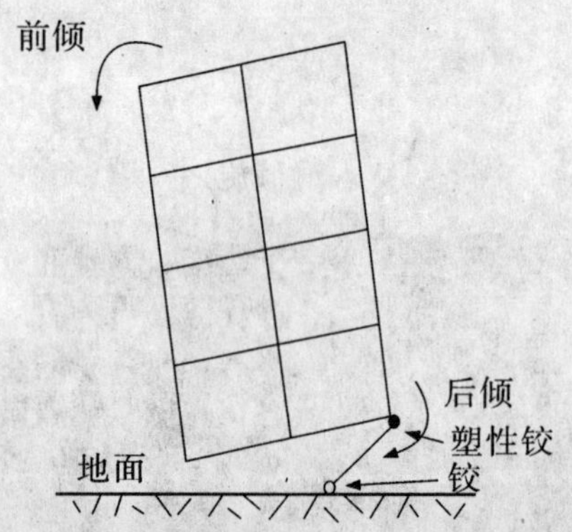

图 4.9　框架楼房双体双向折叠倾倒

东莞潢涌框架仓体，水泥罐爆破拆除

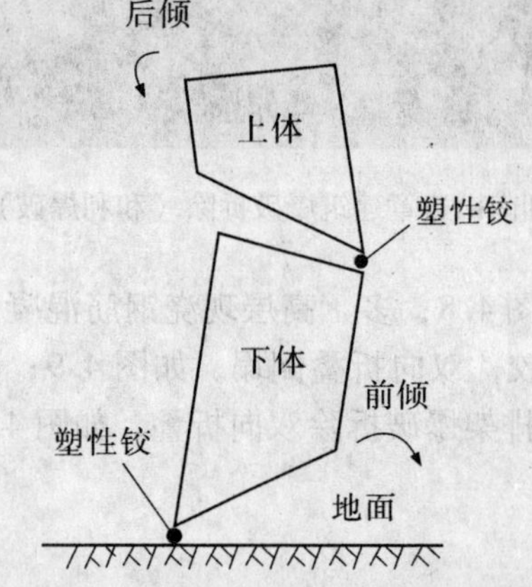

图 4.10　剪力墙双体双向折叠倾倒

某剪力墙宾馆 15 层西楼爆破拆除

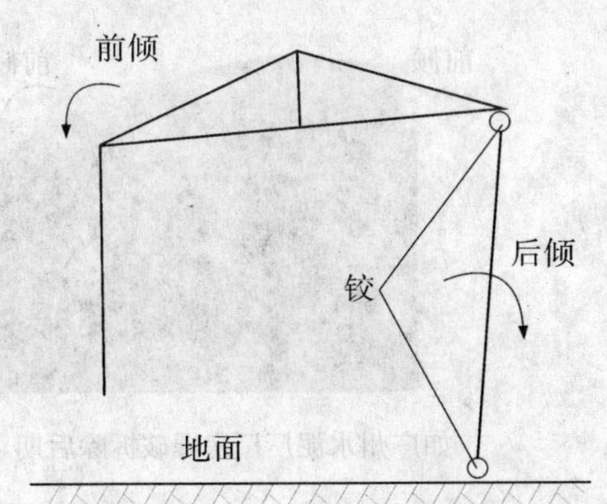

图 4.11 排架厂房 2 体系统双向折叠

广州水泥厂厂房爆破拆除初期

（4）双体同向倾倒：烟囱同向折叠倾倒如图 4.12；厂房单跨排架爆破拆除双向折叠后转为同向折叠倾倒，如图 4.13；多、高层预制钢筋混凝土框架前、中排立柱爆破，后排柱梁端成铰可简化为同向折叠倾倒，如图 4.14；剪力墙结构上下切口同向折叠倾倒，如图 4.15。

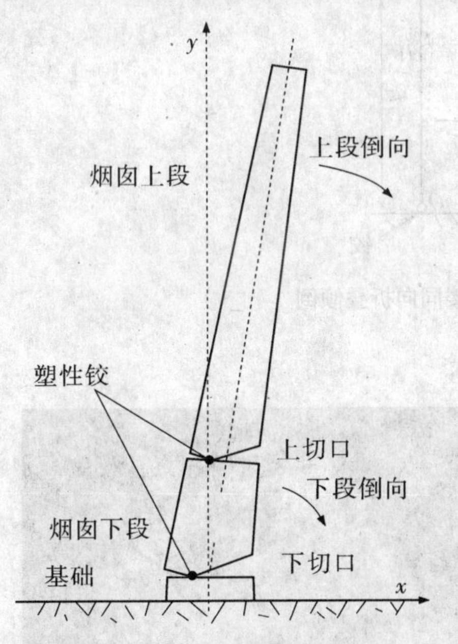

图 4.12 烟囱同向折叠倾倒

广州氮肥厂烟囱爆破拆除

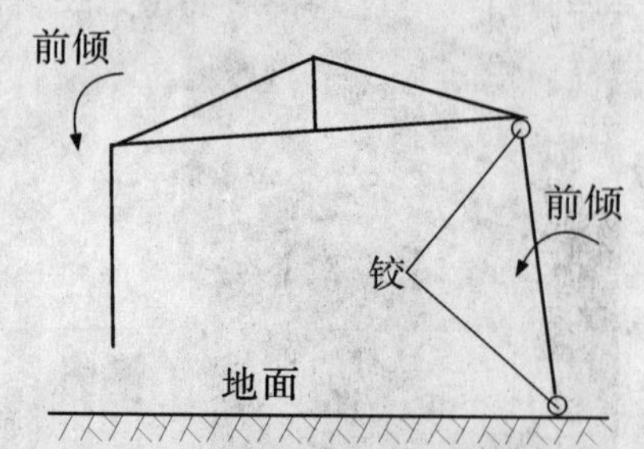

图 4.13 排架厂房 2 体系统同向折叠倾倒

如广州水泥厂厂房爆破拆除后期

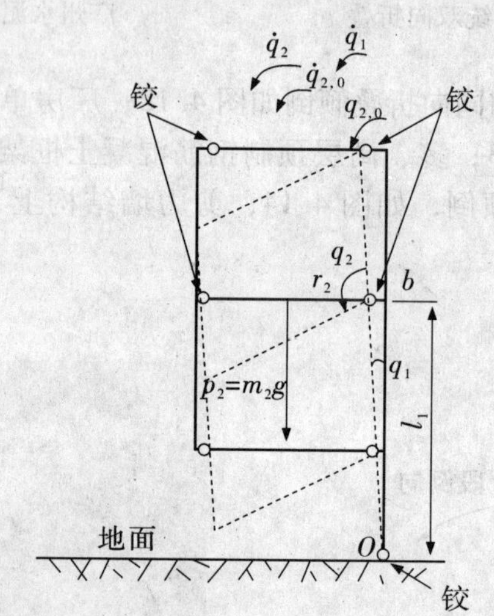

图 4.14 装配式钢筋混凝土楼同向折叠倾倒

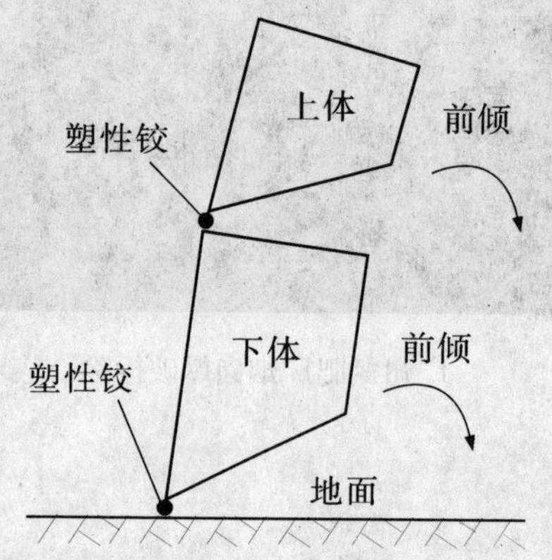

图 4.15 剪力墙双体同向折叠倾倒

某剪力墙宾馆 14 层东楼爆破拆除

（5）三体倾倒：装配式开口剪力墙前肢平行后肢下塌同向3体倾倒，如图4.16；高烟囱3折双向倾倒，如图4.17；高层楼房后排长立柱撞地折断为2体，双向折叠倾倒，如图4.18；多、高层框架楼房前跨已形成塑性铰倾旋，后中排立柱爆破再形成双向折叠，如图4.19。

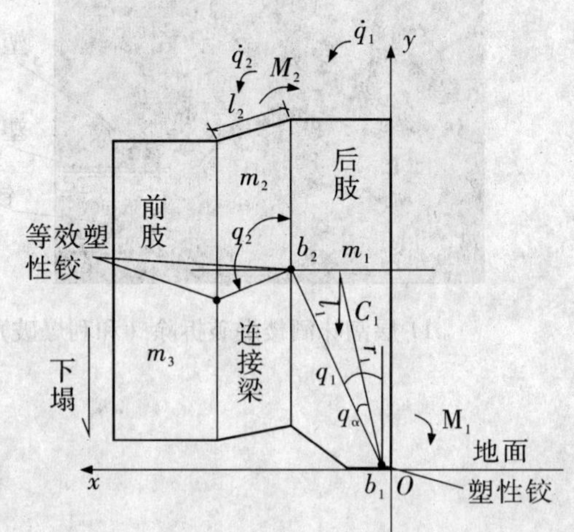

图4.16 装配式开口剪力墙前肢平行后肢下塌同向3体倾倒

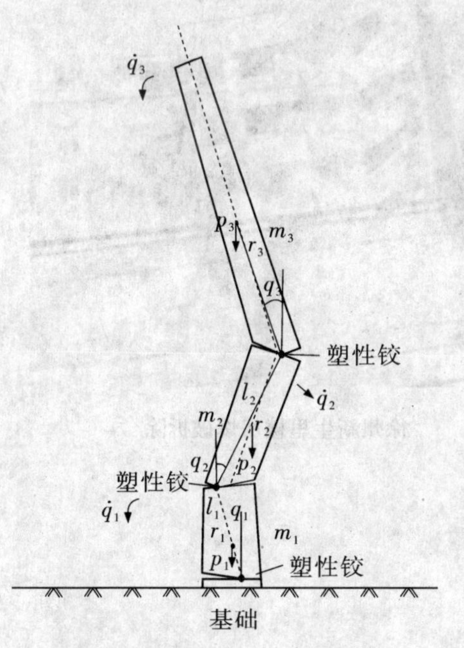

图4.17 烟囱3折双向倾倒

广州造纸厂100m高烟囱爆破拆除

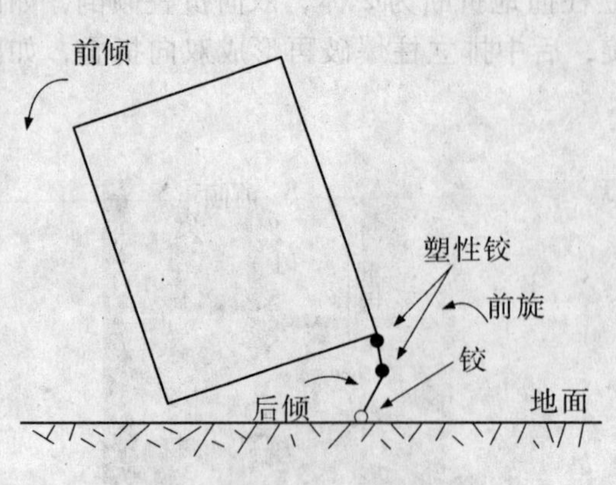

图 4. 18　框架楼 3 体折叠倾倒

11 层潮味酒楼爆破拆除（和利爆破）

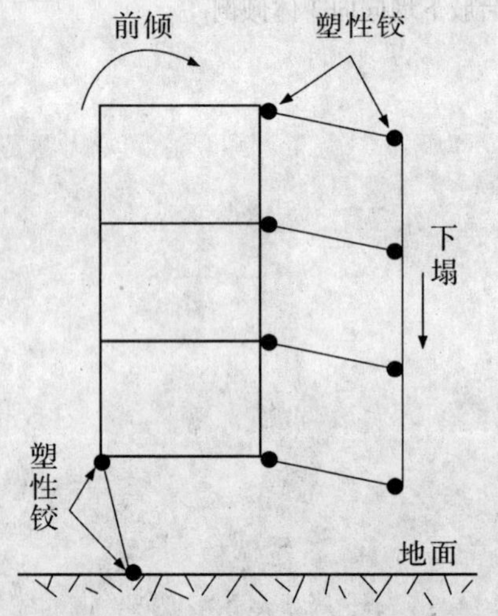

图 4. 19　多层 3 体系统下塌瞬间

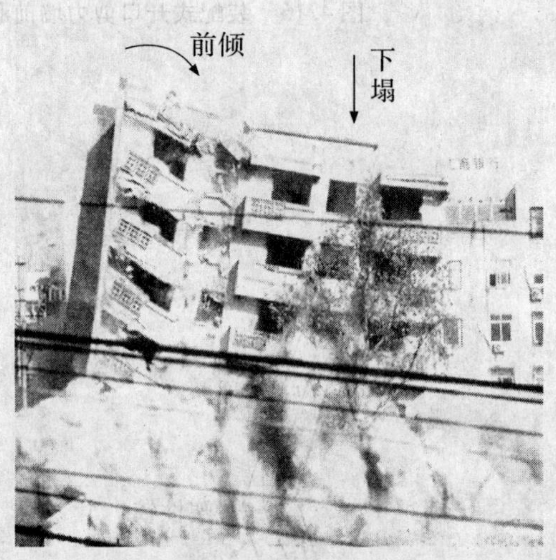

徐州新生里楼房爆破拆除

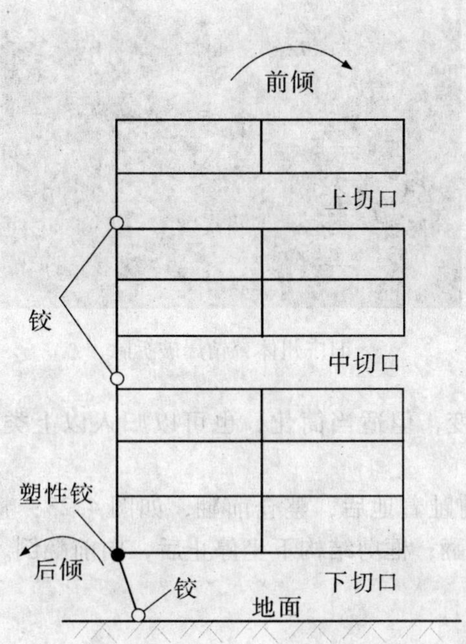

图 4.20 高层多切口多体系统倒塌

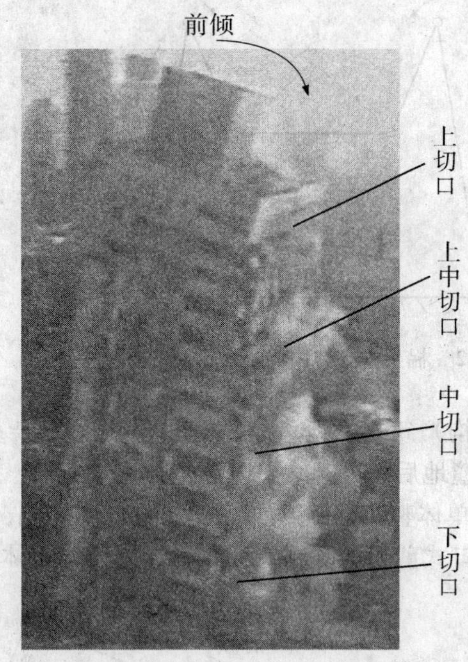

16 层上海长征医院爆破拆除（同济大学爆破公司）

（6）4 体以上系统的各种拓扑：高层建筑 3～4 切口爆破拆除形成单开链多体系统，如图 4.20；多跨框架和工业厂房排架结构非树多体系统爆破拆除，如图 4.21；6 构体内向折叠非树系统倒塌，如图 4.22。

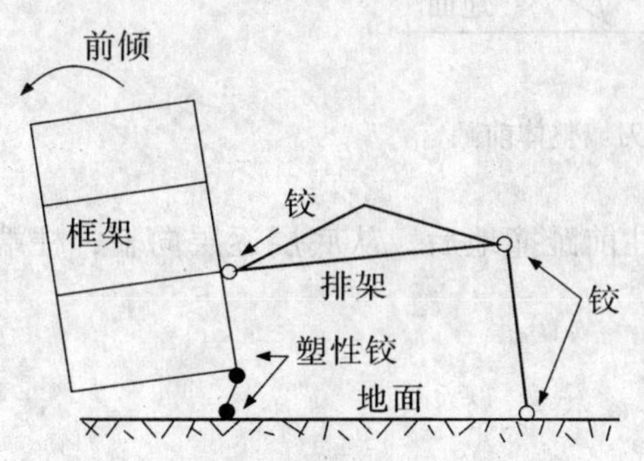

图 4.21 框架排架非树多体系统倾倒

恒运电厂厂房爆破拆除

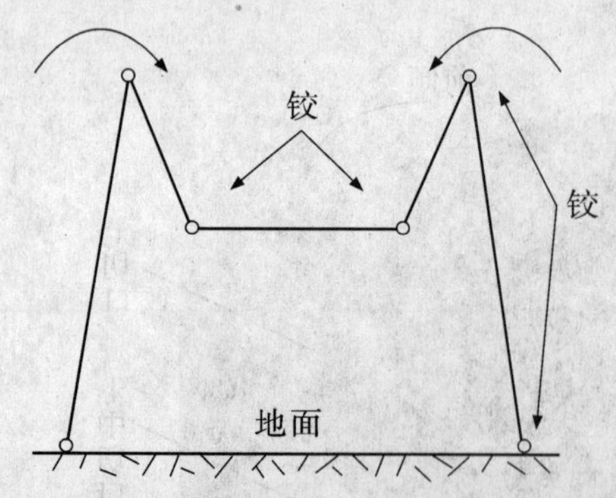

图 4.22　榀架内 6 体内向折叠非树系统倒塌

旧广州体育馆爆破拆除

建（构）筑物撞地后的拓扑虽然更为复杂多变，但适当简化，也可以归入以上类型。建筑结构撞地后，可归纳出以下拓扑运动：

（7）单体整体翻倒：如框架上的仓体倾倒，前趾着地后，整仓前翻，如图 4.23；整体式或小开口式剪刀墙倾倒前趾着后，剪刀墙整体前翻；框剪结构下坐停止后，向前翻倒。

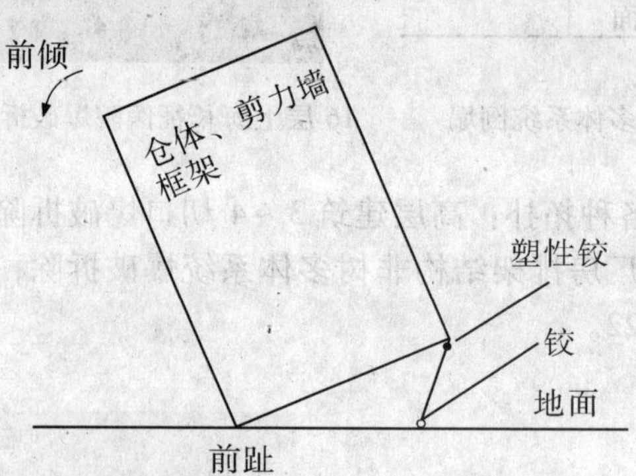

图 4.23　仓体或倾倒剪刀墙整体前翻

（8）逐层单体单向倾倒：如框架楼房倾倒前柱前趾撞地后，从底层逐层向上，柱端成铰“层间侧移”形成叠饼式坍塌，如图 4.24。

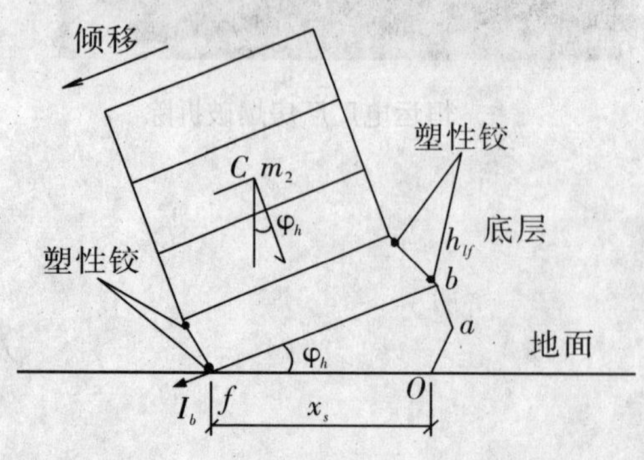

图 4.24　框架楼房“层间侧移”形成叠饼式坍塌

(9) 逐跨下塌3体2自由度向前倾倒：如框架楼倾倒，前趾着地后，各柱前倾，逐跨下塌，梁端成铰，“跨间下塌”形成爆堆，如图4.25。

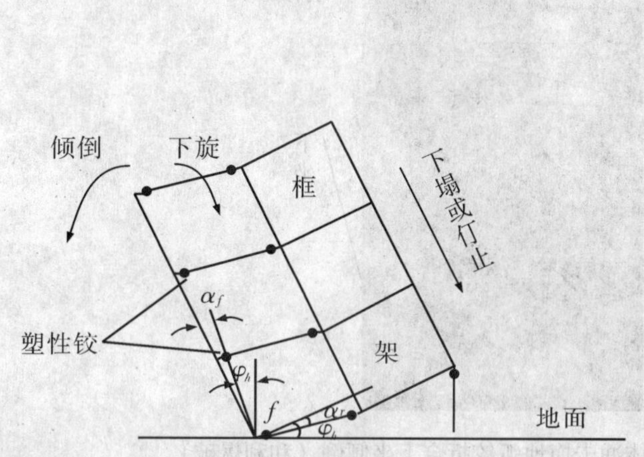

图4.25 框架楼“跨间下塌”(和利爆破)

(10) 单体冲击撞地下坐质量散失单向翻倒：如高层建筑下坐并翻倒，如图4.26。

图4.26 22层楼房下坐塌落质量散失翻倒(西南交通大学爆破)

（11）高大薄壳筒体冲击撞地弧铰折合下坐倾倒：如电厂冷却塔爆破拆除，见图4.27。

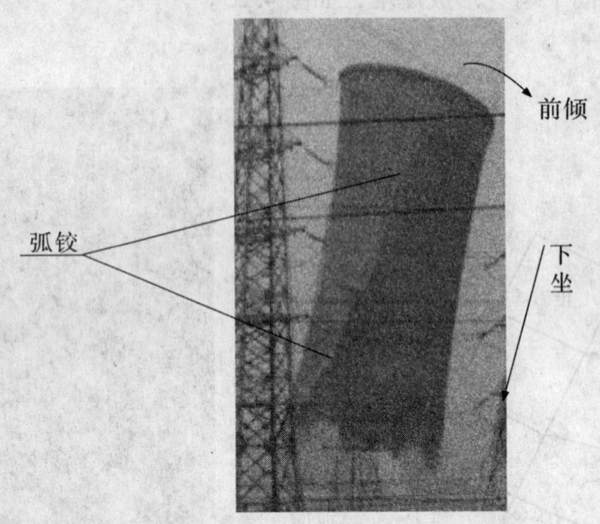

图4.27　123.2m高大薄壳筒体冲击撞地弧铰折合下坐倾倒（和利爆破）

（12）装配式结构撞地各跨梁各层柱离散：如装配式梁、板式大开口剪力墙撞地坍塌。

综上所述，建筑机构的倒塌破坏，存在由少到多生成塑性铰的过程，部分建筑物在倒塌运动中维持了1～2体，相当部分建筑物在撞地过程中生成为多体，还有部分建筑物在空中倾倒时已形成多体系统。因此，本文在泛指建筑机构时，统称建筑多体。从以上举例分析看，它们都可以抽象为多体（含1～2体）系统，并能用以上拓扑或其组合来模拟，继而以统一的动力学方程来描述。

建筑机构的拓扑，从前个拓扑转变而来，又转换为后一拓扑，是个时间连贯的过程，因此初始拓扑就很重要。同时，初始拓扑也是从整体上判断建筑结构转变为机构判据的阶段。切口控制爆破拆除建筑物的运动，都是在速度较小的初始拓扑阶段，该拓扑阶段相对容易控制。

4.2.2.2　建筑结构的初始失稳和初始拓扑

结构失稳是由切口内爆破拆除支撑构件的炸高部分而形成，其构件炸高裸露钢筋可看做主筋的压杆，利用传统压杆失稳理论分析确定。临界应力小于整个结构自重引起的载荷力而初始失稳。整个结构失稳判断，将遵循以下原理：

结构的极限载荷定义为，在失去支撑的结构质心上，沿重力方向比例加载[4]，当载荷形成结构虚拟失稳的荷载为极限荷载。如果该极限荷载小于结构自重，则结构失稳。结构的极限荷载应同时满足刚塑结构极限分析的平衡条件、屈服条件和机构条件，并遵从极大定理、极小定理和唯一性定理[5]。确定极限荷载的方法有：静力法[4]，机动法[5]，及其结合的试算法和增量变刚度法[6][7]。

建筑物在失稳之前是结构体，爆破后节点破坏转变为铰点，形成初始失稳。结构失稳是由爆破拆除支撑构件的切口炸高形成，切口裸露钢筋部分可看做主筋的压杆，利用传统压杆临界应力的方法，与整个结构失稳联合计算，当炸高增加抗力减少到极限，此时结构失稳时的炸高为爆破最小炸高，相应的塑性铰所形成倾倒拓扑，为初始拓扑。整个结构失稳判断，将遵循以下假设：

1．确定极限荷载的一般定理

结构的极限荷载应同时满足平衡条件、屈服条件和机构条件。仅根据屈服条件和平衡条件确定的荷载称为可接受荷载。仅根据机构条件和平衡条件确定的荷载称为可破坏荷载。

（1）极大定理：结构的所有可接受荷载中的最大者即为该结构的极限荷载。

（2）极小定理：结构的所有可破坏荷载的最小者即为该结构的极限荷载。

（3）唯一性定理：如果作用于结构上的荷载既是可破坏荷载，又是可接受荷载，则即为极限荷载。或者说，同时满足屈服条件、机构条件和平衡条件的荷载，必定是极限荷载。

2．确定极限荷载的方法

（1）静力法：静力法求极限荷载是根据极大定理。首先假定结构的各种满足屈服条件的弯矩，然后用平衡条件分别求出相应的可接受荷载，在所有可接受荷载中最大的一个就是极限荷载。因满足屈服条件的内力状态较多，不易列举齐全，所以常结合唯一性定理，判断所求得的最大可接受荷载是否又是破坏荷载。若是，则该荷载即为极限荷载。

（2）机动法：机动法求极限荷载是根据极小定理。首先假定结构的各种可能的破坏机构及虚位移，然后利用刚体的虚位移原理分别求出相应的可破坏荷载。即将破坏机构看做刚架体系，塑性铰截面的弯矩看做外力，虚功方程[5]为 $\sum P\Delta - \sum M_i\theta_i = 0$，式中 P 为任一破坏荷载，Δ 为荷载处产生的位移，M_i 和 θ_i 分别是第 i 个塑性铰处的极限弯矩和相应转角。在所有可破坏荷载中最小的一个就是极限荷载。对复杂结构可能的破坏机构形式不易列举齐全，可结合唯一性定理，判断所求得的最小可破坏荷载是否又是可接受荷载。若是，则该荷载即为极限荷载。

（3）试算法：试算法求极限荷载是根据唯一性定理。根据结构在已知荷载作用下弯矩图的形状，估计较大弯矩的截面位置，设定足够数量的塑性铰，形成一个破坏机构，求出相应的可破坏荷载，并给出刚架的弯矩图。然后检查它的弯矩分布是否满足屈服条件，如满足，则此可破坏荷载也是可接受荷载，即为极限荷载。如不满足，则重新假定破坏机构再试算。

（4）增量（负增量）变刚度法：将加载的全过程分成若干个阶段，施加第一个荷载增量时，结构处于弹性阶段，用矩阵位移法求解结构的结点位移及内力，根据最大内力处的截面出现塑性铰的条件，确定第一个荷载增量的大小。结构过渡到第二阶段，施加第二个荷载增量，根据前一阶段塑性铰所在的截面（该截面已成铰结点），按线弹性理论修改结构总刚度矩阵，用矩阵位移法求解第二阶段的结构，由第二个荷载增量所引起的结点位移和内力，并根据最大内力处的截面出现塑性铰的条件，确定第二个荷载增量的大小，结构过渡到第三阶段。再按上述过程继续计算，直至结构达到极限状态为止。将每一个阶段的结构位移增量及内力增量累加，便得到结构的总位移和总内力，由总位移可判断结构的转动铰，各个阶段的荷载增量之和即为结构的极限荷载。增量变刚度法是适宜计算机的有限元法求解。

建（构）筑物常见的初始拓扑如下：

（1）多层单跨楼房，前排立柱爆破后在重心上比例加载，若后排立柱压溃或根部首先达到塑性铰，则楼房下坐或绕后排柱柱根单向倾倒。

（2）烟囱、剪力墙、筒体切口爆破后，在上段重心上比例加载，若下段根部未达到塑性铰前，切口部已经形成塑性铰，则上部结构绕切口单向倾倒。

（3）多层、高层单跨结构，前排立柱爆破后，如图4.28所示，在重心上比例加载，若后排立柱上、下端均同时出现塑性铰，则以机动分析法判断外接铰点，即转动上铰点，在立柱上端同时产生水平后推力 $F=p_2\cos q_2\sin q_2$，则立柱下端产生弯矩 $M_1=M_{2u}-F\cdot l_1=M_{2u}-p_2l_1\cos q_2\sin q_2$，顺时针为正，反时针为负；$M_{2u}$ 为立柱上端极限弯矩，l_1 为立柱长度；q_2 为重心到上铰点的连线与铅垂线夹角；若 M_1 为负，$|M_1|>|M_{1u}|$，M_{1u} 为立柱下端反向抵抗极限弯矩（塑性铰为单向铰），则后排立柱向后（反时针）倾倒，其上结构向前（顺时针）倾倒，形成双向折叠倒塌。若 $|M_1|<|M_{1u}|$，则立柱根部不可能反时针形成塑性铰；由于柱端的极限弯矩上下端相等，但因立柱本身向前顺时针挠曲，上铰点将为移行铰[8]，转移到下端，结构将单向顺时针绕立柱根部倾倒。

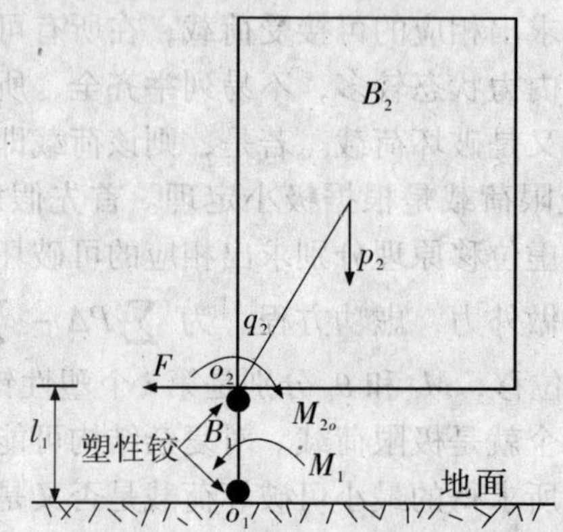

图4.28 比例加载 p_2，极限荷载比较法和机动分析

（4）多层或高层楼房，下层内全部支撑爆破拆除，楼房失去支撑而下落。

同一极限荷载可能存在数个初始拓扑，真实的拓扑应以加速度或加载形变路径和塑性铰移行[8]来判断。

4.2.2.3 多刚体系统动力学方程

低层和大多数的多层建（构）筑物爆破拆除时形成多刚体树系统。Roberson-Wittenburg法是建立多刚体系统3维动力学方程的普遍方法，包括适合多刚体树系统。该法的特点是应用图论中的关联矩阵和通路矩阵等概念来描述多刚体系统的机构，选用系统中各对相邻刚体之间的相对定位参数作为描述系统位形的广义坐标，最终导出适用于任意结构类型的多刚体系统的动力学方程[2]。

设某一多刚体系统由 n 个刚体组成。共受有 S 个完整约束（即 S 个完整约束方程）。因此该系统的自由度 $f=6n-S$。若 $f=n$，选广义坐标 $q=[q_1\ q_2\cdots q_n]^T$ 确定系统的位形。

该系统中刚体 B_k（$k=1，2，\cdots，n$）的质量和中心惯量张量分别为 m_k 和 J_k，系统外物体作用于刚体 B_k 的主动力系的主矢和对质心 O_{Ck} 的主矩分别为 F_k 和 L_k，刚体 B_k 的虚角位移矢量为 $\delta\pi_k$，刚体 $B_{i(k)}$ 通过转动铰 O_k 作用于刚体 B_k 的驱动力矩为 M_k，设 M_k 在铰 O_k 的转轴基矢量 e_k 方向上的投影为 M_k（即 $M_k=M_k\cdot e_k$），若不计各转动铰的摩擦，则根据动力学

普遍方程，有

$$\sum_{k=1}^{n}\{(F_k - m_k\ddot{r}_k)\cdot\delta r_k + [L_k - J_k\cdot\varepsilon_k - \omega_k\times(J_k\cdot\omega_k)]\cdot\delta\pi_k\} + \sum_{k=1}^{n}(M_k\delta q_k) = 0 \tag{4.1}$$

写成矩阵形式，即

$$(\delta\bar{r})^T\cdot(\bar{F} - m\ddot{\bar{r}}) + (\delta\bar{\pi})^T\cdot(\bar{L} - \bar{J}\cdot\bar{\varepsilon} - \bar{\Gamma}) + (\delta q)^T M = 0 \tag{4.2}$$

其中

$$\bar{F} = [F_1 \quad F_2\cdots F_n]^T \tag{4.3}$$

$$m = \mathrm{diag}(m_1, m_2, \cdots, m_n) \tag{4.4}$$

$$\delta\bar{\pi} = [\delta\pi_1 \quad \delta\pi_2\cdots\delta\pi_n]^T \tag{4.5}$$

$$\bar{L} = [L_1 \quad L_2\cdots L_n]^T \tag{4.6}$$

$$\bar{J} = \mathrm{diag}(J_1 \quad J_2\cdots J_n) \tag{4.7}$$

$$\bar{\Gamma} = [\omega_1\times(J_1\cdot\omega_1) \quad \omega_2\times(J_2\cdot\omega_2)\cdots\omega_n\times(J_n\cdot\omega_n)]^T \tag{4.8}$$

$$M = [M_1 \quad M_2\cdots M_n]^T \tag{4.9}$$

系统内各刚体绝对角速度的广义坐标形式的表达式，即

$$\bar{\omega} = \bar{\alpha}\dot{q} + \omega_0 1_n \tag{4.10}$$

其中

$$\bar{\alpha} = -T^T\bar{e} \tag{4.11}$$

系统内各刚体绝对角加速度的广义坐标形式的表达式，即

$$\bar{\varepsilon} = \bar{\alpha}\ddot{q} + \bar{\beta} \tag{4.12}$$

其中

$$\bar{\beta} = T^T e\times(\dot{q}\,\alpha + \omega_0 E)\,\dot{q} + \varepsilon_0 1_n \tag{4.13}$$

其中，E 为 n 阶的单位矩阵。

系统内各刚体质心的绝对速度和绝对加速度的广义坐标形式的表达式，即

$$\dot{\bar{r}} = \bar{H}\dot{q} + \bar{h} \tag{4.14}$$

$$\ddot{\bar{r}} = \bar{H}\ddot{q} + \bar{\sigma} \tag{4.15}$$

其中

$$\bar{H} = -\bar{D}^T\times\bar{\alpha} \tag{4.16}$$

$$\bar{h} = \omega_0\times\bar{D}^T 1_n + \dot{R}1_n \tag{4.17}$$

$$\bar{\sigma} = -\bar{D}^T\times\beta + \bar{\eta} \tag{4.18}$$

由式（4.10）、式（4.14）可分别得到

$$\delta\bar{\pi} = \bar{\alpha}\delta q \tag{4.19}$$

$$\delta\bar{r} = \bar{H}\delta q \tag{4.20}$$

将式（4.12）、式（4.14）、式（4.19）和式（4.20）代入方程（4.2），整理后得到

$$(\delta q)^T(A\ddot{q} - B) = 0 \tag{4.21}$$

其中

$$A = \bar{H}^T\cdot m\bar{H} + \bar{\alpha}^T\cdot\bar{J}\cdot\bar{\alpha} \tag{2.22}$$

$$B=\overline{H}^{T}\cdot(\overline{F}-m\overline{\sigma})+\overline{\alpha}^{T}\cdot(\overline{L}-\overline{J}\cdot\overline{\beta}-\overline{\Gamma})+M \tag{4.23}$$

由于 δq 是独立的（即 δq_1，δq_2，…，δq_n 之间是相互独立的），因此由式可推出

$$A\ddot{q}=B \tag{4.24}$$

这就是广义坐标所描述的多刚体系统的三维动力学方程。此方程由 Roberson 和 Wittenburg 在 1966 年导出[2]。方程中矩阵 A 为 $n\times n$ 的对称矩阵，矩阵 B 为 $n\times 1$ 的矩阵。当系统的结构，各刚体的惯量参数，各铰在刚体上的分布位置，各铰的驱动力矩和其他作用在系统上的主动力的变化规律都确定后，矩阵 A 仅是关于广义坐标的函数 $A=A(q)$，而矩阵 B 是关于广义坐标和广义速度的函数 $B=B(q,\ \dot{q})$。

在多体系统动力学分析中，已知外力求系统各构体运动学量称为动力学的正问题，例如数值模拟各构体的运动姿态；反之称为动力学逆问题，如已知各构体的姿态求各体间相互作用力，以判断建筑物是否在运动中解体或下坐。

对多体系统动力学方程（4.24），便于机械化计算，可通过符号运算计算机自动建模，并将该隐式微分方程组解算为显式微分方程组后，进行数值模拟正算。式（4.24）为二阶微分方程的初值问题，本文求解采用第 5 章所述的可变步长的 4 阶 5 级龙格－库塔法，解的精度高，适合了初始失稳后结构体运动误差的要求。

4.2.2.4 变拓扑多体系统

多数建（构）筑物在倒塌过程中，拓扑会发生变化，这种拓扑构型的切换取决于系统的运动性态，拓扑切换与时间、运动学和动力学条件因素相关[3]。时间条件多以起爆时差 t_u 判断，如建（构）筑物的立柱、烟囱的上下切口等是按起爆时差爆破形成，当计算时间满足约束 $t\leqslant t_u$，为原拓扑状态，否则进入方程下一拓扑，因此，这是人为可以干预的切换。然而多数的拓扑切换却不能预见切换时刻，它是由系统的瞬时运动状态决定的，即由运动学条件和动力学条件形成。运动学条件可分位置量 q 和速度量 $\dot{q}$ 条件，当由切口位置、尺寸、炸高计算的极限 q_u，而约束方程 $q\leqslant q_u$ 为原始拓扑状态，否则进入下一拓扑。例如，空间条件，如烟囱切口的闭合而引起铰点前移，形成切口端弯矩的纵筋拉断失效，从而进入下一拓扑；又如建筑物倾倒着地，而引起的空中运动结束和撞地冲击后产生新的拓扑等。而速度方向变化也是拓扑的改变，当 $\dot{q}$ 方向改变前，如约束方程 $\dot{q}\geqslant 0$ 或 $\dot{q}\leqslant 0$ 时，为原始拓扑状态，否则为另一拓扑，如双向折叠建筑物的根体外接体（立柱），从与其上结构初期反向旋转，随后变为同向旋转倾倒。而动力学切换条件，将比以上条件更复杂，有铰点条件和体内结构强度条件，它们可以按极限分析，从外接体依次向内接铰点，按动静法建立广义力的平衡方程式计算，注意对非惯性坐标系需要加上惯性力和惯性矩，当求出 F，如果满足约束方程 $F\leqslant F_u$（铰的摩擦稳定条件或强度条件和变形条件，或结构的强度和形变条件）为原始拓扑，否则为另一拓扑。如多跨平行梁在前排柱爆破后而初始失稳，其初始拓扑，为两端形成塑性铰的虚拟悬臂梁，即悬臂的动力等效体（见 6.2.2 节），而向下旋倾，当中排柱爆破后，因后跨平行梁下倾旋转，引起前跨梁端弯矩变小，当其小于端机构残余弯矩后，会使前跨铰点转为节点，原前跨的平行梁机构又转为以后跨梁两端为铰点的机构；又如烟囱双向折叠的上下两段，在双向倾倒时，上段对下段的摩擦力和抗剪力小于界面横向推力时，上段将沿切口向后下方滑动，而塑性转动铰破坏，使两段烟囱分离而进入非完全离散体拓扑；高耸的钢筋混凝土烟囱在单向倾倒中，当内力大于材料强度时，中部将折断为二体，即由单体倾倒拓扑

进入非完全离散体拓扑等。多体系统的塑性铰所受的拉、剪力大于抗拉、抗剪强度和摩擦力，其中全断面的钢筋应力超过拔拉脱粘强度时，可以认为塑性铰断裂，而进入下一拓扑。当铰发生过约束时，如果没有拓扑动力切换，则多体间的内力将突然增大，并引起速度突变，根据突变速度点，也可以判断其附近应有动力拓扑切换点。由于动力学条件与结构的强度，钢筋的逐渐拉拔脱粘相关，难于预料准确动力切换点的时刻，故在切换到离散拓扑进程中可采用非完全离散体模型，在此可部分代替未离散的多体系统的模拟，因此并不要求准确的非完全离散动力切换点时刻。由此，可以将非完全离散相对集中的多体与非完全离散体系统，简化为单一的非完全离散体模型处理。

从上述可知，多体系统的拓扑切换条件，完全可以描述建筑机构倒塌的拓扑变化。

4.2.2.5　建筑机构多体系统的特点

建筑结构的支撑构件和立柱，在倒塌过程中会压溃，至使构件的支撑长度变短、质量减小，这部分构件已经不能抽象处理为刚体，而只能分别作为可形变体、变质量体，统称变体，而其他大部分构体仍可维持抽象为刚体。建筑机构的多体中，存在质量散失的变体，是其特点之一。

传统的多体系统，其铰是预先加工完成，且体数和动力拓扑又为人所规定。而建筑倒塌机构的铰，是依动力条件由塑性铰自然生成的自然铰，相应于铰而自然生成新的体，动力拓扑切换点又是按受力载荷和强度条件而自然决定，其过程为自然拓扑。因此，带自然塑性铰的多体来描述塑性建筑机构，形成了建筑机构多体与现代多体系统的显著区别。

建（构）筑物是众多梁、柱、墙组成的结构，当转化为机构时，梁、柱形成塑性铰可抽象为若干多体构成的非树系统。由于这些相互平行的同跨梁、同层柱作平行运动，存在很多冗余约束，特别是少跨的高层建筑，因此平行梁、柱的非树多体，可简化为一个自由度的虚拟等效动力体来代替，由此建筑机构就可大大简化为树状数个体来处理，而最终可简化处理为单开链系统。建筑机构多体由相互平行的梁、柱所组成，是又一特点。

由此看来，建筑机构多体，从传统多体系统的一般概念和普遍原理出发，结合建筑机构的特点，增添了变质量体、自然体、自然塑性铰和自然动力拓扑，以及由相互平行的梁、柱所组成非树系统到单开链数体的简化，从而丰富和发展了多体系统动力学。

建筑机构多体，并不排斥体内使用有限元法，多体内的应力和变形，可以采用有限元法来计算。但是，钢筋混凝土构件多体内的变形，一般来说并不需要这种计算。因为钢筋混凝土属刚性材料，在运动中多体间的大运动量，比较构件变形引起的质心变位和引起转动惯量变化的构件形变，要大4个数量级以上，完全可以将钢筋混凝土构件简化为刚体。而多体内的应力计算，对均质体或可假设为均质体的钢筋混凝土薄壁构件，有限元法可以是高效而相对准确的计算方法，而对一般的钢筋混凝土构件，并不都是高效而精确的。如钢筋混凝土整体式模型，却难于准确计算柱、梁内的应力，而钢筋分离式模型，也只有在钢筋单元的尺寸接近真实时，计算结果才比较准确。在建筑机构的多体内，当用有限元法计算应力有效时，当然应该采用体内有限元法；但是大多数钢筋混凝土构件多体的应力，只是在多体运动到动力拓扑切换点时，铰要破断，子结构体在构件的两端可能成铰，或者受压的柱可能在中部断裂，生成新的铰，在这些特殊断面和特定时间，需要计算极限应力时，因而可以应用构件内的截面极限应力分析计算。此极限应力分析，力学概念清晰，分析计算与受力过程无关，分析方法简单，能够判断新生铰和铰的破断，因此是高效的、必要的。在适当时采用有限元应力计算，在不适合有限元应用的多数钢筋混凝土机构运动场合，应用截面极限应力分析，是钢筋混凝土建筑机构多体的特点。

建筑机构多体运动自然生成的塑性铰，其铰点在截面中性轴。由于构件截面中性轴是由截面性质和体间力所决定，因此严格说在机构运动整个过程中，中性轴在截面上的位置和机构残余弯矩是变化的，铰轴是变动的。但是对大多数杆系结构建筑构件，铰轴在截面内的移行与杆系质心对中性轴的距离和其大运动量比较，相比较小，约小 2 个数量级以上。而对大截面高烟囱类构件，当初始失稳后，据支撑部观测，极限中性轴再移行相对也较少。因此，由变化相对较小的自然铰所约束的建筑多体，可以相对准确的描述爆破拆除建筑的倒塌运动。显然，本文建筑机构多体的计算铰轴（未包括滚动铰），应是初始失稳后截面内的已稳定中性轴的平均位置，而抵抗转动的计算弯矩，应是机构残余弯矩，详见 2.4.4 节和 2.5.4 节及 2.7.3 节。

离散体的单体动力学方程和多体动力学方程在力学本质上是等价的。离散体间与多体之间模型的区别，是邻接体间关系的不同。建筑机构多体间的截面合力，是通过体间界面的中性轴，也正是多体间塑性铰的铰轴，而体间力矩的传递是围绕中性轴（铰轴）的整个界面。多体间的铰连接，正如第 2 章 2.6 节所述，也能承担剪力和拉力，体间广义力通过铰点，钢筋混凝土建筑机构多体极限弯矩衰减为机构残余弯矩等性质，是建筑机构多体与离散体不同的特点。

而现有的离散体，体间接触点按相邻两体位移计算，压力合力作用点由受压区的初始接触点，和按侵入量线弹性增加应力决定。而接触点和侵入量又与体间界面形状的假设有关。显然在结构没有完全离散的机构运动阶段，外力对受压不均匀区初始受压点附近的矩，与对脆性材料塑性区中性轴的矩是不相同的。特别是直立倾倒的烟囱，当支撑部以上作为块体单元时，初始受压点在支撑部的定向窗口角顶点，由其附近决定的初始倾倒角，将小于由中性轴决定的初始倾倒角。如果将支撑部按三维壳单元块体分割时，显然壳单元离散块体分割越细，卸载破坏块体删除时间越恰当，其支撑部的合力矩心就越接近中性轴，而三维壳体的计算量也大大增加。

离散体是不承受拉力的，小林茂雄等人是用钢棒替代连接块体裸露的钢筋，而钢棒的塑性弯矩是随动硬化的。多体间铰的塑性弯矩，为极限分析的机构残余弯矩，它小于结构极限弯矩，符合随动软化的钢筋混凝土结构塑性铰的实际。

当多体的塑性铰仅承受拉力时，而成为悬吊铰，悬吊力大于钢筋混凝土构件断面全部纵筋的脱粘抗拔力时，铰开始塑性伸长，多体间步入非完全离散。大多数的单跨乃至双跨钢筋混凝土主梁的全部纵筋，都可以悬吊起跨内混凝土构件自身重量，因而铰将保持建筑整体在空中倾倒运动。现今离散体和离散元的框架倒塌模拟的多数算例，见文献［9］，由于没有考虑梁与柱的非完全离散，却总是过早地断裂脱开，如图 4.29 所示。

表 4.1 构件配置

构件	截面尺寸（m×m）	混凝土等级	纵筋等级	箍筋等级	纵筋数量	配箍情况
梁	250×500	C_{30}	Ⅱ	Ⅰ	3ϕ18＋2ϕ22	ϕ8@100
柱	600×600	C_{30}	Ⅱ	Ⅰ	4ϕ26＋4ϕ26	ϕ8@200

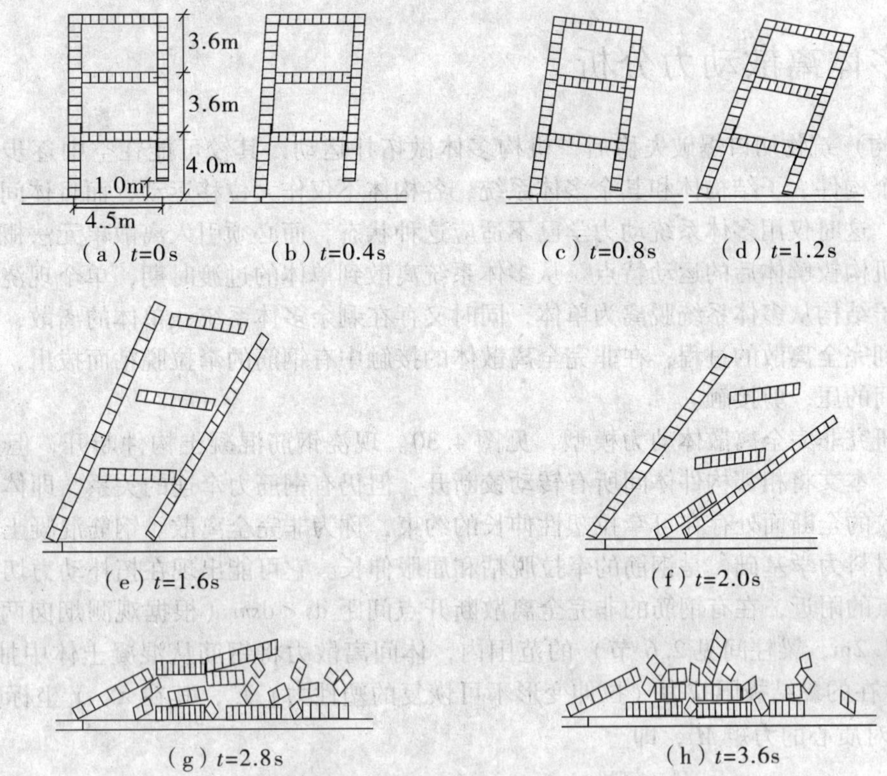

图 4. 29 钢筋混凝土框架结构倒塌破坏过程的离散元数值模拟

说明：文献［9］应用 vc6.0 编程平台，自行编制了应用于钢筋混凝土框架结构问题的离散元程序。利用此程序可以模拟钢筋混凝土框架结构由各种条件所引起的变形破坏过程。钢筋混凝土框架属性见表 4. 1。

以钢筋混凝土框架结构倒塌破坏为例，说明用文献［9］离散元模拟的效果。从例中可见，钢筋混凝土框架倾倒后，前柱一旦撞地，框架的梁柱间节点，有的首先顶层节点立即断开，有的各层节点相继断裂脱开。因此，与实际的钢筋混凝土框架撞地，首先底层柱的两端破坏而压溃，而后依次向上各层柱端破坏；梁、柱端破坏成塑性铰，而不是框架撞地而散架。就其模拟与事实不符的原因，主要是离散元组成的框架梁柱间没有足够抗剪力的铰，和铰断脱开没有钢筋从混凝土中拔拉脱粘的牵拉过程。现浇钢筋混凝土建筑机构多体，在倒塌过程中，转动铰断开为非完全离散体，是又一特点。

本章的 4. 2. 2. 3 节多刚体动力学方程（4. 24）式中，认为多体间的力为内力，不在微分方程组中出现，而将其内力的关系，隐藏在微分方程组中，它不受除铰以外的体间关系的影响，自然计算精度较高；而且体间关系表示简练，计算量少。仿造离散体算法，当保持了多体间铰连接的物理关系后，单体动力学方程也可以数值模拟多体系统，并且单体动力学方程编程简单，不因体数增加而编程复杂，不需要判断拓扑变化路径，但体间内力成了外力，力的计算值不断振动，体的姿态也不必要地波动，自然计算精度变差；但这种算法仍属于多体系统的数值模拟方法，当在不清楚拓扑变化路径时，可作为多体－离散体动力学分析算法的补充。

4.3 多体离散动力分析

建（构）筑物切口爆破失稳后，机构多体做拓扑运动，其铰可能在空中逐步消亡，而解体为单个构件、子结构体和其余多体系统，各构体不仅作大位移运动，而且体间可以完全脱离接触，这时仅用多体系统动力学已不适应这种状态，而必须引入离散单元法概念，才能适合建筑机构铰解体后的运动特点。从多体系统离散到单体的过渡时期，单个现浇钢筋混凝土构件或子结构从多体系统脱离为单体，同时又存在剩余多体系统；单体的离散，又有从非完全离散到完全离散的过程；在非完全离散体的接触中有钢筋的牵拉脱粘而拔出，也可能同时存在体间的压、剪接触。

首先研究非完全离散体动力模型，见图4.30。现浇钢筋混凝土构件断开，但是还有钢筋力牵连，本文将相邻构件体间所有转动铰断开，但仍有钢筋力牵连的关系，即体间只要还在原断开铰的全断面处存在可牵拉塑性伸长的约束，称为非完全离散。钢筋混凝土构件非完全离散的材料力学基础，是钢筋的牵拉脱粘和屈服伸长。它可能出现在拓扑动力切换点，当速度突变点的附近，在有钢筋的非完全离散断开点间距 $ds < dsm$（根据观测烟囱两端的 dsm 最大可达1.2m，梁柱间见2.6节）的范围内，体间离散力将钢筋从混凝土体中抽拔，其 i 体 j 角点存在的黏结极限拉力（拉伸变形不可恢复的塑性力）F_s^i，其在 X，Y 坐标方向分量 F_{sx}^i，F_{sy}^i 及对质心的力矩 M_s^i，即

$$\left.\begin{aligned} F_{sx}^i &= F_s^i \cos\alpha_{te} \cdot \mathrm{sign}(x_{i-1,j-2} - x_{i,j}) \\ F_{sy}^i &= F_s^i \sin\alpha_{te} \cdot \mathrm{sign}(y_{i-1,j-2} - x_{i,j}) \\ M_s^i &= F_{sx}^i \cdot (y_{i,j} - y_{i,c}) - F_{sy}^i \cdot (x_{i,j} - x_{i,c}) \end{aligned}\right\} \tag{4.25}$$

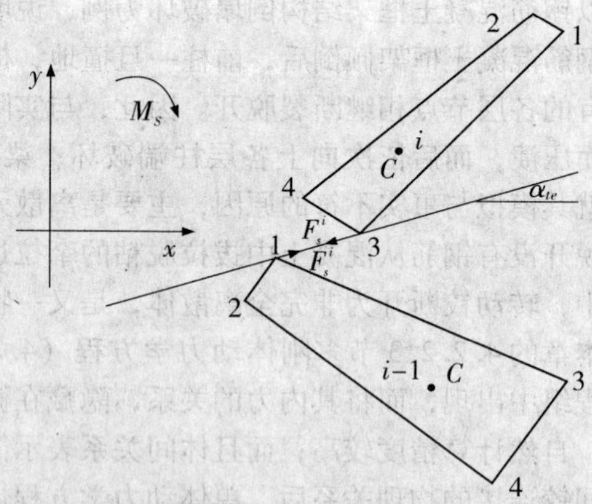

图4.30 烟囱实际空中倒塌姿势及其非完全离散体分析模型

式中：α_{te} 为 F_s^i 的倾角，F_s^i 为黏结极限力，i 为体号，j 为角点号；x_{ic}，y_{ic} 为 i 体的质心

坐标；当 $ds \geqslant dsm$ 后，钢筋从混凝土体中完全抽脱，非完全离散体转变为完全离散体，$F_s^i = 0$。

当各离散体间压接触时，其法向增量力 Δf_n 和切向增量力 Δf_t 分别由体间相对“重叠”量 Δu_n 和剪切量 Δu_t 引起[10]，即

$$\left.\begin{aligned}\Delta f_n = k_n \Delta u_n \\ \Delta f_t = k_t \Delta u_t\end{aligned}\right\} \tag{4.26}$$

式中：k_n 和 k_t 分别为接触点的法向和切向刚度，$k_n = k_{no} \times b_n$，$k_t = 0.7 \times k_{no} \times b_n$，$b_n$ 为接触线长，k_{no}为每 m 接触线长法向刚度。对混凝土烟囱壁按空心圆筒计算，考虑烟囱角点损坏，取较小值 $k_{no} = 4.02 \times 10^4 \mathrm{kN/m^2}$，烟囱两端被嵌入，取 $k_n = 0$，$k_t = 0$。

各体接触点间不允许有拉力出现，故法向压力 $f_n > 0$，而当 f_n 减为零时，则体接触点间脱开。同样剪切力 f_t 的稳定状态由库仑－莫尔定理决定[11]，即

$$\left.\begin{aligned}f_t \leqslant f_t^{\max} \\ f_t^{\max} = f_n \tan\varphi_j + c_j\end{aligned}\right\} \tag{4.27}$$

式中：φ_j 和 c_j 分别为接触 j 处体间的内摩擦角和内聚力，离散的钢筋混凝土烟囱接触 $\varphi_j = 0.611$，$c_j = 0$，当 f_t 趋近于 $f_t^{\max}$ 时，体间沿接触面滑动。

假设 i 体还与非完全离散体和已相互脱离的完全离散体，发生再压接触，F_x 和 F_y 分别是邻接体对 i 体在 X，Y 方向上的力

$$\left.\begin{aligned}F_x = f_n \cos\alpha_i + f_t \sin\alpha_i \\ F_y = f_n \sin\alpha_i - f_t \cos\alpha_i\end{aligned}\right\} \tag{4.28}$$

式中：α_i 为邻接体接触面法向水平角。

将对 i 体的所有接触力，即非完全离散体的钢筋塑性拉力以及压接触的力求和，并且加上 i 体所受力的重力，就可求出 i 体所受的合力：

$$\left.\begin{aligned}F_{xsum} &= \sum\nolimits_j F_x + \sum F_{sx}^i \\ F_{ysum} &= \sum\nolimits_j F_y + \sum F_{sy}^i - m_i g \\ M_{sum} &= \sum\nolimits_j M_j + \sum M_s^i\end{aligned}\right\} \tag{4.29}$$

式中：F_{xsum}，F_{ysum}，M_{sum}分别为 i 体在 X，Y 方向的合力和合力矩；M_j 为 j 压接触点上接触力对质心的力矩；j 为 i 体与非完全和完全离散体间压接触数；$\sum_j$ 为 $\sum\limits_{j=1}^{nf}$ 的缩写，nf 为与 i 体间压接触总数；根据单体动力学方程，可得到 i 体运动方程[12]：

$$\left.\begin{aligned}m_i \ddot{u}_x + \alpha_m m_i \dot{u}_x = F_{xsum} \\ m_i \ddot{u}_y + \alpha_m m_i \dot{u}_y = F_{ysum} \\ J_i \ddot{q} = M_{sum}\end{aligned}\right\} \tag{4.30}$$

式中：$\ddot{u}_x$和 $\ddot{u}_y$分别为水平和竖直方向单体质心的加速度；$\ddot{q}$ 质心处的转动角加速度；m_i，J_i 分别为 i 体的质量和转动主惯量。而多体系统的动力方程仍由式（4.24）描述。

其中，α_m 为质量阻尼系数，倒塌建筑空中运动速度低，空气阻力小，取 $\alpha_m \approx 0$。对上式可以采用一阶中心差分法求得[12]：

$$
\left.\begin{aligned}
\dot{u}_x(t+\frac{\Delta t}{2}) &= \frac{\left[\dot{u}_x(t-\frac{\Delta t}{2})(1-\alpha_m\frac{\Delta t}{2})+F_{xsum}\frac{\Delta t}{m_i}\right]}{(1+\alpha_m\frac{\Delta t}{2})} \\
\dot{u}_y(t+\frac{\Delta t}{2}) &= \frac{\left[\dot{u}_y(t-\frac{\Delta t}{2})(1-\alpha_m\frac{\Delta t}{2})+F_{ysum}\frac{\Delta t}{m_i}\right]}{(1+\alpha_m\frac{\Delta t}{2})} \\
\dot{q}(t+\frac{\Delta t}{2}) &= \frac{\left[\dot{q}(t-\frac{\Delta t}{2})(1-\alpha_m\frac{\Delta t}{2})+M_{sum}\frac{\Delta t}{J_i}\right]}{(1+\alpha_m\frac{\Delta t}{2})}
\end{aligned}\right\} \tag{4.31}
$$

因此，从 t 到 $t+\Delta t$ 时刻，i 体的位移和转角增量以及 $t+\Delta t$ 时刻 i 体质心位置：

$$
\left.\begin{aligned}
\Delta u_x &= \dot{u}_x\ (t+\frac{\Delta t}{2})\ \Delta t \\
\Delta u_y &= \dot{u}_y\ (t+\frac{\Delta t}{2})\ \Delta t \\
\Delta q &= \dot{q}\ (t+\frac{\Delta t}{2})\ \Delta t
\end{aligned}\right\} \tag{4.32}
$$

$$
\left.\begin{aligned}
x_{ci} &= x_c+\Delta u_x \\
y_{ci} &= y_c+\Delta u_y \\
q_j &= q+\Delta q
\end{aligned}\right\} \tag{4.33}
$$

从而可得到所有离散体在任意时刻的速度、位移、加速度以及所受合力等物理量。

解动力学方程的计算，应在同一时步内，多体系统拓扑和体间的接触方式不变。单体方程以显式有限差分法，在时步向前差分计算，而多体系统采用 4 阶 5 级龙格－库塔法计算多体动力方程（4.24）和式（6.13），其在内计算时步由自身的精度确定。当体间分离时，自动调大以节省机时；当体间接触，再计算接触点时间 t_o[11]

$$
t_o = \frac{-\begin{vmatrix} 1 & x_1 & y_1 \\ 1 & x_2 & y_2 \\ 1 & x_3 & y_3 \end{vmatrix}}{\begin{vmatrix} 1 & \dot{u}_{x1} & y_1 \\ 1 & \dot{u}_{x2} & y_2 \\ 1 & \dot{u}_{x3} & y_3 \end{vmatrix} + \begin{vmatrix} 1 & x_1 & \dot{u}_{y1} \\ 1 & x_2 & \dot{u}_{y2} \\ 1 & x_3 & \dot{u}_{y3} \end{vmatrix}} \tag{4.34}
$$

接触位置[11]（x_0，y_0）为

$$
\begin{Bmatrix} x_0 \\ y_0 \end{Bmatrix} = \begin{Bmatrix} x_1+\dot{u}_x t_o \\ y_1+\dot{u}_y t_o \end{Bmatrix} \tag{4.35}
$$

式中：x_1，y_1，$\dot{u}_{x1}$ 和 $\dot{u}_{y1}$ 分别是 i 体接触点的 x，y 坐标和相应速度；x_2，x_3，y_2，y_3，$\dot{u}_{x2}$，$\dot{u}_{x3}$ 和 $\dot{u}_{y2}$，$\dot{u}_{y3}$ 分别是 $i\pm1$ 体的接触边两端的 x，y 坐标和相应速度。多体则按接触时间插值原多体运动姿态的计算结果。体间接触后时步自动变小，调整在允许的“嵌入”量对应的时

步之内，以提高计算精度。每完成一时步计算，烟囱离散体按质心距地高度在空中排序。以体姿态计算体间接触，形成关联矩阵 G，关联矩阵[2] $G=[g_{ij}]$，其元素定义为

$$g_{ij}=\begin{cases}1 & \text{离散体 } B_i \text{ 的 } j \text{ 角侵入体 } B_{i+1} \text{ 的边} \\ -1 & \text{离散体 } B_i \text{ 的 } j \text{ 角侵入体 } B_{i-1} \text{ 的边} \\ 0 & \text{离散体 } B_i \text{ 与相邻体无关}\end{cases} \tag{4.36}$$

式中：B_{i+1}为质心高于 B_i 质心的体；B_{i-1}为质心低于 B_i 质心的体。由此利用图论，简化了体间各种接触类型中力的计算程序。

由此看来，上述非完全离散体分析，就总体而言，是建立在多体系统向单体过渡计算方法的基础之上；就个体的离散而言，则经历了从非完全离散到完全离散体的动力过程。本文研究了非完全离散体的动力学模型，建立了非完全离散体的动力方程，和有多体和离散体并存时的数值解算方法和程序，本文统称为多体离散动力分析。

现浇钢筋混凝土框架楼，结构失稳，步入机构多体铰接，而后体间断开钢筋牵拉脱粘阶段，如果取消反映这种状态的非完全离散，则难于解释倒塌的钢筋混凝土框架，钢筋总是连接着断开的构件；如果取消非完全离散直接只用离散体来数值模拟现浇框架楼的倒塌，其现有的算例中，梁柱间总是过早脱开，楼房在空中无法保持整体倾倒形态，框架倾倒旋转时间比实测小，爆堆较高，爆堆质心距原楼比实际近，爆堆前沿宽度也较窄。由此可见，反映钢筋牵拉脱粘的非完全离散模型是正确的，在现浇钢筋混凝土多刚体系统离散到完全离散体过程中，作为过渡阶段是必要的。而钢结构、装配式钢筋混凝土结构和砖石结构可以没有非完全离散过程。

4.4 完全离散体

非完全离散的钢筋混凝土构体，当离散点的间距，超过脱粘段钢筋从混凝土中牵拉的伸长率决定的极限伸长距离而断开后，或多体系统直接解体完全脱离，其脱离体本文称为完全离散体，即不可能存在任何拉约束的体，简称离散体。它的动力学方程和计算方法，实质为多体离散动力分析在没有多体和非完全离散体时的特殊情况，因此仍可按 4.3 节的程序计算。完全离散体的离散元，其物理方程、动力学方程和计算方法及程序，可参阅相关文献[11]。

大多数拆除现浇钢筋混凝土建筑的倒塌运动，最终倒地并没有完全离散，而总有钢筋将其构体牵连，即或是完全离散也是在接近地面时。因此，实际工程的动力分析，并不都需要完全离散体的动力分析模型；但是，对高位切口的高耸建筑和装配式钢筋混凝土结构，却可能在空中维持一段完全离散时间，其完全离散动力分析，还是需要研究的。完全离散的构件，在空中接触、碰撞，接触点和侵入量以块体的位移计算决定，由于空中接触时侵入量较小，大多数的接触属线弹性，以线性弹簧模拟是符合实际的。而构件在空中的运动，由于小侵入量的接触小，因此构件质心多数以水平初速企图接近重力线以最短距离落地；但是，如果由此将完全离散体的力学模型，用以描述所有建筑结构在各个阶段的倒塌运动，尽管可以将该力学模型进行修改，去适应所有建筑物的整个坍塌运动，特别是体间塑性接触的多体阶段，但总是带来不必要的计算量和麻烦。因此，本文没有采用现今离散体的不连续变形分

析，来数值模拟爆破拆除建筑的整个运动。

本文的完全离散体模型，在空中仍采用传统离散体的法向黏性阻尼的弹性接触和切向弹塑性接触。但是，一旦着地则转为法向完全塑性随动软化接触，落地生根为有根多体，如果着地构体质量散失，体间机械能损失将转变为压溃构体接触点所做的功，反映了建筑构体落地冲击的完全塑性性质。

本文多体－离散体所解体的离散体，已经不是从数值计算需求所划分的离散体，而是实际上从多体间部分广义铰的断失而形成，广义铰包括转动铰、滑移铰以及滚动铰。因此，本文多体－离散体动力学的离散体既不是由岩石铰的断失而生成，也不是由结构离散体动力分析计算所需的离散元所划分，而是由多体铰自然断裂而生成。

4.5 多体－离散体动力学

将上述的初始失稳的极限分析，变拓扑多体系统动力学，多体离散动力分析和离散体动力分析结合起来，可以描述建筑机构的整个倒塌过程。本文将其全过程的有关动力学，统称为多体－离散体动力学[13]。并由此与第3章结构冲击动力分析结合，组成建筑物倒塌动力学。

在拆除爆破后，各种建筑结构的倒塌运动，都必先初始失稳，而步入倾倒（或下落）阶段，而后依不同结构，倒塌运动将出现较人差异。低位单切口爆破拆除的坚固结构，经过多体撞地而不解体，将没有运动解体和塌落堆积过程；大多数现浇钢筋混凝土框架则不然，倾倒撞地而破坏，在其构件端或中部形成新的塑性区，而后以新的多体拓扑落地运动，其解体和堆积时间较短。装配式钢筋混凝土框架、排架和高位切口的高耸结构，多在空中解体，其解体和堆积时间较长。而在解体过程中，装配式结构和排架将从多体直接解体为完全离散体，而现浇钢筋混凝土结构将先经过非完全离散，再到完全离散。由此可见，各种建筑机构的倒塌过程，都存在多体和离散体的事实，因而都可以统一地用多体－离散体动力学来描述。

但是从上述可知，描述倾倒（或下落）过程的变拓扑多体系统动力学，是必经的过程，也是最重要的。多数的低位切口拆除爆破的过程，其机构倒塌的模拟，仅用多体系统动力学分析即可完成，如坚固的整体结构，框架上的筒仓结构，和撞地解体生成新的多体以及近地而不必用离散动力分析的结构。因此，变拓扑多体系统动力学分析，是模拟建筑物倒塌必经的必不可少的最重要过程。而某些钢筋混凝土结构的倒塌最后阶段，有可能出现完全离散的塌落堆积，也仅此需要离散体动力分析。由此可见，变拓扑多体系统动力学，可以满足大多数建筑物倒塌过程动力分析的需要。

建筑物的倒塌是分阶段的，由失稳、倾倒、解体和塌落堆积所组成，由于各阶段主要矛盾的变化而使整个倒塌过程表现出阶段性来。本文的多体－离散体动力学，根据各阶段力学机理的特点，在前期多体机构运动阶段，采用变拓扑多体动力学分析，在后期有长时完全离散结构，才增添完全离散分析，因此是反映客观事物发展阶段性特点的技术路线。当阶段内还存在认识不清的机理时，分阶段研究的技术路线，易于用经验处理来弥补，比采用同一的单一原理的结构离散动力学和不连续变形分析的研究难度小，研究成果也易于用于实践。

建筑机构多体系统的特点，详见4.2.2.5节，更能适合建筑机构多体的运动，建筑机构多体的建模方法，将成百上千的梁柱非树系统简化为数个体的单开链系统；有的1～3个体的微分方程存在解析解，或近似解，运动姿态则可以显示公式表示，易于探求建筑机构倒塌的规律，便于研究爆破拆除的措施参数，方便了动力学分析。而多体系统动力学的建模方法，将经典力学原理与现代计算技术相结合，形成易于面向计算机的、高效的、规格化的、可以计算机自动建模的方法，因此，多体-离散体是建模简单和便于计算的模拟算法。而多体系统动力学方程，将多体间力认为是内力关系，隐藏在微分方程组中，它不受除铰以外的体间关系的影响，力的计算值不会振动，体的姿态少有波动，自然计算精度较高；而且体间关系表示简练，计算量少，误差积累少，精确度高，计算高效，用奔腾4微机模拟建筑结构的倒塌一般仅用1～5s，求解的计算精确度也高，易于稳定地运算实现拆除工程的数值模拟，特别是满足倾倒初期计算精度要求较高的需要。

多体离散动力分析，详见4.3节，反映了钢筋牵拉脱粘和屈服伸长的正确机理，模拟的爆堆接近实际。

综上所述，本文提出的多体-离散体动力学，能较全面地从设计到研究，多方面满足爆破拆除建筑物的多种需要。

4.6　观测验证

以三折叠爆破拆除广州纸厂钢筋混凝土烟囱的数值模拟[14]，见图4.17，对照观测结果，验证多体-离散体动力学。

4.6.1　数值模拟参数

4.6.1.1　建筑机构参数

广州纸厂100m高烟囱为钢筋混凝土附内衬结构（C_{30}混凝土，Ⅰ级钢筋），其切口处尺寸和钢筋分布见表4.2。由表可见，上、中、下切口圆心角，依次取235°，230°，220°，上、中切口定向窗口角采用尽可能小的30°，其切口高度适当取小，分别为1.25m、1.8m，各切口将烟囱分为上、中、下三段，其力学特征如表4.3所示。

表4.2　烟囱结构及切口尺寸

名　称	标高（m）	外径（m）	壁厚（m）	纵筋	环筋	圆心角（度）	高度（m）	形　状
	+0.5	8	0.4	双层 φ14@150	φ14@150	220	2.5	正梯形，底角45°
下切口	+6.0	7.7	0.35	单层 φ14@150	φ14@150	220	2.5	正梯形，底角45°
中切口	+30.2	6.5	0.22	单层 φ14@180	φ10@150	230	1.8	正梯形，底角30°
上切口	+60.2	5.0	0.22	单层 φ12@150	φ10@150	235	1.25	正梯形，底角30°
烟囱顶	+100	3.5	0.22	单层 φ12@150	φ10@150	–	–	–

表 4.3　各段烟囱力学计算特征

段别	长度（m）	质心高（m）	质量（10^3kg）	对下方切口转动惯量（10^3kg·m^2）
下段	24	10.68	498.0	79965
中段	30	14.31	373.1	104150
上段	40	18.18	336.4	154900

纸厂烟囱连续多折叠的运动可简化为五个拓扑阶段：①上切口爆破，烟囱上段单独倾倒；②中切口爆破，烟囱上、中段双向折叠同时倾倒；③下切口爆破，烟囱上、中、下段连续双向多折倾倒，端弯矩简化为零；④烟囱上、中切口闭合，上铰点前移至前壁，中铰点后移至后壁；⑤烟囱上、中段端切口支撑部剪力大于摩擦力和端强度，钢筋拉出而空中解体。各拓扑的切换点和动力方程初始条件如表 4.4 所示。

表 4.4　纸厂烟囱拓扑切换点和动力方程初始条件

拓扑构型	切 换 点	初始条件	切换点类型
上切口爆破烟囱上段单独倾倒（拓扑 1）	$t=0$	$q_3(t)=q_{3,0}$ $\dot{q}_3(t)=0$	时 间
中切口爆破烟囱上、中段同时双向折叠倾倒（拓扑 2）	$t=t_1$，$q_{3,1}=q_3(t_1)$ $\dot{q}_{3,1}=\dot{q}_3(t_1)$	$[q(t)]=[q_{2,0},\ q_{3,1}]$ $[\dot{q}(t)]=[0,\ \dot{q}_{3,1}]$	时 间
下切口爆破烟囱上、中、下段同时多折双向连续折叠倾倒（拓扑 3）	$t=t_2$，$q_{3,2}=q_3(t_2)$ $\dot{q}_{3,2}=\dot{q}_3(t_2)$ $q_{2,1}=q_2(t_2)$，$\dot{q}_{2,1}=\dot{q}_2(t_2)$	$[q(t)]=[q_{1,0},\ q_{2,2},\ q_{3,2}]$ $[\dot{q}(t)]=[0,\ \dot{q}_{2,2},\ \dot{q}_{3,2}]$	时 间
上、中切口闭合，上“铰点”前移至前壁，中“铰点”后移至后壁（拓扑 4）	$t=t_3$，$q_{3,3}=q_3\ (t_2)\ -q_{f3}$， $\dot{q}_{3,3}=\dot{q}_3\ (t_2)$ $q_{2,3}=q_2\ (t_2)\ -q_{f2}$， $\dot{q}_{2,3}=\dot{q}_2\ (t_2)$， $q_{1,3}=q_1\ (t_2)$，$\dot{q}_{1,3}=\dot{q}_1\ (t_2)$	$[q(t)]=[q_{1,3},\ q_{2,3},\ q_{3,3}]$ $[\dot{q}(t)]=[\dot{q}_{1,3},\ \dot{q}_{2,3},\ \dot{q}_{3,3}]$	空间
上、中切口剪力大于摩擦力和端强度，钢筋拉出，空中解体，段间非完全脱离至完全脱离（拓扑 5）	$t=t_4$ $[q(t_4)]=[q_{1,4},\ q_{2,4},\ q_{3,4}]$ $[\dot{q}(t_4)]=[\dot{q}_{1,4},\ \dot{q}_{2,4},\ \dot{q}_{3,4}]$	离散体： $[q(t)]=[q_{2,4},\ q_{3,4}]$ $\left[\dot{q}\left(t-\dfrac{\Delta t}{2}\right)\right]=[\dot{q}_{2,4},\ \dot{q}_{3,4}]$ 多体系统： $[q_1(t)]=q_{1,4}$　$[\dot{q}_1(t)]=\dot{q}_{1,4}$	段间相互作用力

注：Δt 为离散动力分析的时间步长；拓扑 5 的多体系统可以为 2 体折叠或有根单体倾倒；q_{f3}，q_{f2} 分别为铰点移动引起质心与铰点，上铰点与下铰点连线改变的倾角量；$q_{3,0}$，$q_{2,0}$，$q_{1,0}$，q_{f3}，q_{f2} 计算见参考文献［14］。

4.6.1.2 爆破时差

一是为了保证折叠倒向准确，烟囱应经微倾阶段，形成大于可保证倒向的最小倾倒角1.5°～2.0°；二是烟囱在倾倒转动时，所形成的剪切力会破坏切口支撑部的塑性铰，下切口必须在支撑部塑性铰破坏前起爆，由此保证折叠实现。以上两个原则，都必须经烟囱多体运动数据模拟，来确定倾倒时间，以确定起爆时差。广州纸厂烟囱的切口起爆时差及相应的烟囱倾倒角见表4.5。从表中可见＋30.2m中切口设计1.35s起爆时，烟囱顶段倾倒已大于1.5°，而＋6.0m下切口2.4s起爆时，中段已反向倾倒4.09°，由此从设计上分别确保烟囱正东、正西向倒向的可靠性。

表4.5 纸厂烟囱切口起爆时差及其上段倾倒角

切口标高（m）	起爆时差（s）		顶段烟囱倾倒角（°）		中段烟囱倾倒角（°）	
	设计	实际	设计	实际	设计	实际
＋60.2	0	0	0	0	0	0
＋30.2	1.35	0.067	1.55	0.0036	0	0
＋6.0	2.4	1.11	10.35	5.58	－4.09	－3.82

由于各切口均有支撑部形成塑性铰的起始倾倒时间 t_0，因此各切口相对起爆时差不必考虑 t_0。

4.6.2 综合观测技术

（1）倾倒过程摄像。以两台非测量用摄像机在烟囱倾倒的侧面（南）及正倒向（西）拍摄，拍摄光中轴相互近似垂直，并在视角内设6个已知坐标点。通过解算空间坐标条件方程和畸变差修正，求出烟囱爆后各时刻的三维空间位置，经分析按曲线拟合后，判断出它们的运动姿态（摄像速度为30帧/秒）。

（2）支撑部破坏外观群组摄像。在烟囱的＋30.2m中切口支撑部筒壁外0.7m，于定向窗口角端，中性轴上、中、下位置，设置了6个摄像头，见图4.31，以分辨1mm裂纹，摄像分幅25帧/秒。由此，显示筒壁混凝土后剪断裂时序。

（3）支撑部应力应变大变形位移及筒体破坏动力响应电测。在中切口中性轴上、中、下位置及支撑部中轴下＋28.2m，在钢筋上设置了5个应变片及2个大变形位移计，以了解支撑部破坏时，中性轴的变化。并在＋30.2m安装了振动速度传感器，以测量爆破突加载荷、破坏引起的振动动力响应，见图4.31。①～⑥位置各安装1个摄像头，在②号位置的横筋上安装一个测横向位移的位移计；在纵向钢筋上贴上一个应变片“1”，在③号位置的纵向钢筋上安装一个测纵向位移的位移计；在横向钢筋上贴上一个应变片“2”，在⑤号位置分别在纵、横向钢筋上各贴一个应变片“3”、“4”，在⑥号位置的纵向钢筋（中轴）上贴上一个应变片“5”。

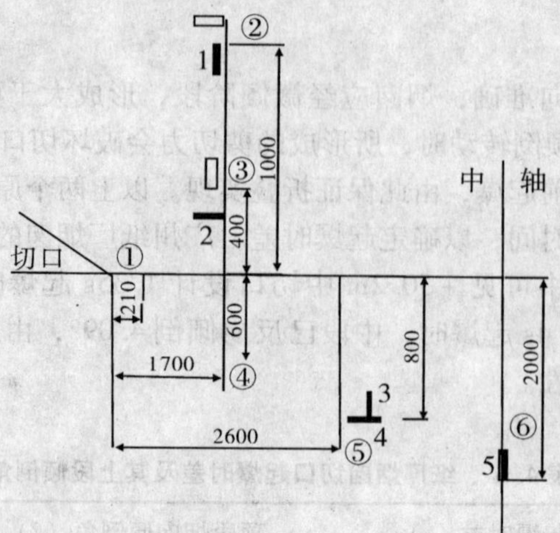

图 4.31 +30.2m 切口附近测点布置展示图

▯位移计；▌应变计；○摄像头；标注单位：mm

4.6.3 观测结果

支撑部破坏外观群组摄像、应力应变、大变形位移及破坏动力响应电测，对揭示支撑部破坏的机理，建立破坏判据，进而防止塑性铰破坏，确保折叠实现具有重要意义。观测进一步验证了 2.7 节中所阐明的烟囱支撑部破坏机理。电测应变及大变形位移在起爆 2.26s 仍清晰可见，表明上、中、下切口爆破后烟囱三折叠的塑性铰是存在的。倾倒过程摄像与多体－离散体动力学数值模拟比较，多体系统以式（4.24）、式（6.13）计算，非完全离散体和完全离散体以式（4.29）、式（4.30）计算，观测与数值计算值如图 4.32（a）、(b)、(c) 所示。

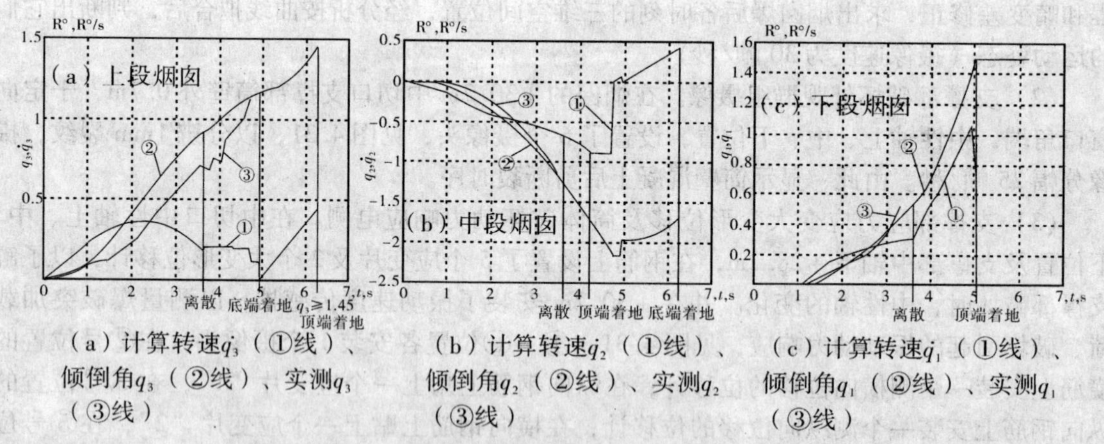

（a）计算转速$\dot{q}_3$（①线）、倾倒角q_3（②线）、实测q_3（③线）

（b）计算转速$\dot{q}_2$（①线）、倾倒角q_2（②线）、实测q_2（③线）

（c）计算转速$\dot{q}_1$（①线）、倾倒角q_1（②线）、实测q_1（③线）

图 4.32 烟囱倾倒过程摄像与数值模拟对比

从图 4.32 中可见，实测中段烟囱比上段转动快，而下端烟囱转动最慢，这与数值模拟是一致的。在图 4.32（a）中从转角实测点推断看，上段烟囱在 3.6～3.8s 有一转角减慢直

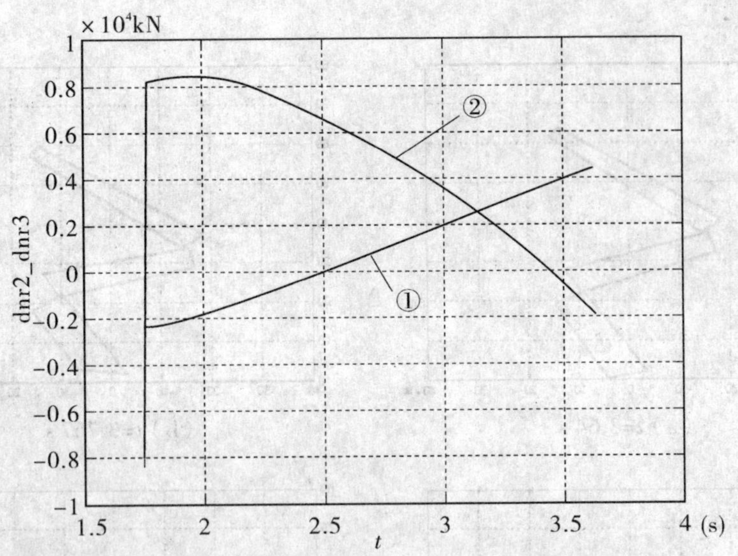

图 4.33　上切口剪力 dnr3（①线），中切口剪力 dnr2（②线）

至为零的过程，从起爆 3.568s 和 3.768s 实摄可见，上、中段烟囱此时脱离（见图 4.35），段间脱离后，上段转速又重新加快至稳定，而中段顶端下落明显快过上段下端，两端之差大约 1m，而后仍保持接触状态。而数值模拟中，烟囱上段在 1.2s 前与观测值很接近，其后上段实测转速减慢，模拟值与观测值分离，但转角变化趋势一致，其最大误差 25%，一般为 11%，该误差是因为在拓扑 3 过早地将各段烟囱端弯矩简化为零，而上段低烟囱引起的误差明显，上段后期和中、下段计算与观测误差减小，由此可见改进端弯矩后，该误差是可以减少的。至 2.7s 时，体间剪力急速增大，见图 4.33，转速变慢，到 3.64s，逆算式（4.24），转速降至 9.76°/s 时，多体间上段剪力增至 3800kN，中段降至 2000kN，而上段剪力超过其动剪切强度，上段离散成非完全离散体，而后又导致中切口剪力增大，从而上、中切口依次离散成非完全离散体，低转速维持不变，而后 4.3s 其转速加快，以上计算均与上述观测结果接近。而中、下段烟囱转角实测值也与数值模拟都很接近，见图 4.32（b）、（c）。在 3.64s 时各段分离进入第 5 拓扑，以非完全离散体和离散体动力学分析，解算式（4.25）、式（4.30），得各时刻烟囱姿态见图 4.34（a）、（b）、（c）、（d），比较实摄图 4.35（a）、（b），计算模拟与实测接近。各体着地后按有根单体倾倒计算，离散塌落数值模拟烟囱堆积见图 4.36，烟囱各段落地实际堆积见图 4.37，从两图中可见塌落堆积相近，实际堆积只因基础分割，将烟囱上、中段分别向东、西由烟囱基础多推移了 1～2m，烟囱下段实测比下段按有根体计算值前冲了 3.5m。数值计算烟囱上段顶落地时间为 6.33s（包含起始倾倒时间 t_0 = 0.08s），与观测落地时间 6.3s 接近，误差因顶、中段切口着地后按有根刚体计算引起。由此观测证明，用多体 - 离散体动力学及其数值模拟烟囱的多折倾倒是正确的、可行的。

另外，广州恒运电厂现浇钢筋混凝土框架办公楼的爆破拆除（见 6.4.2 节）也经观测证明[15]，多体 - 离散体动力学中的变拓扑多体动力学数值模拟框架倾倒，也是可行的、正确的。

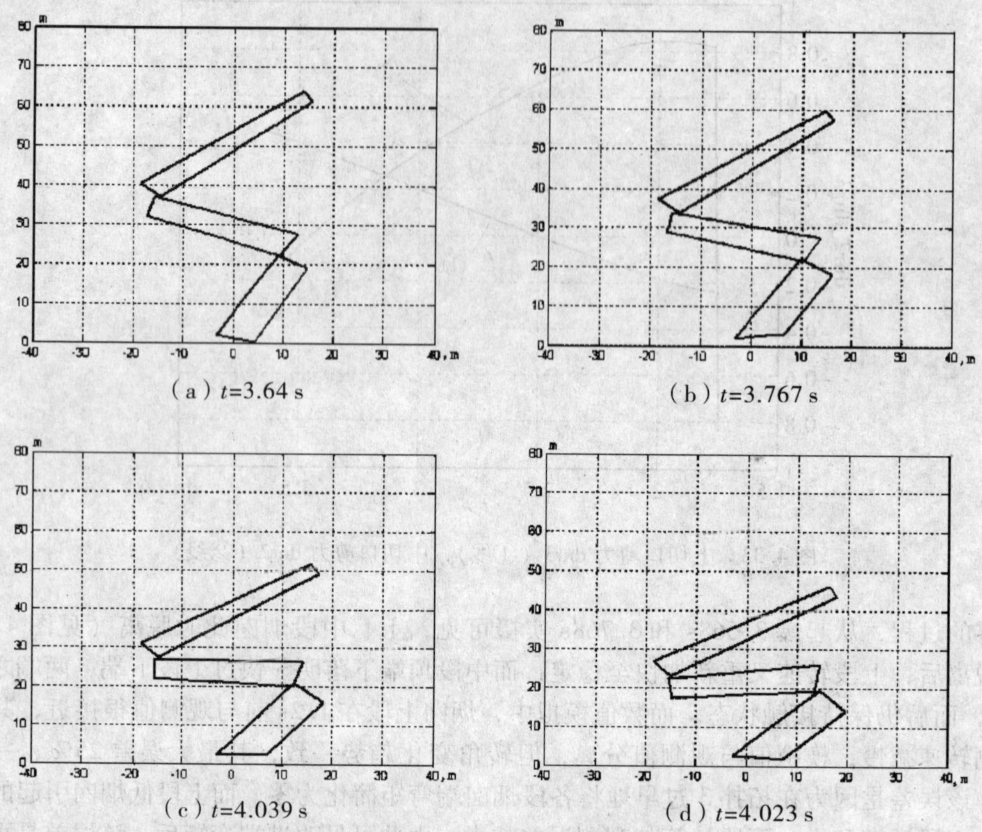

（a）t=3.64 s　　（b）t=3.767 s

（c）t=4.039 s　　（d）t=4.023 s

图 4.34　各时刻计算模拟烟囱倾倒各段姿态

（a）起爆后3.568s开始上中段分离

（b）起爆后3.768s烟囱倾倒姿态

图 4.35　烟囱倾倒摄像测量

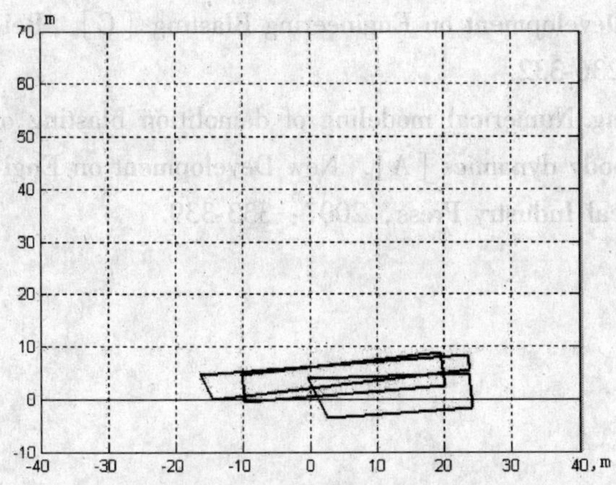

图 4.36 $t=6.253$s 烟囱各段着地姿态

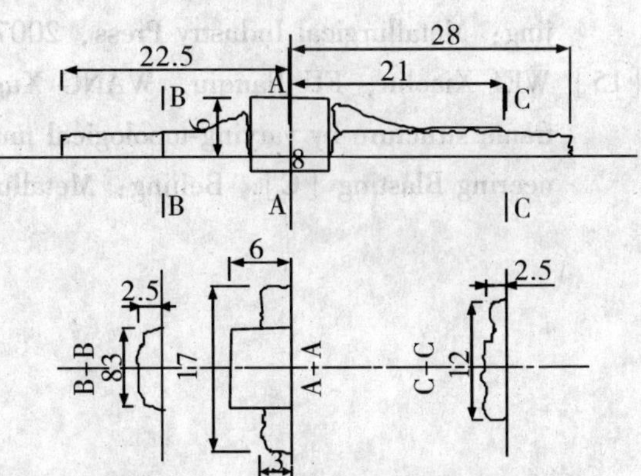

图 4.37 百米烟囱倒塌堆积形态
（标注单位：m）

参考文献

[1] 洪嘉振. 计算多体系统动力学［M］. 北京：高等教育出版社，1998.

[2] 张劲夫，秦卫阳. 高等动力学［M］. 北京：科学出版社，2004.

[3] 洪嘉振，倪纯比. 变拓扑多体系统动力学的全局仿真［J］. 力学学报，1996，28（5）：633-636.

[4] 王春玲. 塑性力学［M］. 北京：清华大学出版社，2005.

[5] 刘全春. 结构力学［M］. 北京：中国建材工业出版社，2003.

[6] 张奇，吴枫，王小林. 框架结构爆破拆除失稳过程有限元计算模型［J］. 中国工程科学，2005，10（3）：22-28.

[7] 刘玉彬，白秉三等. 结构力学（下册）［M］. 北京：科学出版社，2004.

[8] 余同希，（香港）W. J. 斯壮. 塑性结构的动力学模型［M］. 北京：中国建筑工业出版社，2007.

[9] 金伟良，方韬. 钢筋混凝土结构破坏性能的离散单元法模拟［J］. 工程力学，2005，22（4）：67-73.

[10] 蔡美峰，何满朝，刘东燕. 岩石力学与工程［M］. 北京：科学出版社，2002.

[11] 石根华. 数值流形方法与非连续变形分析［M］. 裴觉民，译. 北京：清华大学出版社，1997.

[12] 潘别桐，黄润秋. 工程地质数值法［M］. 北京：地质出版社，1994.

[13] 魏晓林，傅建秋，李战军. 多体-离散体动力学及其在建筑爆破拆除中的应用［A］. 庆祝中国力学学会成立50周年大会暨中国力学学术大会2007论文摘要集（下）光盘［C］. 北京：中国力学学会办公室，2007：690.

[14] ZHENG Bingxu, WEI Xiaolin. Modeling studies of high-rise structure demolition blasting

with multi－folding sequences [A]. New Development on Engineering Blasting [C]. Beijing: Metallurgical Industry Press, 2007: 236-332.

[15] WEI Xiaolin, FU Jianqiu, WANG Xuguang. Numerical modeling of demolition blasting of frame structure by varying-topological multibody dynamics [A]. New Development on Engineering Blasting [C]. Beijing: Metallurgical Industry Press, 2007: 333-339.

5 多体-离散体动力学的数值模拟

5.1 引言

数值模拟的重要性主要体现在以下五方面：

（1）数值模拟在某种意义上比理论和试验、观测的认识更为深刻、更为细致，不仅可以了解问题的结果，而且可随时连续动态地、重复地显示事物的发展，了解其整个与局部的细致过程。

（2）数值模拟可以直观地显示出目前还不易观测到的、说不清楚的一些现象，容易为人理解和分析；还可以显示出任何试验都无法看到的发生在结构内部的一些物理现象。同时，数值模拟可以替代一些危险、昂贵的甚至是难以实施的试验，如建筑物爆破拆除倒塌过程被大量炮烟、粉尘、防护物遮挡，又如真实建筑物的倒塌试验和测试是昂贵的而实施起来比较困难。

（3）数值模拟促进了观测的发展，为观测方案的科学测定、观测过程中测点的最佳位置、仪表量程等的确定提供更为可靠的理论指导。

（4）一次投资，长期受益。虽然数值模拟大型软件系统的研制需要花费相当多的经费和人力资源，但和观测相比，数值模拟软件是可以进行拷贝移植、重复利用，并可进行适当修改而满足不同情况的需求。

（5）数值模拟可以验证近似动力方程的解析解，可以建立近似解并确定其误差范围。

可以说，继理论分析和科学试验、观测之后，数值模拟已经成为科学技术发展的主要手段之一。

建（构）筑物倒塌的数值模拟，主要指空中倒塌的多体系统动力方程，结构碰撞时的动力方程和离散体系统动力方程的数值计算，以及构体塑性铰的有限元数值分析。

5.2 多体系统动力学数值模拟

多体树或开链系统动力学方程为隐式二阶微分方程组，因此，首先应解二阶导数变量线性代数方程组，求出二阶导数变量的显式二阶常微分方程组。变拓扑的多体系统的拓扑切换约束方程，以非线性数值解法求出其切换点。由于计算机计算技术的发展，在现代计算机语言上，编辑程序解二阶常微分方程组包括刚性方程和非线性代数方程已经是容易的事。现将数值模拟简述如下：

5.2.1 微分方程的数值计算方法

多体树开链系统动力学方程为隐式二阶常微分方程组，当转化为显式二阶常微分方程组后，对此方程组求解，可以获得各个广义坐标的时间历程。一般来说，由于问题的复杂而不可能求出解析解，而只能进行数值求解。二阶微分方程的初值问题可以表示为

$$\left.\begin{aligned}&\ddot{q}=g_i\ (t,\ q_1,\ \cdots,\ q_n,\ \dot{q}_1,\ \cdots,\ \dot{q}_n)\\&q_i\ (t_0)\ =q_{i0},\ (i=1,\ 2,\ \cdots,\ n)。\\&\dot{q}_i\ (t_0)\ =\dot{q}_{i0}\end{aligned}\right\}\tag{5.1}$$

经过降阶处理后，即设

$$x_1=q_1,\ x_2=\dot{q}_1,\ x_3=q_2,\ x_4=\dot{q}_2,\ \cdots,\ x_{m-1}=q_n,\ x_m=\dot{q}_n\qquad(m=2n)$$

可以将动力学方程的初值问题变为如下形式的一阶常微分方程组的初值问题[1]

$$\left.\begin{aligned}&\dot{x}_i=f_i\ (t,\ x_1,\ x_2,\ \cdots,\ x_m)\\&x_i\ (t_0)\ =x_{i0},\ (i=1,\ 2,\ \cdots,\ m)\end{aligned}\right\}\tag{5.2}$$

如无特殊说明，一般认为此初值问题的解存在、唯一且连续依赖于初值条件。为了提高解的精度，采用4阶5级龙格－库塔法是比较理想的公式[1]。

在实际的数值计算过程中，时间步长越小，解的精度越高。但是，积分步长过小，计算所耗费的时间也越多。因此，对于不同的问题，应当选取不同的积分步长，而且就是对于同一个常微分方程，积分步长也不是固定的，对于变化剧烈的区间需要很小的积分步长。而对于变化比较缓慢的区间，积分步长就可以取得大一些，因此，在常微分方程的求解中，应当采用变步长的龙格－库塔法。

多体树（或开链）系统微分方程也会碰到刚性微分方程[1]。在对刚性方程进行数值求解时会遇到很大的困难。对于快变分量，为了保证计算的稳定性，必须使步长很小；而慢变分量又要求在很大的积分区间上求解。这使得求解工程量很大，而且往往会出现很大的误差。

可变步长的龙格－库塔法可以解算部分刚性方程。当然，有些刚性方程问题需要刚性问题解法时，可采用 Adams 和 Gear 方法[1]。

以新汶电厂120m 高钢筋混凝土烟囱为例，数值计算爆破拆除时单向倾倒的姿态。计算条件详见6.4.3节。

首先以烟囱单向倾倒的动力学二阶微分方程（6.36）式，转变为式（5.2）的一阶常微分方程组的形式，再编程计算。

烟囱倾倒2拓扑全局数值模拟计算结果，见图5.1。而采用式（6.44）单拓扑计算和（6.41）近似式2拓扑计算与2拓扑数值解比较，见图5.2。从图中可见数值解与观测值是很接近的，其误差在1%之内，由此可见，本文的数值解是正确的、可用的，误差为工程所容许。

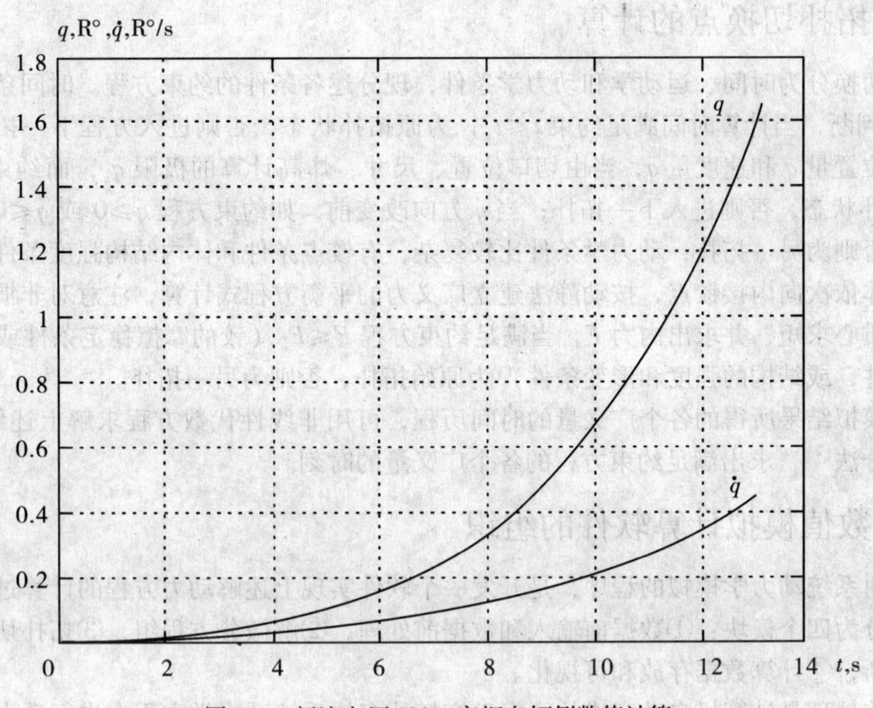

图 5.1　新汶电厂 120m 高烟囱倾倒数值计算

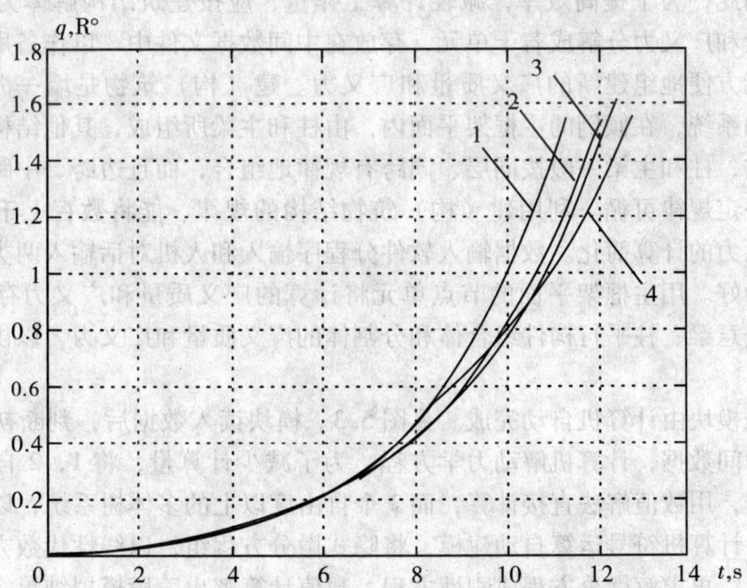

①单拓扑式（6.44）值；②观测值；③2拓扑式（6.36）数值解；
④2拓扑近似解式（6.41）。

图 5.2　烟囱倾倒姿态对比

5.2.2 拓扑切换点的计算

拓扑切换分为时间、运动学和动力学条件，现分述各条件的约束方程。时间条件多以起爆时差 t_u 判断，当计算时间满足约束 $t \leqslant t_u$，为原拓扑状态，否则进入方程下一拓扑。运动学条件分位置量 q 和速度量 $\dot{q}$，当由切口位置、尺寸、炸高计算的极限 q_u，而约束方程 $q \leqslant q_u$ 为原拓扑状态，否则进入下一拓扑；当 $\dot{q}$ 方向改变前，如约束方程 $\dot{q} \geqslant 0$ 或 $\dot{q} \leqslant 0$，为原拓扑状态，否则为另一拓扑；动力学条件比较复杂，有铰点条件和体内结构强度条件，它们可以从外接体依次向内接铰点，按动静法建立广义力的平衡方程式计算，注意对非惯性坐标只能对体的质心求矩，并求出内力 F，当满足约束方程 $F \leqslant F_u$（铰的摩擦稳定条件或强度条件和变形条件，或结构的强度和形变条件）为原始拓扑，否则为另一拓扑。

阶段模拟结果所得的各个广义量的时间历程，可用非线性代数方程求解上述约束方程，一般用半分法[2]，求出满足约束方程的各个广义量的时刻。

5.2.3 数值模拟计算软件的组织

多体树系统动力学模拟的程序，是开发一个软件实现上述解动力方程的计算过程。模拟软件系统分为四个模块：①数据前输入和数据前处理，②解微分方程组，③拓扑切换点搜索和拓扑判断，④计算数据存放和可视化。

数据前处理是计算机自动完成的。由于变拓扑多体系统动力学方程在进行动力学方程数值积分时，将反复多次计算广义质量阵与广义力阵，而拓扑变化后又要重新划分体的广义质量和广义力。因此，为了提高效率，减轻计算工作量，应按建筑结构解体为建筑机构的特点，将广义质量和广义力分解成若干单元，存放在中间数据文件中，以作备用。当多体系统拓扑变化后，能方便地组建新的广义质量和广义力。建（构）筑物是墙—板—次梁—主梁—柱组成的结构系统，在倾倒的主框架平面内，由柱和主梁所组成，其他结构将广义质量和广义力传递给它，柱和主梁一般按同层、同跨有规律地组合，而且边跨、中跨、相邻层间的质量和力多有一定规律可循。利用建（构）筑物结构的规律、能将数百上千个建筑构件的广义质量和广义力的计算简化。数据输入软件分程序输入和人机对话输入两类。为了方便检查以程序输入为好。用主框架平面的节点单元将计算的广义质量和广义力存入中间数据文件，并可计算任意梁、柱平行构件组合体和分割体的广义质量和广义力，以供拓扑变化，解动力方程用。

解动力方程模块由计算机自动完成。见图5.3。模块读入数据后，判断初始拓扑和中间拓扑、再读入中间数据，计算机解动力学方程。为了减少计算量，将1，2自由度的多体树系统动力学方程，用数值解法直接计算，而3个自由度以上的多体树系统，以符号-数值运算类计算，先由计算机符号运算自动建模，将隐式微分方程组，以线性代数方程组法解出显式微分方程组后，再求解微分方程或刚性方程，数值计算解出阶段模拟结果。阶段模拟后用拓扑约束方程判断拓扑变化并求出切换点，将本阶段模拟结果整理后，输出数据后处理模块。再返回本模块前，再循环解算新拓扑动力方程，直至建（构）筑物撞地（或垮塌倒地）为止。数据后处理模块，可将各阶段模拟及全局模拟可视化，并计算到建筑撞地（或解体）。

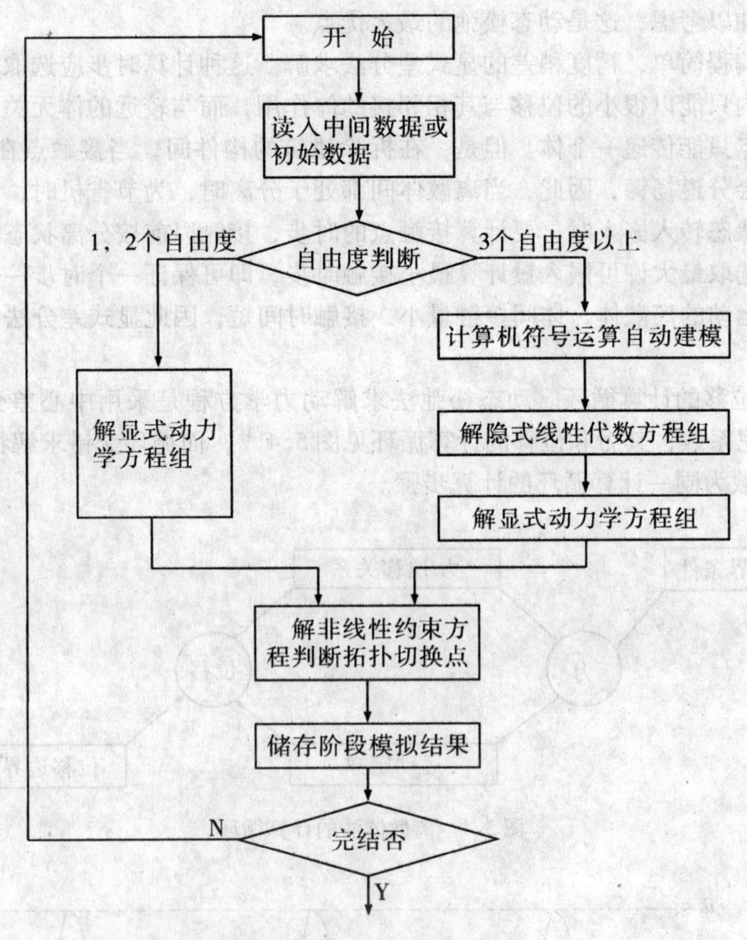

图5.3 解动力方程模块流程

5.3 多体离散数值模拟

构件从多体系统解体为非完全离散单体和完全离散单体，两单体在数值方法上是相似的，见4.4节，故本节统称其为单体，单体按离散体法数值模拟，而其余多体仍然按上节数值模拟。在软件上要着重处理离散单体与多体系统的关系，即：①时步一致。多体程序包含在与离散体运动方程并行的位移计算程序中，由于多体系统程序的姿态是多步结果，当位移判断时步过大，或者多体拓扑变化时，只需从多步姿态结果中抽取符合时步的姿态，就可与离散单体的时步一致。②多体系统向离散单体转变。离散出的单体，经空中塌落高度排序程序，就可进入离散单体接触类型判断及其他力和位移计算。③单体触地简化为有根体。

离散单体法为主的数值方法，涉及以下两方面：

（1）动态松弛法[3]。动态松弛法是把非线性静力学问题转化为动力学问题求解的一种数值方法，利用有限差分法按时步在计算机上求解。由于被求解的方程是时间的线性函数，整个计算过程只需要直接代换，即利用前一步计算的函数值计算新的函数值，因此，对于非线性问题也能加以考虑，这是动态松弛的最大优点。

也可采用编程简单，精度稍差的显式差分法求解。这种计算时步应选取得非常小，每个体在一个时步内只能以很小的位移与其相邻接的体作用，而与较远的体无关系，所以一个时步内一个接触点只能传递一个体。但是，在拆除建筑的构件间，当接触点在其重心之下时，一旦分离，就会分道扬镳，因此，当离散体间都处于分离时，为节省机时，计算时步可以增大。而从分离状态转入嵌入时，要计算接触点的时步，接触以前按分离状态模拟，接触以后按嵌入时刻，选取最大许可嵌入量计算最小接触时步，即可保证一个时步一个接触点只传递一个体。空中运动的离散体，体间接触量小，接触时间短，因此显式差分法的计算精度也可满足工程要求。

（2）力和位移的计算循环。动态松弛法求解动力学方程是采用中心差分法求解，需要合理地确定阻尼系数，其力和位移的计算循环见图 5.4[3]，而循环交错求解特性见图 5.5[3]，图中“○”中数为同一计算循环的计算步骤。

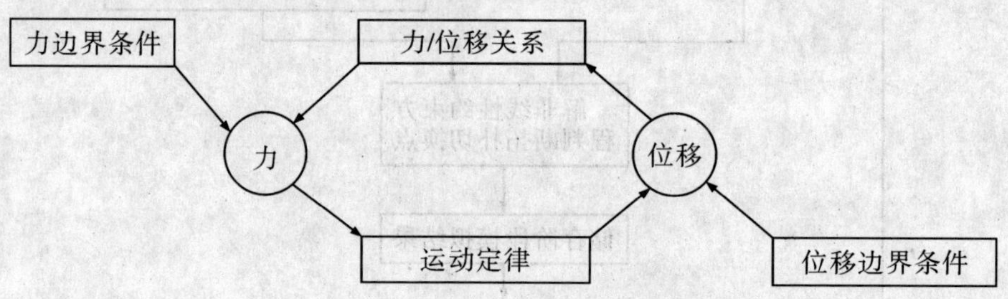

图 5.4　离散体法的计算循环

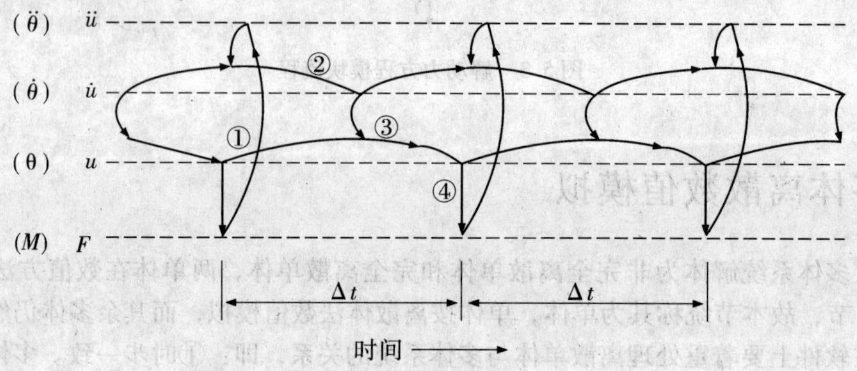

图 5.5　离散体法中的交错计算顺序

5.4　小结

本章编制了建筑物爆破拆除的全局数值模拟计算机程序，列举了新汶电厂 120m 高烟囱的倒塌过程的多体－离散体数值模拟结果，结合三折烟囱双向折叠爆破拆除和框架楼房爆破拆除的数值模拟，介绍了用多体－离散体动力学进行数值模拟建筑物倒塌的一般步骤和基本思路，即：

第一，先编辑变拓扑多体系统仿真程序，以后接多体离散仿真程序；

第二，3 体以上（n 体）动力学方程组实现符号自动建模数值计算，并分别对 2 体和单体的动力学方程组进行计算；

第三，将多体隐式动力学方程组，演变为显式二阶微分方程组，经降价后以变步长龙格－库塔法数值求解；

第四，对时间和空间变拓扑切换点，按动力学的正问题解算；对求拓扑动力切换点，再以动力学逆问题解算；

第五，离散体在力和位移的计算循环内以动态松弛法求解；多体离散仿真程序的多体动力学方程采用正算后，与离散体同一时间步长插值。

最后，将数值模拟结果与烟囱倒塌的现场观测进行了对比，结果显示两者比较接近，其误差小于1%，证明数值模拟是正确的。

参考文献

[1] 张劲夫，秦卫阳．高等动力学［M］．北京：科学出版社，2004.

[2] 冯康．数值计算方法［M］．北京：国防工业出版社，1978.

[3] 潘别桐，黄润秋．工程地质数值法［M］．北京：地质出版社，1994.

6 爆破拆除建筑物的变拓扑多体系统动力学

6.1 引言

初始失稳的拆除建筑物，当步入倾倒（下落）阶段，可近似为变拓扑多体系统运动。拆除的建筑是平行梁、柱组成的机构多体非树系统，可将相同自由度的梁、柱的冗余约束去掉，并以同自由度的动力等效体代替，并与其他建筑构件、分结构体，以铰连接，可将拆除的大多数建筑机构，简化为数个体连接的像单开链式的系统，从而将复杂建筑机构的倾倒（下落）的动力运动，化简以单开链的数体动力方程来描述。因此，本章将研究单开链数体动力方程。

多体动力学方程，迄今为止在力学上并没有解析解，而只能数值求解。但是，拆除建筑单开链机构的倒塌，实质是在重力场的有限域内多体的运动，遵从重力场的力学规律。因此，本章将研究动力学方程在有限域内的解析解和近似解。

框架、框架上的仓体、框剪结构、剪力墙、筒式结构以及排架结构是多样的，爆破拆除的方式也随之各异，拆除倒塌运动的拓扑变化也各不相同。本章研究了各种框架、框剪结构、剪力墙、筒式结构以及排架倒塌的变拓扑过程及相应的动力学方程。

6.2 单开链机构和冗余约束

建筑机构的多体树系统，如果没有分支通道，仅有首尾单一通路存在，为单开链系统，绝大多数建筑多体机构都可以简化为单开链系统。该系统中的某体，有时会是由平行梁柱机构所组成的动力等效体，而在该体中包含众多冗余约束。

6.2.1 单开链的机构动力方程

6.2.1.1 运动学关系

若自由度为f的完整、定常约束的多体（机构）系统的独立广义坐标（独立主动输入）为 $[q]=[q_1, q_2, \cdots, q_f]^T$，则系统中构件$\mu$的质心（或任一点）的位置矢量$r_{s\mu}$和构件$\mu$的角位置矢量$\varphi_\mu$为$[q]$的函数

$$\begin{cases} r_{s\mu}=r_{s\mu}(q_1, q_2, \cdots, q_f) \\ \varphi_\mu=\varphi_\mu(q_1, q_2, \cdots, q_f) \end{cases} \quad (\mu=1, 2, \cdots, n) \tag{6.1}$$

式（6.1）对时间求导可得到相应速度及角速度的矩阵形式

$$\left.\begin{aligned} [\dot{r}_s] &= [B][\dot{q}] \\ [\dot{\varphi}] &= [C][\dot{q}] \end{aligned}\right\} \tag{6.2}$$

式中：$[\dot{q}]=[\dot{q}_1,\dot{q}_2,\cdots,\dot{q}_f]^T$；$[\dot{r}_s]=[\dot{r}_{s1},\dot{r}_{s2},\cdots,\dot{r}_{sn}]^T$；$[\dot{\varphi}]=[\dot{\varphi}_1,\dot{\varphi}_2,\cdots,\dot{\varphi}_n]^T$

$$[B]=\begin{bmatrix}\frac{\partial r_{s1}}{\partial q_1} & \frac{\partial r_{s1}}{\partial q_2}\cdots\frac{\partial r_{s1}}{\partial q_f}\\ \frac{\partial r_{s2}}{\partial q_1} & \frac{\partial r_{s2}}{\partial q_2}\cdots\frac{\partial r_{s2}}{\partial q_f}\\ \frac{\partial r_{sn}}{\partial q_1} & \frac{\partial r_{sn}}{\partial q_2}\cdots\frac{\partial r_{sn}}{\partial q_f}\end{bmatrix}_{n\times f}\qquad [C]=\begin{bmatrix}\frac{\partial \varphi_1}{\partial q_1} & \frac{\partial \varphi_1}{\partial q_2}\cdots\frac{\partial \varphi_1}{\partial q_f}\\ \frac{\partial \varphi_2}{\partial q_1} & \frac{\partial \varphi_2}{\partial q_2}\cdots\frac{\partial \varphi_2}{\partial q_f}\\ \frac{\partial \varphi_n}{\partial q_1} & \frac{\partial \varphi_n}{\partial q_2}\cdots\frac{\partial \varphi_n}{\partial q_f}\end{bmatrix}_{n\times f}$$

n—机构系统中的构件数。

式（6.2）对时间求导可得到相应加速度及角加速度的矩阵形式

$$\left.\begin{aligned}[\ddot{r}_s]&=[B][\ddot{q}]+[\dot{B}][\dot{q}]=[\ddot{r}_s(\ddot{q})]+[\ddot{r}_s(\dot{q})]\\ [\ddot{\varphi}]&=[C][\ddot{q}]+[\dot{C}][\dot{q}]=[\ddot{\varphi}(\ddot{q})]+[\ddot{\varphi}(\dot{q})]\end{aligned}\right\}\tag{6.3}$$

式中：$[\ddot{r}_s]=[\ddot{r}_{s1},\ \ddot{r}_{s2},\ \cdots,\ \ddot{r}_{sn}]^T$；　$[\ddot{\varphi}]=[\ddot{\varphi}_1,\ \ddot{\varphi}_2,\ \cdots,\ \ddot{\varphi}_n]^T$；　$[\ddot{q}]=[\ddot{q}_1,\ \ddot{q}_2,\ \cdots,\ \ddot{q}_f]^T$；

$$[\dot{B}]=\begin{bmatrix}\frac{\mathrm{d}}{\mathrm{d}t}\left(\frac{\partial r_{s1}}{\partial q_1}\right) & \frac{\mathrm{d}}{\mathrm{d}t}\left(\frac{\partial r_{s1}}{\partial q_2}\right) & \cdots & \frac{\mathrm{d}}{\mathrm{d}t}\left(\frac{\partial r_{s1}}{\partial q_f}\right)\\ \vdots & \vdots & & \vdots\\ \frac{\mathrm{d}}{\mathrm{d}t}\left(\frac{\partial r_{sn}}{\partial q_1}\right) & \frac{\mathrm{d}}{\mathrm{d}t}\left(\frac{\partial r_{sn}}{\partial q_2}\right) & \cdots & \frac{\mathrm{d}}{\mathrm{d}t}\left(\frac{\partial r_{sn}}{\partial q_f}\right)\end{bmatrix}$$

$$[\dot{C}]=\begin{bmatrix}\frac{\mathrm{d}}{\mathrm{d}t}\left(\frac{\partial \varphi_1}{\partial q_1}\right) & \frac{\mathrm{d}}{\mathrm{d}t}\left(\frac{\partial \varphi_1}{\partial q_2}\right) & \cdots & \frac{\mathrm{d}}{\mathrm{d}t}\left(\frac{\partial \varphi_1}{\partial q_f}\right)\\ \vdots & \vdots & & \vdots\\ \frac{\mathrm{d}}{\mathrm{d}t}\left(\frac{\partial \varphi_n}{\partial q_1}\right) & \frac{\mathrm{d}}{\mathrm{d}t}\left(\frac{\partial \varphi_n}{\partial q_2}\right) & \cdots & \frac{\mathrm{d}}{\mathrm{d}t}\left(\frac{\partial \varphi_n}{\partial q_f}\right)\end{bmatrix}$$

而

$$\left\{\begin{aligned}\frac{\mathrm{d}}{\mathrm{d}t}\left(\frac{\partial r_{s\mu}}{\partial q_i}\right)&=\sum_{j=1}^{f}\frac{\partial^2 r_{s\mu}}{\partial q_i\partial q_j}\dot{q}_j\\ \frac{\mathrm{d}}{\mathrm{d}t}\left(\frac{\partial \varphi_\mu}{\partial q_i}\right)&=\sum_{j=1}^{f}\frac{\partial^2 \varphi_\mu}{\partial q_i\partial q_j}\dot{q}_j\end{aligned}\right.\qquad \begin{aligned}i&=1,\ 2,\ \cdots,\ f\\ \mu&=1,\ 2,\ \cdots,\ f\end{aligned}$$

$$\left.\begin{aligned}[\ddot{r}_s(\ddot{q})]&=[B][\ddot{q}]=[\ddot{r}_{s1}(\ddot{q}),\ \ddot{r}_{s2}(\ddot{q}),\ \cdots,\ \ddot{r}_{sn}(\ddot{q})]^T\\ [\ddot{r}_s(\dot{q})]&=[\dot{B}][\dot{q}]=[\ddot{r}_{s1}(\dot{q}),\ \ddot{r}_{s2}(\dot{q}),\ \cdots,\ \ddot{r}_{sn}(\dot{q})]^T\\ [\ddot{\varphi}(\ddot{q})]&=[C][\ddot{q}]=[\ddot{\varphi}_1(\ddot{q}),\ \ddot{\varphi}_2(\ddot{q}),\ \cdots,\ \ddot{\varphi}_n(\ddot{q})]^T\\ [\ddot{\varphi}(\dot{q})]&=[\dot{C}][\dot{q}]=[\ddot{\varphi}_1(\dot{q}),\ \ddot{\varphi}_2(\dot{q}),\ \cdots,\ \ddot{\varphi}_n(\dot{q})]^T\end{aligned}\right\}\tag{6.4}$$

6.2.1.2　非树转化为树系统动力方程（虚功原理）

对自由度为f，广义速度为$[\dot{q}_{(f)}]=[\dot{q}_1,\ \dot{q}_2,\ \cdots,\ \dot{q}_f]^T$的机构系统，如图6.1所示，假定解除该系统若干运动副的e个约束，可得到自由度为$(f+e)$的新系统，对新系统，设

$$[R_\beta]_{e\times1}=[R_1,\ R_2,\ \cdots,\ R_e]^T,\ [R_\alpha]_{e\times1}=-[R_1,\ R_2,\ \cdots,\ R_e]^T$$

分别为由于解除e个约束后，转化为作用在新系统上的未知外力（矩），即未知支反力

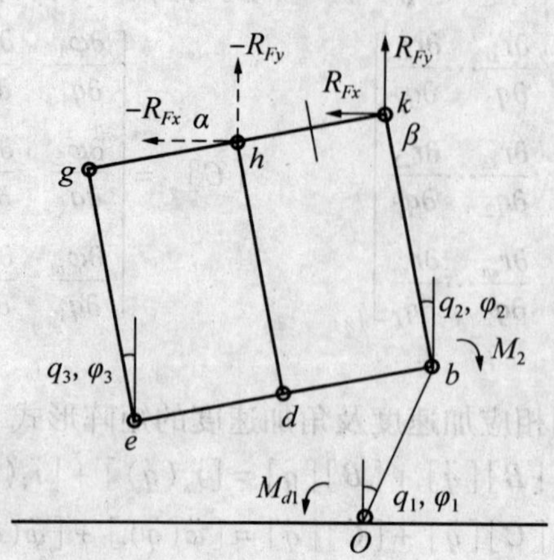

图 6.1　机构系统

（矩）分量矩阵及其反作用力（矩）分量矩阵，其中，R_i 可以是 x 或 y 方向支反力分量。

$[\dot{r}_\beta]_{e\times1} = [\dot{r}_{\beta1}, \dot{r}_{\beta2}, \cdots, \dot{r}_{\beta e}]^T$，$[\dot{r}_\alpha]_{e\times1} = [\dot{r}_{\alpha1}, \dot{r}_{\alpha2}, \cdots, \dot{r}_{\alpha e}]^T$ 分别为上述未知支反力分量（矩）及其反作用力（矩）作用点的速度分量（或构件角速度）矩阵。当 R_i 为 x 方向分量时，相应的 $\dot{r}_i$ 亦为 x 方向速度分量。

$[\tilde{F}]_{n\times1} = [\tilde{F}_1, \tilde{F}_2, \cdots, \tilde{F}_n]^T$ 为机构系统诸构件所受外力（含惯性力）主矢矩阵。其中 $\tilde{F}_\mu = F_\mu - m_\mu \ddot{r}_{s\mu}$，$F_\mu$ 为已知外主矢，$(-m_\mu \ddot{r}_{s\mu})$ 为构件 μ 的惯性力。

$[\dot{r}_s]_{n\times1} = [\dot{r}_{s1}, \dot{r}_{s2}, \cdots, \dot{r}_{sn}]^T$ 为机构系统构件质心 s_μ 的速度矩阵。

$[\tilde{M}]_{n\times1} = [\tilde{M}_1, \tilde{M}_2, \cdots, \tilde{M}_n]^T$ 为机构系统构件所受已知外力主矩（含惯性力矩）矩阵。其中，$[\tilde{M}]_\mu = M_\mu - J_\mu \ddot{\varphi}_\mu$，$M_\mu$ 为已知外力主矩，$(-J_\mu \ddot{\varphi}_\mu)$ 为其惯性力矩。

$[\dot{\varphi}]_{n\times1} = [\dot{\varphi}_1, \dot{\varphi}_2, \cdots, \dot{\varphi}_n]^T$ 为系统构件角速度矩阵。

$[M_d]_{(f+e)\times1} = [M_{d1}, M_{d2}, \cdots, M_{df}, 0, \cdots, 0]^T$ 为系统的主动输入的未知驱动力矩阵，其中，M_{d1}，M_{d2}，…，M_{df} 为老系统的未知驱动力矩，而新系统中与广义速度 $\dot{q}_{(f+1)}$，…，$\dot{q}_{(f+e)}$ 相应的主动输入的驱动力矩为零。

由式（6.2）及 $[\dot{r}_\beta]$，$[\dot{r}_\alpha]$ 定义可知，对新系统有

$$\left.\begin{aligned}[\dot{r}_\beta] &= [A_\beta][\dot{q}] \\ [\dot{r}_\alpha] &= [A_\alpha][\dot{q}] \\ [\dot{r}_s] &= [B][\dot{q}] \\ [\dot{\varphi}] &= [\dot{C}][\dot{q}]\end{aligned}\right\} \tag{6.5}$$

式中：$[A_\beta] = [\dfrac{\partial r_{\beta i}}{\partial q_j}]_{e\times(f+e)}$；$[A_\alpha] = [\dfrac{\partial r_{\alpha i}}{\partial q_j}]_{e\times(f+e)}$；$[\dot{q}] = [\dot{q}_1, \cdots, \dot{q}_f, \dot{q}_{f+1}, \cdots, \dot{q}_{f+e}]^T$ 相应于式（6.5），有虚位移关系

$$\begin{cases}[\delta r_\beta]=[A_\beta][\delta q]\\ [\delta r_\alpha]=[A_\alpha][\delta q]\\ [\delta r_s]=[B][\delta q]\\ [\delta\varphi]=[C][\delta q]\end{cases} \tag{6.6}$$

式中：

$$[\delta r_\beta]=[\delta_{\beta1},\ \delta_{\beta2},\ \cdots,\ \delta_{\beta e}]^T$$

$$[\delta r_\alpha]=[\delta_{\alpha1},\ \delta_{\alpha2},\ \cdots,\ \delta_{\alpha e}]^T$$

$$[\delta q]=[\delta_{q1},\ \delta_{q2},\ \cdots,\ \delta_{q(f+e)}]^T$$

$$[B]=[\frac{\partial r_{s\mu}}{\partial q_j}]_{n\times(f+e)}$$

$$[C]=[\frac{\partial\varphi_\mu}{\partial q_j}]_{n\times(f+e)}$$

$$[\delta r_s]=[\delta_{s1},\ \delta_{s2},\ \cdots,\ \delta_{sn}]^T$$

$$[\delta\varphi]=[\delta\varphi_1,\ \delta\varphi_2,\ \cdots,\ \delta\varphi_n]^T$$

本章的二维多体树系统动力学方程，可以是第 4 章的式（4.24）三维多刚体树系统动力学方程的特例，可以从方程（4.24）推导而得，也可以从虚功原理推导获得。

由虚功原理，即：在理想约束下，外力（矩）和惯性力（矩）在机构系统的任何虚位移上的元功之和等于零。故有

$$[\delta r_\alpha]^T[R_\alpha]+[\delta r_\beta]^T[R_\beta]+[\delta r_s]^T[\tilde F]+[\delta\varphi]^T[\tilde M]+[\delta q]^T[M_d]=0 \tag{6.7}$$

将式（6.6）代入式（6.7）并整理得到

$$[\delta q]^T\{[A_\alpha]^T[R_\alpha]+[A_\beta]^T[R_\beta]+[B]^T[\tilde F]+[C]^T[\tilde M]\}+[\delta q]^T[M_d]=0$$

因 R_α 与 R_β 互为反作用力，即 $[R_\alpha]=-[R_\beta]$，故上式可改写为

$$[\delta q]^T\{[A]^T[R]+[B]^T[\tilde F]+[C]^T[\tilde M]+[M_d]\}=0$$

式中

$$[A]=[(\frac{\partial r_{\beta i}}{\partial q_j}-\frac{\partial r_{\alpha i}}{\partial q_j})]_{e\times(f+e)}$$

$$[R]=[R_\beta]=[R_1,R_2,\cdots,R_e]^T$$

因虚位移 $[\delta q]$ 各元素可独立选取，故上式成立的条件为 $[\delta q]$ 的系统恒为零，即

$$[A]^T[R]+[B]^T[\tilde F]+[C]^T[\tilde M]+[M_d]=0 \tag{6.8}$$

式（6.8）可分块记为

$$[A_f\ \vdots\ A_e]^T[R]+[B_f\ \vdots\ B_e]^T[\tilde F]+[C_f\ \vdots\ C_e]^T[\tilde M]+\begin{bmatrix}M_d\\ \cdots\\ 0\end{bmatrix}=0$$

式中

$$[A_f]=[(\frac{\partial r_{\beta i}}{\partial q_j}-\frac{\partial r_{\alpha i}}{\partial q_j})]_{e\times f}(j=1,2,\cdots,f)$$

$$[A_e]=[(\frac{\partial r_{\beta i}}{\partial q_j}-\frac{\partial r_{\alpha i}}{\partial q_j})]_{e\times e}[j=(f+1),\cdots,(f+e)]$$

$$[B_f]=[\frac{\partial r_{s\mu}}{\partial q_j}]_{n\times f}(j=1,2,\cdots,f)$$

$$[B_e]=[\frac{\partial r_{s\mu}}{\partial q_j}]_{n\times e}[j=(f+1),\cdots,(f+e)]$$

$$[C_f]=[\frac{\partial \varphi_{\mu}}{\partial q_j}]_{n\times f}(j=1,2,\cdots,f)$$

$$[C_e]=[\frac{\partial \varphi_{\mu}}{\partial q_j}]_{n\times e}[j=(f+1),\cdots,(f+e)]$$

$$[M_d]=[M_{d1},M_{d2},\cdots,M_{df}]^T$$

由式（6.8）的矩阵分块方程可得到[1]

$$[A_e]^T\ [R]\ +\ [B_e]^T\ [\tilde{F}]\ +\ [C_e]^T\ [\tilde{M}]\ =0 \tag{6.9}$$

$$[A_f]^T\ [R]\ +\ [B_f]^T\ [\tilde{F}]\ +\ [C_f]^T\ [\tilde{M}]\ +\ [M_d]\ =0 \tag{6.10}$$

由此可见，原非树系统可以解除系统中的某些铰的约束，然后代之以相应的约束力，而将非树系统等效转化为树系统来处理，由此得到了它的动力学方程[1]。

6.2.1.3 单开链动力方程

将图 6.1 中 bkhdb 和 hgedh 分别简化，作为动力等效体来代替，即不解除运动机构，简化为单开链系统。其动力学方程，可由式（6.10）简化为：

$$[M_d]+[B_f]^T[\tilde{F}]+[C_f]^T[\tilde{M}]=0 \tag{6.11}$$

将式（6.11）的 $\tilde{F}$ 与 $\tilde{M}$ 分为外力（矩）和惯性力（矩）作用两部分，即

$$\begin{cases}[\tilde{F}]=[F]-\mathrm{diag}[m][\ddot{r}_s]\\ [F]=[F_1,F_2,\cdots,F_n]^T\\ [\ddot{r}_s]=[\ddot{r}_{s1},\ddot{r}_{s2},\cdots,\ddot{r}_{sn}]^T\\ \mathrm{diag}[m]=\begin{bmatrix}m_1 & & & \\ & m_2 & & \\ & & \ddots & 0\\ & 0 & & m_n\end{bmatrix}\end{cases}
\qquad
\begin{cases}[\tilde{M}]=[M]-\mathrm{diag}[J][\ddot{\varphi}]\\ [M]=[M_1,M_2,\cdots,M_n]^T\\ [\ddot{\varphi}]=[\ddot{\varphi}_1,\ddot{\varphi}_2,\cdots,\ddot{\varphi}_n]^T\\ \mathrm{diag}[J]=\begin{bmatrix}J_1 & & & \\ & J_2 & & \\ & & \ddots & 0\\ & 0 & & J_n\end{bmatrix}\end{cases}$$

并将该式中驱动力矩矩阵［M_d］与机构构件所受的外力矩（如塑性铰力矩）矩阵［M］合并但仍记为［M］，则整理后得到

$$\{[B]^T\mathrm{diag}[m][B]+[C]^T\mathrm{diag}[J][C]\}[\ddot{q}]+\{[B]^T\mathrm{diag}[m][\dot{B}]+[C]^T\mathrm{diag}[J][\dot{C}]\}[\dot{q}]-\{[B]^T[F]+[C]^T[M]\}=0 \tag{6.12}$$

并进一步整理为

$$\{[B]^T\mathrm{diag}[m][B]+[C]^T\mathrm{diag}[J][C]\}[\ddot{q}]+\{[B]^T\mathrm{diag}[m][\ddot{r}_s(\dot{q})]+[C]^T\mathrm{diag}[J][\ddot{\varphi}(\dot{q})]\}-\{[B]^T[F]+[C]^T[M]\}=0 \tag{6.13}$$

式（6.12）、式（6.13）由文献［1］获得，其中

f——机构自由度；

n——机构运动构件数；

$[q]=[q_1,\ q_2,\ \cdots,\ q_f]^T$ 机构广义坐标；

$[B]=[\frac{\partial r_{s\mu}}{\partial q_j}]_{n\times e}$，$r_{s\mu}$ 为构件 μ 质心位置矢量；

$[C]=[\frac{\partial \varphi_\mu}{\partial q_j}]_{n\times e}$，$\varphi_\mu$ 为构件 μ 角位置；

diag $[m]$ ——机构构件的质量对角矩阵；

diag $[J]$ ——机构构件主惯量矩对角矩阵；

$[F]$ ——机构构件所受外力主矢矩阵；

$[M]$ ——机构构件所受外力主矩矩阵。

由式（6.12）和式（6.13）可见，当 $n=1$，$f=1$ 时，为 φ_1 转角的单体单向倾倒拓扑；当 $n=2$，$f=2$ 时，若 φ_1 和 φ_2 方向相反为双体双向倾倒拓扑，而 φ_1 和 φ_2 同向则为双体机构同向倾倒拓扑；当 $n=3$，$f=3$ 时，φ_1，φ_2 与 φ_3 若有方向相反，机构为 3 体机构反向倾倒拓扑；当 $n\geqslant 4$，$f\geqslant 4$ 时，机构为 4 体机构以上系统的各种拓扑。将式（6.12）代入不同的 n 和 f 值，计算机将以符号运算自动建模，得到不同拓扑的具体动力学方程。

6.2.2　平行梁柱机构

绝大多数建（构）筑物都是层间的平行梁和跨间的平行柱组成的分结构，如图 6.2 和图 2.21 所示，由此再组合成结构。当爆破拆除时，有些分结构中的同跨梁或同层柱的两端，在初始拓扑中同时出现塑性铰时，就形成平行梁柱机构体。平行梁柱机构体的动力学方程，可从拉格朗日方程推得，即

$$\frac{\mathrm{d}}{\mathrm{d}t}\left(\frac{\partial L}{\partial \dot{q}}\right)-\frac{\partial L}{\partial q}=[J_a+(m_2+m_3)l_2^2]\ddot{q}-[m_1l_1+(m_2+m_3)l_2]g\cos q=M_{ad}+M_{bd}$$

整理后得

$$[J_a+(m_2+m_3)l_2^2]\ddot{q}-\{[m_1l_1+(m_2+m_3)l_2]g\cos q+(M_{ad}+M_{bd})\}=0 \qquad (6.14)$$

式中：q 为梁的转动角；L 为系统的动能；J_a 为本跨各层梁对线 A 的内接铰点的转动惯量之和；m_2 为各层梁的外接柱的质量之和；m_3 为外接柱的外接体的质量之和；m_1 为各层梁的质量之和；l_1，l_2 分别是 m_1 和 m_2 质心距线 A 的内接铰点的沿梁斜距；M_{ad}，M_{bd} 分别为各层梁在线 A 的内接铰和线 B 的外接铰的机构残余弯矩之和，$M_{ad}(q)$、$M_{bd}(q)$ 是 q 的函数，见第 2 章 2.4.4 节和 2.9 节。

由式（6.14）可见，平行梁柱机构体在多体系统中可以用一个虚拟的单体来代替，该单体的质量、质心和转动惯量分别为梁或柱的质量总和及其总质心和转动惯量总和，而单体两端铰的抵抗弯矩分别为各层梁或（各跨柱）的两端机构残余弯矩之和，单体所受的拉（压）、剪力为各层梁（或各跨柱）的拉（压）、剪力之和，其两端虚拟铰点位置为总质心对应两端断面线位置，而外接体（外接柱或外接梁）仍与内接体作平动。该虚拟单体本文称动力等效体。当图 6.2 中“刚性柱 A”也转动时，该动力等效体还应计入平行梁、柱抵抗 A 线转动的转动惯量和 B 远端抵抗 B 线体作与 A 线体平行运动弯矩 M_b。拉格朗方程可以证明，多体 2 自由度非树平行梁柱系统也是可以用动力等效体和约束方程来描述，并建立动力方程，见 6.3.8.3 节。式（6.14）将式（4.24）多体系统动力学方程中，相同自由度梁、

柱的冗余约束去掉，以同一自由度的动力等效体代替这些梁柱，而形成动力学方程，由此，可将由任意多个梁柱构件组成的建筑机构，简化为数个分结构和动力等效体连接的简单单开链系统。

一般来说，建（构）筑物是众多梁、柱、墙组成的结构，当拆除后结构转化为分结构组成的机构，有的分结构的平行梁、柱形成塑性铰后可抽象为多体构成的非树分系统。由于这些同跨梁，同层柱作平行运动，存在很多冗余约束，特别是少跨的高层建筑，因此平行梁、柱的非树多体，都可以简化为同一个自由度的动力等效体来代替，由此建筑机构就可大大简化，这个以单开链的数个构体、分结构体和动力等效体来处理的简化方法，本文称为单开链体法，由此，开辟了一条应用多体系统动力学研究、描述建筑机构倒塌的捷径。

6.3 建筑机构的动力学方程及其近似解和解析解

建筑结构爆破拆除中倒塌的机构，可以简化为单开链数体系统，并以相应的动力学方程[2][3]来描述[4-6]，本节由此将推导出各类建筑物倒塌的动力学方程。一般来说，这些方程均为二阶常微分方程组，迄今为止，在爆破拆除领域还没有得到完全解析解，也没有相应的近似解，而只能数值求解，因此求解的直接公式表示是困难的。但是，作者认为爆破拆除建筑机构的倒塌，实质是在重力场的角有限域内（小于π/2），以多个拓扑的多体运动，其倒塌运动的主要拓扑的角有限域有时可小达0.3，并遵从重力场的力学规律。因此，本节将可积分的幂函数代替角函数，形成近似动力方程，得到解析解；或者利用平均速度与瞬时速度的关系，从数值解中归纳出近似解，并以典型拆除工程参数为基础，实施案例推理，构建近似解的应用域和确定其相应误差，以便求解和模拟各构体的运动姿态。

建筑多体动力学方程的位移解，本节至少给到建筑倒塌着地时，以便起爆时差选取。速度解一直给到倒塌着地以后，以便判断爆堆的需要。

6.3.1 单跨框架梁倾倒

图中设 n_t 层梁的单跨框架楼，如图6.2所示。当在重力作用下，各梁端都出现塑性铰后，各梁开始平行按同一自由度 q（R° = rad）倾旋，而柱则平行A线刚性柱而平动。该非树多体系统，可简化为具有同一自由度 $f=1$ 的端塑性铰的虚拟有根悬臂动力等效梁（体），即等效动力体的主矩方程

$$J_{\mathrm{d}}\frac{\mathrm{d}^2q}{dt^2}=mgr\cos q-M\cos\left(\frac{q}{2}\right) \tag{6.15}$$

式中：m 为梁、柱的质量，10^3kg，$m=n_tm_b+(n_t-1)m_c$；m_b 为梁和梁上的质量，10^3kg，m_c 为柱和柱前相连的质量，10^3kg，n_t 为楼梁数；r 为梁、柱及相关质量物的质心距，m；$r=\left[\frac{n_tm_bl_i}{2}+m_c(n_t-1)l_j\right]/m$；$l_i$ 为梁的跨柱净距，m；l_j 为柱的质心水平净距，m；J_d 为梁、柱对固定端的转动惯量，$10^3\text{kg}\cdot\text{m}^2$，$J_d=n_tJ_c+\frac{n_tm_bl_i^2}{4}+m_c(n_t-1)l_j^2$；$J_c$ 为梁及梁上质量的转动主惯量，$10^3\text{kg}\cdot\text{m}^3$；$M\cos(q/2)$ 为梁两端的“塑性铰”机构残余弯矩之和，kN·m，

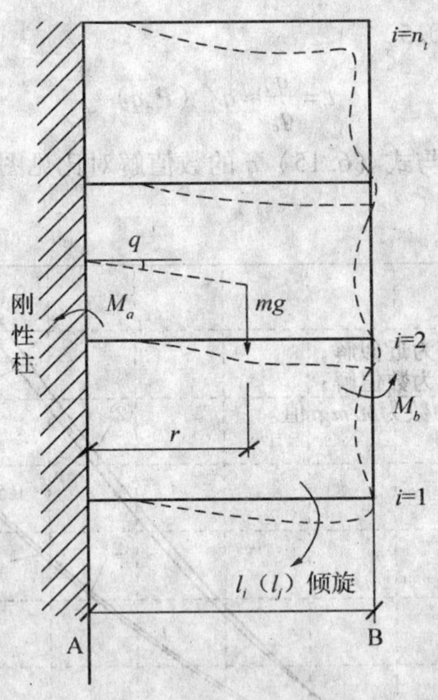

图 6.2 框架单跨倾旋力图

$M=n_t\ (M_a+M_b)$，M_a 为固定端梁的机构残余初弯矩，M_b 为倾旋端梁柱的机构残余初弯矩，由于现浇钢筋混凝土框架为 T 形梁，则 $M_a>M_b$，M_a 和 M_b 为 2.4.4 节的 M_d/α_t；$q/2$ 为以梁轴与梁端钢筋的最大夹角，R°；t 为梁倾旋的时间，s。

同理，可以列出 6.2.2 节的等效动力体的动力方程，并由此与式（6.15）的主矩方程比较。从该等效动力体方程可见，虚拟等效梁的质量、质心和惯性矩分别为梁和柱的质量总和及其总质心和转动惯量总和，而端抵抗矩为各层梁两端的机构残余弯矩之和，而拉力、剪力为各层梁的拉力、剪力之和，其梁两端断面线质心对应处，为虚拟等效梁的虚拟铰点。

主矩方程的初始条件：$t=0$，$q=0$，$\dot{q}=0$，按 5.2.1 节数值计算，则可解得数值解。式（6.15）的转速解析解[3]为

$$\dot{q}=\sqrt{\frac{2mgr\sin q}{J_d}-\frac{4n_t(M_a+M_b)\sin\frac{q}{2}}{J_d}} \tag{6.16}$$

令

$$q_s=\frac{q}{\arccos\ (M/mgr)} \tag{6.17}$$

以方程（6.15）数值解归纳平均角速度 $\dot{q}_c$，其 $\frac{\dot{q}_c}{\dot{q}}$ 的近似值 P_q 在 q 的 $\left[0,\ \frac{\pi}{3}\right]$ 有限域内接近常数，在 $\left[0,\ \frac{\pi}{2}\right]$ 内以数值解曲线拟合得，

$$P_q=\frac{\dot{q}_c}{\dot{q}}=\frac{\int_0^t \dot{q}\mathrm{d}t/t}{\dot{q}}=\frac{\int_0^t\left[\sin q-\frac{2M}{mgr}\sin(q/2)\right]^{\frac{1}{2}}\mathrm{d}t}{t}\Big/\left[\sin q-\frac{2M}{mgr}\sin(q/2)\right]^{\frac{1}{2}}$$

$$\approx 0.095q_s^2 - 0.024q_s + 0.5 \tag{6.18}$$

$$t = \frac{q}{\dot{q}_c} \approx q/\ (P_q \dot{q}) \tag{6.19}$$

现将近似解式（6.19）[2]与式（6.15）q 的数值解对比见图 6.3。

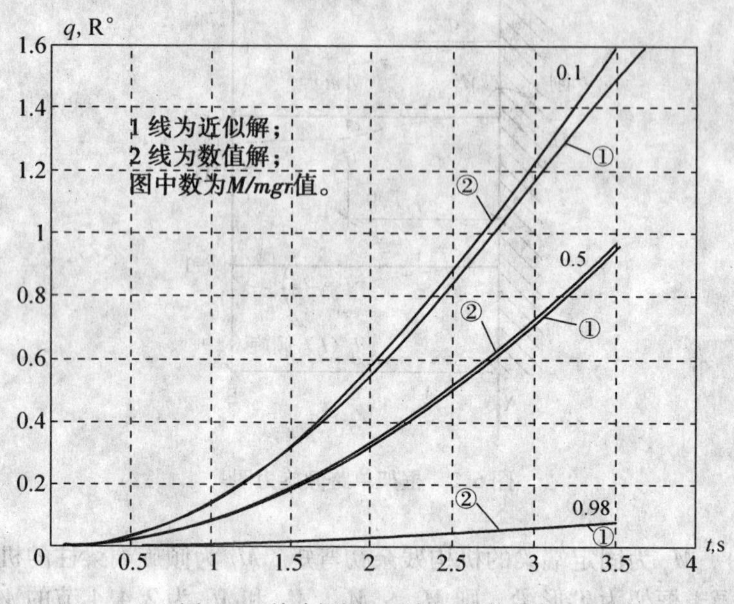

图 6.3　单跨框梁 q 近似解与数值解

从图 6.3 可见，当 $q < 1.2$ 时，其 q 最大误差为 4.7%。从式（6.18）分析，当 $M = 0$ 时，P_q 只是 q 的函数，而与 mgr，J_d 无关；当 $mgr > M > 0$ 时，虽然 $\dot{q}_c/q$ 随 M/mgr 而变，但变化很小。当 M/mgr 在 0.95～0.095 范围内，其引起 t 平均误差在 0.64%，因此，由式（6.16）和式（6.19）组成的解析－近似解组，可以代替数值解，其误差为工程所容许。

6.3.2　多跨梁的逐跨断裂倾倒

弯矩逐跨解体法，是利用建筑物自身的重力产生弯矩，即延时逐次起爆，在水平方向实现逐跨断裂。首次起爆的第一跨，梁的倾倒近似解组如 6.3.1 节所述，而逐次起爆的后跨，因前跨的断裂运动，获得了初始速度 $\dot{q}_{j+1,0}$ 和初始位移 $q_{j+1,0}$，使动力方程（6.15）的初始条件 $t = 0$ 时，

$$q = q_{j+1,0},\ \dot{q} = \dot{q}_{j+1,0} \tag{6.20}$$

由于前（j）、后跨（$j+1$）的动能相等，即

$$\dot{q}_{j+1,0} = \dot{q}_j \sqrt{J_{dj}/J_{dj+1}} \tag{6.21}$$

多跨连续梁断裂形成全跨悬臂梁，后因势能相等得初始角 $q_{j+1,0}$ 不为零，即

$$q_{j+1,0} = \arctan\ [m_j r_j \tan q_j/(m_{j+1} r_{j+1})] \tag{6.22}$$

式中：q_j，$q_{j+1,0}$ 分别为前跨末期及后跨初始的转角；$\dot{q}_j$，$\dot{q}_{j+1,0}$ 分别为前跨末期及后跨初始的角速度；J_{dj}，J_{dj+1} 分别为前跨及后跨加前跨对固定端的转动惯量，m_j，m_{j+1} 分别为前跨及

后跨加前跨的质量；r_j，r_{j+1}分别为前跨及后跨加前跨的质心水平距；$M_b=0$，$n_t=1$。

多跨框架梁，因后跨梁初始角 $q_{j+1,0}=0$，但 $\dot{q}_{j+1,0}$不为零；而前跨转变为仅与刚性柱平动，其 m_{j+1}，r_{j+1}，J_{dj+1}和 M 分别按式（6.15）的“式中：”解释算式意义计算。

由于初始条件式（6.20）不为零，则 $j+1$ 后跨的数值解，可按 5.2.1 节数值计算而得到数值解。

而连续梁和框架梁的解析解[2][3]可得角速度式的形式相同，但各自符号的意义有所差异，即角速度

$$\dot{q}=\sqrt{\frac{2m_{j+1}gr_{j+1}}{J_{dj+1}}(\sin q-\sin q_{j+1,0})-\frac{4n_t(M_a+M_b)}{J_{dj+1}}(\sin\frac{q}{2}-\sin\frac{q_{j+1,0}}{2})+\dot{q}_{j+1,0}^2} \tag{6.23}$$

而以下时间 t 的近似式，连续梁和框架同符号的意义也跟随差异。若将式（6.23）经式（6.17）和式（6.18）可将式（6.19）扩展应用范围，即当 $0<q_{j+1,0}\leqslant 0.2$，多跨连续梁的时间

$$t=[q/(\dot{q}_s\times P_q)-2\times q_{j+1,0}/\dot{q}_0]/\lambda_V \tag{6.24}$$

式中：$\dot{q}_0$ 为初角速度计算值，以 $q=q_{j+1,0}$ 代入式（6.16）得 $\dot{q}$ 值为 $\dot{q}_{(2)}$，即 $\dot{q}_0=\dot{q}_{(2)}$；$d\dot{q}_0$ 为计算初角速度与实际角速度差值，$d\dot{q}_0=\dot{q}_{j+1,0}-\dot{q}_0$；$p_q$ 以式（6.18）计算；λ_V 为初角速度调整系数，$\frac{\dot{q}_{j+1,0}}{\dot{q}_{(2)}}=0.75\sim2.0$ 时，也是式（6.24）和式（6.25）的应用范围，$\lambda_V=1+0.6d\dot{q}_0/(\dot{q}_s\times P_q)$，从式中可见，多数情况式（6.24）的 $\lambda_V\approx1$；$\dot{q}_s$ 为式（6.23）的 $\dot{q}$（其中 $\dot{q}_{j+1,0}=\dot{q}_{(2)}$），而当 $0.4>q_{j+1,0}>0.2$，$q<(q_{j+1,0}+0.6)$ 时，t 按下式计算

$$t=\frac{[q/(\dot{q}_s\times P_q)]\times\lambda_q}{\lambda_V} \tag{6.25a}$$

式中：λ_q 为初位角调整系数，将数值解曲线拟合得

$$\begin{aligned}\lambda_q=&(-7.55\times q_{j+1,0}^2+5.97\times q_{j+1,0}-1.895)\times(q-q_{j+1,0})^2+(5.64\times q_{j+1,0}^2-5.163\\&\times q_{j+1,0}+2.226)\times(q-q_{j+1,0})+(0.31\times q_{j+1,0}^2-0.335\times q_{j+1,0}+0.0925)\end{aligned} \tag{6.25b}$$

现将初值不为零时，近似式（6.24）[2]、式（6.25）[2]与方程（6.15）的数值解在不同初位角时对比，如图 6.4。与式（6.19）同理，式（6.24）、式（6.25a）的误差与 mg，r，J_d 无关，与 M/mgr 关系较小，因此从图中可见，当 $q_{j+1,0}=0.2$ 时误差较大，为 2.4%。当计算初角速与初角速之比$\frac{\dot{q}_{j+1,0}}{\dot{q}_{(2)}}$在 0.75 ~ 2.0 时，对近似值误差的影响见图 6.5，从图中可见，q 的误差在 3.5% 以内。图 6.4、图 6.5 的$\frac{mgr}{J_d}=0.319/s^2$，$\frac{M}{J_d}=0.2454/s^2$。$M$ 为后跨梁端弯矩 M_a。

而多跨框架梁，因起爆后柱时，梁跨位形不变，仅改变速度，即 $q_{j+1,0}=0$，而导致 $\dot{q}_{(2)}=0$，$\dot{q}_0=0$，$d\dot{q}_0=\dot{q}_{j+1,0}$。并前跨体转变为与后跨刚性柱平动，则

$$t=[q/(\dot{q}_s\times p_q)]\ C_v/\lambda_V \tag{6.26}$$

式中：初始速不为零的调整系数 $C_v=1.05-0.5\dot{q}_{j+1,0}$。当 t 在 0 ~ 3.0s，$\dot{q}_{j+1,0}<0.4R°/s$，$q<1.2$ 时，t 与数值解误差在 6% 内。

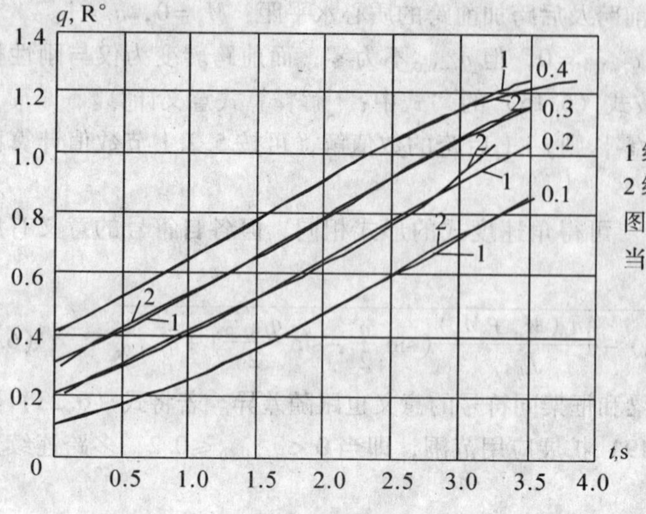

图 6.4　多跨连续梁不同初始角 q_0 $[\dot{q}_0=\dot{q}_{(2)}]$ 时 q 近似解与数值解

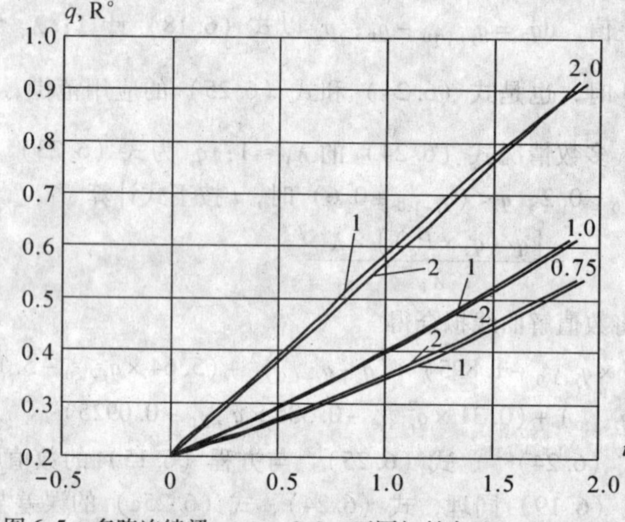

图 6.5　多跨连续梁 $q_{j+1,0}=0.2$，不同初始角速比 $\dot{q}_{(j+1),0}/\dot{q}_{(2)}$ 时 q 的近似解与数值解

6.3.3　框架底层柱倾倒

如第 4 章 4.2.2.1 节，图 4.24 所示，当框架多层楼房倾倒，前柱前趾撞地后，从底层逐层向上，柱端成铰而“层间侧移”，可简化为底层等效单体单向倾倒。

即底板梁 $f'b$ 假设为刚性梁，底层柱端前柱撞地后如图 6.6（a）所示，底层 n_l 以上的第 n_f 层的向前运动受地面 f' 阻止，而其上的（n_t-n_{f+1}）层欲克服其下柱两端抵抗弯矩 M_c 继续向前下方作变拓扑单体倾倒运动，形成（n_t-n_{f+1}）层平行于底层底梁，而向下侧移，本文简称“层间侧移”倾倒。多层框架横向倾倒，多为“层间侧移”倾倒。

框架的“层间侧移”，假设底梁 $f'b$ 为刚性梁，对 n_l 底层柱向前倾倒，可由单开链动力

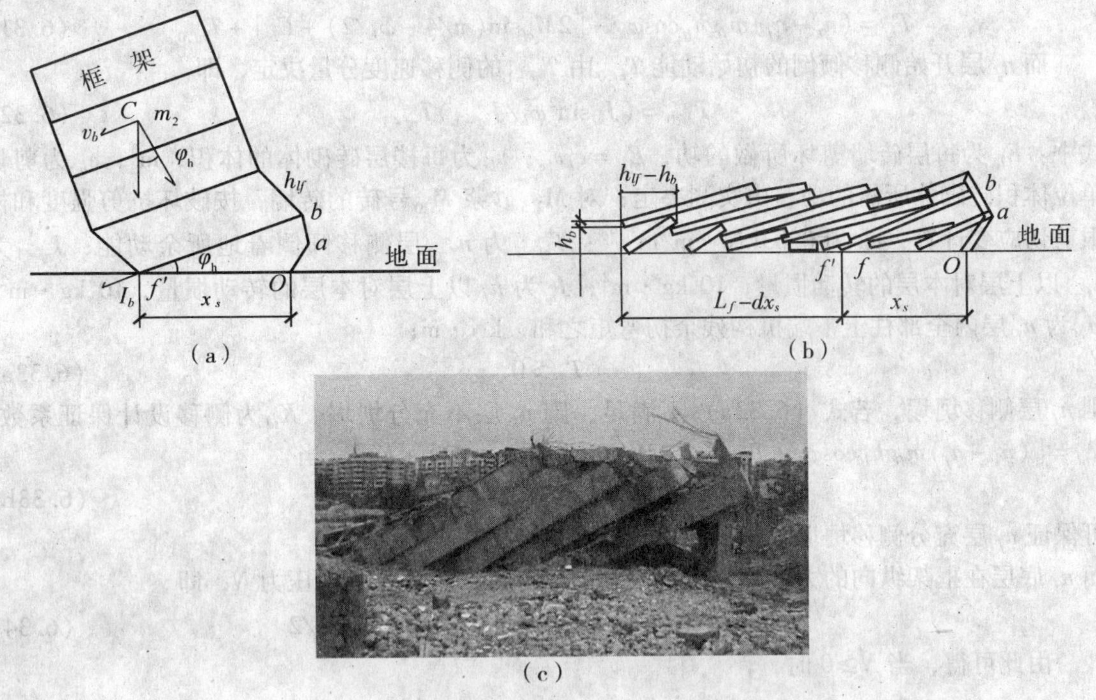

图 6.6 框架楼“层间侧移”形成叠饼式倾倒

方程（6.13）式，当 $n=1$，$f=1$ 时，等效有根悬臂体来描述，其动力学方程为

$$J_l(\mathrm{d}\dot{q}_l/\mathrm{d}t)=m_2gh_{lf}\sin(\varphi_h+q_l)-M_{dl}\cos(q_l/2) \tag{6.27}$$

式中：q_l，$\dot{q}_l$ 分别为 n_l 底层柱的转角和角转速，R°，R°/s；m_2 为框架的质量，10^3kg；$m_2=m_f(n_t-n_l)$，m_f，h_{lf}分别为各层的质量和层高，10^3kg，m；n_t 为顶层序数；M_{dl}为 n_l 层内全部柱上下端机构残余初弯矩之和，$M_{dl}=M_d/\alpha_t$，kN · m；φ_h 为前柱压溃后底层楼面的倾角 φ，尽管 φ 在“层间侧移”时有可能变化，但观测大多数“层间侧移”爆堆，最终 $\varphi\approx\varphi_h$。

初始条件：$t=0$，$q_l=0$，$\dot{q}_{l,0}$由前柱撞地破坏后的总动能 T_0 决定，$T_0=J_{l,0}\dot{q}_{l,0}^2/2$，从机械能守恒原理 T_0 也等于 $m_2v_b^2/2$ 或

$$T_0=J_f\dot{q}_{cf}^2/2 \tag{6.28}$$

即绕 f' 的框架转动动能，式中 $\dot{q}_{cf}$为框架绕 f' 着地点的转动速度；当底层柱侧移后，$\dot{q}_{cf}$的转动动能转换为以 v_b向前平移速度动能，且按式（6.27）再转换为绕 f'，和 l 层间柱转动的转动动能。式中 J_l 为框架对 n_l 底层的转动惯量，10^3 kg · m²；当忽略底层柱墙的质量后，$J_l=m_2h_{lf}^2$，$J_{l,0}=j_l$。动力方程的解析解

$$\dot{q}_l=\sqrt{2m_2gh_{lf}[\cos\varphi_h-\cos(\varphi_h+q_l)]/J_l-4M_{dl}\sin(q_l/2)/J_l+\dot{q}_{l,0}^2J_{l0}/J_l} \tag{6.29}$$

在判断框架各层是否充分侧移坍塌和相应爆堆形态时，只需了解逐层“层间侧移”的最终动能，即 n_l 层柱倾倒着地时，即 $q_l=\pi/2-\varphi_h$ 时，所余能量 T_{nl}由解析式（6.29）可得

$$T_{nl}=(n_t-n_l)m_fgh_{lf}\cos\varphi_h-[2M_{dl}\sin(\pi/4-\varphi_h/2)+E_b]+T_0 \tag{6.30}$$

当 n_f 层侧移倾倒着地时，所余动能 T_{nf}，仿式（6.30）推论，即

$$T_{nf}=(n_t-n_f)m_fgh_{lf}\cos\varphi_h-[2M_{cf}\sin(\pi/4-\varphi_h/2)+E_b]+T_{nf,0} \tag{6.31}$$

而 n_f 层开始侧移倾倒的初始动能 $T_{nf,0}$ 由 T_{nf-1} 的侧移速度分量决定，即

$$T_{nf,0}=(J_{nf}\sin^2\varphi_h/J_{nf-1})T_{nf-1} \tag{6.32}$$

式中：E_b 为每层砖墙剪坏所做的功，$E_b=e_bv_{be}$；v_{be} 为每楼层砖砌体的体积，m^3；e_b 为剪切单位体积砖砌体所需的功，由实测决定；对 $M_{2.5}$ 砂浆 M_{10} 号砖的砖墙，按破坏抗剪强度和极限剪切应变计算，e_b 为 0.03kN · m/m³[9]；T_{nf-1} 为 n_{f-1} 层侧移倾倒着地所余动能；J_{nf-1} 为 n_{f-1} 以上层对本层的转动惯量，10^3kg · m²；J_{nf} 为 n_f 以上层对本层的转动惯量，10^3kg · m²；M_{cf} 为 n_f 层内全部柱上下端机构残余初弯矩之和，kN · m；

$$T_{nf}>0 \tag{6.33a}$$

则 n_f 层侧移坍塌，若式（6.33a）不满足，则 n_f 层不充分坍塌。K_{td} 为侧移设计保证系数，$K_{td}=[(n_t-n_f)m_fgh_{lf}\cos\varphi_h+T_{nf,0}]/[2M_{cf}\sin(\pi/4-\varphi_h/2)+E_b]$，当

$$K_{td}\geqslant 1.2 \tag{6.33b}$$

可保证 n_f 层充分侧移坍塌。

而 n_l 底层在框架纵向的力平衡，由有根倾倒体可得，n_l 底层的下压力 N，即

$$N=(n_t-n_l)m_fg\cos\varphi_h-(n_t-n_l)^2m_fh_{lf}\dot{q}_{l,0}^2/2 \tag{6.34}$$

由此可得，当 $N\geqslant 0$ 时，

$$\dot{q}_{l,0}^2\leqslant 2g\cos\varphi_h/[(n_t-n_l)h_{lf}] \tag{6.35}$$

则式（6.27）动力学方程才能成立。

当同时满足式（6.35）和式（6.33b）时，保证“层间侧移”倾倒充分塌落到 n_f 层，其上只能满足式（6.35），而不能满足式（6.33a）时，则 n_f 层塌落不充分；不能满足式（6.35），框架将可能翻倒或以底层 n_l 为内侧根体，n_{l+1} 层以上为外侧体的双体前倾层间运动，本节不再讨论。“层间侧移”实例计算，见 6.4.2.3 节后。

6.3.4 高耸建筑物的单向倾倒

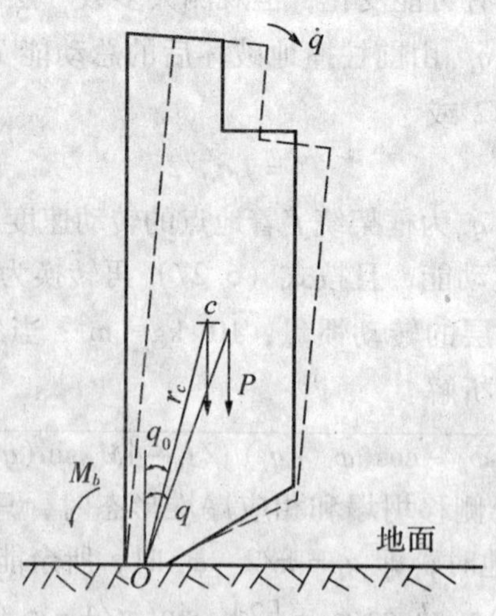

图 6.7 剪力墙楼房单向倾倒

* 实线为初始位置；虚线为运动状态。

烟囱、剪力墙和框剪结构（重心后方立柱被剪力墙纵横加固而抗弯抗压稳定）等高耸建筑，单向倾倒如图 6.7 所示，如 4.2.2.1 节所述，图 4.4（a），图 4.4（b），图 4.5，图 4.6 所示；单体单向倾倒，其单开链系统可简化为 $n=1$，$f=1$，具有单自由度 q，底端塑性铰轴的有根竖直体，由于底铰弯矩 M_d 主要与 r_c 反向压力相关，即动力方程为

$$J_b \times \frac{\mathrm{d}^2 q}{\mathrm{d}t^2} = Pr_c \sin q - M_b \cos(q) \tag{6.36}$$

式中：P 为单体的重量，kN；$P=mg$，m 为单体的质量，10^3kg；r_c 为质心到底支铰轴的距离，m；J_b 为单体对底支铰轴的转动惯量，$10^3\mathrm{kg}\cdot\mathrm{m}^2$；$M_b$ 为底部塑性铰的抵抗弯矩（机构残余初弯矩或再经 k_{rM} 调整），kN·m；M_b 为 2.7.2 节、2.8 节的 M_d/α_{tn}；$\alpha_{tn}\approx\cos q$；q 为质心到底铰连线与竖直线的夹角，R°。

将式（6.36）转变为式（5.2）的一阶常微分方程组的形式，爆破拆除时的初始条件是 $t=0$ 时，$q=q_0$，$\dot{q}=\dot{q}_0$，则可解得数值解。

而式（6.36）的转速 $\dot{q}$ 解析解[4]

$$\dot{q} = \sqrt{\frac{2Pr_c(\cos q_0 - \cos q)}{J_b} + \frac{2M_b[\sin(q_0) - \sin(q)]}{J_b} + \dot{q}_0^2} \tag{6.37}$$

令 $m_0 = \dot{q}_0^2\left(\frac{J_b}{2mgr_c}\right) + \cos q_0 + M_b \sin(q_0)/(mgr_c)$，$\sin q \approx q$，$\cos q \approx 1 - \frac{q^2}{2}$，由式（6.37）积分，得近似方程的时间解析解[4]，

$$t = \sqrt{\frac{J_b}{mgr_c}} \cdot \{\ln[q - \frac{M_b}{mgr_c} + \sqrt{2(m_0-1) - 2M_b q/(mgr_c) + q^2}]$$

$$-\ln[q_0 - M_b/(mgr_c) + \sqrt{2(m_0-1) - 2M_b q_0/(mgr_c) + q_0^2}]\} \tag{6.38}$$

式（6.38）的应用范围为 $2(m_0-1) - 2M_b q_0/(mgr_c) + q_0^2 \geqslant 0$ （6.39）

$$q_0 - M_b/(mgr_c) + \sqrt{2(m_0-1) - 2M_b q_0/(mgr_c) + q_0^2} > 0 \tag{6.40}$$

不满足式（6.39）、式（6.40），可照以下近似式[2]计算。

$$t \approx \frac{q_{ds}}{P_{dq} \times (\dot{q} - \dot{q}_0) + \dot{q}_0} \tag{6.41}$$

P_{dq} 为平均角速度增量与角速度增量比；$q_{ds} = q - q_0$；

当 $q_0 \geqslant 0.2$，$\dot{q}_0 \leqslant 0.3$ 时，

$$P_{dq} = \lambda_V \times \exp(a_1 q_{ds}^2 + a_2 q_{ds} + a_3) \tag{6.42}$$

$a_1 = 0.909q_0^2 - 1.07q_0 + 0.424$；$a_2 = -1.99q_0^2 + 2.51q_0 - 1.02$；$a_3 = -0.6971$；$\lambda_V$ 为初速度修正系数，当 $\dot{q}_0 < 0.1$，$\lambda_V = 1$，而 $\dot{q}_0 \geqslant 0.1$，$\lambda_V = b_1 q_\delta^2 + b_2 q_\delta + b_3$，$b_1 = -0.094\dot{q}_0 - 0.0772$；$b_2 = 0.259\dot{q}_0 + 0.101$；$b_3 = 0.9933$；$q_\delta = q_{ds} - 0.3$；

当 $\dot{q}_0 = 0$，如烟囱，当 q 较小时，$\sin q \approx q$，$\cos q \approx 1$，则式（6.36）可简化为近似动力方程

$$J_b \times \frac{\mathrm{d}^2 q}{\mathrm{d}t^2} = Pr_c q - M_b \tag{6.43}$$

有近似方程的时间解析解[3]

$$t = \frac{\ln(q_{mr} + \sqrt{q_{mr}^2 - 1})}{p_j} \tag{6.44}$$

式中：$q_{mr}=[q-M_b/(pr_c)]/[q_0-M_b/(pr_c)]$；$p_j=\sqrt{pr_c/J_b}$；$M_b$ 为机构残余弯矩均值，参见2.5.4节原理计算。

计算式（6.41）所依据的典型建筑为某宾馆小开口剪力墙结构，第（17）轴楼高13层49m高，宽15.0m，炸高7.2m，其1榀架计算参数见表6.1。

表6.1　根竖直单体典型建筑物参数及近式方程解析式（6.41）与数值解误差

典型建筑参数					
项目	m	J_b	r_c	M_b	q_0
单位	10^3kg	10^3kg·m^2	m	kN·m	R°
参数	956.7	641070	23.1678	192	0.2333
近似式误差					
项目	$k_j=\frac{(mr_c/J_b)_c}{(mr_c/J_b)}$	$k_M=\frac{(M_b/J_b)_c}{(M_b/J_b)}$	$k_q=\frac{(q_0)_c}{(q_0)}$	$k_{\dot q}=(\dot q_0)_c/(\dot q_0)$	
范围	0.7～1.5	0～10	0～3	1～3	
最大误差%	2.6	＜2.8	10	2.6	

式（6.37）、式（6.38）、式（6.44）为近似动力方程的解析解，但式（6.41）为近似解，现将式（6.41）与数值解的误差列于表6.1，（ ）内表示典型建筑参数，改变计算参数以（ ）$_c$ 表示，改变 $k_j=\frac{(mr_c/J_b)_c}{(mr_c/J_b)}$ 引起的近似式误差，见图6.8。从表中可见，误差主要随 k_q 增大而增大到10%，其余因素引起的误差也在3%以下的范围内。式（6.44）在 $k_q=1$～3，$q=1.5$ 时，q 的误差最大接近5%。

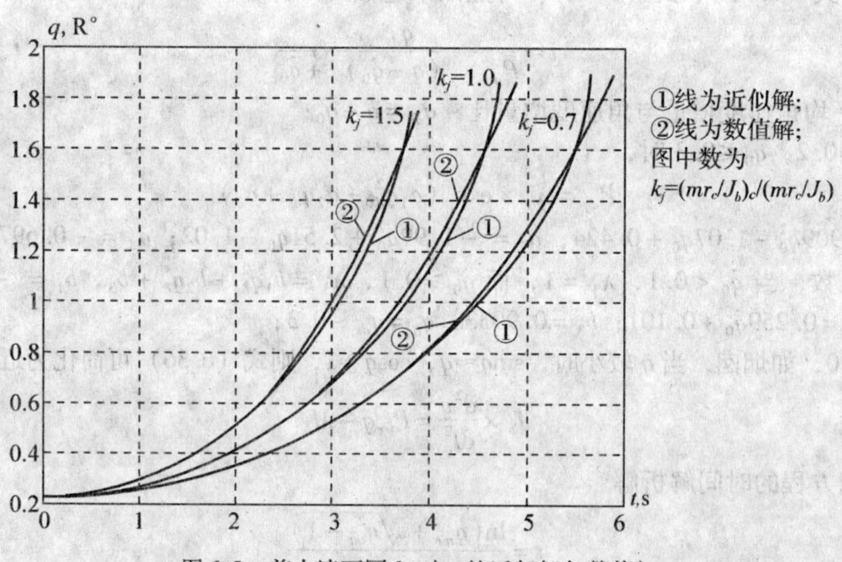

图6.8　剪力墙不同 k_j 时 q 的近似解与数值解

6.3.5 楼房定质量塌落及倾倒

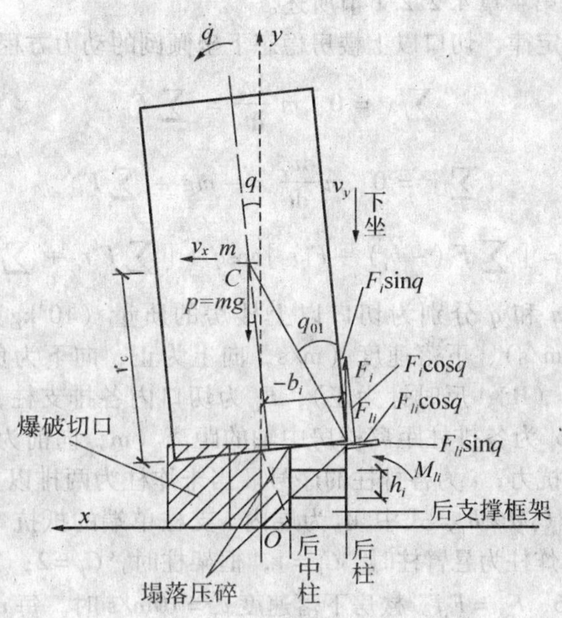

图6.9 高层楼塌落倾倒力

高层多跨框架类楼房，如图6.9所示。当重心中轴前切口层内各柱爆破拆除后，重心以后柱被楼重在切口上层，引发上层被切割纵筋的各柱分别压坏，即首先

$$P\cos^2 q_{02} > N_2 - T_{01} \tag{6.45}$$

而后

$$P[1 - mr^2\sin^2 q_{01}/(J_c + m_2 r^2 \sin^2 q_{01})] > (N_1 + N_{a2})k_i \tag{6.46}$$

式中：N_1，N_2 分别为后和后中排柱的极限支撑力，kN；P 为切口上楼房各层重力，kN；q_{01}，q_{02}分别为切口上层的后和后中排柱顶中性轴与楼房 P 质心 C 连线与铅垂线的初始夹角，R°（弧度）；r，J_c 分别为楼房质心与后柱顶的距离（m）和转动主惯量（10^3kg·m^2），T_{01} 为后柱的纵钢筋屈服时的拉力，kN；后柱若割纵钢筋，$T_{01}=0$，N_1，N_2，N_{a2} 均不包含纵钢筋支撑力；N_{a2}为后中柱的残余支撑力，kN；k_i 为初载富余系数，取1.1，见式（7.152）；从而形成后两排柱分别压溃，从而初始形成楼房稳态压坏下坐[5]。在切口爆破后，楼房因冲击下压，当

$$P > (F_{c1} + F_{c2}) \tag{6.47}$$

从而最终形成切口以上楼房向整体稳态[5]压碎下坐。式中：F_{c1}，F_{c2}分别为后柱和后中排柱承受定质量冲击而向持续稳态压碎过渡历程的动抵抗力的常数项，kN；$F_{c1}=s_1\sigma$，$F_{c2}=s_2\sigma$，式中 s_1，s_2 分别为后柱和后中柱的支撑横断面积，m^2；σ 为支柱承受冲击，而含持续稳定压碎的混合压缩历程的动抵抗应力常数项，由实测冲击而含持续压碎的混合压缩历程的单位体积 m^3 钢筋混凝土所需的比功决定。再者，如果后两排柱爆破拆除，即 N_1，N_2，F_{c1}，F_{c2} 均

为零，切口以上楼房失去了支撑，式（6.45）、式（6.46）和式（6.47）也可满足成立，楼房也整体塌落。多体动力学中将以上两种整体下坐的楼房，用 F_{c1}，F_{c2} 代替支撑，楼房可看做无根单体模型[3]，见第 4 章 4.2.2.1 节所述。

根据单体质心运动定律，切口以上楼房稳态下坐倾倒的动力方程[4]为

$$\sum x = 0 \quad m\frac{\mathrm{d}v_x}{\mathrm{d}t} = \sum F_{li} \tag{6.48}$$

$$\sum y = 0 \quad m\frac{\mathrm{d}v_y}{\mathrm{d}t} = -mg + \sum F_i \tag{6.49}$$

$$\sum M_c = 0 \quad J_c\frac{\mathrm{d}\dot{q}}{\mathrm{d}t} = \left[\sum F_i(-b_i) - F_{li}r_c\right]\cos q + \left[\sum F_i r_c + \sum F_{li}(-b_i)\right]\sin q \tag{6.50}$$

式中：m，r_c，v_x，v_y，$\dot{q}$ 和 q 分别为切口以上楼房的质量（10^3kg）、质心距切口上缘高（m）、水平向前速度（m/s）、下落速度（m/s，向上为正，向下为负）、转动速度（R°/s，反时针为正）和转动角（R°，反时针为正）；F_i 为切口内各排支柱，在含稳态压坏下的竖直动载抵抗力（kN）；b_i 为各排柱距离楼房中轴的距离（m，向前为正，向后为负）；F_{li}为未炸支柱向前的水平抵抗力；i 为各排柱的序号。当未炸柱为两排以上并构成切口层内的框架时，其水平抗力 $F_{li}=C_l M_{li}/h_i$，式中 M_{li}为层内 i 支柱单端的抵抗弯矩（kN·m），h_i 为 i 支柱的层高（m）；当未炸柱为悬臂柱时，$C_l=1$，框架柱时，$C_l=2$；当 $F_{li}>F_i f$ 时，f 为混凝土间的摩擦系数，取 0.6，$F_{li}=F_i f$。楼房下落速度 $v_y=10$m/s 时，每 m^2 横断面的空气阻力近似为 40～50N/m^2[6]，因此比较 $\sum F_i$ 可以将空气阻力忽略；$\sum F_i$ 的支柱动强度系数可达 1.1，因此 $\sum F_i = \sum F_{ci}(1-kv_y) = \sum F_{ci}(1+k|v_y|)$，式中 F_{ci}为 i 柱含稳态压碎的混合压缩历程动抵抗力的常数项，$F_{ci}=s_i\sigma$，s_i 为 i 柱的横断面积，m^2；k 为动载增量系数，可近似认为 0.01。式的 v_y 与 F_{ci}方向相反，kv_y 项取负或取绝对值正项，由此形成变抵抗力模型。当切口层内爆破的 i 柱未全炸，而所剩余的梁下柱长 $huni$，则 $F_{ci}=(s_i\sigma)\ huni/(h_i-h_b)$，式中 h_b 为梁高，m。

以上动力方程的初始条件为 $t=0$，$v_x=0$，$v_y=0$，$x=0$，$y=h_c$，$\dot{q}=0$，$q=0$（6.51）。式中 h_c 为楼房质心距地面高，m。

由式（6.48）得解析解

$$v_x = \left(\sum F_{li}/m\right)t \tag{6.52}$$

$$x = \left(\sum F_{li}/m\right)t^2/2 \tag{6.53}$$

而由式（6.49）得

$$\frac{\mathrm{d}v_y}{\mathrm{d}t} + \sum\frac{F_{ci}k}{m}v_y = -g + \sum F_{ci}/m \tag{6.54}$$

式（6.54）为一阶线性常微分非齐次方程，令 $k_0 = k\sum F_{ci}$，其解析解[4]

$$v_y = \left(\frac{m}{k_0}\right)\left(-g+\frac{\sum F_{ci}}{m}\right)\left[1-e^{-(k_0/m)t}\right] \tag{6.55}$$

$$y = \left(\frac{m}{k_0}\right)\left(-g+\frac{\sum F_{ci}}{m}\right)\left[\left(\frac{m}{k_0}\right)e^{-(k_0/m)t} - \frac{m}{k_0} + t\right] + h_c \tag{6.56}$$

由式（6.49）代入$\frac{dv_y}{dt}=v_y\frac{dv_y}{dy}$可得解析解[4]

$$y=h_c+\frac{\{(\frac{k_0}{m})v_y+(-g+\sum\frac{F_{ci}}{m})[\ln(-g+\sum\frac{F_{ci}}{m})-\ln(-g+\sum\frac{F_{ci}}{m}+\frac{k_0v_y}{m})]\}}{(\frac{k_0}{m})^2} \tag{6.57}$$

若全部支柱爆破拆除，即仅有式（6.49）和衍生的式（6.55）、式（6.56）和式（6.57）成立。将式（6.50）代入分离后变量后$\frac{d\dot{q}}{dt}=\dot{q}\frac{d\dot{q}}{dq}$，令

$M_s=\sum F_{ci}[-b_i-k(-b_i)\cdot v_{ya}]-\sum F_{li}r_c$，

$M_l=\sum F_{ci}(1-kv_{ya})r_c+\sum F_{li}(-b_i)$，式中$v_{ya}$为$v_y$在$0\sim t$区间的中值，得解析解[4]

$$\dot{q}=\sqrt{(\frac{2M_s}{J_c})\sin q+(\frac{2M_l}{J_c})(1-\cos q)} \tag{6.58}$$

由于$q<0.3$，可用$\cos q\approx1-\frac{q^2}{2}$，$\sin q\approx q-\frac{q^3}{6}\approx q-\frac{q^2}{6}$代替，分离变量后积分，得近似解析解[4]

$$t=2\sqrt{J_c/(M_l-M_s/3)}[\ln(\sqrt{q}+\sqrt{q+a^2})-\ln a] \tag{6.59}$$

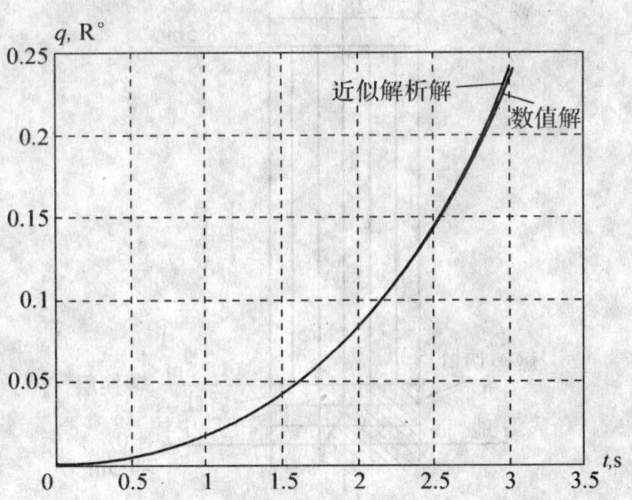

图6.10　式（6.59）近似解析解与数值解比较

式中：$a^2=2M_s/(M_l-M_s/3)$。近似解析解与数值解比较，见图6.10所示，从图中可见，$t>0.05$s后，式（6.59）在建筑拆除范围内的相对误差小于1%。本节图6.10及6.3.6节的图表中计算参数（F_{cs}除外），来自沈阳23层高天涯宾馆Ⓓ轴榀架，见表6.2。

动力方程验证及参数实测楼房，为爆破拆除某22层78.5m高的框剪结构楼，其底3层为4柱3跨，预拆除底3层全部墙体，纵剖面如图6.11所示。爆破拆除前面2排柱，3层炸

高至15.5m和地下室负一层－4.5m，每层炸高2.5m。3层顶为转换层，其上7柱的后3柱切割纵筋，并在中跨炸断主梁以诱发转换层首先压碎，形成切口以上高楼定质量单体下座。底层后2柱，切割削弱纵筋，诱导后柱框架稳态压溃。

表6.2 天涯宾馆Ⓓ轴榀架计算参数

项目	m	H	ρ	r_c	q_{01}	q_{02}	N_1	T_{a1}	N_2	N_{a2}	F_{c1}	F_{c2}	b_1	b_2
单位	10^3kg	m	10^3 kg/m	m	R°	R°	kN	kN	kN	kN	kN	kN	m	m
参数	3525.5	64.1	55	32.05	0.27	0.045	21060	0	23478	5418	9934.2	11075	－7.35	－1.2

项目	M_{l2}	M_{l1}	h_1	σ	$huni$	h_b	J_c	J_{b0}	F_{cs}/ρ
单位	kN·m	kN·m	m	MPa	m	m	10^3kg·m^2	10^3kg·m^2	N·m/kg
参数	1648.3	1553.8	4.8	12.265	0.35	0.7	1270.6×10^3	4891.3×10^3	802.1652

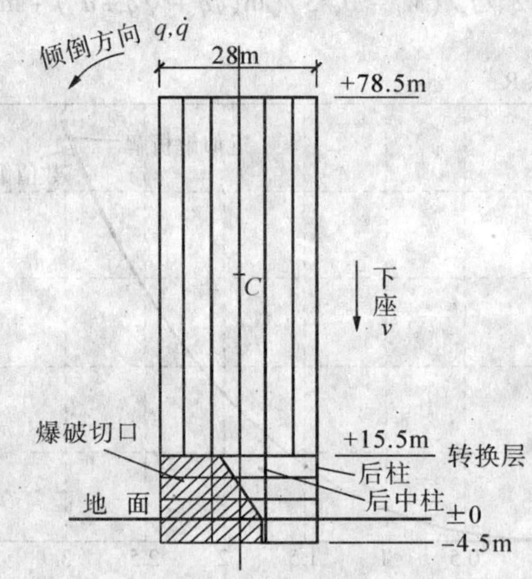

图6.11 某框剪楼结构示意

*未绘4层以上楼面，仅示意柱。

摄像实测切口上楼房质心下落路程 $y(t)$，见图6.12。以 $\sum F_{ci}/m$ 为单未知数，用式（6.56）曲线拟合 y（见图6.12）。从图中可见，以式（6.56）的单参数拟合值与实测值较为接近，10个测点的残差平方和为6.0509m^2，说明楼房定质量塌落倾倒的定抵抗力变化率无根单体力学模型是接近实际的。其参数拟合 $\sum F_{ci}/m = 8.1487\text{m/s}^2$，其中取动载增量系

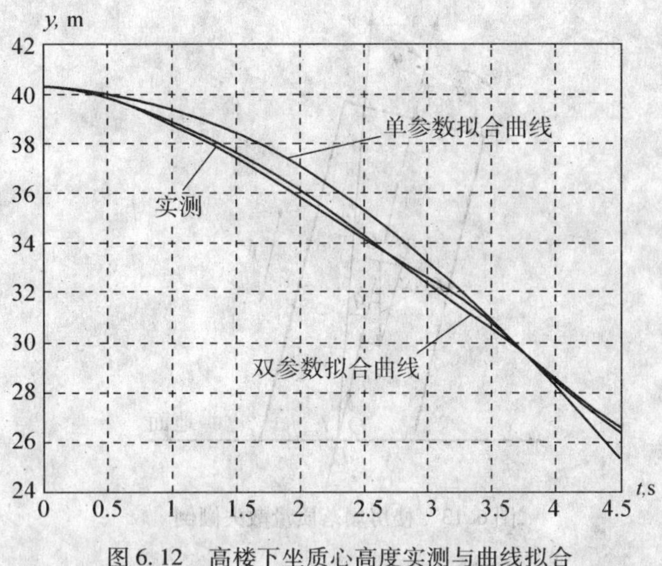

图 6.12 高楼下坐质心高度实测与曲线拟合

数，$k=0.01$。若按楼高接近结构相似的沈阳 23 层天涯宾馆，第 4 层以上 20 层楼房质量 3525.5×10^3kg 来计算柱强度，则某 22 层拆除楼后 2 排柱 C_{30}钢筋混凝土柱的动强度常数项为 12.62MPa，与天涯宾馆下坐实测，定质量压碎单位立方米 C_{30}钢筋混凝土，克服平均动强度所做的功，为 12.24×10^3kJ/m^3 接近。由此证明，以定质量定抵抗力变化率无根单体下落的力学模型是正确的，并且下坐坍塌来测量钢筋混凝土柱的定质量动载等效强度是可行的、正确的，测量方法可以应用。

若采用定质量变抵抗力无根单体力学模型，以 $\sum F_{ci}/m$ 和 k 为双未知数，用式（6.56）曲线拟合 y，见图 6.12。从图中可见，双参数为 $\sum F_{ci}/m = 6.3664\text{m/s}^2$，$k=0.1316$，其拟合曲线与实测更为接近，10 个测点残差平方和为 0.2556m^2，为单参数拟合的 4.2%。表明楼房定质量变抵抗力无根单体模型更接近实际。无根单体下落时，后两柱首先分别压坏，后转为稳态压溃，由于非稳态破坏峰值极限强度高，但破坏历程应变小，所需总破碎功较小，较低的稳态压溃力降低了 $\sum F_{ci}/m$ 常数项的值，并提高了动载增量系数 k。

综上所述，本节提出的楼房定质量塌落的无根单体力学模型是正确的，和第 3 章 3.3.2.2 节认为后支撑柱的由分别压坏转为含带稳态压溃的混合压坏状态也是正确的，其对应定质量冲击参数的摄像测量方法是可靠的，所测参数是合理的，均可以在工程中应用。

6.3.6 建筑物塌落质量散失及倾倒

高层楼房切口内支柱被压碎完，楼房下坐加速到 v_{y0}，原地坍塌的楼房维持 $q_0=0$，$\dot{q}_0=0$，而下坐兼前倾的楼房，转速加速到 $\dot{q}_0$，转角增加到 q_0。如果楼房底层后滑，被地下室所阻止，高楼从中轴将以地面为定点 d，随楼下坐质量散失并倾倒，可看做变质量有根单体模型，如图 6.13 所示。

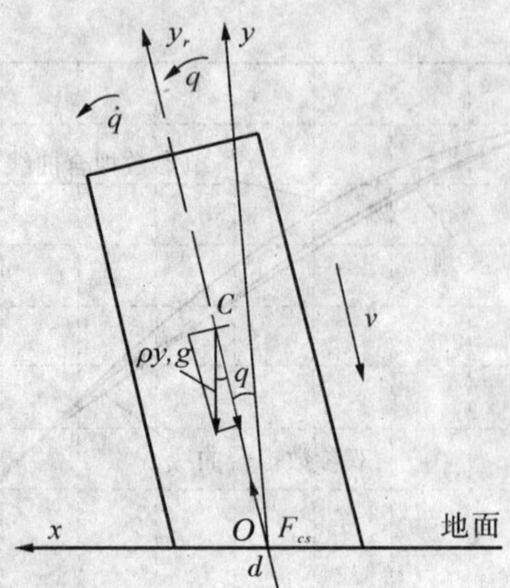

图 6.13 楼房塌落质量散失倾倒

由于下坐压溃的支柱以楼纵中轴对称，底弯矩为 M，其动力方程[5]为

$$\sum y_r = 0 \quad \frac{\mathrm{d}(\rho y_r v)}{\mathrm{d}t} = -\rho y_r g\cos q + F_{cs} + y_r^2\rho\dot{q}^2/2 \tag{6.60}$$

$$\sum M_d = 0 \quad \frac{\mathrm{d}(J_b\dot{q})}{\mathrm{d}t} = (\rho y_r^2 g\sin q)/2 + M \tag{6.61}$$

式中：ρ 为楼房沿高度的线质量，10^3kg/m；F_{cs} 为变质量下坐楼的楼底径向平均抵抗力，kN，同上节 $\sum F_i$ 计算相仿，为 v_y 从 $v_{y0}\sim 0$ 的平均值；y_r 为以 d 为原点的径向坐标的楼房径向高度，m；J_b 为楼房对 d 点的转动惯量，是 y_r 的函数，$10^3\text{kg}\cdot\text{m}^2$；$v$ 为楼房下坐径向速度，m/s。式（6.60）、式（6.61）的初始条件：

$$t=0,\ v_0 = v_{y0}\cos q_0,\ q = q_0,\ \dot{q} = \dot{q}_0,\ y_r = h_0,\ J_b = J_{b0} \tag{6.62}$$

式中：h_0 为楼房切口以上高，m；J_{b0} 为楼房对中轴切口上缘的转动惯量，$10^3\text{kg}\cdot\text{m}^2$；$v_{y0}$ 为式（6.55）的 v_y。

整理得有积分因子的全微分方程

$$v y_r^2\mathrm{d}v + (v^2 y_r + g\cos q y_r^2 - F_{cs}y_r/\rho - y_r^3\dot{q}^2/2)\mathrm{d}y_r = 0 \tag{6.63}$$

其解析解[5]为

$$v = -\sqrt{F_{cs}(1-h_0^2/y_r^2)/\rho + \left(\frac{2}{3}\right)g(h_0^3\cos q_0/y_r^2 - y_r\cos q) + (y_r^2\dot{q}^2 - h_0^4\dot{q}_0^2/y_r^2)/4 + v_{0s}^2h_0^2/y_r^2} \tag{6.64}$$

当楼房原地坍塌时，即 $q_0=0$，$q=0$，$\dot{q}_0=0$，$\dot{q}=0$，$v_{0s}=v_{y0}$，式（6.64）为解析解，当塌落倾倒时，将 $q=q_0$（$q_0\neq 0$），$\dot{q}=\dot{q}_0$，由此引起的误差由 v_{0s} 调正，式（6.64）为近似解，式中调正 v_{0s} 按表 6.3 选取，v 的近似值与数值解误差见表 6.3 和图 6.14。

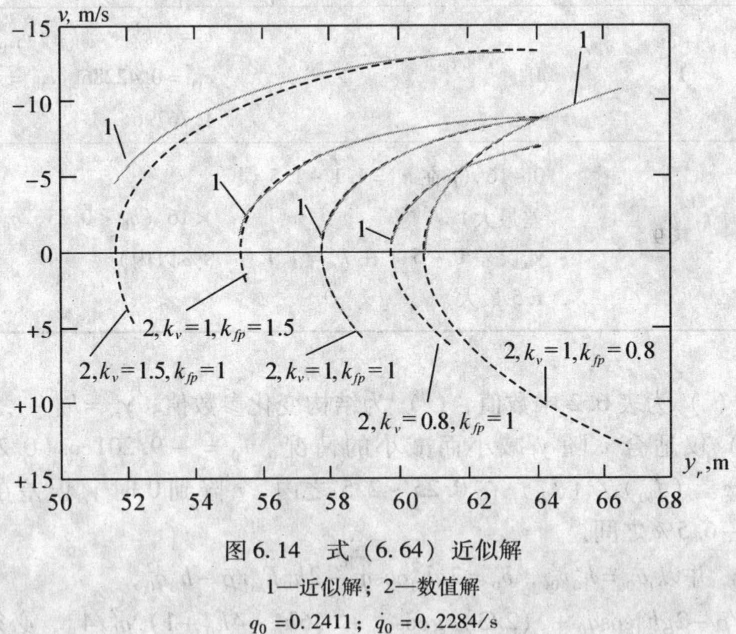

图 6.14 式（6.64）近似解

1—近似解；2—数值解

$q_0 = 0.2411$；$\dot{q}_0 = 0.2284/\text{s}$

表 6.3 式（6.64）v_{0s} 和式（6.65）v_{0y} 的计算分项参数及 y_r，t 与数值解误差

q_0，$\dot{q}_0$（/s）	<0.1	0.1 ~ <0.2	0.2 ~ <0.29
$k_v = \dfrac{(v_0)_c}{(v_0)}$	0.8 ~ 1.5	0.8 ~ 1.5	0.8 ~ 1.5
$k_{fp} = \dfrac{(F_{cs}/\rho)_c}{(F_{cs}/\rho)}$	0.8 ~ 1.5	0.8 ~ 1.5	0.8 ~ 1.5
$v_{0s} = v_0 \cdot c_v \cdot c_{fp}$			
c_v	1	$c_v = c_1 y_{rs}^2 + c_2 y_{rs} + c_3$； $c_1 = -0.0097k_v^2 + 0.0255k_v - 0.0172$； $c_2 = 0.0033$，$c_3 = 0.9969$；	$c_v = c_4 y_{rs}^2 + c_5 y_{rs} + c_6$； $c_4 = -0.0119k_v^2 + 0.0352k_v - 0.0276$； $c_5 = 0.00525$，$c_6 = 0.9963$；
c_{fp}	1	1	$c_{fp} = c_7 y_{rs} + c_8$； $c_7 = -0.0088k_{fp}^2 + 0.0121k_{fp} + 0.0002$； $c_8 = 0.9983$；
式（6.64）$v = 0$ 时 y_{rs} 误差（%）	<9	<9	<14（$q < 0.25$，$\dot{q}_0 < 0.25/\text{s}$ 误差在 5% 以内）
$v_{0y} = v_0 \cdot c_v \cdot c_{fp} \cdot c_f$	c_v，c_{fp} 同上	c_v，c_{fp} 同上	c_v，c_{fp} 同上

续表 6.3

c_f	1	1	$c_f = c_9 k_{fp}^2 + c_{10} k_{fp} + c_{11}$； $c_{11} = 0.42286$，$c_{10} = -1.12378$，$c_{11} = 1.76796$
式（6.65）$v=0$ 时 t 误差（%）	<9	0～16（t 在 $k_v = 1.1 \sim 1.5$ 误差最大） y_{rs}误差 0～5（在 $k_v = 1.1 \sim 1.5$ 最大）	<16（$q_0 < 0.25$，$\dot{q}_0 < 0.25$/s 误差在 8%以内）

注：①表中（ ）为表 6.2 中数值，（ ）$_c$ 为结构变化参数值；$y_{rs} = h_0 - y_r$。

②式（6.64）仅适合 v 随 y_r 减小而减小的情况。$v_0 = -9.201\cos(0.2411)$；$F_{cs}/\rho = 802.1652\text{N}\cdot\text{m/kg}$。$(J_{b0})_c / (J_{b0})$ 在 0.25～2.5 之内，v 降到 0 时 y_{rs} 误差在 1.5%之内，t 的 y_{rs} 误差在 4～－6.5%之间。

令 $y_{rs} = h_0 - y_r$ 并以 $a_0 = h_0^2 v_{0y}^2$，$b_0 = 2gh_0^2\cos q_0 - 2h_0 F_{cs}/\rho - h_0^3 \dot{q}_0^2$，

$c_0 = -\left[F_{cs}/\rho - 2gh_0\cos q_0 + (2/3)\, g\cos q_0 + (6h_0^2 - 4h_0 + 1)\, \dot{q}_0^2/4\right]$，必须 $c_0 > 0$，

并以 $(2/3)\, g\cos q_0 y_{rs}^3 \approx (2/3)\, g\cos q_0 y_{rs}^2$，

和 $\dot{q}_0^2\,(-4h_0 y_{rs}^3 + y_{rs}^4)\,/4 \approx \dot{q}_0^2\,(-4h_0 + 1)\, y_{rs}^2/4$，由此引起的误差用 v_{0y} 来调正，将式（6.64）积分，得楼房径向下落距离 y_{rs} 所需的时间[5]

$$t = \left[h_0/\sqrt{c_0} - b_0/(2c_0^{1.5})\right]\left\{\arcsin\left[(2c_0 y_{rs} - b_0)/\sqrt{b_0^2 + 4a_0 c_0}\right] - \arcsin\left(-b_0/\sqrt{b_0^2 + 4a_0 c_0}\right)\right\} + \sqrt{a_0 + b_0 y_{rs} - c_0 y_{rs}^2}/c_0 - \sqrt{a_0}/c_0 \tag{6.65}$$

当楼房原地坍塌时，$q_0 = 0$，$\dot{q}_0 = 0$，$q = 0$，$\dot{q} = 0$，$v_{0y} = v_0$，式（6.65）为近似方程解析解。当楼房塌落倾倒时为近似解，即将 $q = q_0$，$\dot{q} = \dot{q}_0$，由此引起的误差用 v_{0y} 来调正，式（6.65）为近似解时，式中调正 v_{0y} 按表 6.3 选取，t 的近似值与数值解误差见表 6.3 和图 6.15。当 $q_0 \geqslant 0.29$，大多高层楼房的重心已前移出前柱支点（前趾），楼房将自重倾倒而无需计算式（6.64）、式（6.65）。

方程（6.61）未获得解析解，只能数值求解，但在 q 有限域内可以得到近似解，另文叙述。

6.3.7 高层建筑、仓体和框架撞地的翻倒

建筑下坐后绕前趾 f 倾倒的楼房，倾倒而前趾 f 撞地的仓体和框架，如 4.2.2.1 节图 4.23 所示，建筑结构撞地后的单体整体倾倒，见图 6.16 所示，可按 6.3.4 节简化为单开链系统，$n=1$，$f=1$ 的具有单自由度 q 的有根体运动，即动力学方程为

$$J_f \frac{d\dot{q}}{dt} = pr_f \sin q \tag{6.66}$$

初始条件

$$t=0,\ q=q_0,\ \dot{q}=\dot{q}_0 \tag{6.67}$$

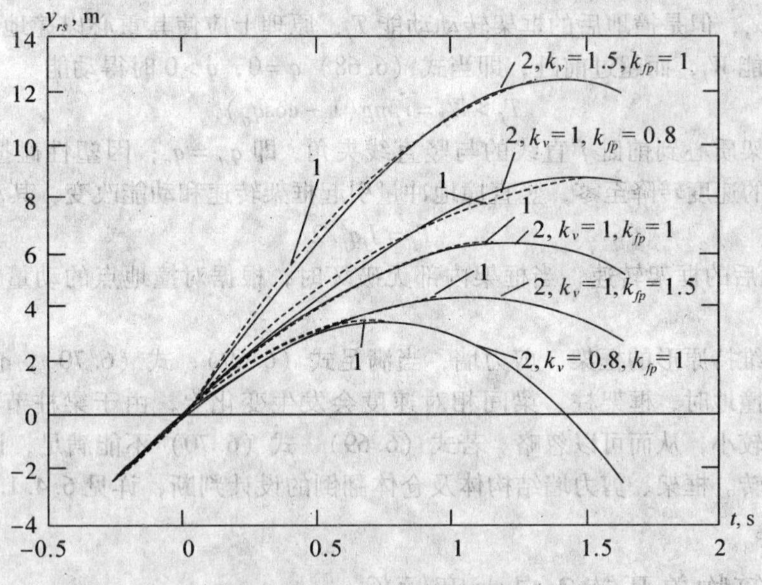

图 6.15 式（6.65）近似解

1—近似解；2—数值解；

$q_0 = 0.2411$；$\dot{q}_0 = 0.2284$R°/s

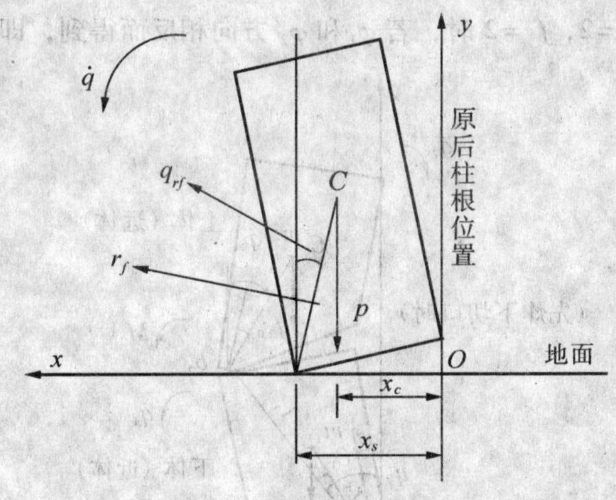

图 6.16 单体撞地整体倾倒

式中：p 为单体的重量，$p = mg$，kN；m 为单体的质量，10^3kg；r_f为质心到前趾 f 的距离，m；J_f为单体对 f 点的转动惯量，10^3kg · m^2；q 为 r_f 与竖直线的夹角，R°，以 y 轴为 0，反时针为正，顺时针为负。式（6.66）的转速 $\dot{q}$ 的解析解

$$\dot{q} = \sqrt{2pr_f\ (\cos q_0 - \cos q)\ /J_f + \dot{q}_0^2} \tag{6.68}$$

框架、剪力墙结构体及仓体翻倒应将其重心距 x_c 超出前趾撞地点 f 的距离 x_s，即

$$x_c > x_s \tag{6.69}$$

或者 $x_c \leqslant x_s$，但是撞地后的框架转动动能 T_f，原理上应使其重心以撞地点 f 为圆心，向前转动提高势能 W_f，而超过前趾，即当式（6.68）$q=0$，$\dot{q}>0$ 时得动能

$$T_f > W_f = r_f mg(1-\cos q_{rf}) \tag{6.70}$$

式中：q_{rf}为框架质心到前趾 f 直线的与竖直线夹角，即 $q_{rf}=q_o$；因塑性碰撞，框架（或仓体）撞地点 f 的速度转降至零，竖直撞地冲量引起框架转速和动能改变，其动能

$$T_f = J_f \dot{q}_f^2/2 \tag{6.71}$$

式中 $\dot{q}_f$ 为撞地后的框架转速，当框架内部无破坏时，根据对撞地点的动量矩定理计算，$\dot{q}_f$ 见式（3.32）。

仓体和仍维持原形的框架、剪力墙，当满足式（6.69）、式（6.70），仓体或框架翻转倒地。当前趾撞地时，框架柱、梁间相对速度会发生变化[9]，由于梁柱节点的抵抗力矩，使其相对变形较小，从而可以忽略。若式（6.69）、式（6.70）不能满足，说明撞地仓体或框架还不能翻转。框架、剪力墙结构体及仓体翻倒的设计判断，详见 6.4.1.2 节、7.4.3 节和 7.5.6.1 节。

6.3.8　建筑物单开链 2 自由度倾倒

6.3.8.1　剪力墙双体双向折叠倾倒

从 4.2.2.1 节可知，相当数量的建筑物的倒塌，可归入双体双向倾倒和双体同向倾倒。如整截面剪力墙的双体双向折叠倾倒，如图 6.17 所示，其动力学方程可由单开链数体动力学方程（6.13）式当 $n=2$，$f=2$ 时，若 φ_1 和 φ_2 方向相反而得到，即

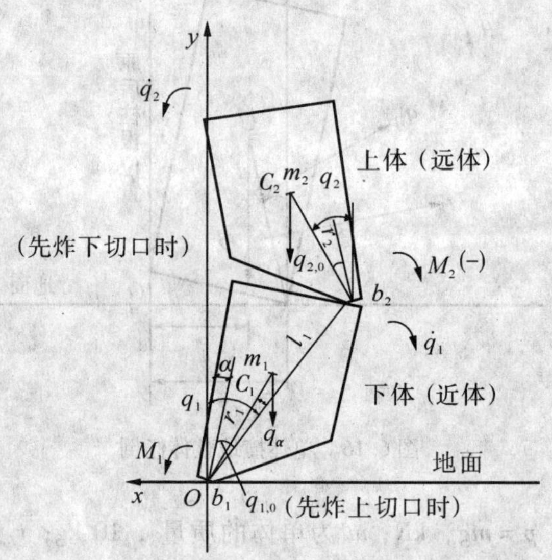

图 6.17　整截面剪力墙双体双向折叠倾倒

$$\left.\begin{aligned}
&J_{b2}\ddot{q}_2 + m_2 r_2 l_1 \cos(q_2 - q_1)\ddot{q}_1 + m_2 r_2 l_1 \sin(q_2 - q_1)\dot{q}_1^2 = m_2 g r_2 \sin q_2 + M_2 \\
&m_2 r_2 l_1 \cos(q_2 - q_1)\ddot{q}_2 + (J_{b1} + m_2 l_1^2)\ddot{q}_1 - m_2 r_2 l_1 \sin(q_2 - q_1)\dot{q}_2^2 \\
&\qquad = m_2 g l_1 \sin q_1 + m_1 g r_1 \sin(q_1 + q_\alpha) + M_1 - M_2
\end{aligned}\right\} \tag{6.72}$$

式中：q_2，q_1，$\dot{q}_2$，$\dot{q}_1$，$\ddot{q}_2$，$\ddot{q}_1$ 分别为上体 C_2b_2 和下体 b_1b_2 与铅垂线的夹角（R° = rad）、角速度$\left(\frac{\text{R°}}{\text{s}}\right)$和角加速度$\left(\frac{\text{R°}}{\text{s}^2}\right)$，反时针为正，顺时针为负；$m_2$，$m_1$，$J_{b2}$，$J_{b1}$，$r_2$，$r_1$ 分别为上体和下体的质量、对下铰（内接铰）的转动惯量和质心与下铰的距离；l_1 为下体两端塑性铰的距离；M_1，M_2 分别为下铰、上铰的抵抗弯矩，即机构残余弯矩均值，见 2.5.4 节和 2.8 节，正负与 q_2，q_1 正负判断相同，q_α 为 r_1 与 l_1 间的夹角，q_α 以 l_1 为起始，与 q_1 同向则同符号，与 q_1 反向则反符号；以上各变量单位见 6.3.1 节。

动力方程的初始条件为

当先炸下切口时

$$t=0,\ q_2=q_{2,0},\ q_1=q_{1,0},\ \dot{q}_2=\dot{q}_{2,0},\ \dot{q}_1=\dot{q}_{1,0} \tag{6.73}$$

当先炸上切口时

$$t=0,\ q_2=q_{2,0},\ q_1=q_{1,0},\ \dot{q}_{2,0}=\dot{q}_{2,0},\ \dot{q}_1=0 \tag{6.74}$$

双体倾倒的动力学方程（6.72）式，也可以由拉格朗日方程推得，即系统的动能如下：设 x_2，y_2 分别为上体质心的水平位移和竖直位移，则运动几何关系可表示为

$$\left.\begin{aligned} x_2 &= l_1\sin q_1 + r_2\sin q_2 \\ y_2 &= l_1\cos q_1 + r_2\cos q_2 \end{aligned}\right\} \tag{6.75}$$

将 x_2，y_2 分别对时间求导，得 $\dot{x}_2$，$\dot{y}_2$ 质心水平向及竖直速度分量，从而得到上体平动动能

$$T_{s2}=\frac{1}{2}m_2(\dot{x}_2^2+\dot{y}_2^2)=\frac{[r_2^2\dot{q}_2^2+l_1^2\dot{q}_1^2+2l_1r_2\dot{q}_1\dot{q}_2\cos(q_2-q_1)]m_2}{2} \tag{6.76}$$

上体绕质心转动动能

$$T_{w2}=\frac{J_{c2}\dot{q}_2^2}{2} \tag{6.77}$$

上体的总动能

$$T_2=T_{s2}+T_{w2} \tag{6.78}$$

下体的动能

$$T_1=\frac{J_{b1}\dot{q}_1^2}{2} \tag{6.79}$$

从而得到运动过程中多体系统的总动能为

$$T=T_1+T_2=\frac{[r_2^2\dot{q}_2^2+l_1^2\dot{q}_1^2+2l_1r_2\dot{q}_1q_2\cos(q_2-q_1)]\ m_2}{2}+\frac{J_{c2}\dot{q}_2^2}{2}+\frac{J_{b1}\dot{q}_1^2}{2} \tag{6.80}$$

以地面为零势能面，系统的势能

$$U=m_2g\ (r_2\cos q_2+l_1\cos q_1)\ +m_1gr_1\cos\ (q_1+q_\alpha) \tag{6.81}$$

拉格朗日函数 $L=T-U$

拉格朗日方程组为

$$\left.\begin{aligned} \frac{\mathrm{d}}{\mathrm{d}t}\left(\frac{\partial L}{\partial \dot{q}_2}\right)-\frac{\partial L}{\partial q_2} &= M_2 \\ \frac{\mathrm{d}}{\mathrm{d}t}\left(\frac{\partial L}{\partial \dot{q}_1}\right)-\frac{\partial L}{\partial q_1} &= M_1-M_2 \end{aligned}\right\} \tag{6.82}$$

将拉格朗日函数代入以上方程组和代入 $J_{b2}=m_2r_2^2+J_{c2}$，化简整理得动力学方程（6.72）式。式中 J_{c2} 为上体的转动主惯量。

6.3.8.2　剪力墙双体同向倾倒

整截面剪力墙和小开口剪力墙的双体同向倾倒，如图 6.18 所示，其动力学方程见式（6.72），图中 q_1，q_2 顺时针为正，反时针为负。动力学方程的初始条件，当先炸下切口时，同式（6.73）；当先炸上切口时，

$$t=0,\ q_2=q_{2,0},\ q_1=q_{1,0}\approx 0,\ \dot{q}_2=\dot{q}_{2,0},\ \dot{q}_1=0 \tag{6.83}$$

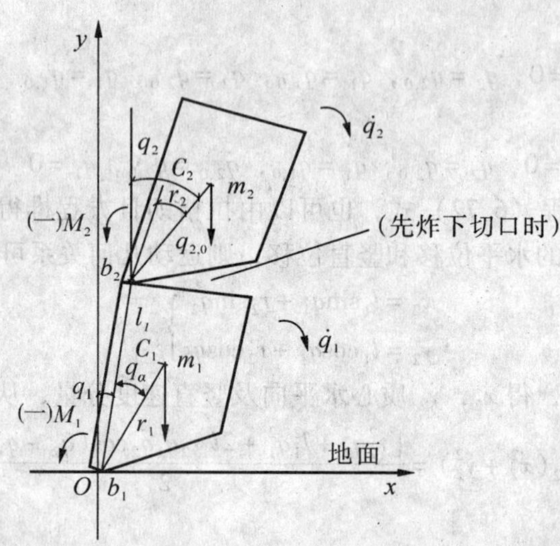

图 6.18　剪力墙双体同向倾倒

6.3.8.3　装配式开口剪力墙前肢下塌后肢倾倒

装配式开口剪力墙单向倾倒时，由于前肢与后肢间的连接梁（或过道梁）的梁端抵抗弯矩 M 小于前肢和连接梁对其后端的重力矩，即 $m_3gl_2+m_2gl_2/2>M$，式中 m_2 为全部连接跨楼梁的质量，m_3 为前肢的质量；$M=n_t(M_a+M_b)$，M_a 为梁后端极限弯矩，M_b 为梁前端极限弯矩，n_t 为楼梁数，形成前肢平行后肢下塌和倾倒，连接梁倾旋，后肢前倾的 3 体 2 自由度运动，如图 6.19 所示，其动力学方程类似式（6.72），为式（6.84）。

$$\left.\begin{aligned}&(m_2r_2^2+J_{cr2}+m_3l_2^2)\ddot{q}_2+\{m_2r_2l_1\cos(q_2-q_1)+m_3[l_2l_1\cos(q_2-q_1)+r_3l_2\sin(q_2-\\&q_1+q_0)]\}\ddot{q}_1+\{m_2r_2l_1\sin(q_2-q_1)+m_3[l_2l_1\sin(q_2-q_1)-r_3l_2\cos(q_2-q_1+q_0)]\}\\&\dot{q}_1^2=m_2gr_2\sin q_2+m_3gl_2\sin q_2+M_2-M_3\\&\{m_2r_2l_1\cos(q_2-q_1)+m_3[l_2l_1\cos(q_2-q_1)+r_3l_2\sin(q_2-q_1+q_0)]\}\ddot{q}_2+[J_{b1}+m_2l_1^2+\\&J_{cn2}+J_{c3}+m_3(r_3^2+l_1^2+2r_3l_1\sin q_0)]\ddot{q}_1-\{m_2r_2l_1\sin(q_2-q_1)+m_3[l_2l_1\sin(q_2-q_1)-\\&r_3l_2\cos(q_2-q_1+q_0)]\}\dot{q}_2^2=m_1r_1g\sin(q_1+q_\alpha)+m_2gl_1\sin q_1+m_3g[l_1\sin q_1+r_3\cos(q_1-\\&q_0)]+M_1-M_2+M_3\end{aligned}\right\}\tag{6.84}$$

式中：m_1 为后肢质量；图中 b_2，b_3 为连接梁的等效动力体的铰，l_2 为连接梁的长度；m_2 质

心距 b_2 距离 $r_2 = l_2/2$；r_3 为前肢质心到 b_3 距离；J_{cr2} 和 J_{cn2} 分别为 m_2 在 b_2b_3 径向和过质心 C_2 的（$q_1 - q_0$）径向的转动惯量，q_0 为 b_2b_1 与铅垂线夹角 q_1 的初始角 $q_{1,0}$；J_{C3} 为前肢的转动主惯量，M_1，M_2 和 M_3 分别为后肢底铰 b_1，连接梁等效动力体内接铰 b_2 和外接铰 b_3 前肢的机构残余弯矩均值，正负号见图示；其他符号含义见式（6.72）。

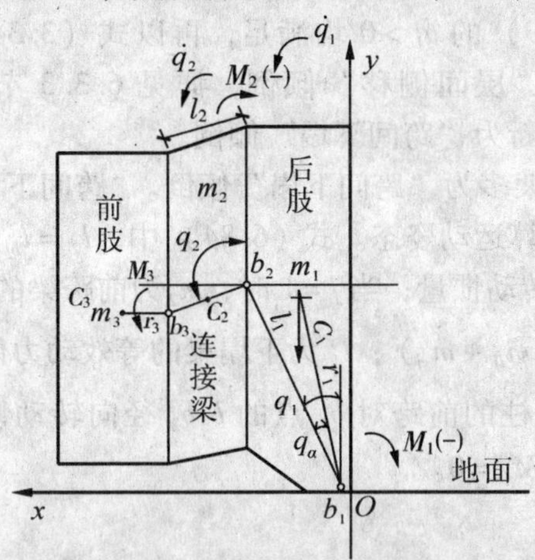

图 6.19　装配式开口剪力墙前肢平行后肢双体倾倒

动力方程的初始条件：

$$t = 0,\ q_2 = \frac{\pi}{2},\ q_1 = q_{1,0},\ \dot{q}_2 = 0,\ \dot{q}_1 = 0 \tag{6.84a}$$

6.3.8.4　框架楼“跨间下塌”2 自由度运动

如 4.2.2.1 节，图 4.25 所示的框架楼，前柱撞地后，由于前跨各层梁端的抵抗弯矩 M_b，无法阻止其下塌跨的弯矩等效自重 $m_{bj}g$，并跨间柱平行前柱，跨内梁平行底梁而向下塌落，本文简称“跨间下塌”倾倒，即前柱作内侧根体，跨间梁柱作外侧体的双体折叠运动，如图 6.20 所示。其下塌跨对应的弯矩等效自重质量，见 3.5.3 节，

$$m_{bj} = m_{lj}/2 + m_{cj} + \sum_{j+1}^{n_b} (m_{lj} + m_{cj}) \tag{6.85}$$

式中：l_{bj}，m_{lj} 和 m_{cj} 分别为 j 跨长、j 跨间楼盖质量和 j 跨后柱质量，n_b 为楼房的总跨数。

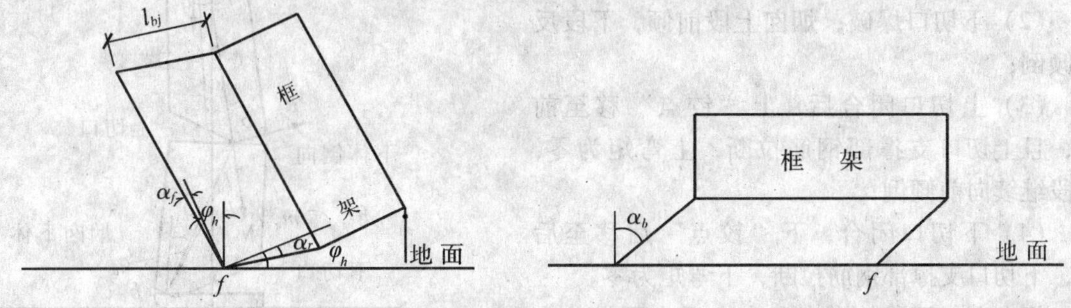

图 6.20　框架楼“跨间下塌”形成爆堆

以单体翻转倾倒转变为“跨间下塌”的3体2自由度运动动力条件，见3.5.3节，可得“跨间下塌”的力矩条件为跨间下塌力矩余量

$$M_{cbj}=m_{bj}gl_{bj}\cos\varphi_h-M_{bj}>0 \tag{6.86}$$

式（6.86）成立，但又不能满足式（6.29）的 $\dot{q}_l>0$，则框架“跨间下塌”倾倒。

若式（6.35）、式（6.29）的 $\dot{q}_l>0$ 均满足，再以式（3.34）的侧移弯矩余量加速度 $M_{fc}/J_l\geqslant M_{cbj}/J_{23}$，可判断为“层间侧移”倾倒，详见6.3.3节。若式（6.86）满足，且 $M_{cbj}/J_{23}>M_{fc}J_l$，也可粗略判断为“跨间下塌”倾倒。

框架纵向倾倒和高层框架多为“跨间下塌”倾倒。“跨间下塌”框架初期翻倒，应以解式（6.84）的动力学方程计算运动姿态。式（6.84）中，$l_2=l_{bj}$；m_1，r_1，J_{b1}分别为前柱的质量，质心到f点的距离和转动惯量；当$j=1$时，m_2为前跨梁的质量m_{lj}；m_3为第2跨后框架梁的质量，即$m_{cj}+\sum_{j+1}^{n_b}(m_{lj}+m_{cj})$；$l_1$为下塌梁的等效动力体的铰$b_2$到$f$点的距离；$J_{b2}$，$J_3$分别为$m_2$和$m_3$不包含前柱的前跨对$b_2$点的$b_3b_2$径向转动惯量，$J_{b2}=J_{cr2}+m_2r_2^2$，$J_3=m_3l_2^2$，$J_{23}=J_{b2}+J_3$；$q_\alpha=0$，$M_1=0$。

动力方程的初始条件：

$$t=0,\ q_1=\varphi_h,\ q_2=\varphi_h-\frac{\pi}{2},\ \dot{q}_1=\dot{q}_{1,0},\ \dot{q}_2=\dot{q}_{2,0}$$

式中$\dot{q}_{1,0}$，$\dot{q}_{2,0}$，由框架撞地计算决定。

“跨间下塌”的后期，拓扑多转换为前下塌跨柱组成的等效动力体和后跨单体接合的单自由度倾倒，其运动规律详见6.4.1.2.2节后。

6.3.8.5 钢筋混凝土烟囱双体双向折叠倾倒

见4.2.2.1节，如图6.21所示，烟囱因炸药相继爆破形成上、下反向切口后，烟囱的折叠倾倒运动，可视为“塑性铰”连接的双体结构的折叠下落[7]，在重力作用下，上段单独向前顺时针倾倒，烟囱下段向后反时针转动，其折叠过程分为四个拓扑阶段，即：

（1）上切口爆破，烟囱上段单独向前倾倒；

（2）下切口爆破，烟囱上段前倾，下段反向倾倒；

（3）上切口闭合后，上“铰点”移至前壁，且上切口支撑部钢筋拉断，上弯矩为零，上段继续向前倾倒；

（4）下切口闭合，下“铰点”后移至后壁，下切口支撑部钢筋拉断，下弯矩为零。

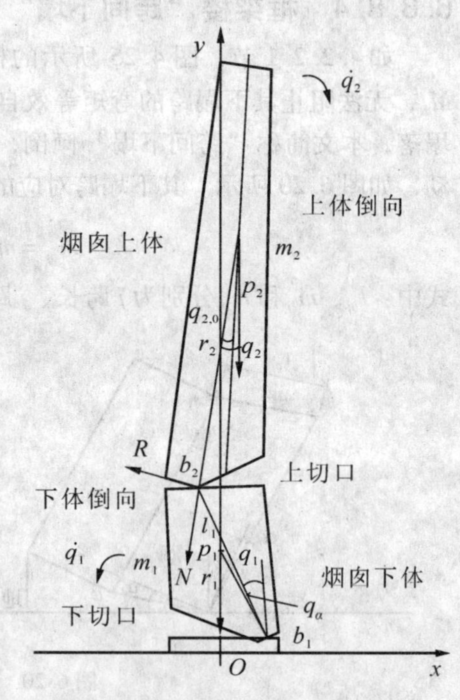

图6.21 钢筋混凝土烟囱双体双向折叠受力

烟囱上、下段的姿态和支点反力可由动力方程组（6.72）式的数值解获得，图中q_1，q_2

顺时针为正，反时针为负。

当下切口起爆比上切口迟时差，小于3.5s时，120m高的烟囱上段在倾倒过程中，会因烟囱下段的牵拉而减速，烟囱上下段也因此而拉断，烟囱非完全离散，直至完全离散。由于钢筋拔拉脱粘机理复杂，难于准确计算，钢筋从混凝土壁拔拉脱粘，上下段烟囱脱开的受力，将上段烟囱减速时，经验上可作为上下段烟囱非完全离散的拓扑起点。

6.3.8.6　装配式框架的单向折叠倾倒

装配式预制框架单向倾倒，若梁端成铰，后柱可简化为有根体向前倾倒，柱前的各层平行梁机构为等效动力体向下倾旋，梁前柱与后柱作平行转动和平行移动，形成3体2自由度运动，如图6.22所示。其动力学方程为式（6.84），其中 $q_0=0$，$q_\alpha=0$，$r_3=0$，$M_2\approx0$，$M_3\approx0$，爆破后柱根时，$M_1=0$，并可简化 $m_3=0$，$J_{3c}=0$，将其分别合并计算到 m_2 和 J_{cn2} 之中，则式（6.84）可化简为以下方程

$$\left.\begin{aligned}&(J_{cr2}+m_2r_2^2)\ddot{q}_2+m_2r_2l_1\cos(q_2-q_1)\ddot{q}_1+m_2r_2l_1(q_2-q_1)\dot{q}_1^2=m_2gr_2\sin q_2\\&m_2r_2l_1\cos(q_2-q_1)\ddot{q}_2+(J_{b1}+m_2l_1^2+J_{cn2})\ddot{q}_1-m_2r_2l_1\sin(q_2-q_1)\dot{q}_2^2=\\&m_2gl_1\sin q_1+m_1gr_1\sin q_1+M_1\end{aligned}\right\}\tag{6.87}$$

初始条件

$$t=0,\ q_1=0,\ q_2=q_{2,0}=\pi/2,\ \dot{q}_1=0,\ \dot{q}_2=0\tag{6.87a}$$

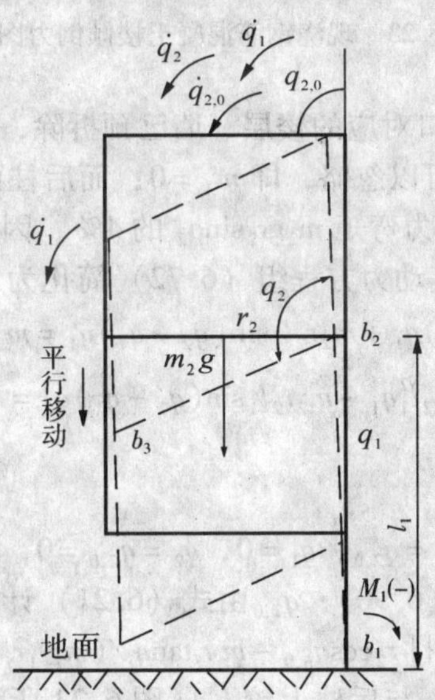

图6.22　装配式钢筋混凝土楼倾倒力图

6.3.9　框架及排架的双体倾倒近似解

6.3.9.1　近似原理

现浇框架楼房或框架上的仓体，当前排、中排支柱爆破拆除后，切口层的后排柱（或后支撑框架），上、下两端形成塑性铰而中部没有折断，可简化为有根体（或等效动力有根

体）向后或向前旋转，而切口上层的结构，可视为另一自由度体沿有根体（或等效动力有根体）的支撑向前旋转，形成2体2自由度的运动，如图6.23所示。装配式排架，若梁端成铰，后柱可简化为有根体向后或向前倾旋，柱前的屋盖梁为另一体向下倾旋，也形成2自由度体运动，如图6.25所示。以上2体的运动方程如式（6.72）所示。

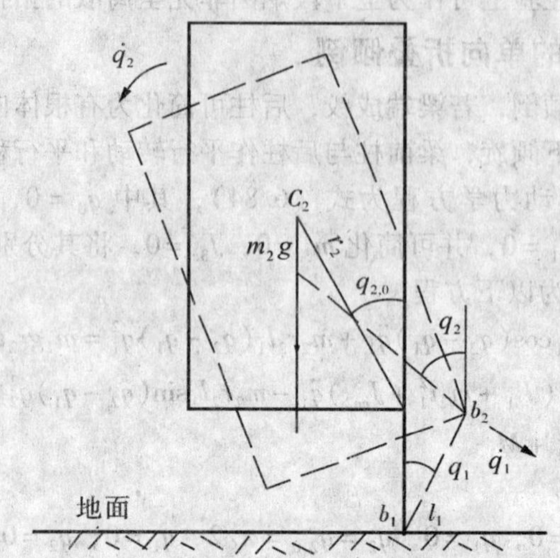

图6.23　现浇钢筋混凝土楼倾倒力图

对7～10层框架楼，由于切口对应的楼层、墙已预拆除，后排柱和后跨梁、板质量仅占切口以上楼层的5%以下，因此可以忽略，即 $m_1=0$；而后柱两端塑性铰机构残余弯矩均值 M_2，M_1，通常小于切口上结构重力弯矩 $m_2gr_2\sin q_2$ 的4%，因此在本节外简化公式推导中也可以忽略，即 $M_1=0$，$M_2=0$，其动力方程组（6.72）简化为

$$\left.\begin{aligned}&J_{b_2}\ddot{q}_2+m_2r_2l_1\cos(q_2-q_1)\ddot{q}_1+m_2r_2l_1\sin(q_2-q_1)\dot{q}_1^2=m_2gr_2\sin q_2+M_2\\&m_2r_2l_1\cos(q_2-q_1)\ddot{q}_2+m_2l_1^2\ddot{q}_1-m_2r_2l_1\sin(q_2-q_1)\dot{q}_2^2=m_2gl_1\sin q_1+M_1-M_2\end{aligned}\right\}\tag{6.88}$$

式中各变量见式（6.72）。

动力方程的初始条件为

$$t=0,\ q_2=q_{2,0},\ q_1=0,\ \dot{q}_2=\dot{q}_{2,0}=0,\ \dot{q}_1=0\tag{6.89}$$

式中 $q_{2,0}$ 对2跨以上框架，见式（6.90）；$\dot{q}_{2,0}$ 由式（6.21）计算。

$$q_{2,0}=\arccos\{[r_2\cos q_{b,0}-m_jr_j\tan q_j/(m_{j+1}r_{j+1})]/r_2\}\tag{6.90}$$

式中：$q_{b,0}$ 爆前切口上结构质心 C_2 与后柱上铰 b_2（图6.23所示）连线与铅垂线的夹角；其他符号意义见式（6.22）。

从框架楼、框架上罐体倾倒观测和解算（6.72）动力方程组可见，在重力场内下落的上体质心总是企图以最短路径塌落到地面，即沿重力线着地，如图6.24和图7.21所示。从图中可见，框架（或仓体）质心水平距，基本保持不变，由此可简便地近似双体运动，建立上体质心沿重力线的近似运动方程，得

$$q_1=-\arcsin[r_2(\sin q_2-\sin q_{2,0})/l_1]\tag{6.91}$$

从变化参数动力方程数值解中可见，q_1 主要受 $\dot{q}_{2,0}$ 和 r_2 而变化，因 m_2，J_{b2} 和 l_1 而变化

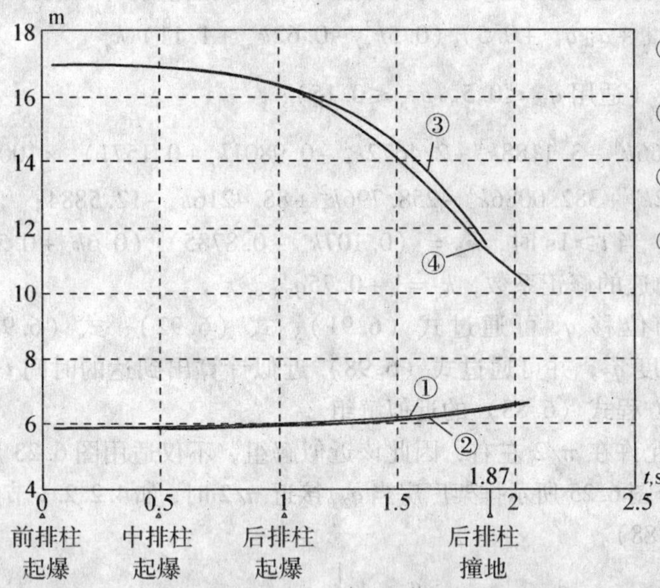

图 6.24 恒运电厂框架办公楼倒塌质心位置

较小，因此当 $\dot{q}_{2,0}\approx 0$ 时，只要用 $k_r=(r_2)_c/(r_2)$ 修正 q_1，当 $M_1\approx M_2$ 时，以 $M_1\approx M$，$M_2\approx M$，再用 $k_{pj}=(M/J_{b2})_c/(M/J_{b2})$，并以 $k_{mj}=(m_2/J_{b2})_c/(m_2/J_{b2})$ 修正，就可以将 q_1 算准，即下体质心实际转动角是修正后的 q_1 为 q_{r1}，当 $k_{pj}<0.2$ 时，$a_p=1$，$a_{r2}=1$

$$q_{r1}\approx q_1\ (a_{r1}\cdot q_1+1)\ (a_{k1}\cdot q_1+1)\ \cdot a_p\cdot a_{r2} \tag{6.92}$$

式中：(r_2) 为典型楼的 r_2，a_{r1} 为 r_2 的修正系数，(m_2/J_{b2}) 为典型楼的 m_2/J_{b2}，(M/J_{b2}) 为典型楼的 M/J_{b2}，见表 6.4，$(\ )_c$ 为计算楼的参数。以式（6.72）数值解曲线拟合为

$$a_{r1}=-8.85k_r^2+19.98k_r-11.25,\quad a_{k1}=-3.84k_{mj}^2+9.44k_{mj}-5.63$$

$$a_p=1-0.125k_{pj};\quad a_{r2}=-2.3851k_r^2+4.8754k_r-1.4718$$

以式（6.92）求导得下体实际转动角速[6]：

$$\dot{q}_{r1}\approx\dot{q}_1\ (3a_{k1}a_{r1}\cdot q_1^2+2a_{k1}\cdot q_1+2a_{r1}\cdot q_1+1)\ a_p\cdot a_{r2} \tag{6.93}$$

而从式（6.91）求导得

$$\dot{q}_1/\dot{q}_2=-r_2\cos q_2/l_1\cos q_1 \tag{6.94}$$

由式（6.93）、式（6.94）得下体转速与上体转速比 $\dot{q}_{dr1}=(\dot{q}_{r1}/\dot{q}_1)(\dot{q}_1/\dot{q}_2)$

根据机械能守恒原理，2 体损失的势能 U 将转变为上体的动能增量，即以（6.88）方程的简化假设得

$$U=[l_1\ (1-\cos q_{r1})\ +r_2\ (\cos q_{2,0}-\cos q_2)]\ m_2 g \tag{6.95}$$

$$\dot{q}_2\approx\sqrt{\frac{2U}{[J_{b2}/m_2+2r_2l_1\cos\ (q_2-q_{r1})\ \dot{q}_{dr1}+l_1^2\dot{q}_{dr1}^2]\ m_2}+q_{2.0}^{2.1}} \tag{6.96}$$

为了近似计算转动 q_2 所需时间 t，令

$$q_{V2}=q_2-q_{2,0} \tag{6.97}$$

则

$$t=k_{t2}q_{V_2}/(\dot{q}_2K_{V_2}) \tag{6.98}$$ [6]

式中：K_{V_2}为上体平均角速度与角速度之比；由动力方程（6.72）数值解可归纳为

$$K_{V_2}=(a_{V_1}q_{V_2}^2+a_{V_2}q_{V_2}+0.5)(0.5k_{mj}^2-0.62k_{mj}+1.11)k_{\dot{q}} \tag{6.99}$$

当 $q_{2,0}\geqslant\frac{\pi}{2}$，$K_{V_2}=0.53k_{\dot{q}}$（适用 $q_{V_2}\leqslant0.5$，$\dot{q}_{2,0}\leqslant0.15$）；（6.100）

$a_{V_1}=(-0.502k_r^5+1.9766k_r^4-3.1188k_r^3+2.4672k_r^2-0.9801k_r+0.1571)\times1000$；

$a_{V_2}=83.2468k_r^5-282.112k_r^4+382.0086k_r^3-258.796k_r^2+88.4216k_r-12.5884$；

k_{t2}为上体角的时间修正系数，当 $t\geqslant1\text{s}$ 时，$k_{t2}=(0.107k_{pj}+0.8785)(0.6k_r+0.28)$；当 $t<1\text{s}$ 时，$k_{t2}=0.88$；$k_{\dot{q}}$为初角速的修正系数，$k_{\dot{q}}=1+0.75\dot{q}_{2,0}$。

从以上各式可见，已知位移 q_2 可通过式（6.91）、式（6.92）、式（6.93）和式（6.96）近似计算其对应的速度 $\dot{q}_2$，并可通过式（6.98）近似计算出到达的时间 t，由此式（6.98）、式（6.96）为动力方程式（6.88）的近似解组。

从式（6.100）可见 $q_{2,0}$允许在 π/2 左右，因此该近似解组，不仅适用图 6.23 所示现浇钢筋混凝土结构，而且也适合图 6.25 所示排架厂房当 $q_{2,0}$接近 π/2 时，如 4.2.2.1 节的图 4.11 和图 4.13，动力方程为式（6.88）。

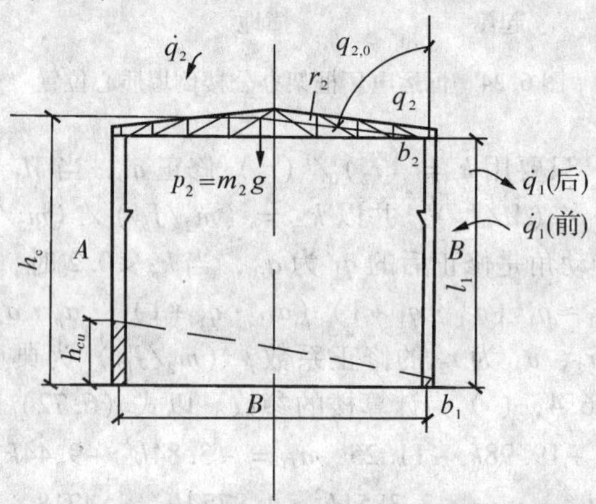

图 6.25　排架爆破拆除双体运动

6.3.9.2　近似分析

以广州恒运电厂办公楼为爆破拆除倾倒的典型工程，如图 6.26，该楼 8 层高 26.4m，两跨三柱分别为 5.25m 和 6.55m，层高 3.3m，炸高 8m，1～2 层墙已全拆，1～2 层后排柱为下体，第 3 层仅炸前排柱 1.4m，3 层以上的墙均未拆，3 层以上为上体，作如图 6.23 的双体倾倒运动，纵向一榀框架计算参数如表 6.4。

表 6.4　双折 2 体典型工程参数

项目	m_1	J_{b1}	r_1	l_1	m_2	J_{b2}	r_2	M_1	M_2	$q_{2,0}$
单位	10^3kg	10^3kg · m²	m	m	10^3kg	10^3kg · m²	m	kN · m	kN · m	R°
参数	17.96	252.5	3.55	6.6	279	54631	11.8135	574.4	－574.4	0.5187

注：表中的质量系数为 1.2，详见 7.5.4.1 节。

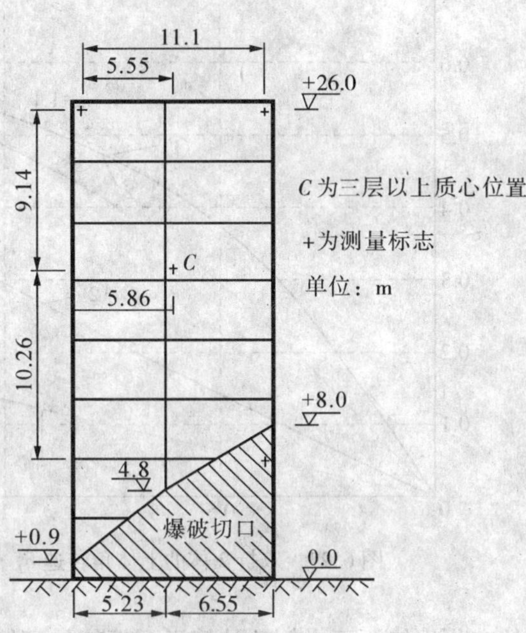

图 6.26 恒运电厂办公楼及其爆破拆除横剖面

改变计算参数以 $(\ )_c$ 表示，( ) 内为典型工程参数，引起的近似解与数值解最大误差见表 6.5。

表 6.5 双折 2 体改变参数近似解与数值解最大误差

	项目	$\frac{(m_1)_c}{(m_1)}$	$\frac{(J_{b1})_c}{(J_{b1})}$	$\frac{(l_1)_c}{(l_1)}$	$k_{mj}=\frac{(m_2/J_{b2})_c}{(m_2/J_{b2})}$	$k_r=\frac{(r_2)_c}{(r_2)}$	$\frac{(M_1)_c}{(M_1)}$	$(\dot{q}_{2,0})_c\ (\frac{\mathrm{R}^\circ}{\mathrm{s}})$
	范围	0 ~ 20	0 ~ 20	0.5 ~ 2.0	0.4 ~ 1.25	0.4 ~ 1.1	0 ~ 2	0 ~ 0.15
最大误差	$\Delta\dot{q}_2$, %	2.8	10	1.25	3.76	2.1	8.7	2.8
	t, s	1	0.5	1.1	1	1	0.8	1
	Δq_2, %	2.8	3.7	5.9（范围 1.0 ~ 2.0）	2.1	5.5	5.6	5.9
	t, s	1	1	1	1	0.8	1	0.5

注：Δq_2 为上体转角近似解与数值解之差再与数值解之比；$\Delta\dot{q}_2$ 为上体角转速近似解与数值解之差再与数值解之比。

附 k_r 与 $\dot{q}_2$ 的关系见图 6.27。

从表 6.5 可见，下体 m_1，J_{b1} 对上体 $\dot{q}_2$ 和 q_2 影响很小，M_1，M_2 影响稍大，但 $(M_1)_c/M_1$ 在 0 ~ 1.5 范围内，只有 $\dot{q}_2$ 的误差最大，仅在 8.7% 之内，也为工程应用所容许。由此，我们可以得到两点认识，其一是因为多体系统数值模拟，目前还不太清楚在自由度体端塑性

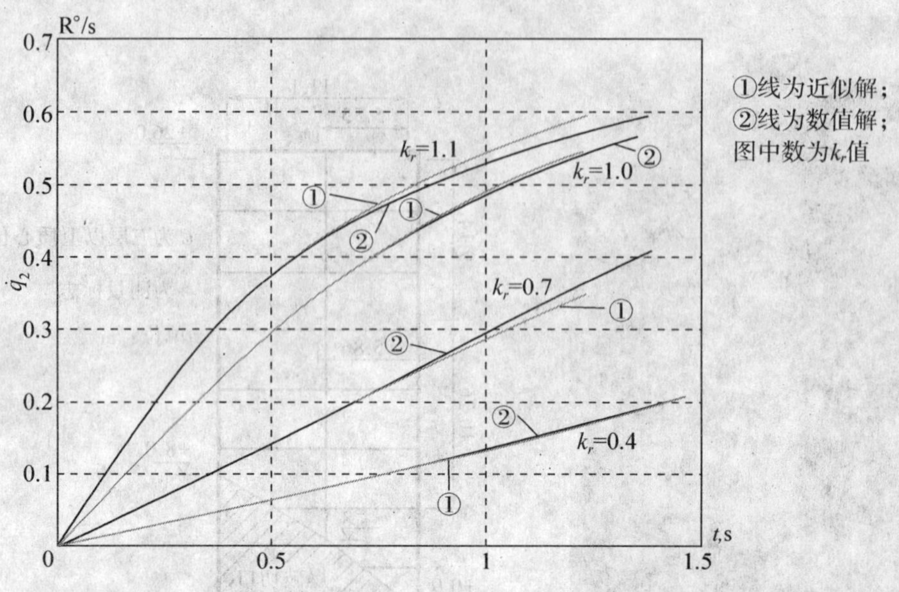

图 6.27 双折 2 体的上体角转速 $\dot{q}_2$ 在不同 k_r 的近似解和数值解

铰弯矩的变化规律，而本例的计算显示框架的倾倒与 M_1，M_2 关系不是太大，因此框架建筑爆破拆除时的运动，只要上体质量、转动惯量、初始角、初始速度准确，就易于被多体系统动力方程来准确描述和数值模拟，其二是忽略框架、排架结构的后排柱有根体的质量、转动惯量及端弯矩，以式（6.88）动力方程代替式（6.72）2 体动力方程，其解算所带来的误差不大，是可以为爆破拆除工程所允许的。

从表 6.5 还可发现，用本节式（6.96）、式（6.98）近似解可以作为式（6.88）动力方程组在 $t=0\sim1.3\text{s}$ 内的解，其近似解与数值解的误差不大，在表 6.5 所述的$\dfrac{(l_1)_c}{(l_1)}$，$\dfrac{(m_2/J_{b2})_c}{(m_2/J_{b2})}$，$\dfrac{(r_2)_c}{(r_2)}$范围内，其误差也是为工程所容许的。当式（6.96）引入初角速的速度修正 $\dot{q}_{2,0}^{2.1}$，式（6.99）引入 k_q 等初角速的速度比修正后，在 $\dot{q}_{2,0}=0\sim0.15\ \dfrac{\text{R}°}{\text{s}}$范围内，也可得到误差为工程容许的近似解。由此表明，对 3 跨以内的 6～10 层现浇框架楼和框架上的罐体，切口爆高在 4 层以内，采用逐跨解体延迟起爆中、后排柱，在后排柱爆破前，或后排柱不爆破时，$\dot{q}_{2,0}$多在 $0\sim0.15\ \dfrac{\text{R}°}{\text{s}}$范围，因而可用本文的式（6.96）、式（6.98）描述空中倾倒的姿态。

此外，由表 6.5 可推论，当 $t=0\sim1.5\text{s}$ 范围内，式（6.96）在表 6.5 所述$\dfrac{(l_1)_c}{(l_1)}$，$\dfrac{(m_2/J_{b2})_c}{(m_2/J_{b2})}$，$\dfrac{(r_2)_c}{(r_2)}$范围内，$\dot{q}_2$ 的误差不大，减去计算中误差的积累，可推论 $t=0\sim1.5\text{s}$ 范围，q_{r1} 近似式（6.92）与数值解误差也不会大，由此可以计算建筑倒塌的后坐和前趾着地的位置。

现浇框架楼的后排柱一般滞后前、中排柱 0.5s 爆破，此时，后排柱因着地冲击多断裂为二段，框架楼转变为 3 自由度体运动，因此本近似解时间的应用范围，在计算位移时在 0～1.3s，在计算速度时在 0～1.5s，框架楼还处于 2 自由度体运动，应用范围是满足实际需要的。若后排柱仅切割钢筋，切口高在 3 层以下时，后排柱能维持不折断，则框架楼 2 自由度体会继续运动到 2s，以致切口以上框架因拉力、剪力将后排柱的上铰拉断，框架将转变成空中离散体运动。1.5～2.0s 间的 2 自由度体，本典型工程与（6.96）近似式的误差，将随时间延长而增大，如图 6.28 所示，图中 $\dot{q}_2$ 数值解最大值的 $t=1.72$s 以后，速度突变减少，表明框架楼与后排柱的铰 b_2 非完全离散，离散后框架的速度将接近近似解。因此，为确保误差不超过 8%，式（6.98）则只能在 $t=0\sim1.3$s 内应用，式（6.96）只能在 $t=0\sim1.5$s 内使用。而当 t 有最大值，并小于 1.5s 时，在 t 应小于最大值内使用。若分别需 $t>1.3$s 和 $t>1.5$s 的近似式，上体应按非完全直至完全离散体运动规律计算，见 6.3.10 节。

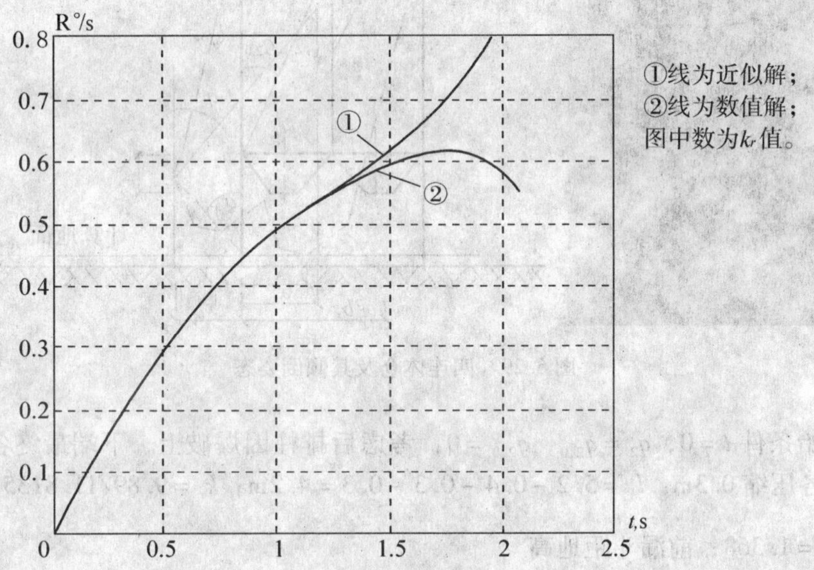

图 6.28　$k_r=1$，$k_{mj}=1$，$k_{pj}<0.2$ 时双折 2 体的上体角转速 $\dot{q}_2$ 的近似解和数值解

排架厂房的初始角 $q_{2,0}$ 在 π/2 左右，由于式（6.98）与 $q_{2,0}$ 关系较小，因此式（6.96）、式（6.98）、式（6.100）仍可使用在 $q_2\leqslant q_{2,0}+0.3$ 的范围，当 $q_2>q_{2,0}+0.3$ 或 >1.90 以后，屋架梁可认为与后排柱脱离而空中运动，见图 6.25。

6.3.9.3　近似解应用

通过以上研究，可以使用本章的近似解，手算排架厂房的屋架及后柱的速度、位移及其时间，手算现浇钢筋混凝土框架以及其上的仓体，只要后排柱切割钢筋而不爆破，或切口层后排柱不断裂成 2 体，在切口上层框架与后排柱脱离前，可以由式（6.96）、式（6.98）手算框架及其仓体的运动姿态。

现举例手算东莞建丰水泥厂 4 连体罐倾倒姿态，判断罐体着地翻转状态。该结构为现浇钢筋混凝土框架仓体，罐体在框架柱上，再上为砖混平房，框架柱高 5.2m，前排柱的炸高 4.2m，后排柱切割纵筋并单孔松动爆破炸高 0.4m，质量 $m_2=626.488\times10^3$kg，其对后排柱顶端转动惯量 $J_{b2}=89664\times10^3\text{kg}\cdot\text{m}^2$，质心距后排柱顶端距离 $r_2=9.89$m，其对应与铅垂线夹角 $q_{2,0}=0.4165$，后排柱高 5.2m，漏斗距地高 3.5m，结构如图 6.29。

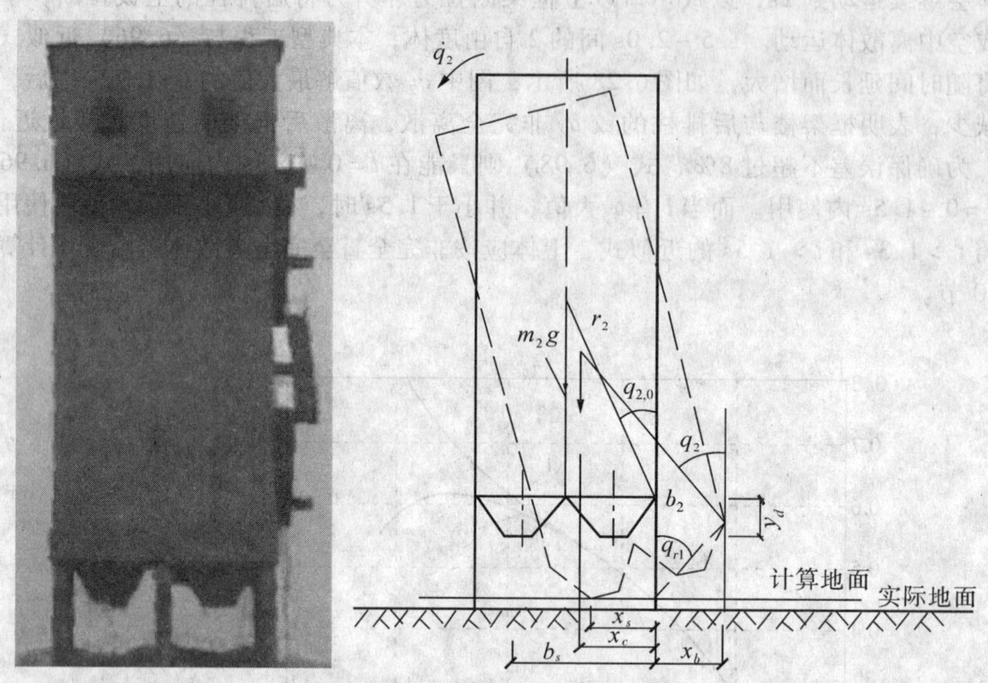

图 6.29　四连体仓及其倾倒姿态

由于初始条件 $t=0$，$q_2=q_{2,0}$，$\dot{q}_{2,0}=0$，考虑后排柱因爆破上、下端最终各压缩 0.6m，全过程平均各压缩 0.3m，$l_1=5.2-0.4-0.3-0.3=4.2$m；$k_r=9.89/11.8135=0.837$；$k_{mj}=\dfrac{(m_2/J_{b2})_c}{(m_2/J_{b2})}=1.368$；前漏斗距地高

$$y_s=l_1\cos q_{r1}-b_s\sin q_{r2}-y_d\cos q_{r2} \tag{6.101}$$

式中：b_s，y_d 分别为前漏斗下口前沿距原后排柱距离和距漏斗上口高度，即为 6.5m 和 1.7m。

现计算框架倾倒，前漏斗口着地时罐体的姿态，由此将以式（6.91）、式（6.92）、式（6.101）$y_s=0$ 联立解代数方程组，计算出后排柱 $q_{r1}=-0.69$；$q_2=0.666$；由式（6.95）得势能（考虑后排柱炸高爆破后冲击着地，转动角速度会增加，由此增加其炸高势能，l_1 取 $4.2+0.4=4.6$m 计）$U=14260\times10^3\text{kg}\cdot\text{m}^2/\text{s}^2$；并由式（6.96）得转动角速度 $\dot{q}_2=0.3642\text{s}^{-1}$，再由式（6.99）、式（6.98）计算中排柱起爆到前漏斗着地时间 $t=1.034$s，由于 $k_{mj}>1.25$，已超出表 6.5 的本近似解的应用范围，但其时间 t 与数值计算时间 0.9843s，误差仅在5%。在表 6.5 范围内，$t\leqslant1.3$s 为式（6.98）适用范围，$t\leqslant1.5$s 则为式（6.96）应用范围。由此可计算着地时，前漏斗口距后排距的水平距离 x_s

$$x_s = l_1 \sin q_{r1} + b_s \cos q_{r2} - y_d \sin q_{r2} \tag{6.102}$$

式中 q_{r2} 为上结构体纵轴与铅垂线的夹角。而着地时上结构体质心距后排水平距离

$$x_c = l_1 \sin q_{r1} + r_2 \sin q_2 \tag{6.103}$$

由于 $x_s = 3.2054\text{m}$，$x_c = 3.437\text{m}$，$x_c > x_s$，因此质心已跨过前漏斗口着地点

$x_c - x_s = 0.2316\text{m}$，加上转动速度 $\dot{q}_2 = 0.3642\text{s}^{-1}$，罐体必定着地翻转。着地时质心竖直速度 v_{yc}

$$v_{yc} = l_1 \dot{q}_{r1} \sin q_{r1} - r_2 \dot{q}_2 \sin q_2 \tag{6.104}$$

前漏斗口前缘竖直速度

$$v_{ys} = l_1 \dot{q}_{r1} \sin q_{r1} - (\sqrt{b_s^2 + y_d^2}) \dot{q}_2 \cos[q_{r2} \pm \arctan(y_d / b_s)] \tag{6.105a}$$

或者

$$v_{ys} = l_1 \dot{q}_{r1} \sin q_{r1} - b_s \dot{q}_2 \cos q_{r2} + y_d \dot{q}_2 \sin q_{r2} \tag{6.105b}$$

$v_{ys} = -6.03\text{m/s}$，负值代表速度向下，由 v_{ys} 可判断结构体是否因撞地破坏，实际本罐体部分已经砸坏，若是框架楼房 $v_{ys} \geqslant 10\text{m/s}$ 将充分解体[9]。后坐距离 x_b 为前漏斗口着地时，柱上端铰后移距离，即为

$$x_b = l_1 \sin q_1 \tag{6.106}$$

$x_b = 2.674\text{m}$。以上计算忽略了爆破后柱罐体自由下落的拓扑，仅以双体运动计算，速度数值解与近似解的误差在罐体着地时最大，为11%，位移误差相对较小，可以为工程所容许。速度近似解误差较大的原因，是 $k_{mj} = 1.368$，超出了表6.5所列0.4～1.25的范围。

6.3.10 后柱爆后框架的下落

当切口层后支撑柱爆破拆除后，框架失去了支撑，将按有初速（广义）自由落体下落，根据质心运动定律，下落加速度为重力加速度 g，其框架质心位移为

$$\left.\begin{aligned} x_c &= x_{c0} + v_{xc0} \cdot t \\ y_c &= y_{c0} + v_{yc0} \cdot t - \frac{1}{2} g t^2 \\ q_c &= q_{c0} + \dot{q}_{c0} \cdot t \end{aligned}\right\} \tag{6.107}$$

式中：x_c，y_c 和 q_c 为质心位置，q_c 为 r_2（图6.30中 r_3）与铅垂线的夹角，R°；x_{c0}，y_{c0} 和 q_{c0} 为质心的初始位置；v_{xc0}，v_{yc0}，$\dot{q}_{c0}$ 为质心的初始广义速度，由前拓扑末时的 q_1，$\dot{q}_1$，q_2，$\dot{q}_2$ 计算；t 为下落时间，s。

与底铰相连的支撑柱转角

$$q_1 = \arctan[(x_c - r_2 \sin q_c)/(y_c - r_2 \cos q_c)] \tag{6.108}$$

原柱底与柱端铰 b 距离

$$l_b = \sqrt{(x_c - r_2 \sin q_c)^2 + (y_c - r_2 \cos q_c)^2} \tag{6.109}$$

框架前趾距地面高度

$$y_s \approx y_c - r_f \cos(q_f - q_c) \approx y_c - r_f + (q_f - q_{c,0} - \dot{q}_{c,0} t)^2 r_f / 2 \tag{6.110}$$

式中：r_f 为质心到前趾距离，m；q_f 为 r_f 与 r_2（图6.30中 r_3）线夹角，R°；见图6.30的 m_3 体自由下落。

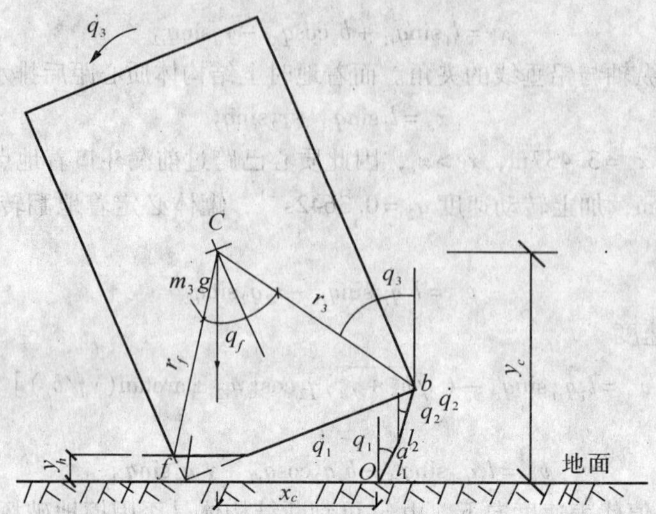

图 6.30　框架楼 3 体运动示意图

若
$$l_b = l_1 - l_e \tag{6.111}$$
则后支撑柱撞地，式中 l_e为后柱炸高。

若前趾距
$$y_s = y_h \tag{6.112}$$
y_h 为前趾地面堆积物高，则框架前趾撞地。

联立式（6.107）、式（6.108）、式（6.109）、式（6.110）、式（6.111）或式（6.112），解出框架后支撑柱着地或前趾撞地 t，q_c，x_c，y_c，q_1。

后柱撞地将引起框架转速 $\dot{q}_2$，$\dot{q}_1$ 的加速，后柱的压溃或折断。$\dot{q}_2$ 可按式（3.31）计算。后柱撞地压溃，引起框架下坐，减小了实际的切口高度和切口角，框架将难于如设计者的意图倾倒。因此，研究框架后柱撞地压溃高度 h_{pf}是控制框架倾倒的关键。h_{pf}可按式（3.21）所依据的功能转换与守恒原理，将后柱的压溃功与后柱撞地框架能量的减少量 dT 建立关系，即
$$\mathrm{d}T = m_2(\dot{y}_c^2 - v_{yc}^2)/2 + m_2(\dot{x}_c^2 - v_{xc}^2)/2 + J_c(\dot{q}_c^2 - \dot{q}_2^2)/2 \tag{6.113}$$
式中：$\dot{y}_c$，$\dot{x}_c$，$\dot{q}_c$ 和 v_{yc}，v_{xc}，$\dot{q}_2$ 分别为框架撞地前、后的质心竖向、水平向和转动速度，v_{yc} 和 v_{xc}以式（3.28）中计算，其中 $\dot{q}_1$ 由式（3.30）表示，$\dot{q}_2$ 按式（3.31）与式（6.114）联立计算。

而以后柱的压溃功所表示的压溃高度
$$h_{pf} = \mathrm{d}T/（s_1\eta - m_2 g\cos q_1） \tag{6.114}$$
式中：s_1 为后柱断面，m^2；η 为压碎单位体积 m^3 钢筋混凝土所需做的比功，$\eta = \sigma_e$，σ_e 见 3.3.2.2 节，η 由实测决定。当动载系数取 1.1 时，后柱 l_1 柱中稳态压缩段的比例 $k_l = 1$ 时，C_{20}，C_{25} 和 C_{30} 混凝土，η 分别可取 $15.6 \times 10^3 \mathrm{kJ/m^3}$、$18.7 \times 10^3 \mathrm{kJ/m^3}$、$21.16 \times 10^3 \mathrm{kJ/m^3}$。在式（3.28）～（3.31）并与式（6.114）联立，可采用迭代法解联立方程组。

迄今为止，钢筋混凝土立柱的冲击压缩很少有人研究。本文依据功能转换和守恒原理建立的算式，仅是初步的，计算结果还应参照实践经验校正。框架后柱 3 排炮孔炸高 0.6～

1.2m，一般后柱上下端总压溃在1.2~2.5m。

后柱撞地的折断，详见3.3.1节。切口高度2楼层以上，后柱3排炮孔炸高，后柱撞地冲击，多数立柱中段折断，而形成6.3.11节的框架3体运动。

6.3.11　多自由度单开链有根体倒塌

若后支撑柱撞地，经观测支撑柱中部多会折断而为2体，其间形成新的塑性铰，框架将形成3自由度单开链有根体的倒塌运动，见图6.30。由于3体以上已难于应用拉格朗日动力方程，因此，以下给出3体以上的n体动力学普遍方程，见6.2.1节。

设自由度为f的单开链n体系统的独立广义坐标为$[q] = [q_1, q_2, \cdots, q_f]^T$，若$f = n$，则系统中体（构件）$\mu$的质心（或任一点）的位置矢量$r_{s\mu}$和体（构件）$\mu$的角位置$\varphi_\mu$为$[q]$的函数

$$\left.\begin{aligned} r_{s\mu} &= r_{s\mu}(q_1, q_2, \cdots, q_f) \\ \varphi_\mu &= \varphi_\mu(q_1, q_2, \cdots, q_f) \end{aligned}\right\} \quad (\mu = 1, 2, \cdots, n) \tag{6.115}$$

式（6.115）对时间求导可得到相应速度及角速度的矩阵形式

$$\left.\begin{aligned} [\dot{r}_s] &= [B][\dot{q}] \\ [\dot{\varphi}] &= [C][\dot{q}] \end{aligned}\right\} \tag{6.116}$$

式中：$[\dot{q}] = [\dot{q}_1, \dot{q}_2, \cdots, \dot{q}_f]^T$；$[\dot{r}_s] = [\dot{r}_{s1}, \dot{r}_{s2}, \cdots, \dot{r}_{sn}]^T$；$[\dot{\varphi}] = [\dot{\varphi}_1, \dot{\varphi}_2, \cdots, \dot{\varphi}_n]^T$；$[B] = \text{jacobian}(r_{s\mu}, q)$；$[C] = \text{jacobian}(\varphi, q)$；$n$为系统中体数；jacobian为$q$的雅可比矩阵，见式（6.2）的$[B]$和$[C]$。

式（6.116）对时间求导可得到相应加速度及角加速度的矩阵形式

$$\left.\begin{aligned} [\ddot{r}_s] &= [B][\ddot{q}] + [\dot{B}][\dot{q}] = [\ddot{r}_s(\ddot{q})] + [\ddot{r}_s(\dot{q})] \\ [\ddot{\varphi}] &= [C][\ddot{q}] + [\dot{C}][\dot{q}] = [\ddot{\varphi}(\ddot{q})] + [\ddot{\varphi}(\dot{q})] \end{aligned}\right\} \tag{6.117}$$

式中：$[\ddot{r}_s] = [\ddot{r}_{s1}, \ddot{r}_{s2}, \cdots, \ddot{r}_{sn}]^T$；$[\ddot{\varphi}] = [\ddot{\varphi}_1, \ddot{\varphi}_2, \cdots, \ddot{\varphi}_n]^T$；$[\ddot{q}] = [\ddot{q}_1, \ddot{q}_2, \cdots, \ddot{q}_f]^T$；$[\dot{B}] = \dfrac{\mathrm{d}}{\mathrm{d}t}[\text{jacobian}(r_s, q)]$；$[\dot{C}] = \dfrac{\mathrm{d}}{\mathrm{d}t}[\text{jacobian}(\varphi, q)]$，见式（6.3）的$[\dot{B}]$和$[\dot{C}]$。

单开链有根n体的动力学方程见式（6.13），即为

$$\{[B]^T\text{diag}[m][B] + [C]^T\text{diag}[J][C]\}[\ddot{q}] + \{[B]^T\text{diag}[m][\dot{B}] + [C]^T\text{diag}[J][\dot{C}]\}[\dot{q}] - \{[B]^T[F] + [C]^T[M]\} = 0 \tag{6.118}$$

式（6.118）中：diag$[m]$为各体的质量对角矩阵；diag$[J]$为各体的主惯量矩对角矩阵；$[F]$为各体所受外力主矢矩阵，在重力场中，建筑倒塌机构体外力仅为重力。$[M]$为各体所受抵抗主矩和外力主矩矩阵，即为建筑倒塌机构体各端塑性铰的抵抗机构残余弯矩（均值）矩阵，体外内接铰都是塑性铰时，铰弯矩应相加。

正算式（6.118）动力方程，作n体各拓扑运动的姿态的数值模拟。逆算该动力方程，则计算n体间相互作用力，以判断体间解体。由此奠定了任意多折烟囱、剪力墙和框架控制爆破拆除的理论基础。

一般式（6.118）只能数值求解。由于式（6.118）为隐式二阶常微分方程组，首先将

其转化为$[\ddot{q}]$的显式二阶方程组，再按式（5.2）转化为一阶常微分方程组的形式，即可用按4阶5级龙格－库塔法数值求解。

拆除框架向前倾倒，若后柱炸高0.9m以上，框架下落，后柱撞地，则大多在2层以上后柱中段折断，而将后柱分为上下2体，再与框架构成3体向前倾倒，其运动姿态可用式（6.118）计算。由于框架3体倾倒的初期，是由框架和后柱组成的2体演变形成，而框架3体转动0.15～0.2R°后，转速达最大而衰减，框架与后柱拉力和剪力增大，并与后柱脱开分离，而不需3体计算，因此，可以在框架转角q_2增量的0.35R°范围内，用原框架与后柱2体运动的规律，近以表示框架3体的运动是可行的，即框架转运

$$\dot{q}_3 \approx \sqrt{2U/\{[J_{b2}/m_2 + 2r_2 l_1 \cos(q_3 - q_{r1})\dot{q}_{dr1} + l_1^2 \dot{q}_{dr1}^2]m_2\} + k_{v3}\dot{q}_{3,0}^2} \tag{6.119}$$

式中：J_{b2}，m_2，r_2，l_1，q_{r1}为原框架2体符号含义；$q_{3,0}$为框架后柱撞地后形成的转速，即为框架3体前倾的初始转速，R°/s，由式（3.31）计算；K_{v3}为框架2体式（6.96），用以计算框架3体的转速调整系数；

$$K_{v3} = a_{v3} q_{v3} + a_{v4}; \tag{6.120}$$

$$a_{v3} = -13.4731K_Y^2 + 27.3131K_Y - 16.1587;\ a_{v4} = 0.2881K_Y^2 - 0.4007K_Y + 1.0353;$$

$$q_{v3} = q_3 - q_{3,0} \tag{6.121}$$

式中：q_3为框架3体的r_3（即r_2）与铅垂线夹角；K_Y为框架初速与典型楼的初速比，即$K_Y = (\dot{q}_{3,0})_c / (\dot{q}_{3,0})$；框架的初始角与典型楼的初始角比$(q_{3,0})_c / (q_{3,0}) \approx K_Y$，其误差对式（6.119）影响不大。$(\dot{q}_{3,0})$为典型楼（恒运电厂办公楼）后柱爆破撞地后的转速0.5082R°/s，而$(q_{3,0})$为0.7163R°。式(6.119)的$\dot{q}_{dr1} = (\dot{q}_{r1}/\dot{q}_1)(\dot{q}_1/\dot{q}_3)$；$(\dot{q}_1/\dot{q}_3) = -r_2\cos q_3/(l_1\cos q_1)$。

式（6.119）的其他符号，详见式（6.96）对应符号的含义，q_{r1}见式（6.92），而其中所需的后柱倾倒角q_1，若框架3体时$q_{1,0}$取负时，故

$$q_1 = -\arcsin[r_2(\sin q_3 - \sin q_{3,0})/l_1 - \sin q_{1,0}] \tag{6.122}$$

式（6.122）中符号含义仍按框架2体。式中U见式（6.95）中框架2体符号，即

$$U = [l_1(1 - \cos q_{r1}) + r_2(\cos q_{3,0} - \cos q_3)]m_2 g$$

K_Y在0.6～1.2范围内$\dot{q}_3$的式（6.119）与数值解的误差小于5%，为工程所容许。因此，框架后柱折断，2体转为3体的角速度，可由式（6.119）计算。

6.4 钢筋混凝土结构爆破拆除的变拓扑运动

爆破拆除的原理在于通过爆破手段形成切口，破坏建筑物的稳定性，在其自重力矩作用下破坏，或者撞地破坏，达到拆除解体目的。当爆破拆除切口内的支撑后，在支撑部（柱）其上的梁端或柱端，部分形成塑性铰，塑性铰的完全发展使建筑物倒塌，其过程可由初始失稳、倾倒旋转、运动解体和塌落堆积四个阶段组成。

6.4.1 现浇框架拆除倒塌的拓扑

6.4.1.1 倾倒拓扑

倒塌过程的初始失稳阶段，是切口层以上框架自重对支撑柱上的塑性铰的偏心重力所形

成的弯矩，在支撑柱的反力相互作用下，大于塑性铰的抵抗弯矩而形成。

由于框架和框剪结构的多样，拆除倒塌运动的拓扑变化也各不相同。如多跨框架梁的逐跨断裂倾倒，可由随向后依次拆除的柱，而从前单跨框架梁倾倒的拓扑，如图 4.7 所示，分别依次向后而随柱爆破的时间切换点，转换为后跨的断裂倾倒拓扑，如 6.3.2 节所述。单跨的现浇框架楼房和框架上的仓体，当前柱爆破后，将形成如图 6.23 所示和 6.3.9 节所述的双体倾倒拓扑；而后柱爆破，拓扑以爆破时间为切换点转为 6.3.10 节所述的框架自由下落；若后柱先撞地，大多断裂为 2 体，从而拓扑以空间切换点转为如图 6.30 所示和 6.3.11 节所述的 3 体单开链运动，若后柱中部没有折断，则拓扑仍转为如图 6.23 所示和 6.3.9 节的 2 体折叠运动，直至框架或仓体前趾着地，进入撞地坍塌的拓扑运动。

框剪结构，当切口前柱爆破后，若前跨断裂，前跨将按如图 4.7 所示和 6.3.1 节所述的倾倒拓扑运动。如果与后立柱或后中柱相边的横向剪力墙没有拆除，在切口上层立柱 b_2 处的抵抗弯矩 M_2 并未削弱，如图 6.23 所示，其 $M_2 \geqslant M_{t_0}$，M_{t_0} 为倾倒力矩，当切口爆破后，抵抗弯矩 M_2 迫使框剪结构的重心 C，只能绕柱根 O 而向前作圆弧式下落，而结构转变为 6.3.4 节的单向倾倒拓扑，如图 6.7 所示。与该图相似，如图 4.6，多跨框架后 2 排立柱不炸，当前柱爆破后，可能引起前跨断裂而该跨倾倒运动拓扑，当前中柱爆破，后中柱压碎，框架绕不断压碎的后排柱根 O，作圆弧式单向倾倒的拓扑运动。

综上所述，单切口爆破 3 跨以内的框剪、框架结构的多体运动，可简化为 1 ~ 4 个拓扑阶段。

现以三柱两跨的多层框架楼为例，说明建筑拆除倒塌运动的拓扑变化过程，即①切口层前排柱爆破，首跨梁单独倾旋，为拓扑 1，如图 4.7 所示和 6.3.1 节所述；②切口层中排柱爆破，切口上方框架沿后支撑柱切口层柱端向前倾旋，后支撑柱向后倾倒，形成 2 自由度体双折运动，为拓扑 2，如图 4.9 所示和 6.3.9 节所述；③后支撑柱爆破，框架按有初速的自由落体下落，为拓扑 3，如 6.3.10 节所述；④后支撑柱撞地而折断为 2 体，框架按单开链有根 3 体运动，为拓扑 4，如图 4.18、图 6.30 所示和 6.3.11 节所述，直至前趾撞地而解体和塌落堆积。如果后支撑柱底只切割钢筋而不爆破，则框架有可能沿拓扑 2 而前趾撞地，但大多在空中，框架与后支撑柱断开而离散进入拓扑 3；而拓扑 3 的框架又前趾撞地，直接进入撞地解体。各拓扑的切换点和动力方程初始条件见表 6.6 和图 6.31。

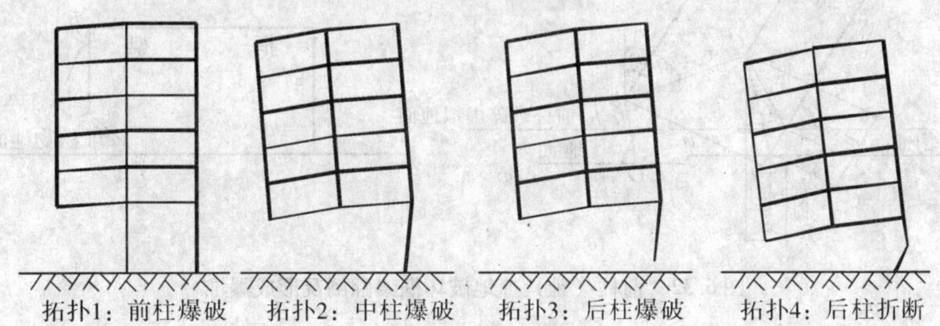

图 6.31　拓扑变化过程

表 6.6 框架楼爆破拆除倒塌拓扑切换点和动力方程初始条件

拓扑构型	切换点	初始条件	切换点类型
切口层前排柱爆破，首跨梁单独倾旋（拓扑 1）	$t=0$	$q_i(t)=0$ $\dot{q}'_i(t)=0$	时间 t_1
切口层中排柱爆破，切口上方框架向前倾旋，后支撑向后倾倒（拓扑 2）	$t=t_1, q_{i,1}=q_i(t_1)$ $\dot{q}_{i,1}=\dot{q}_i(t_1)$ $t=t_2, q_{2,2}=q_2(t_2)$；	$[q(t)]=[0, q_{i,1}]$ $[\dot{q}(t)]=[0, \dot{q}_{i,1}]$	时间 t_2、
后支撑柱爆破，框架下落（拓扑 3）	$\dot{q}_{2,2}=\dot{q}_2(t_2)$；$q_{1,2}=q_1(t_2)$； $\dot{q}_{1,2}=\dot{q}_1(t_2)$	$q(t)=q_{2,2}$； $y_c=y_{c,2}$	空间 $l_b=l_1-l_e$
后支撑柱撞地折断为 2 体，框架按单开链有根 3 体倾旋（拓扑 4）	$t=t_3, q_{3,3}=q_2(t_3)$； $\dot{q}_{3,3}=\dot{q}_2(t_3), q_{2,3}=q_1(t_3)$； $\dot{q}_{1,3}=\dot{q}_1(t_3)$	$[q(t)]=[q_{1,3}, q_{2,3}, q_{3,3}]$ $[\dot{q}(t)]=[\dot{q}_{1,3}, \dot{q}_{2,3}, \dot{q}_{3,3}]$	空间 $y_s=y_h$ 后柱长为 l_b-h_{pf}

表 6.6 中，$q_{2,3}$，$\dot{q}_{2,3}$ 分别为拓扑 3 的 2 体的位置和速度，其他表中双下标可以此类推。

4 跨以上的结构，可按 6.3.2 节逐跨断裂而依次增加梁的倾旋拓扑。多切口爆破拆除，可根据单切口爆破拆除时拓扑运动而增加拓扑运动的形式。

6.4.1.2 前柱撞地堆积拓扑

框架撞地将引起前柱压碎，框架前倾；框架结构整体翻倒；底层柱逐层向上的“层间侧移”，框架倾倒；和前跨“跨间下塌”，框架倒地等拓扑。

6.4.1.2.1 前柱撞地压碎

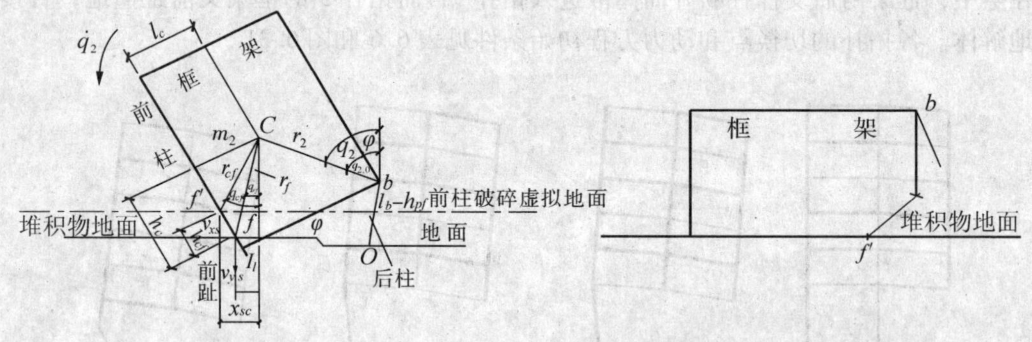

图 6.32 前柱（趾）撞地破坏框架翻倒及形成爆堆

当前柱的动强度 $\sigma_y<k_{cr}\sigma_{cr}$，前柱撞地压碎，如图 6.32 所示。$\sigma_{cr}$ 为柱内的冲击应力，$\sigma_{cr}=\rho_0 v_l \lambda_l$，$\rho_0$ 为混凝土的密度，$2.4\times10^3\mathrm{kg/m^3}$，$\lambda_l$ 为混凝土的纵波波速，$\approx3000\mathrm{m/s}$，k_{cr}

为撞击端面应力增大系数，$k_{cr} \leqslant 2$。图中可见压碎高度 h_{cf} 可由前柱纵向撞地速度 v_l 求得，即

$$k_{cr}\rho_0\lambda_l v_l > \sigma_y \tag{6.123}$$

$$v_l = v_{ys}\cos\varphi + v_{xs}\sin\varphi \tag{6.124}$$

式中：φ 为前柱撞地时，柱与铅垂线的夹角，$\varphi = q_2 - q_{2,0}$，R°；v_{ys} 和 v_{xs} 分别为前趾撞地的竖直速度和水平速度，m/s；撞地前柱压碎高度 h_{cf}，由 3.3.3 节所述的框架纵向动能 W_l 和质心纵向速度 v_{cl} 计算，

$$v_{cl} = v_{yc}\cos\varphi + v_{xc}\sin\varphi \tag{6.125}$$

一般来说，立柱的抗压、抗弯强度仅为梁端抗剪、抗弯强度的 1.1～1.2 倍，因此，框架立柱撞地动能将主要引起撞地点及同层立柱端破坏，而其纵向平动动能 W_l 和立柱压碎引起框架质心下落 $\mathrm{d}h_c \cdot h_{cf}$ 的势能总和，可以设为全部用于压碎立柱 h_{cf} 所做的功，即 $W_l + \mathrm{d}h_c \cdot m_2 g h_{cf}\cos\varphi = s\eta h_{cf}$，由此，

$$h_{cf} = m_2(v_{yc}\cos\varphi + v_{xc}\sin\varphi)^2 / [2(s\eta - \mathrm{d}h_c m_2 g\cos\varphi)] \tag{6.126}$$

式中：s 为全部撞地柱和折算墙的断面积，m²；当前 2 柱以上后柱撞地，取 $\cos\varphi \approx 1$；$\mathrm{d}h_c$ 为前立柱压碎时，质心下落高度与前立柱压碎下落 h_{cf} 之比，前柱撞地时的转动中心在后柱铰点 b 时，$\mathrm{d}h_c = (B - l_c)/B$，$B$ 为框架宽，m；l_c 为质心距前柱距离；η 为定质量定抗力压碎单位体积（m³）钢筋混凝土需做的功，10^3kJ/m³，$\eta = \sigma_e$，σ_e 详见 3.3.3 节，η 由实测决定，根据经验当动强度系数 $k_d = 1.1$ 时，C_{20}，C_{25}，C_{30} 混凝土强度的 η 分别取 9.06×10^3kJ/m³，10.8×10^3kJ/m³，12.24×10^3kJ/m³。墙应按其破碎功折算为混凝土柱断面积。

切口上层内未炸的残留柱长 h_{ef}，若 $h_{ef} > h_{cf}$，由于撞地冲击的横向冲量 I_b 引起的弯矩 M_s 使残留柱上端折断，故 $h_{cf} = h_{ef}$。前趾撞地横向冲量 $I_b = m_2 v_b$，v_b 为框架前趾撞地横向速度，$v_b = v_{ys}\sin\varphi + v_{xs}\cos\varphi$。$M_s \leqslant s\tau h_{ef}$，$\tau$ 为框架底层切口上层柱撞地的横向剪切应力，$\tau = \rho_0\lambda_b v_b$，$\lambda_b$ 为混凝土柱的剪切横波波速，$\lambda_b = \lambda_l / 1.73$。

6.4.1.2.2 框架爆堆堆积判断

前柱撞地破坏 h_{cf} 将使柱着地点由 f 移至 f'，见图 6.32；由此，距离为 r_{cf}

$$r_{cf} = \sqrt{(h_c - h_{cf})^2 + l_c^2} \tag{6.127}$$

$$\alpha_{cf} = \arctan\left[l_c / (h_c - h_{cf})\right] \tag{6.128}$$

式中：h_c，l_c 分别为撞地前框架质心纵向高和横向距前柱距离，m；α_{cf} 为 $f'C$ 与前柱夹角，R°；

撞地改变框架位态 φ 和水平位置 x_c，即前柱撞地破坏后形成前柱倾角 $\varphi_h = q_2 - q_{2,0} + \varphi_c$，$\varphi_c$ 为前柱破坏后所增加前柱倾角，可设 b 铰不动来计算。而框架将绕 f' 点转动，其转速

$$\dot{q}_{cf} = \dot{q}_f\sqrt{J_f / J_{cf}} \tag{6.129}$$

式中：J_{cf} 为前柱破坏后的框架对 f' 的转动惯量，10^3kg·m²；$\dot{q}_f$ 由式（3.32）计算。

而 f' 对后方框架质心 C 的水平距离

$$x_{sc} = r_{cf}\sin q_{cf} \tag{6.130}$$

式中：q_{cf} 为 $f'C$ 直线与铅垂线的夹角，R°；

$$q_{cf} = \alpha_{cf} - \varphi_h = \arctan\left[l_c / (h_c - h_{cf})\right] - \varphi_h \tag{6.131}$$

柱撞地破坏，若底层柱两端的抵抗弯矩 M_c 能阻止 6.3.3 节所述的“层间侧移”，且前跨梁两端的弯矩 M_b 能阻止 6.3.8.4 节所述的“跨间下蹋”，则框架内部不发生破坏，框架保持

原整体形态，其翻倒条件与式（6.69）、式（6.70）相似，即

$$x_{sc} < 0 \tag{6.132}$$

或者 $x_{sc} \geqslant 0$，但前趾撞地立柱破坏后的所需翻倒能量 $W_d = (1-\cos q_{cf}) r_{cf} m_{c2} g + E_{t1}$

$K_{tc} = T_f / W_d > 1$ 时，框架可能翻倒；式中：T_f 为框架的转动动能，$T_f = J_{cf} \dot{q}_{cf}^2 / 2$；$m_{c2}$ 为前柱破坏后的框架质量；K_{tc} 为设计翻倒保证系数，当

$$K_{tc} \geqslant 1.5 \sim 1.8 \tag{6.133}$$

框架保证翻倒，当未计绕前柱前趾 f 的滚动摩阻时，K_{tc} 应其中大值以上；E_{t1} 为拉断后柱钢筋需做的功，参见式（7.45a）原理计算，当切割柱底纵筋或爆破 3 排以上炮孔时，$E_{t1}=0$。满足式（6.132）和式（6.133）时，框架整体翻倒。

如果动能 W_d 无法满足式（6.133），但可使 q_{cf} 减小到 q_{rs}，即

$$q_{rs} = \arccos\left[(W_d - E_{t1}) / (m_{c2} g r_{cf}) + \cos q_{cf} \right] \tag{6.134}$$

前柱撞地破坏 h_{cf} 后，框架若不能“层间侧移”倾倒，才判断整体翻倒，和“跨间下蹋”，详见 6.3.8.4 节。“层间侧移”倾倒的必要条件为式（3.34），而各层充分“层间侧移”的条件为式（6.33b），详见 6.3.3 节。从该节式（6.30）可见，楼房越重，切口角越大，撞地动能也大，就越容易实现“层间侧移”，这与楼房整体翻倒是一致。但是，尽可能增大前柱撞地角 φ_h，则是实现“层间侧移”的重要措施。如宽高比较大的少跨楼房，柱端抵抗弯矩 M_{dl} 较小的砖混楼房，现浇框架装配式电梯间楼房，在大切口角时，少炸或松动爆破后柱，限炸后中柱在底层，形成较大的前柱撞地角 φ，以更易实现“层间侧移”倾倒。

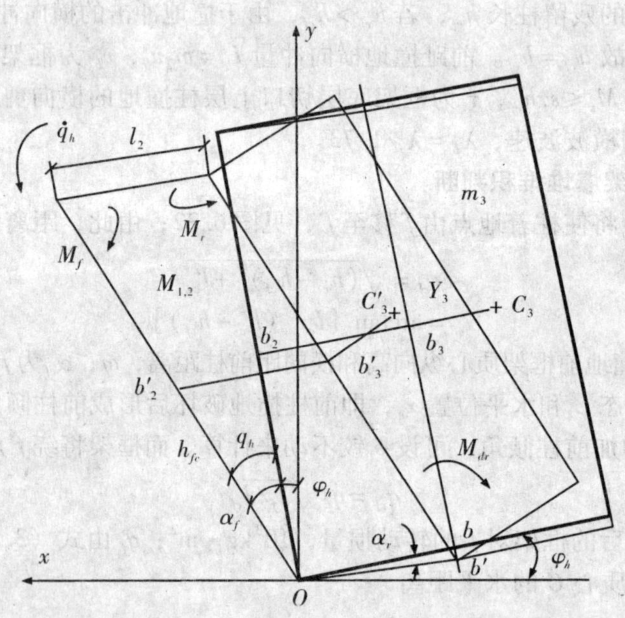

图 6.33 框架“跨间下塌”倾倒

C_3，b，b_2，b_3，分别运动移动到 C_3'，b'，b_2'，b_3'；粗线为初始状态，细线为运动过程轮廓。

“跨间下塌”倾倒的必要条件为式（3.38），而要充分下塌形式爆堆，还应满足以下条

件，见图6.33。“跨间下塌”前柱前倾引起框架机构转动的前下塌角为 α_f，而底梁后旋引起机构转动的后下塌角为 α_r，由此引起下塌跨梁转动的下塌角

$$\alpha_b = \alpha_f + \alpha_r \tag{6.135}$$

观测框架楼房倾倒发现，“跨间下塌”一般发生在多跨而宽高比大于0.48的楼房，这时切口角已不便大于0.5R°；后柱爆破时，多跨重载的后柱压溃大，前柱撞地时，各跨柱也都有压溃，而最终形成小于20°的前柱撞地角 φ_h，也即底层楼面倾角；并且“跨间下塌”的底堆积，也很快被切口处的残柱支撑，阻止后下塌角发展，限制 α_r 小于10°，甚至是零。以致6.3.8.4节的“跨间下塌”初期3体2自由度运动，也相应很快结束，拓扑转换为支撑在（$\varphi_h - \alpha_r$）倾角的 Ob'底堆积体上，做柱的等效动力单体的前倾运动，见图4.25。该等效单体是由各下塌跨平行转动倾倒的柱所组成，而跨内的各层梁则平行于底堆积平面 Ob'平动，仅后跨框架多保持原矩形结构，绕 b'转动前倾。由此可见，在“跨间下塌”后期，机构在做前各跨柱的等效动力体和后跨框架体接合的双体单自由度倾倒运动。

当 $\alpha_r = 0$ 时，其双体单自由度转动 q_h 的动力方程

$$J_h \frac{d\dot{q}_h}{dt} = (m_{1,2} + m_3) g h_{fc} \sin(q_h + \varphi_h) - m_3 g r_3 \cos(q_h + \varphi_h) - M_{dh} \cos(q_h/2) - M_{dc} \cos q_h \tag{6.136}$$

式中：$m_{1,2}$为前下塌跨柱质量 m_1 与前下塌跨梁的质量 m_2 之和，即 $m_{1,2} = m_1 + m_2$；m_3 为后跨框架的质量；h_{fc}为前柱撞地压溃 h_{cf}之后，质心对应前柱高，即 $h_{fc} = h_c - h_{cf}$，h_c 为原楼房质心切口以上柱高，见图6.32；r_3 为后跨框架质心 C_3 距该跨前柱距离 $C_3 b_3$；J_h 为双体对 Ob'平面和 b'的转动惯量之和，$J_h = J_{h1,2} + [J_{c3} + (h_{fs}^2 + r_3^2) m_3]$；$J_{h1,2}$为下塌跨各柱绕 Ob'平面的柱根的转动惯量，它不包括对 Ob'平面作平动的梁和梁上的质量；J_{c3}为后跨的转动主惯量；M_{dh}分别为下塌跨各梁转动时，各跨梁前端和后端机构残余弯矩初值 M_f，M_r 之和，即 $M_{dh} = \sum_{1}^{n_c-1} \sum_{n_l}^{n_t+1} (M_f + M_r)$，$n_c$ 为楼层同层内柱数，n_l 为各跨切口上层号，n_t 为顶层层号；M_{dc}为底层柱下端抵抗弯矩之和，$M_{dc} = \sum_{1}^{n_c-1} M_{dr}$，$M_{dr}$为柱下端抵抗弯矩，它可能是柱端断裂或柱端插入堆积形成的抵抗弯矩。方程的初始条件

$$t = 0,\quad q_h = 0,\quad \dot{q}_h = \dot{q}_{cf} \tag{6.137}$$

动力方程（6.136）的转速解析解

$$\dot{q}_h = \{2(m_{1,2} + m_3) g h_{fc} [\cos\varphi_h - \cos(\alpha_f + \varphi_h)] / J_h - 2 m_3 g r_3 [\sin(\alpha_f + \varphi_h) - \sin\varphi_h] / J_h - 4 M_{dh} \sin(\alpha_f/2) / J_h - 2 M_{dc} \sin\alpha_f / J_h + \dot{q}_{cf}^2 J_{cf} / J_h\}^{0.5} \tag{6.138}$$

在判断框架是否充分“跨间下塌”倾倒和爆堆形态时，只需要了解框架各跨下塌 α_b 的机构最终动能。从机械能变化分析可见，仅管有时 $\alpha_r > 0$，初期存在3体2自由度运动，但是下塌角 α_b 以式（6.135），随着 α_r 和 α_f 而单调增加时，在框架机构内，除柱下端，基本上机构没有对外界作功，则机构最终功能，在考虑柱下端转动作功和忽略压溃功后，只与机构初末状态有关，而与中间过程无关。因此，包含不足25% q_h 的3体2自由度运动和双体单自由度倾倒，也可以用总的等效双体单自由度运动来全过程近似表示，即跨间下塌的最终动能

$$T_n \approx (m_{1,2}+m_3)gh_{fc}[\cos\varphi_h-\cos(\alpha_f+\varphi_h)]+(m_3+m_2/2)gl_2\sin\alpha_r-m_3gr_3[\sin(\alpha_f+\varphi_h)-\sin\varphi_h]-2M_{dh}\sin(\alpha_b/2)-M_{dc}\sin\alpha_f-E_b+J_{cf}\dot{q}_{cf}/2 \tag{6.139}$$

式中：E_b 为砖填充墙剪坏所需作的功，见式（6.30）、式（6.31）中的 E_b，由于纵向框架的墙，开窗开门多，可近似认为，开窗开门多的墙 $E_b \approx 0$；l_2 为下塌跨梁的总长。

形成爆堆的最终下塌角 α_b，有两种情况：其一，当

$$\alpha_b \geqslant \pi/3 \tag{6.140}$$

根据观察"跨间下塌"的梁与柱间已非完全离散，这时切口上已下塌楼高多小于15m，液压破碎锤也能处理爆堆，可以认为最终爆堆形成。因此，判断爆堆充分形成，可将液压破碎锤，可以处理的爆堆的最小 α_b 或 $\alpha_b=\pi/3$ 代入式（6.139）后，此时若

$$T_h > 0 \tag{6.141}$$

成立，则充分形成"跨间下塌"爆堆。另一，当机构质心向前移出 O 点，即

$$x_{sc} < 0 \tag{6.142}$$

则"跨间下塌"框架可翻倒而形成堆。

式中：$x_{sc}=-h_{fc}\sin(\alpha_f+\varphi_h)+l_2\cos(\varphi_h-\alpha_r)(m_3+m_2/2)/(m_{1,2}+m_3)+r_3\cos(\alpha_f+\varphi_h)m_3/(m_{1,2}+m_3)$；

将不满足式（6.142）时，将 $x_{sc}=0$ 的 α_f 和 α_b 代入式（6.139）后，式（6.141）成立，则"跨间下塌"框架可翻倒，而形成爆堆。

若要保证机构翻倒，可将 $x_{sc}=0$ 的 α_f 和 α_b 代入下式

$T=(m_{1,2}+m_3)gh_{fc}[\cos\varphi_h-\cos(\alpha_f+\varphi_h)]+(m_2/2+m_3)gl_2\sin\alpha_r-m_3gr_3[\sin(\alpha_f+\varphi_h)-\sin\varphi_h]+J_{cf}\dot{q}_{cf}^2/2$

$W=2M_{dh}\sin(\alpha_b/2)+M_{dc}\sin\alpha_f+E_b$

当翻倒保证率

$$K_{tb}=T/W \geqslant 1.2 \tag{6.143}$$

可保证"跨间下塌"机构翻倒，形成最终爆堆。

从式（6.139）分析可见，楼房质心越高，质量越大，切口角越大，引起的撞地动能也大，切口闭合时前柱撞地角 φ 越大，就越易实现"跨间下塌"，这与楼房整体翻倒和实现"层间侧移"倾倒是一致的。但是，尽可能减小下塌跨的端弯矩 M_{dh} 和 E_b，是实现"跨间下塌"的特殊措施。如选择框架沿次梁纵向倾倒，次梁断面小，钢筋少，抗弯能力弱，因此，M_{dh} 也小；而且框架楼纵向墙，开窗多开门多，墙抗剪能力弱，开口墙一旦开裂，将失去抗弯能力，$E_b \approx 0$。原框架楼若有过道跨，楼房沿过道垂向倾倒，因过道跨抗弯能力小，也最易实现"跨间下塌"。此外，采用半秒以上时差逐跨爆破立柱，利用各跨自重，空中断裂梁端，破坏墙体，以及对钢筋少的次梁实施爆破等，都是减少端弯矩 M_{dh} 和 E_b 的实现"跨间下塌"重要措施。因此，实施"跨间下塌"，是爆破拆除宽高比大于0.48以上的多跨框架楼房的重要方法之一。

6.4.2 现浇框架变拓扑倒塌运动全局数值模拟

6.4.2.1 爆破设计

广州恒运电厂办公楼，横剖面如图6.26，楼房结构参数见6.3.9.2节。3层以上的墙均

未拆，故塑性铰出现在后柱3层楼面。纵向单跨计算参数见表6.7。起爆次序为，中排柱滞后前排柱，后排柱滞后中排柱，均为半秒雷管起爆。

表6.7 广州恒运电厂办公楼爆破拆除动力运动参数

拓扑1

项目	m	J_d	r	M
单位	10^3kg	10^3kg · m²	m	kN · m
参数	105	12987	4.0225	4645.5

拓扑2

项目	m_1	J_{b1}	r_1	l_1	m_2	J_{b2}	r_2	M_1	M_2	$q_{2,0}$	$\dot{q}_{2,0}$	r_f	q_f
单位	10^3kg	10^3kg · m²	m	m	10^3kg	10^3kg · m²	m	kN · m	kN · m	R°	R°/s	m	R°
参数	15.72	221	3.55	6.1	244.1	47802	11.8135	434	−433	0.5187	0.00	11.76	1.029

拓扑3

项目	$q_{1,0}$	$\dot{q}_{1,0}$	$q_{2,0}$	$\dot{q}_{2,0}$	l_1	l_b	η
单位	R°	R°/s	R°	R°/s	m	m	10^3kJ/m³
参数	−0.1022	−0.3991	0.5849	0.2603	6.1	5.2	后柱15.6 前柱9.06

6.4.2.2 近景摄影观测

为了研究爆破拆除框架的倒塌规律，在楼房侧同一平面布置了5个测点标志。采用非测量用的数码摄像机在楼正侧面摄影测量，摄速30帧/秒。在切口上缘测点可见雷管起爆光以作起始时刻，而后倒塌时被下方皮带栈桥遮挡，在楼顶前后对称布置的测点，可消除观测误差，便于计算建筑倒塌的姿态，测点布置见图6.26。

6.4.2.3 倒塌过程数值模拟与实测

对动力学方程式（6.15）、式（6.72）、式（6.107）和式（6.118）通过符号运算计算机自动建模，并将隐式微分方程组解算为显式微分方程组后，按框架倒塌各拓扑阶段的表6.6，进行数值正算，模拟结果与楼房倾倒过程摄影测量比较，见图6.34和图6.24。

从图中可见，框架转动数值解与楼顶面转动实测值接近。当前柱爆破，因前跨切口上6层梁两端抵抗弯矩之和 $M=4645.5\text{kN}\cdot\text{m}$，大于重力弯矩 $mgr=4143.4\text{kN}\cdot\text{m}$，在中柱起爆前，前跨梁不可能下蹋，并不存在拓扑1，因此是与实测相符的。0.5s中柱爆破，当中柱爆破后，由于 $M_{t0}>M_2$，形成上铰，$|Fl_1|>|M_{1u}|$，形成下铰，同时也观测证实切口层上框架与后支撑柱形成双折2体运动，由此进入拓扑2。其初始转角为 $q_{2,0}=0.5187$，初始转速 $\dot{q}_{2,0}=0.0$。数值解见图6.24，从图中可见其数值解与实测值的变化趋势一致，其误差主要由中柱半秒差雷管的起爆误差向前提前了50ms引起，调整起爆误差后，转角、质心位置数值解与实测也很接近（图6.34已经调整）。后柱在1.0s爆破，框架运动的 $q_2=0.5849$，$\dot{q}_2$

$=0.2603\text{R}°/\text{s}$，$q_1=-0.1022$，$\dot{q}_1=-0.3991\text{R}°/\text{s}$，后柱爆破3孔炸高0.9m，框架自由下落，进入拓扑3状态。由式（6.107）、式（6.108）、式（6.109）、式（6.110）计算 l_b 和 y_s，当 $l_b=l_1-l_e=5.2\text{m}$，后柱着地，$q_1=-0.3424$，$\dot{q}_1=-0.3991\text{R}°/\text{s}$，$q_2=0.7109$，$\dot{q}_2=0.2603\text{R}°/\text{s}$，其框架实测转速比按拓扑3自由落体计算值加快，表明后柱炸高内的钢筋，在混凝土爆破后仍一定程度支撑着框架，所形成转角数值解与实测的误差为各拓扑阶段的最大，即-10.7%，见图6.34；而质心下落误差+1.5%，质心水平位移平均误差<1%，见图6.24。1.54s计算后柱着地，底柱因撞地，经式（6.114）计算，2层柱上端和中部共压溃0.79m，底层柱下端压缩0.79m（迭代误差0.09m），而继续下落，后柱撞地折断为2体，形成3体单开链有根体运动，而进入拓扑4。经式（6.118）计算，即在1.7s时，计算框架转速达最大，框架前趾撞地，并又减小，其中 $y_h=1.2\text{m}$（即1，2层梁高合计1.0m，地板堆渣0.2m），即当 $y_s<0$ 时（爆堆以下-0.176m），$q_2=0.8058$，$\dot{q}_2=0.5217\text{R}°/\text{s}$，$x_c=6.1184\text{m}$，$x_s=9.453\text{m}$，而图中转角、质心位置数值解和观测值又逐渐接近，误差较小。图6.34实测在2.05s转角有折点，转速减慢，表明实际框架前趾早已着地，考虑采样点间隔为0.2s，可以认为实测着地时间与计算基本一致。由此观测证明，采用变拓扑多体系统动力学方程（包括离散无根体）可以进行数值模拟，即对倒塌过程中各拓扑阶段，即框架前柱爆破拆除，切口以上框架前倾、支撑后柱后倾的双折2体运动，支撑后柱爆破后框架楼的下落，后柱撞地，折断为上下两段，形成3体单开链运动，直至前趾撞地和后柱后坐（详见7.5.1.1节），以动力学方程进行了数值模拟。数值结果与倾倒观测进行了对比，其框架转角、质心位置最大误差约在10%内，为工程所容许。因此，用变拓扑多体系统动力学方程，数值模拟框架建筑物爆破拆除的失稳、倾倒过程的各拓扑阶段和着地是可行的、正确的，可以在爆破设计中应用。

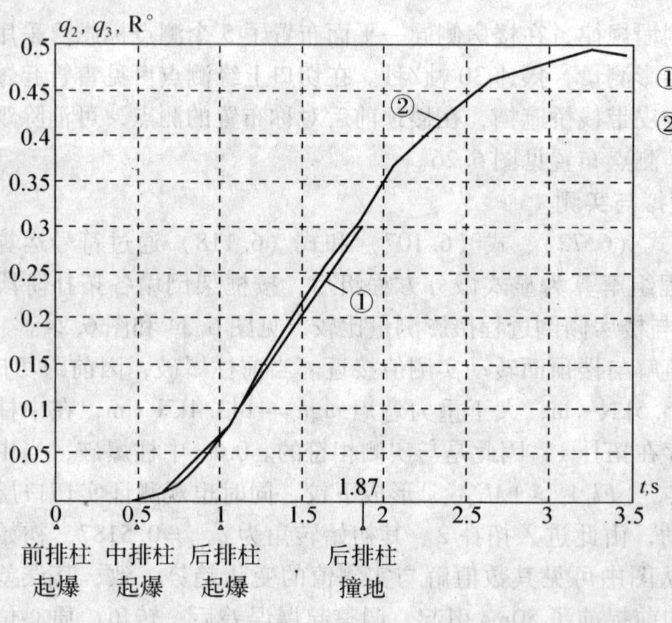

图6.34 框架楼倒塌转动角

框架前趾撞地后的解体和运动计算，同样也与观测接近。框架前趾撞地的轴纵向速度 v_l，由式（6.124）计算得 -10.407m/s；此时 $r_f=10.557\text{m}$，$J_f=40942\times10^3\text{kg}\cdot\text{m}^2$，质心至撞地点 f 的与铅垂线夹角 $q_{rf}=0.2873$，框架撞地后内部破坏前转速改变由式（3.32）算得为 $\dot{q}=0.1557\text{R°/s}$，动能改变为 $T_f=496.3\times10^3\text{J}$，前柱撞地压溃由式（6.126）得 $h_{cf}=6.702\text{m}$，$h_{cf}>h_{ef}=1.3\text{m}$，由 h_{cf} 以及式（6.127）再形成 $r_{cf}=7.367\text{m}$，由式（6.131）得 $q_{cf}=0.2482$，$J_{cf}=26982\times10^3\text{kg}\cdot\text{m}^2$，由式（6.130）得 $x_{sc}=1.81\text{m}>0$，$K_{tc}=1.44$，框架不保证翻倒。而框架在前柱压溃 h_{cf} 后，可同时充分解体，即榀架内切口层以上到顶层内每层各柱两端抵抗弯矩之和由式（3.35）计算，分别为 $M_{c1}=2603$，2335，2061，1799，1531kN·m；若以 h_{cf} 增加了框架转角 $\varphi_h=0.7769$，当 $n_f=4\sim8$ 层时，框架从下到上“层间侧移”倾倒所余动能由式（6.31）计算，$T_{nf}=4629$，4523，3450，1994，433kJ，其中各层各办公室间隔隔墙多为1.2m高半墙，故 e_b 近似取0，相应各层的 $K_{td}=3.30$，3.50，3.16，2.43，1.37，均满足式（6.33b），因此框架各层将充分侧移倾倒，也进一步说明楼房全部解体。而实际办公楼充分解体，办公楼顶的电梯房因电梯间未压碎，在倾倒中比前跨楼顶高出了约5.3m，应小于并接近前柱压溃长 h_{cf}。爆堆前沿宽应按电梯间高 $(8-2)\times3.3=19.8\text{m}$ 计，见 L_{gf1} 的式（7.128）。爆堆高以式（7.131）计 $h_{gf3}=4.8\text{m}$。由此可见，以上计算与撞地解体事实基本相符，因此，用变拓扑多体系统动力学方程，数值模拟框架建筑物爆破拆除的倒塌过程的各拓扑阶段和着地解体及堆积过程也是可行的、正确的，同样可以在爆破设计中应用。从以上动力学分析中可见，单开链体法是应用多体系统动力学，分析框架建筑物非树多体系统爆破拆除的简化方法，是可行的、正确的研究捷径；并且由此可以推论多体系统动力学的基础刚体力学，以及功能转换和守恒定律和广义动量定理在爆破拆除领域也是正确的、可以应用的。

6.4.3 钢筋混凝土烟囱爆破拆除全局手算仿真

以新汶电厂120m高钢筋混凝土烟囱为例，手算全局仿真爆破拆除时单向倾倒的姿态。计算条件为烟囱底部切口平均半径 $r_c=5.3\text{m}$，壁厚0.5m，钢筋混凝土保护层厚 $a_s'=0.03\text{m}$，自重 $p=2017.5\times9.81=19791.7\text{kN}$，烟囱重心高 $r_{c1}=42.68\text{m}$，重心对切口前支点距 $r_{c2}=40.63\text{m}$，切口高 $h_b=2.4\text{m}$，烟囱对切口平面的转动惯量 $J_{b1}=77566\times10^2\times10^3\text{kg}\cdot\text{m}^2$，对切口前支点的转动惯量 $J_{b2}=7354892\times10^3\text{kg}\cdot\text{m}^2$，烟囱材料强度采用随机强度均值，见2.1节；$\alpha_c$ 为 C_{25} 混凝土受压等效矩形应力图系数0.3，详见2.7.1节；根据式（2.15），可算出中性轴的圆心角之半 $q_s=0.6479\text{R°}$，由式（2.22c）算出初始倾倒角 $q_0=0.0987\text{R°}$，切口底部塑性铰的机构残余弯矩为39232kN·m，由于支撑部后剪，可取其一半 $M_b=19616\text{kN}\cdot\text{m}$。中性轴对切口高度的闭合角 $q_{0b}=0.2468\text{R°}$，计算详见式（7.3）。

当烟囱倾倒切口闭合前为拓扑1，转角 $q_1=q_0+q_{0b}=0.3455$，以式（6.37）计算倾倒转动角速 $\dot{q}$

$$\dot{q}_1=\sqrt{2pr_{c1}(\cos q_0-\cos q_1)/J_{b1}+2M_b\cdot[\sin(q_0)-\sin(q_1)]/J_{b1}}=0.1029\text{R°/s}$$

而切口闭合所需时间 t_1，以式（6.38）计算，

$$C_{1,1}=pr_{c1}/J_{b1}=0.1089\text{N/kg}\cdot\text{m};\quad C_{1,2}=M_b/pr_{c1}=0.0232\text{N/kg}\cdot\text{m};$$

$$m_{0,1}=\cos q_0+C_{1,2}\sin(q_0)=0.9974;$$

$$t_1=\{\ln[q_1-C_{1,2}+\sqrt{2(m_{0,1}-1)-2C_{1,2}q_1+q_1^2}]-\ln[q_0-C_{1,2}+\sqrt{2(m_{0,1}-1)-2C_{1,2}q_0+q_0^2}]\}/\sqrt{C_{1,1}}=6.430\text{s}$$

切口闭合支点前移为拓扑2，初始角 $q_{s0}=0.1160$，支撑部钢筋拉断，底抵抗弯矩 $M_b=0$；烟囱纵轴倒至水平时，倾倒角 $q_2=\frac{\pi}{2}-q_{cb}=1.4402$，式中 q_{cb} 为烟囱前支点至烟囱质心连线与纵轴夹角 $q_{cb}=\arctan\left[\frac{r_e}{(r_{c1}-h_b)}\right]=0.1308$，同理以下式计算转动角速度，拓扑2的初速度按式（3.32）计算，$\dot{q}_{so}=\dot{q}_1\sqrt{J_c/J_{b2}}+(mv_{xc}r_{c2}\cos q_{so}+mv_{yc}r_{y2}\sin q_{so})/J_{b2}$，考虑克服支撑部钢筋断开的牵拉力，故 $\dot{q}_{so}=\dot{q}_1$；

$$\dot{q}_2=\sqrt{2pr_{c2}(\cos q_{s0}-\cos q)/J_{b2}+\dot{q}_{so}^2}=0.4464\text{R}°/\text{s}$$

而烟囱纵轴倒至水平时所需时间 t_2，同理以式（6.38）计算，

$$C_{2,1}=pr_{c2}/J_{b2}=0.1093\text{N/kg}\cdot\text{m};C_{2,2}=0;m_{0,2}=\dot{q}_1^2/(2C_{2,1})+\cos q_{s0}=1.0417;$$

$$t_2=\{\ln[q_2+\sqrt{2(m_{0,2}-1)+q_2^2}]-\ln[q_{s0}+\sqrt{2(m_{0,2}-1)+q_{s0}^2}]\}/\sqrt{C_{2,1}}=5.801\text{s}$$

手算总倾倒时间 $t=t_1+t_2=6.430+5.801=12.231\text{s}$。

烟囱着地数值解时间 t 为 12.376s，实测烟囱着地时间 12.23s。烟囱倾倒近似解析解，数值解，实测值见图 6.35。观测在倾倒角 0.92R°时，烟囱在 70m 平台已断裂为二段，故下段实测转动时间快于图中计算值。从以上解析解手算可知，本文提出的变拓扑多体系统动力学方程的解析解，接近数值解，并为实测证明计算准确，误差为工程所容许。从以上直接手算变拓扑多体系统动力学方程的解析解可见，烟囱、框架等建筑的倒塌、撞地的姿态和爆堆的主要尺寸是可以用手工解算出的（详见 7.5.3 节）。

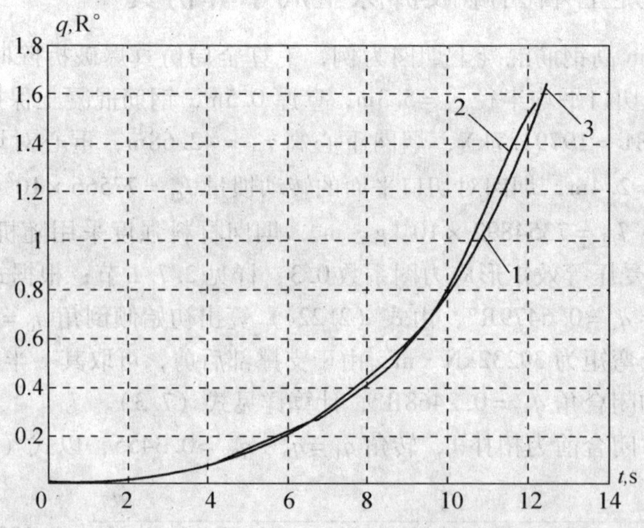

图 6.35 烟囱倾倒角

1—近似解析解 2—实测值 3—数值解

钢筋混凝土烟囱折叠爆破拆除拓扑变化的全局仿真，详见4.6节，拓扑变化见表4.4，变拓扑数值模拟的结果，详见4.6.3节和图4.32至图4.36，计算结果与观测值仍是接近的，由此说明，建筑拆除倒塌的变拓扑多体系统动力学是正确的，是可以在拆除工程中应用的。

6.5 建筑机构多体的功能原理

建筑机构的单开链系统，一般由1~3个体所组成，在运动过程中易于形成有根单体，在该状态时，就可以应用功能原理。由于多体系统中有根体仅有1个自由度，只要在后拓扑切换点上，能形成有根单体或有根组合单体，则在初始状态或已知前拓扑的姿态与该单体范围内，只要它们之间运动过程中不包含碰撞，因机械能是守恒的，则可以应用功能原理计算该单体的姿态，现分述如下：

(1) 在拓扑切换点的前后，只要后拓扑形成有根单体，则已知前拓扑后的多体与后拓扑前的有根单体间只要不包含碰撞，则机械能是守恒的。如式(6.21)和式(6.22)分别依据的是梁跨断裂前后的动能相等和势能相等。

(2) 同一拓扑内有根单体的机械能是守恒的，其角速度式也可以依据该原理推得，如式(6.16)、式(6.23)、式(6.29)、式(6.37)、式(6.68)和式(6.70)。

(3) 在拓扑空间切换点，多体切口闭合，形成有根组合单体时，只要不包含碰撞，则在已知拓扑前切换点的姿态和后拓扑切换点的有根单体或组合单体间，无论拓扑运动过程的曲折，原则上它们之间机械能是守恒的，如果构件连接处破坏不大，摩阻力也小，则可近似应用功能原理。如7.4.1.2节依据机械能转换与守恒原理，建立多切口闭合前后，各体速度间的关系，见式(7.38)、式(7.39)、式(7.45)、式(7.46)、式(7.48)、式(7.56)、式(7.67)、式(7.68)和式(7.77)等。

(4) 当内接多体可以忽略质量、转动惯量和弯矩时，并且又无外接体，则该体的机械能近似守恒，方便了(6.96)近似式的建立。

(5) 碰撞、撞地的塑性冲击(恢复系数$e\approx0$)，引起单体速度改变，遵守广义动量定律，但体间和单体内机械能不守恒，其损失的机械能(包括破坏构件损失的势能)转变为破坏碰撞构件所做的功。破坏构件尺寸改变后，将形成新的多体运动。如式(3.21)、式(3.22)和式(7.28)的建立。又如式(3.32)、式(7.41)和式(7.70)依据了单体着地前后动量守恒原理。

拆除工程往往最关心建筑物倒塌的最终状态，应用功能原理和动量守恒原理，减少了运动过程动力学方程的复杂求解，是适合工程上的简便方法。

6.6 小结

(1) 初始失稳的拆除建筑是多体非树系统，将平行梁、柱机构体冗余约束去掉并以动力等效体替代，再与其他分结构体、构体等组成的建筑机构，可以近似简化为单开链的数体系统，并以虚位移原理推导出它的动力方程式(6.12)、式(6.13)。

(2) 现浇和装配式钢筋混凝土框架，框架上的仓体和排架屋盖结构，高层建筑的原地塌落倾倒，钢筋混凝土烟囱和剪力墙结构物的单向倾倒，以及多折烟囱和多切口剪力墙各体离散前等多体的机构运动，都可以用变拓扑单开链的动力方程来描述。单开链体法是应用多体系统动力学，分析框架建筑物非树系统爆破拆除的简化方法，是可行的、正确的研究捷径。

（3）初始失稳后，爆破拆除的建筑物倾倒是变拓扑的建筑多体系统动力运动过程，各拓扑的切换点有起爆时差的时间切换点，有切口高度的空间切换点和体间脱离以及新塑性铰生成的动力切换点，各拓扑阶段均可以用单开链的动力方程式（6.13）、式（6.118）描述。建筑倒塌的近景摄影测量证实，单开链的动力方程和离散无根体的质心运动定律，数值模拟建筑物拆除的倾倒和塌落是可行的、正确的。

（4）单开链的动力方程，为二阶常微分方程组，迄今为止，一般没有解析解，而只能数值求解。但是建筑机构的动力方程一般为1～3个自由度系统，在重力场的倒塌运动有限域内，本章利用平均速度与瞬时速度的关系，利用上体重心总是企图以最短路径塌落触地的力学机理，将数值解归纳为近似解；并在有限域内提出了将可积分的幂函数代替角函数，形成近似动力学方程，提出了各种建筑拆除倒塌单体方程的解析解。以上近似解和解析解，其与数值解的误差，在相应的有限域内，为工程所容许，并可以手算仿真，从而方便了建筑拆除爆破倒塌姿态的全局仿真及参数的研究。

（5）建筑多体系统，只要在后拓扑切换点上，能形成唯一有根单体或唯一有根组合单体，如果在拓扑运动过程中构件间摩阻力小，连接处接触破坏较少，并且没有碰撞，则在初始状态或已知前拓扑的姿态与该体范围内，因机械能是守恒的，就可以应用功能原理计算该单体的姿态。

参考文献

[1] 杨廷力．机械系统基本理论——结构学、运动学、动力学［M］．北京：机械工业出版社，1996.

[2] 魏晓林，傅建秋，李战军．多体－离散体动力学及其在建筑爆破拆除中的应用［A］．庆祝中国力学学会成立50周年大会暨中国力学学术大会2007论文摘要集（下），见光盘［C］．北京：中国力学学会办公室，2007：690.

[3] 傅建秋，魏晓林，汪旭光．建筑爆破拆除动力方程近似解研究（1）［J］．爆破，2007，24（3）：1－6.

[4] 魏晓林，郑炳旭，傅建秋．爆破拆除高耸建筑定轴倾倒动力学方程解析解［J］．合肥工业大学学报：自然科学版，2009，32（10）：1466－1468.

[5] 魏晓林，魏挺峰．爆破拆除高耸建筑下坐动力方程［J］．合肥工业大学学报：自然科学版，2009，32（10）：1457－1461.

[6] 魏晓林，傅建秋，崔晓荣．建筑爆破拆除动力学方程近似解研究（2）［J］．爆破，2007，24（4）：1－6.

[7] 魏晓林，郑炳旭，傅建秋．钢筋混凝土烟囱折叠倾倒的力学分析及数值模拟［A］．中国爆破新技术［C］．北京：冶金工业出版社，2004：564－471.

[8] WEI Xiaolin, FU Jianqiu, WANG Xuguang. Numerical modeling of demolition blasting of frame structure by varying-topological multibody dynamics [A]. In: New Development on Engineering Blasting [C]. Beijing: Metallurgical Industry Press, 2007: 333-339.
[9] 庞维泰，杨人光，周家汉．控制爆破拆除建筑物的解体判据问题 [D]. 土岩爆破文集（第二辑）[C]. 北京：冶金工业出版社，1985.

7 多体动力学控制建筑物拆除技术

7.1 引言

拆除建筑爆破，直接破坏的结构部分称为切口。倾倒建筑倒塌剖面上的切口边界所形成的角，称为爆破切口角。烟囱、剪力墙、筒体和墙体结构，切口内有切割结构的明显边界，而框架切口则是各跨爆破柱区端的连线为其边界。统观切口的形状，依据切割区与支撑部的关系，分三角形切口、梯形切口和唇形切口；从切口在建筑物倒塌剖面宽度上分，有深切口和浅切口；从切口朝向分，有上向切口、下向切口，与倒塌方向一致的正向切口和与倒塌方向相反的反向切口；按切口数量分单体单切口，两体（上段和下段）双切口和多体（多段）多切口。总之，建筑物因在切口内失去了支撑而塌落，而切口下顶角处的结构支撑力又确保了建筑物的倾倒。因此，切口数量及其相互关系，切口的形状和大小等参数，切口之间和切口内各部分的爆破时差，就决定并控制了建筑物的倒塌。本章所研究的控制参数，也就是切口参数。

建筑物初始失稳后，其倒塌运动遵循多体－离散体动力学的规律。大量拆除工程实践表明，切口控制爆破拆除建筑物的运动，都是在跟随初始失稳后运动速度较小的拓扑阶段，该拓扑阶段相对容易控制，这些拓扑属于变拓扑多体系统运动。建筑物倒塌的控制，应对其主要拓扑的矛盾主要方面，施加影响才能实现。建筑物倒塌是自重和支撑力的矛盾结果，其矛盾的主要方面是重力，一般来说，切口的支撑部（柱）的支撑力是次要的，但是我们却可以通过维持和限制支撑部的塑性铰之力，确保主要拓扑继续保持该拓扑和运动，保证拆除的安全，从而在一定程度上实现对建筑倒塌的控制。因此，本书的控制拆除技术，实质是多体系统动力学的切口控制建筑物的拆除技术。建筑物初始失稳后，多以简化的 1 ~ 3 个体运动，而该体的运动姿态可以用建筑多体系统动力学方程的近似解和近似方程的解析解显式表示，因而利用这些显式公式，将方便地应用在切口拆除参数，描述建筑物的倒塌运动。

7.2 钢筋混凝土烟囱

7.2.1 高烟囱的特点

钢筋混凝土烟囱高度多在 60m 以上。随着烟囱从 80m 增高到达 150m，其底外半径也从 3. 5m 加大到 5. 8m，壁厚与半径之比都相对从大于 0. 1 减小到 0. 075。从结构上看，烟囱增高，自重加大，但烟囱壁却没有按半径比例相应增厚，而成为薄壁结构。从拆除环境看，近年来国内高烟囱倒塌的环境越来越复杂，要求烟囱的倒向越来越准。由此，迫使人们缩小切口圆心角，以减小自重大的高烟囱过多、过快地破坏相对壁薄的支撑部，防止可能过大的偏离倒向。但是，缩小切口圆心角却减慢了烟囱的初始倾倒，甚至可能停倒。因此，迫切需要控制高烟囱倾倒失稳的切口圆心角和倾倒时保持支撑部的纵向稳定，增强准确倒向措施，特别是从切口圆心角、定向窗口角、切口高度，切口内的起爆次序和时差等切口参数，来控制高烟囱大自重引发的突加载荷破坏支撑部，引发的极限中性轴过度后移而压塌支撑部，以及由此引起的倒向偏离。近年来，在苛刻环境下所采用的多折烟囱拆除，必须维持支撑部的塑性铰，切口参数也应防止支撑部后剪问题。当210m高的钢筋混凝土烟囱支撑部的壁厚与半径比小于0.075后，切口薄壁可能会受压屈曲，因而更容易压塌。

7.2.2 切口参数

高烟囱可以看做建筑多体系统中带底铰的单体，控制烟囱的运动只能通过改变底部的切口参数。而该切口实际是烟囱体内的切口，在烟囱倾倒过程中，所引起切口周围的支撑部应力应变变化和破损，已在第2章2.7节烟囱支撑部破损中分析。由此，可以得到控制爆破拆除钢筋混凝土高烟囱的技术措施和切口参数，结论如下：

7.2.2.1 防止自重突加载荷的切口圆心角

根据烟囱自重突加载荷的纵向平衡可知，切口爆破后，突加载荷在支撑部的受压范围，可以由突加载荷在截面受压区的高度系数 k_λ 表示，详见2.7.2节，并见表2.6，当 $k_\lambda \geqslant 0.85$ 后，支撑部有可能破坏，这种情况较多发生在切口圆心角 $\alpha \geqslant 260°$ 时。

7.2.2.2 多段起爆分化减小自重突加载荷

为了减小整体爆破切口形成的突加载荷，切口环向从前向后可分多段起爆，从而分化突加载荷以及由此引发的囱壁内应力。各段起爆时差，应尽可能大于（$175 \cdot H/120$）ms（观测值，见2.4.3节。H 为切口以上烟囱高度，m），详见2.7.3.1节。

7.2.2.3 确保倾倒的切口圆心角

烟囱倾倒时，支撑部在大偏心受压下脆性破坏，而形成塑性铰，倾倒力矩大于支撑部破坏截面的抵抗弯矩，其大于程度在留有足够余地后，可用倾倒失稳名义保证率 k_c 来表示，详见2.7.1节，并按式（2.18）计算 k_c，当 $k_c \geqslant 1.5$ 后，确保烟囱倾倒，此时切口的圆心角 $\geqslant 205°$。

7.2.2.4 防止切口支撑部压塌下坐

烟囱自重和拉区弯矩的载荷与压区抗力的纵向平衡，决定了后移中性轴的极限位置，若其稳定在筒腔内，则烟囱微倾阶段（倾倒角在1.5°内）可保持支撑部的塑性铰；若其后移至壁体内，则支撑部很可能压塌，详见2.7.3节表2.7，120m高烟囱切口圆心角 $\alpha < 240°$ 可防止下坐压塌破坏。

7.2.2.5 确保烟囱倒向

在烟囱的微倾阶段，支撑部前剪区的破坏状况决定烟囱倒向的误差，当定向窗口角在30°以下，120m高烟囱切口高度在2.4m以下，可推迟、延缓、限制前剪破坏，由此引起的倒向偏离约在±2°以内，详见2.7.4节表2.8。为了确保高大烟囱的倒塌方向，应按结构对称原则，选择烟囱倒向；烟囱重心应沿倒向轴倾倒，施工定向窗口应以倾倒轴对称，炮孔布置、装药量、网路延时也应对倾倒轴对称。为留足安全余地，设计倒向偏离可控制在±7°以内。

7.2.2.6 防止后剪失稳

在烟囱的微倾和初倾阶段，即倾倒角超1.5°至切口闭合时，沿支撑部的后剪面有可能滑动向后剪切，对此可以用后剪滑动失稳系数 k_s 来表示，k_s 的估算和后剪失稳的实例说明，高位切口50m高以上钢筋混凝土烟囱，切口高度2.0m以上支撑部有后剪可能，详见2.7.5节表2.9。以钢梁、钢柱支撑和钢板、焊接环向钢筋等加固措施，也可能阻止下坐后剪。此外，尽可能增大支撑部对应的圆心角，增加支撑部的纵钢筋，不切割支撑部中轴后剪面附近的纵钢筋，尽可能降低切口底高度在0.5m以下，充分利用基础向上的插筋的抗剪力，减小拉区后剪滑面倾角等，也是防止支撑部后剪的措施。此外，高位切口在灰斗平台上，可避免支撑部后剪时，上下筒壁间相互嵌入。

7.2.2.7 适当的切口高度

实现烟囱顺利倾倒的切口高度，显然，首先应满足切口混凝土爆破抛离后，切口处纵向钢筋，受压而必须压杆失稳；从2.7.1节的分析中可知，钢筋的压杆失稳，在确保烟囱初始失稳时，在抵抗力矩 M_{ct} 计算中也已经考虑；其二，压杆失稳后，随着烟囱倾倒，在切口闭合时，其重心应移出筒壁之外，即满足切口高 h_b，对中性轴的水平倾角

$$q_{0b} > q_c \tag{7.1}$$

式中：q_c 为烟囱重心移出筒壁的倾倒角，R°；

$$q_c = \arctan(r_u/r_c) \tag{7.2}$$

$$q_{ob} = \arctan\{h_b/[r_u(1-\cos q_s)+r_u]\} \tag{7.3}$$

由此得

$$h_b > [2-\cos(q_s)]\ r_u^2/r_c \tag{7.4}$$

式中：r_c 为切口以上烟囱质心高，m；r_u 为切口处外半径，q_s 为初始中性轴对应的1/2圆心角，以 q_s 代入1/2支撑部圆心角 q_{s1}，因 $q_{s1} > q_s$，则

$$h_b > [2-\cos(q_{s1})]r_u^2/r_c \tag{7.5}$$

当切口圆心角 α=240°时，$q_{s1}=60°$。

式（7.5）简化为

$$h_b > (3/2)\ r_u^2/r_c \tag{7.6}$$

其三，当烟囱倾倒，切口上下边缘闭合时，若忽略烟囱倾倒的动能，烟囱在自重作用下，对新支点形成的倾覆力矩，应大于原支撑部截面钢筋拉力形成的极限抗弯力矩。设 $\mathrm{d}r_u$ 为切口闭合时，烟囱质心向外偏出切口处外半径的距离，则

$$\mathrm{d}r_u = \sigma_{tp} n_s q_{s1}(r_e \sin q_{s1}/q_{s1} + r_u)\cos[(q_{0b}+q_0)/2]/(p/2) \tag{7.7}$$

式中：σ_{tp}，n_s，q_{s1}，r_e 分别见式（2.15）；q_0 为烟囱的初始倾倒角；

$\cos[(q_{0b}+q_0)/2] \approx (0.98\sim1)$，可近似取1。

将 $\mathrm{d}r_u$ 植入式（7.2）为 $q_c = \arctan[(r_u+\mathrm{d}r_u)/r_c]$，并代入式（7.1）中，得

$$h_b > C_{hb}[2-\cos(q_s)]r_u^2/r_c \tag{7.8}$$

式中：C_{hb} 为与筒体结构及材料的系数，$C_{hb} = 1+\sigma_{tp} n_s q_{s1}(1+sinq_{s1}/q_{s1})/(P/2)$。

代入6.4.3节新汶电厂钢筋混凝土120m高烟囱的实例，$q_s=0.6479\text{R}°$，$q_{s1}=1.2654\text{R}°$，$r_c=42.6782\text{m}$，$n_s=18.5298\text{mm}^2/\text{R}°$，$\sigma_{tp}=450\text{MPa}$，$P=19791.7\text{kN}$，$C_{hb}=2.84$；由式（7.8）计算得 $h_b=2.47\text{m}$；而由式（7.5）计算 $h_b=0.9\text{m}$。由此可见，式（7.5）、式（7.6）没有考虑支撑部钢筋的牵拉阻力，计算切口高度偏小；而式（7.8）是以烟囱自重克服了支撑部钢筋的拉阻力，但多留了烟囱倾倒的惯性动能，切口高度偏大。实际施工时切口高 $h_b=2.4\text{m}$。烟囱倾倒，因此取式（7.5）和式（7.8）计算切口高度之间，是符合实际的。

由式（7.8）可见，切割支撑部的纵钢筋，相应可降低需要的切口高度，但是应在切口支撑部上部切割，以避开后剪面，预防降低抗后剪力。

另外，切口高度应确保支撑部的支撑稳定。按大偏心受压条件，应保证筒壁不发生“非材料破坏”压缩屈曲的失稳现象，即按表2.4所示，切口高度与壁厚δ之比，在留有足够余地时，$h_b/\delta\leqslant5$，由此可见切口不宜过高。从2.7.5节支撑部的后剪分析可见，钢筋混凝土高烟囱的切口也不宜过高，当切口高度在2.0m以上时，多数烟囱支撑部后剪，如表2.9所示。现将式（2.28）计算的镇海电厂120m高烟囱上段支撑部的后剪滑动系数 k_s 与切口高度 h_b 关系，列入表7.1。

表7.1 切口高 h_b 与支撑部后剪滑动系数 k_s

h_b/m	1.0	1.5	2.0	2.5	3.0	备注
α_s/R°	0.3065	0.4432	0.5642	0.6693	0.7594	$t=5.4\text{s}$
k_s	0.6	0.8	0.99	1.15	1.29	

注：C_{30}混凝土抗剪强度取标准弯曲抗压强度的1/8。$h_b=1$ 时，本表 k_{sp} 仍取0。

从表中可见，切口高超过2.0m后，支撑部后剪滑动系数 k_s 已大于1，预示烟囱支撑部将受大偏心向后压剪破坏。因此，为了防止支撑部后剪破坏，可以在切口高度上，采用延迟爆破技术，即首先低切口起爆，以便在烟囱微倾阶段，以低切口提高支撑部的抗后剪能力防止向后剪切破坏。120m高烟囱低切口高不超过2.0m，而当切口前壁快闭合时，再起爆扩大切口高度，以满足式（7.8）要求，实现切口闭合时，确保烟囱质心移出筒壁之外 dr_u，以便拉断支撑部钢筋，实现烟囱顺利而倾倒。然而，从另一方面说，烟囱底切口支撑部屈曲压塌，后剪着地后，还应切口前壁不撞地，支撑部仍可能着地支撑烟囱，继续向前倾倒。因此，应尽可能降低切口底的高度，以增高后剪着地后的最终切口高度。但是，这种倾倒方式，倒向的可靠性较差，当烟囱高度超过150m后，应避免支撑部屈曲压塌后剪着地烟囱单向倾倒方式。

7.2.2.8 切口上下数段起爆

为防止切口支撑部后剪下坐，可在切口下上部分段起爆，烟囱同一切口上部分起爆比下部分爆破延迟的时差 t，可取接近并小于按式（6.38）或式（6.44）的低切口计算值，和在烟囱微倾（2°）之后。成都市热电厂210m钢筋混凝土烟囱单向倾倒拆除，爆破底切口在高度上，是分多段起爆完成的，从而减小了后剪下坐，取得了成功。

7.2.2.9　高烟囱单体单向倾倒技术综述

为了保证高烟囱在纵向稳定下倾倒，切口圆心角宜取210°～230°。为准确倒向，定向窗口角在30°以下。为防止切口支撑部后剪下坐，120m高烟囱切口高度宜在1.5～2.0m，大于120m高烟囱切口高度可按烟囱直径比例增高；150m以上高烟囱切口内前后和上下可数段起爆。

7.2.2.10　高烟囱折叠爆破拆除

当烟囱周围环境复杂，允许倒塌范围狭小，没有烟囱单向单体倾倒的场地时，可以采用钢筋混凝土高烟囱的双折或多折定倒向爆破拆除技术。广州纸厂100m高钢筋混凝土烟囱顺利实现定倒向定落点多折爆破拆除，开创了高耸建（构）筑物爆破拆除的新技术，为在苛刻环境下，允许倒塌场地狭小，爆破拆除高烟囱创立了成功典范[1]。科研观测证明，多体－离散体动力学可以作为折叠爆破拆除高耸建（构）筑物的技术理论基础，详见4.6节。定向折叠烟囱各切口之间，其切口中轴应在同一竖直平面，为保证倒向稳定，该竖直平面，为各折叠段（体）烟囱的倾倒方向平面，而各切口内各段烟囱切口定向窗及其定向措施，详见7.2.2.5节。烟囱倾倒方向多由倒塌场地的长边方向决定，而场地的短边，也应容纳多段筒体横向堆积的最大宽度。当倒塌后方无场地，而前方场地又有限时，可采用同向折叠倾倒爆破拆除；当前、后方可供倒塌的场地均有限时，可采用双向折叠倾倒爆破拆除烟囱。各段烟囱质心的落点，在烟囱各段多体离散为完全离散体时，总是企图以最短距离着地，其落点在质心竖直线脚的该段烟囱倾倒前方附近。确保烟囱折叠实现的关键，是各段（体）烟囱切口支撑部，在该段烟囱微倾（倾倒角$\beta<2°$）阶段和初倾（切口闭合前）阶段，维持数体折叠运动所需的塑性铰。因此，塑性铰所在切口支撑部，不应后剪滑移失稳，应采取7.2.2.6节、7.2.2.7节和7.2.2.8节等措施。由此，严防切口上下段滑移圆心错开，上下烟囱壁点压接触，相互嵌入而剖开。为确保支撑部稳定，本节7.2.2章中有关切口及其支撑部的措施及其参数，都可适用于折叠烟囱。为了减轻高烟囱底部切口支撑部的压力，减少下坐可能，可采用多切口下行起爆次序。相邻上下切口的起爆时差，应在1.5～4.0s，由此可及时卸除上切口支撑部的后剪力，是保持支撑部稳定，维持折叠所需塑性铰的主要措施。双向折叠烟囱各段（体）的长度划分，应尽可能使其各段质心垂线跌落在原烟囱中心附近。底段烟囱长度应尽可能短，以减小施工切口临时脚手架高度。加固脚手架与烟囱本体的连接，确保临时脚手架的安全。折叠烟囱着地，减小了撞地的冲击振动，减少了防冲击、防溅材料和安全防护工程。

7.3　砖烟囱

砖烟囱的高度多在60m以下。烟囱的壁厚多在0.45～0.75m，底部外半径为1.2～3.0m，壁厚与半径之比均大于$\frac{1}{10}$，从结构上看，为厚壁筒结构。砖砌体的抗拉强度极低，沿灰缝截面破坏时，M2.5～M7.5砂浆的砖砌体为0.2～0.4MPa，而沿灰缝的抗剪强度也与抗拉强度同样，低至0.2~0.4MPa。因此，砖烟囱较小的切口圆心角，仍引起支撑部中轴拉开。但是拉裂支撑部中轴，只是砖烟囱倾倒的必要条件，而不是充分条件。烟囱支撑部中轴拉裂后，支撑部受压区仅承受烟囱自身重力，烟囱开始绕支撑部受压区形心轴转动前倾，具有多体和完全离散体的体间接触特点。砖烟囱砌体的低抗拉和低抗剪能力，又可能引发切口上方砌体跨落，而增加支撑部的高度，降低支撑部承受屈曲压缩的强度。除此之外，砖烟囱的抗后剪能力较弱，容易下坐和后坐也是其特点之一。

7.3.1 切口圆心角

爆破切口形成后，支承面首先弹性变形，烟囱重力对支承面中性轴o的倾倒力矩 M_{sp}，促使支撑部反倒向侧受拉，如图7.1。支撑部中轴F点出现最大拉应力 σ_f，即[2]

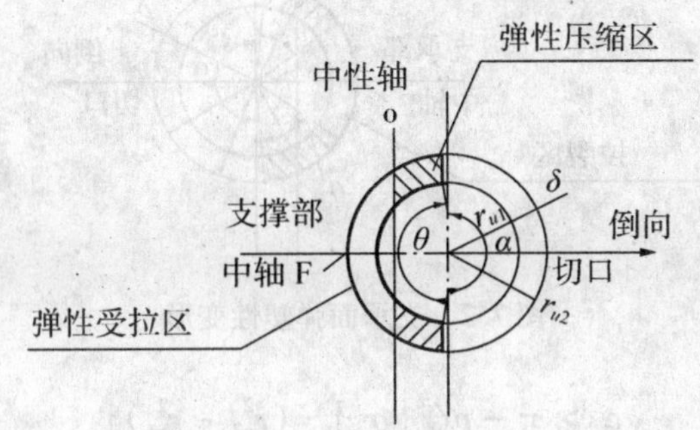

图7.1 支承面弹性变形

$$\sigma_f = 2p(r_{u2}-e)(r_{u2}^3 - r_{u1}^3)\sin(q_{s1})/[3Iq_{s1}(r_{u2}^2 - r_{u1}^2)] - p[q_{s1}(r_{u2}{}^2 - r_{u1}^2)] \tag{7.9}$$

式中：I 为支撑部截面中性轴的惯性矩[3]，m^4；e 为中性轴o的偏心矩m；r_{u2}，r_{u1} 分别为烟囱支撑部的外半径和内半径；q_{s1}，p 见式（2.15）。

当 $\sigma_f > [\sigma_t]$ (7.10)

式中：$[\sigma_t]$ 为砌体的沿灰缝弯曲平均抗拉强度，kN/m^2。对砖砌体，平均强度等于标准强度。

F点出现水平张拉裂缝，此时支撑部仍处于弹性变形，对应的切口圆心角 α，可由式（7.9）、式（7.10）计算，见表7.2。

表7.2 砖烟囱支撑部中轴拉裂的切口圆心角α计算值

砂浆标号	弯曲抗拉强度 $[\sigma_t]$ /kN·m^{-2}	切口圆心角 α/度	备注
M2.5	200	>116	
M5.0	300	>122	
M7.5	400	>127	

*注：表中参数为烟囱高 $H=55$m，上、下外半径分别 $r_{u4}=1.2$m，$r_{u2}=2.5$m，上、下内半径为 $r_{u3}=0.96$m，$r_{u1}=1.88$m，烟囱自重 $P=4925$kN，对支撑面的转动惯量 $J_b=32460\times10^3$ kg·m^2，质心高度 $r_c=20.35$m。

支撑部拉裂后，由于倒向受压区的抵抗，烟囱并不一定倾倒，而支撑部也向极限压缩状态转变。因此，式（7.10）仅是烟囱倾倒的必要条件，而不是充分条件。继而在倾倒力矩作用下，受压面积往倒向侧缩小，压应力 σ_c 增大，并相互接近，直至达到极限抗压强度 $[\sigma_c]$，如图7.2，设 σ_c 近似以 $[\sigma_c]$ 均匀分布，其两侧最小受压面积对应圆心角之和的$\frac{1}{2}$为 $\theta_c = p/\{[\sigma_c](r_{u2}^2 - r_{u1}^2)\}$。当烟囱对受压区压应力中心（近似看做受压区形心主轴）A 的重力矩 $M_A > 0$，即 A 轴对倒向侧圆心角为 $(\frac{\alpha}{2} + \frac{\theta_c}{2}) > \pi/2$，烟囱开始绕 A 轴倾倒，由此切口圆心角

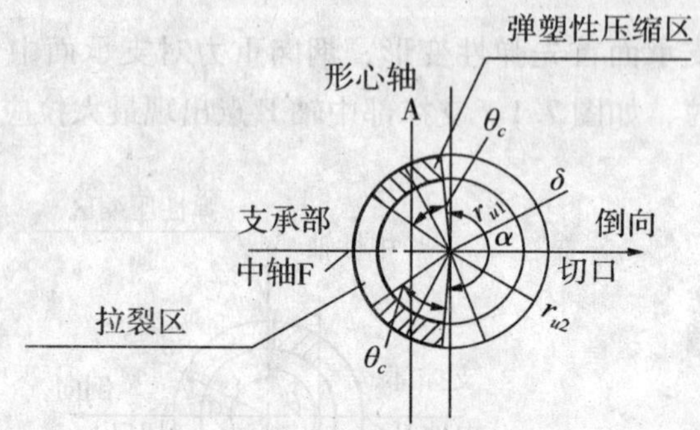

图 7.2 支承面弹塑性变形

$$\alpha > \pi - p/\{[\sigma_c] \cdot (r_{u2}^2 - r_{u1}^2)\} \tag{7.11}$$

经式（7.11）计算的最小切口角 α_{min} 见表 7.3。比较表 7.2 可见，满足支承部拉裂的式（7.10），对抗拉强度低抗压强度较高的砖烟囱，并不一定倾倒，只有支承部倒向侧进入极限压缩状态，并同时满足式（7.11），支撑部耗尽了支撑能力，烟囱才按设计方向倾倒。

从式（7.11）可知，砌体抗压强度 $[\sigma_c]$ 越高，最小切口角 a_{min} 就越大，这种依靠烟囱自重压塌支撑部，以增大切口圆心角是不可靠的，为确保烟囱在任何情况下倾倒，切口圆心角应大于 180°。同时为了保证倾倒，并确保烟囱一定的倾倒速度，必须适当增大倾倒力矩 M_{sp}，且留有足够余地，也需加大切口圆心角 α。因此，最小切口圆心角应为 195°。切口圆心角 180°、190°均已为爆破砖烟囱倾倒实例证明是可行的。

表 7.3 支撑部极限压缩时砖烟囱倾倒的切口圆心角 α 计算值

砂标号	砂浆标号	抗压强度 $[\sigma_t]$ /MPa · m^{-2}	切口圆心角 α/度
M7.5	M2.5	2.2	>133
M10	M5.0	3.1	>146
M15	M10	4.7	>158

＊注：见表 7.2 注。

现将 1999 年宏大爆破公司拆除的砖烟囱状况，列入表 7.4[3]。从表中可见砖烟囱的切口圆心角在 207°～240°，其中有 64% 的烟囱倾倒时发生了明显后坐。

表 7.4　砖烟囱爆破拆除情况

例序	烟囱位置	外半径/m	壁厚/m	烟囱高度/m	爆破切口圆心角/度	切口底高/m	切口高/m	倒塌情况	倒向
1	高步护安围	2.25	0.72	52	230	0.3	2.0	切口上方筒体垮落约10m高后，支承部垮塌，垮堆向后2m，小砖块多	方向正确
2	望牛墩一厂	2.5	0.75	54	240	0.5	2.4	底座剪切后滑2.5m插入土中，土体上凸1m，筒体在向前5m处，斜插入土中，深2m，泥土凸起高1m	方向正确
3	麻涌一厂	2.5	0.62	55	240	0.5	2.4	后坐2.0m，可见底座剪切后滑面，筒体剪切大块1.5m×3.0m	方向正确
4	麻涌川楼二厂	2.5	0.66	55	220	0.5	2.0	剪切3.0m大块，后坐1.0m	方向正确
5	平山厂	2.5	0.62	55	240	0.5	2.0	下坐1.0m后，随倾倒不断下坐	方向正确
6	漳膨	2.5	0.62	55m再加高25m	240	0.5	2.4	剪切3.0m大块，后坐1.0m，烟囱顶加高的25m，反向滑倒	方向正确
7	望牛墩杜屋	1.25	0.58	28	240	0.5	2.0	后坐2.0m	方向正确
8	望牛墩官州	2.5	0.62	55	240	0.3	2.0	后坐2～3m，筒体20m向前折断，插入15m远处，折断筒体地面上3m再折断，上段掉入河中	方向正确
9	万江新和	2.1	0.48	55	216			筒壁上有2道竖直裂缝，爆破时切口向上垮落，支撑处压垮，下坐28m	方向正确
10	林村	2.5	0.48	55	240			后坐3.0，筒体下坐并前移	方向正确
11	牛村	2.25	0.6	58	210*	0.45	2.0	切口向上垮高2m，筒体在5～20m处受弯压坏，垮落2.5m大块，后坐2.5m	方向正确

续表 7.4

例序	烟囱位置	外半径/m	壁厚/m	烟囱高度/m	爆破切口圆心角/度	切口底高/m	切口高/m	倒塌情况	倒向
12	镇龙镇	2.4	0.75	58	207*	0.65	2.0	底座见剪切向后滑面，后2.0m、3.5m高两大块压在底座剪切面上	方向正确
13	宁西	1.45	0.45	15	228	0.35	1.5	支承面断裂为水平面，没有后座	方向正确
14	永和	1.5	0.49	27	227*	0.9	1.8	后滑2.5m	方向正确

注：* 表示未开定向窗。

7.3.2 支座剪切砖烟囱后滑

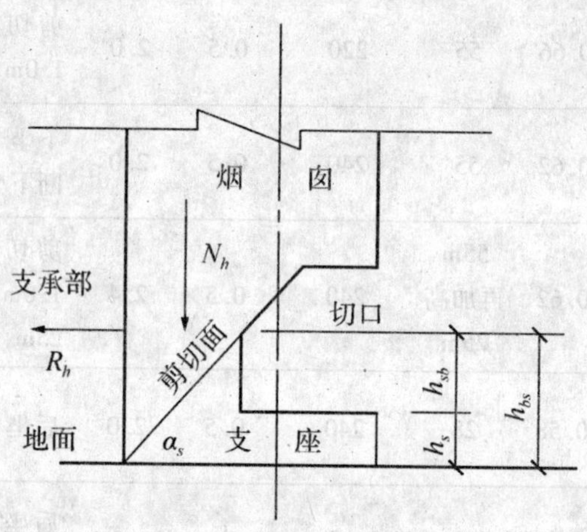

图 7.3 支座剪切烟囱下坐和后坐

烟囱支座砌体的抗剪强度一般小于抗压强度，因此当支撑部还未压坏，支座有可能已剪切破坏，如图 7.3 所示。假设剪切面为斜平面，则支座剪坏的力学条件[3]是

$$N_h \cdot \sin\alpha_s + R_h \cdot \cos\alpha_s > (N_h \cdot \cos\alpha_s - R_h \cdot \sin\alpha_s) \cdot f + \tau_o \cdot S_{sf} \tag{7.12}$$

式中：N_h 为支座竖向压力，见式（2.21a），kN；R_h 为水平向剪力，kN，见式（2.21b）；α_s 为切面的倾角，度；f 为砌体间的摩擦系数，0.6～0.7，取 0.7；S_{sf} 为支座的剪切面面积，m^2；S_{sf} 外围可近似认为是长半轴为 $r_{u2}[1-\cos(\theta/2)]/\cos\alpha_s$ 短半轴为 $r_{u2}\sin(\theta/2)$ 的半椭圆，即

$$S_{sf} = \pi(r_{u2}^2 - r_{u1}^2) \cdot [1-\cos(\theta/2)] \cdot \sin(\theta/2)/(2\cos\alpha_s) \tag{7.13}$$

θ 为支撑部对应圆心角，$\theta = 2\pi - \alpha$，度；τ_0 为斜切砖块的初始抗剪强度，对 M7.5 砖取 700kN/m^2。

当式（7.12）满足，支座烟囱向下后方剪切，则烟囱下坐和后滑，如表7.4例2、例3、例12。

从式（7.12）可计算出切口圆心角 α 与支座剪切的关系，及其对应的最小剪切角 a_s 和最大切口侧边上部距地高 h_{bs}（$h_{bs}=h_{sb}+h_s$，h_{sb} 为切口侧边高度，m；h_s 为切口下缘距地高，m，见图7.3），见表7.5。从表中可见，为防止支座剪切后滑而下坐和后坐，当切口圆心角 $\alpha=240°$ 时，切口侧边上部距地高 h_{bs} 应小于1.2m；当 $\alpha\leqslant 220°$，支座就不会剪切下滑。此外，当烟囱倾倒，重心移出底座，即倾倒转动角 $\beta=7°$ 时，支座烟囱发生剪切的切口圆心角 α，和剪切面在切口侧边上缘距地高 h_{bs}，当 h_{bs} 大于表7.5中值时，烟囱虽发生下坐和后滑，但烟囱重心已移出支座之外，也能顺利向前倾倒，爆堆比较集中在支座前面附近，并向后溢出。

表7.5　砖烟囱切口圆心角与支座后剪破坏的剪切角关系

切口圆心角 α/度	初始倾倒角 q_0/度	倾倒转动角 β/度	支座剪切角 α_s/度	切口侧边上缘距地高 h_{bs}/m
266	5.6	24.5	>29.4（最小）	>0.57
		7	>35.4	0.72
260	5.5	23.3	>31.5（最小）	>0.67
		7	>37.3	>0.83
240	5.0	19.6	>41.2（最小）	>1.23
		7	>46.2	>1.47
220	4.2	不发生剪切		

注：切口形状如图7.3所示。

从表7.4的例11、例12可见，切口圆心角 α 虽已小于220°，但仍发生了后坐剪切，与表7.5相应项不符，其原因也与切口未开定向窗，爆破后切口侧边上缘高度大于等于2.0m相关。

7.3.3　砖烟囱切口高度

当砖砌体高宽比 $h_b/b>4$ 后（h_b 为切口高度，m；b 为横断面砌体最小宽度，m，即厚度 δ），受压出现屈曲的纵向弯曲系数 φ_λ 将小于0.97[4]，屈曲压缩将引起支撑部中段向外鼓出而压塌，特别是部分支撑部砌体处于极限压缩应力时，砌体中的砖块逐渐破坏成 $\frac{1}{2}$ 砖块，φ_λ 将迅速降低。有些砖烟囱年久失修，在外没有钢板箍，砌体内不配钢筋，在内外温差作用下，生成纵向裂隙，砌体纵向粘连面积减小可达50%。经计算，当砌体灰缝抗剪强度 $[\tau_s]$ 为175kN/m²、200kN/m² 时，切口圆心角 α 分别大于240°、275°，切口爆破振动可引发切口上方砌体垮落，从而增大切口高度 h_b，当 $h_b/\delta>4$ 时，将依不同砂浆标号，随 h_b/δ 增大而 φ_λ 减小，支撑部将失稳而垮塌，如图7.4所示，如表7.4例1、例9等。上述两种原因导致支撑部破坏，都将造成烟囱下坐和后坐，严重时引起倒向偏离，甚至反倒。

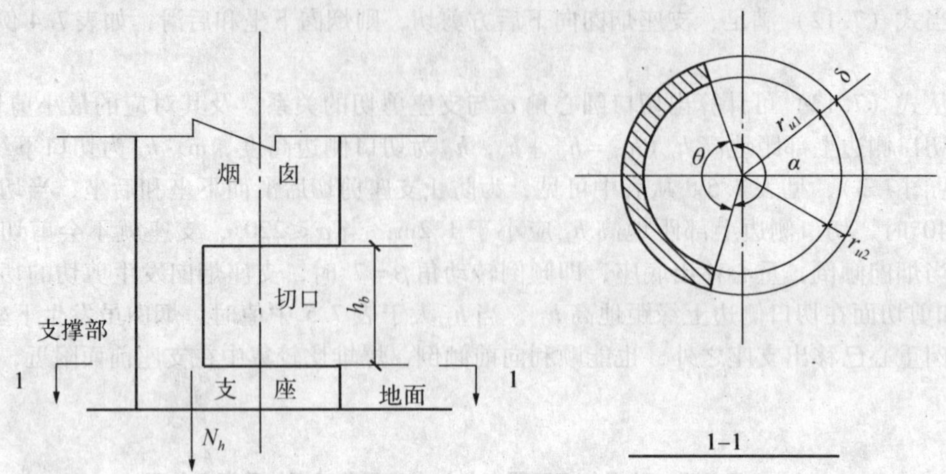

图 7.4 支撑部高度和压塌

另外，表 7.5 显示，大于表中切口侧边上缘距地高 h_{bs} 的剪切面，支撑部将向后剪切破坏。当切口圆心角为 240°，倾倒角 β 转动 7°，烟囱切口闭合，切口侧边高 h_{bs} 大于 1.47m 时，将形成破坏支撑部的剪切面，由此可见，切口侧边高度 h_{sb} 不宜大于 1.5m。而从表 7.4，烟囱的下坐、后坐状况可见，切口的 h_b 应限制到 1.8m 以下，切口底高 h_s 应小于 0.4m。结合切口爆破振动考虑，对可能引发切口上方砌体垮落，高 40～60m 的砖烟囱，切口高度还应降低至 1.0～1.2m。

7.4 剪力墙

7.4.1 着地姿态、爆堆和后滑

剪力墙结构定向倾倒或原地坍塌并倾倒的爆破拆除一般经历自然下落、转动倾倒、撞地或空中解体和塌落堆积四个阶段。

7.4.1.1 单切口剪力墙倾倒、爆堆和后滑

单切口爆破拆除剪力墙楼房的倾倒姿态如图 7.5 所示，切口爆破后由于切割了纵、横剪力墙的交叉复合结构，所剩余的单墙在其平面外的刚度较小，无论支撑的后墙，还是自然下落受冲击的后墙，大多屈曲失稳而弯曲断裂，如图 7.5（a）所示。后墙的失稳，引起剪力墙楼房下坐，如图 7.5（b）所示。而后墙对楼房下坐抵抗产生的转动力矩，使楼房在下坐时向前倾倒。原地坍塌的剪力墙楼房，也是在切口爆破后，楼房自然下落，而切口上楼房的自重及其冲击力总大于削弱后的墙体抗力，楼房下坐，由于后墙的抗力也产生楼房向前转动倾倒的力矩，形成坍塌并倾倒的姿态，如图 7.5（c）所示。剪力墙楼房切口闭合后，如图 7.5（d）所示，由于切口闭合前获得的转动速度，继续向前惯性倾倒，直至楼房质心跨过前趾点，自重下落翻倒着地。判断倾倒剪力墙楼房翻倒的条件，见式（6.69）和式（6.70）。由于剪力墙结构较强的抗横剪力，在楼房倾倒过程中，可始终基本保持剪力墙形

状而不受破坏。由此着地姿态，决定了剪力墙楼房的结构倒塌爆堆，本文简称爆堆，如图7.6所示。图中 L_f 为倾倒楼房的原前柱之前堆积宽，本文简称爆堆前沿宽度，m；B_b 为倾倒楼房的爆堆后沿宽，m；B_s 为楼房爆堆的侧堆宽，m。楼房的倒塌前倾，可视为绕后墙支撑部的中性轴 o 为底铰的转动，如图7.7。当剪力墙或框剪结构楼，单向整体倾倒，满足式(6.69)或式(6.70)时，其楼房翻倒的爆堆前沿宽 L_f，可从图7.6和图7.5可以推得，

$$L_f = (B - a)\left(\frac{1}{\cos\beta} - 1\right) + H - h_{cu} - h_{cf} \tag{7.14}$$

式中：H 为楼房高，m；B 为楼房宽，m；h_{cu} 为切口高，m；h_{cf} 为楼房倾倒切口撞地时的前墙破碎压溃高，m；h_{cf} 多为前墙切口上层所余单墙高度，m；β_0 为初始切口角，R°；β 为切口闭合角，R°；$\beta = \beta_g - \beta_f$，（7.15）

式中：β_g 为切口对地面角，由于剪力墙受压区严重压坏，可认为切口顶点延伸至 o。

$$\beta_g = \arctan[(h_{cu} + h_{cf} - h_e - h_p)/(B - a - a')] \tag{7.16}$$

$$\beta_f = \arctan[h_f/(B - a - a')] \tag{7.17}$$

β_f 为切口爆碴堆积角；h_e 为后墙的爆破高度，m；h_p 为后墙的压溃高度，m；详见2.8节，由式(2.32)和式(2.34)决定剪力墙的开始下坐，下坐高度为下坐层的墙高。h_f 为切口爆后地面堆积物在前墙处的高度，m；由预拆除地面堆积物高(0.2m)和切口内坍塌楼梁总高组成。B 为楼房宽，m；a 为后支撑墙中性轴 o 到后墙边距离，m；a' 为切口闭合时，前沿支撑中性轴到墙前边距离，图7.5中假设 $a'=0$ 故不标出。

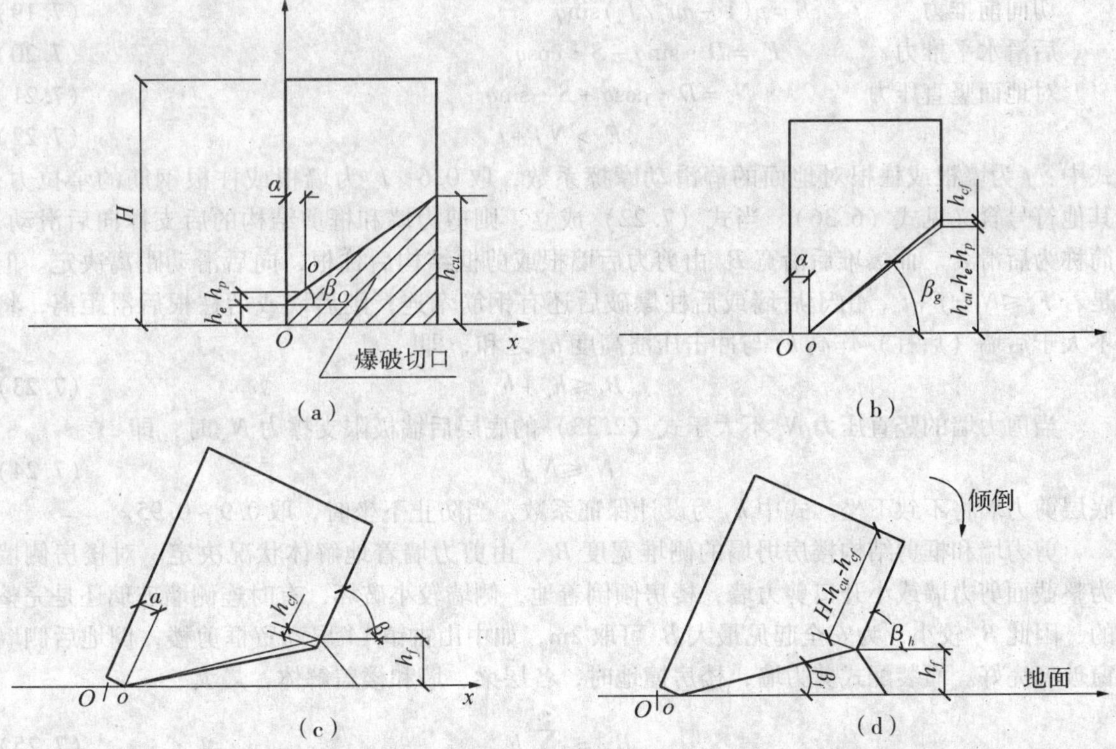

图7.5 剪力墙楼房倒塌姿态

(a) 爆破切口；(b) 起爆下坐；(c) 前倾撞地；(d) 前趾压溃（爆堆形态）

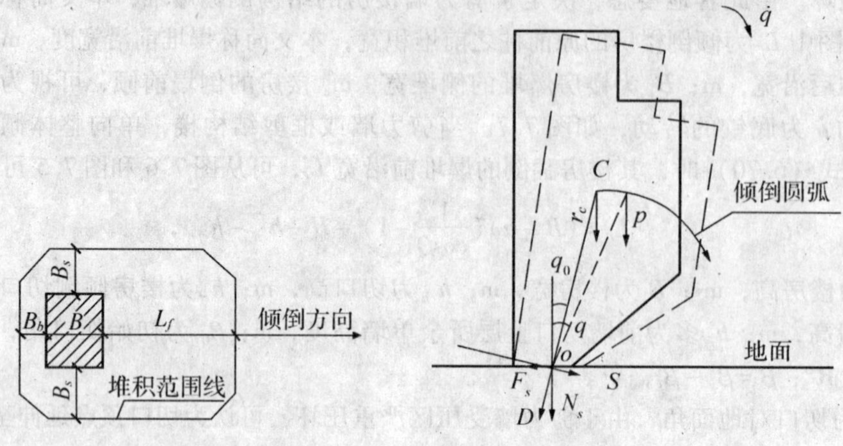

图 7.6　爆堆形态平面　　　　图 7.7　剪力墙楼房单向倾倒力图

翻倒的剪力墙楼房，再向前翻滚的判断条件，可参见式（7.77）和图 7.14，爆堆计算参照式（7.78）。土耳其某工厂楼房爆破拆除，曾发生这种爆堆。

剪力墙和框剪结构的后滑，是由于向前倾倒时，底铰 o 在径向压力和切向推力的迫使下，遵循动力学方程（6.36）式，而判断沿地面向后开始滑动，当 $M_b=0$ 时，见图 7.7 所示。

其径向压力　$D=p[\cos q-(2mr_c^2/J_b)(\cos q_0-\cos q)]$　(7.18)

切向前推力　$S=p(1-mr_c^2/J_b)\sin q$　(7.19)

后滑水平推力　$F_s=D\cdot\sin q-S\cdot\cos q$　(7.20)

对地面竖直压力　$N_s=D\cdot\cos q+S\cdot\sin q$　(7.21)

$$F_s>N_sf+t_e \tag{7.22}$$

式中：f 为墙根或柱根对地面的静滑动摩擦系数，取 0.6；t_e 为墙根或柱根钢筋的牵拉力；其他符号含义见式（6.36）。当式（7.22）成立，则剪力墙和框剪结构的后支撑向后滑动，简称为后滑[3]。而爆堆后沿宽 B_b 由剪力后墙根或剪框结构后柱根，向后滑动距离决定。但是若 $F_s\leqslant N_s\cdot f+t_e$，由于后墙或后柱爆破后还有钢筋牵连，则后墙或后柱根后滑距离，将不大于后墙（后柱）炸高 h_e 与冲击压溃高度 h_p 之和，即

$$B_b\leqslant h_e+h_p \tag{7.23}$$

当剪力墙的竖直压力 N_s 不大于式（2.33）的底层后墙极限支撑力 N_u 时，即

$$N_s\leqslant N_uk_{ds} \tag{7.24}$$

底层剪力墙将不致下坐。式中 k_{ds} 为设计保证系数，当防止下坐时，取 0.9～0.95。

剪力墙和框剪结构楼房坍塌的侧堆宽度 B_s，由剪力墙着地解体状况决定。对楼房侧墙为整截面剪力墙或小开口剪力墙，楼房倾倒着地，侧墙较小破坏，有时连侧墙玻璃还是完整的，因此 B_s 较小，为安全起见最大 B_s 可取 2m，如中山古镇 14 层商贸框剪楼，倒地后侧墙窗玻璃完好。而装配式剪力墙，楼房撞地时，各层梁、墙和楼盖解体，最大

$$B_s=\sum_{i=1}^{n_t}b_{sci} \tag{7.25}$$

式中：b_{sci} 为每楼层向外侧堆积宽，最大可达 1.0m；n_t 为顶层数；i 为切口以上层数。如 14

层青岛远洋宾馆为装配式剪力墙结构，爆破拆除撞地坍塌时，不同于以上所述的现浇剪力墙结构，结构撞地时构件间大部离散，B_s 较大可达 9m。

剪力墙和框剪结构楼翻倒着地的最大高度

$$h_{bf} = B + (h_b + 0.1) n_{ft} \tag{7.26}$$

式中：n_{ft} 为爆破切口及其闭合撞地坍塌的楼层数；h_b 为梁高。

综上所述，决定了剪力墙楼房的爆堆形态。

7.4.1.2 双切口剪力墙爆堆及判别

剪力墙和剪框结构楼房，当采用双切口同向倾倒时，上切口的高度一般在 3 层以下，比下切口小；若楼房上体（段）的自重接近楼房下体（段）的自重，或者超过下体重量，当采用下行起爆顺序或时差在 1.0s 之内的上行起爆时，上下切口爆破后，楼房上体的后推力，一方面，减缓了楼房下体的前倾转动，甚至形成下体后倾和机构后坐；另一方面，加快了上切口的闭合，通常在下切口闭合前，上切口已经闭合，而形成上下体迭合的楼房着地状态，如图 7.8（b）所示，并已为数值模拟所证明。另外，上下切口楼房的同向倒塌，也应避免形成上、下体楼房分别倾倒，也需要下切口滞后，并在上切口闭合前起爆，由此楼房上体在空中沿下体前顶面翻落的可能性就会大大减小，上、下体在空中就难于完全离散。从而最终总可视为，上切口闭合后的上下体组合成整体，绕下体后墙中性轴 o 为底铰轴的倾倒转动，即图 7.8（b）中所示。因此，从式（6.38）可以推出，下切口在上切口闭合前起爆，又滞后上切口起爆 t 时而起爆，

$$t < \sqrt{J_{bt2}} \cdot \{ \ln[q_2 - M_{br2} + \sqrt{2(m_{02}-1) - 2q_2 M_{br2} + q_2^2}] - \ln[q_{2,0} - M_{br2} + \sqrt{2(m_{02}-1) - 2q_{2,0} M_{br2} + q_{2,0}^2}] \} \tag{7.27}$$

$J_{br2} = J_{b2}/(m_2 g r_{c2})$；$M_{br2} = M_{b2}/(m_2 g r_{c2})$；$q_2 = q_{2,0} + \beta$；$m_{02} = \cos q_{2,0} + M_{br2} \sin(q_{2,0})$；$J_{b2}$ 为上体对后支撑铰 b 的转动惯量，$J_{b2} = J_{c2} + m_2 r_{c2}^2$；$r_{c2}$ 为上体质心 C_2 对后支撑 b 的距离；$q_{2,0}$ 为上体 r_{c2} 与铅垂线的初始夹角；q_2 为上体切口闭合时 r_{c2} 与铅垂线的夹角；M_{b2} 为上体向前倾倒，支撑部 b 铰的机构残余弯矩。

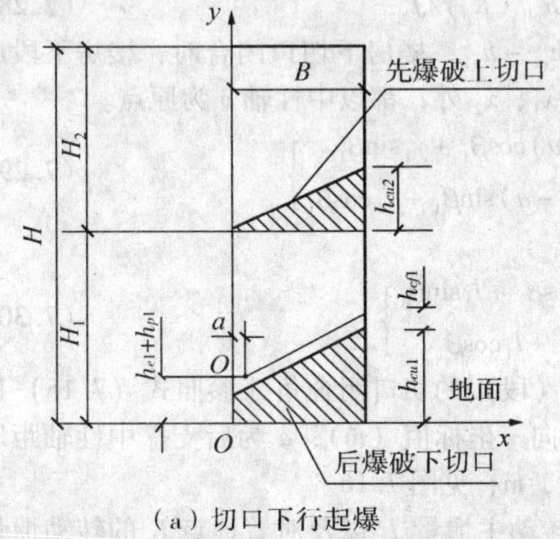

（a）切口下行起爆

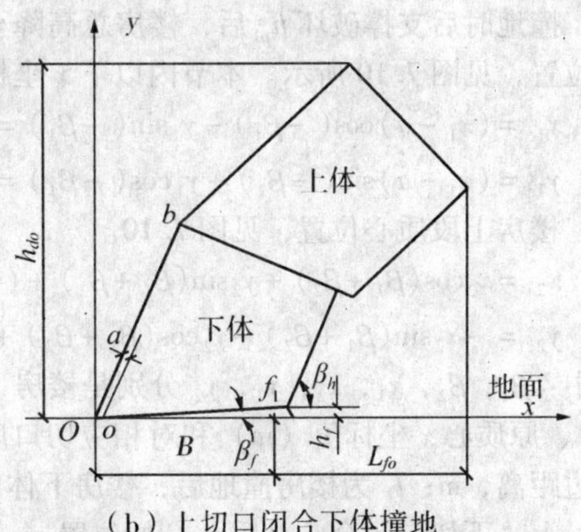

（b）上切口闭合下体撞地

图 7.8 双切口剪力墙同向倾倒姿态

从上述可见，上切口闭合后，上、下体和在空中同时向前倾倒，上体可能完全坐落在下体顶面，也可能在下体倾倒的同时，沿上切口顶面前角再向前转旋，而后种可能比较少。但是，不论上体和下体在空中运动关系如何，只要上体不从下体前顶面翻落，只要上、下体间在顶面接触而不完全离开，在下切口闭合时，就可以用 6.5 节第 3 条机械能转换并守恒定理，近似作上、下体落地姿态判断，并最后确定爆堆尺寸。

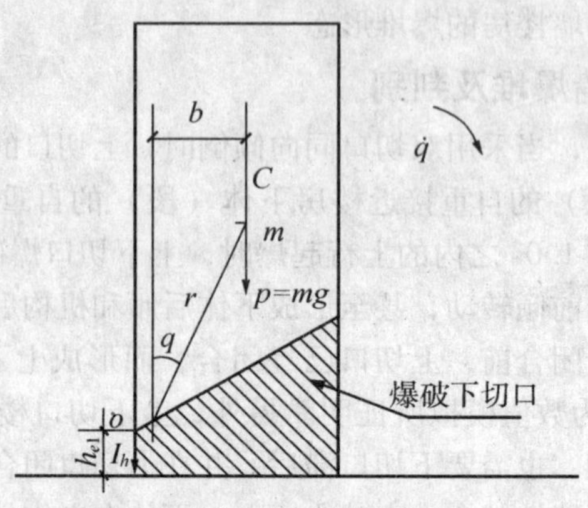

图 7.9 楼房爆破下落撞地转动

设下切口爆破 h_{e1}，剪力墙竖直下落 h_{e1}，楼房撞地后支撑破碎下落 h_{p1}；K_p 为压溃剪力墙所余能量系数，取 0.15～0.4，实测决定。剪力墙撞地速度 $v_{yo}=\sqrt{2g\ (h_{e1}+h_{p1}\cdot K_p)}$

撞地冲量 $I_h=mv_{yo}$；根据动量矩定理

$$I_h\cdot b=J_b\dot{q};$$

式中：m 为楼房除去下切口后的质量，10^3kg；b 为下切口爆破时楼房质心距后支撑中性轴 o 的水平距离，m；当后支撑接近塑性全受压时，o 近似取压区形心轴；J_b 为下切口爆破时楼房对中性轴 o 的转动惯量，$10^3\text{kg}\cdot\text{m}^2$；$\dot{q}$ 为剪力墙楼房撞地后的转速，R°/s；见图 7.9 所示。由此可得

$$\dot{q}=mb\ \sqrt{2g\ (h_{e1}+h_{p1}\cdot K_p)}/J_b \tag{7.28}$$

撞地时后支撑破坏 h_{p1} 后，楼房总高降至 $H-h_{e1}-h_{p1}$，楼房下切口闭合时，楼房下段质心位置，见图 7.10 所示。本节内以下 x 坐标，除 x_1，x_2 外，都以中性轴 o 为原点。

$$\left.\begin{aligned}x_{1c}&=(x_1-a)\cos(-\beta_1)-y_1\sin(-\beta_1)=(x_1-a)\cos\beta_1+y_1\sin\beta_1\\y_{1c}&=(x_1-a)\sin(-\beta_1)+y_1\cos(-\beta_1)=-(x_1-a)\sin\beta_1+y_1\cos\beta_1\end{aligned}\right\} \tag{7.29}$$

楼房上段质心位置，见图 7.10。

$$\left.\begin{aligned}x_{2c}&=x_2\cos(\beta_1+\beta_2)+y_2\sin(\beta_1+\beta_2)+(-a)\cos\beta_1+l_1\sin\beta_1\\y_{2c}&=-x_2\sin(\beta_1+\beta_2)+y_2\cos(\beta_1+\beta_2)+a\sin\beta_1+l_1\cos\beta_1\end{aligned}\right\} \tag{7.30}$$

式中：β_1，β_2，x_1，x_2，y_1，y_2 分别是楼房下上体（段）的切口闭合角［参照式（7.15）计算］、原质心 x 坐标值（m）和对相应切口底部竖向 y 坐标值（m）；a 为后支撑中性轴距墙后边距离，m；l_1 为楼房撞地后，楼房下体的高度，m，见图 7.16。

上、下切口闭合，总质心 C 的位置 x_c，y_c 和转动主惯量 J_c 以及对着地点 f_1 的转动惯量 J_{f1} 为

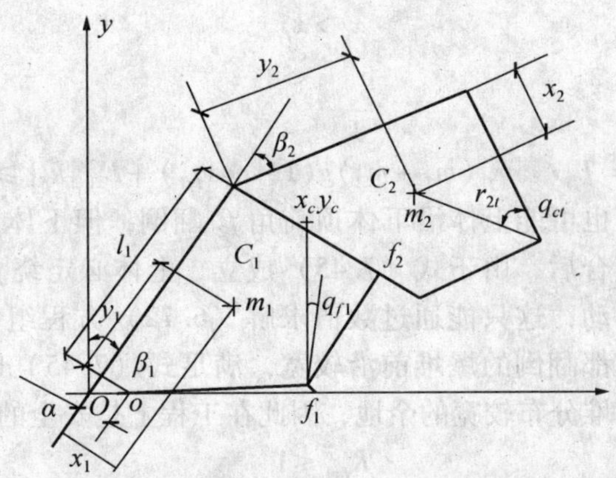

图 7.10　楼房切口闭合上下体质心位置

$$\left.\begin{aligned} x_c &= (m_1 x_{1c} + m_2 x_{2c})/(m_1 + m_2) \\ y_c &= (m_1 y_{1c} + m_2 y_{2c})/(m_1 + m_2) \end{aligned}\right\} \tag{7.31}$$

$$J_c = J_{c1} + m_1[(x_c - x_{1c})^2 + (y_c - y_{c1})^2] + J_{c2} + m_2[(x_c - x_{2c})^2 + (y_c - y_{2c})^2] \tag{7.32}$$

$$J_{f1} = J_c + (m_1 + m_2)[(x_c - x_{f1})^2 + (y_c - y_{f1})^2] \tag{7.33}$$

式中：m_1 和 m_2，J_{c1}和 J_{c2}分别为楼房上段和下段的质量（10^3kg）和转动主惯量（10^3kg · m^2）；x_{f1}，y_{f1}分别为f_1 的 x，y 坐标，m；$y_{f1} = h_{f1}$，h_{f2}，h_{f1}分别为上、下切口前墙堆积物高，m。质心 C 分别对 o，f_1 的距离为 r_c，r_{f1}，对 o 的转动惯量 J_o 和 r_c 与竖直线的夹角 q_o；$\beta_{2,0}$为下切口爆破时，上体的初始转角，R°。

$$r_c = \sqrt{x_c^2 + y_c^2} \tag{7.34}$$

$$r_{f1} = \sqrt{(x_c - x_{f1})^2 + (y_c - y_{f1})^2} \tag{7.35}$$

$$J_o = J_c + (m_1 + m_2)(x_c^2 + y_c^2) \tag{7.36}$$

$$q_o = \arctan(x_c / y_c) \tag{7.37}$$

上下切口闭合前的机械能

$$U = y_1 m_1 g + (l_1 + y_2 \cos\beta_{2,0} - x_2 \sin\beta_{2,0}) m_2 g + J_b \dot{q}^2/2 - y_c(m_1 + m_2) g \tag{7.38}$$

下切口闭合前的转速　$$\dot{q}_0 = \sqrt{2U/J_o} \tag{7.39}$$

质心 C 水平速度　质心 C 竖直速度

$$\left.\begin{aligned} v_x &= r_c \dot{q}_0 \cos q_o \\ v_y &= -r_c \dot{q}_0 \sin q_o \end{aligned}\right\} \tag{7.40}$$

下切口闭合后的转速

$$\dot{q}_{f1} = \dot{q}_0 \sqrt{\frac{J_o}{J_{f1}}} + (m_1 + m_2) r_{f1} (v_x \cos q_{f1} + v_y \sin q_{f1}) / J_{f1} \tag{7.41}$$

式中：q_{f1}为质心 C 对 f_1 连线与竖直线的夹角，R°；

$$q_{f1} = -\arctan[(x_c - x_{f1})/(y_c - y_{f1})] \tag{7.42}$$

下切口闭合后的整体动能

$$T_{f1} = J_{f1} \dot{q}_{f1}^2 / 2 \tag{7.43}$$

当

$$x_c > x_{f_1} \tag{7.44}$$

上下体共同翻倒。

当 $x_c \leqslant x_{f_1}$，但

$$K_{fw1} = T_{f1} / \{[r_{f1}(m_1 + m_2)g(1 - \cos q_{f1}) + E_{t1}]k_f\} \geqslant k_w \tag{7.45}$$

上下体可能共同翻倒，但也可能上体沿下体顶前角 f_2 翻倒，但下体不翻倒。若要判断下体也跟随翻倒，在下切口闭合后，由于式（7.45）成立，上体必定绕 f_2 点向下翻倒，若下体也翻倒，也即形成双体运动，这只能通过数值求解（6.72）方程组，才能精确判断下体是否同时翻倒。由于上下体都翻倒的爆堆前沿较宽，满足式（7.45）时均判断为上下体翻倒的爆堆，留有了充分的爆堆分布较宽的余地，因此在工程上是安全的。

若

$$K_{fw1} \leqslant 1 \tag{7.46}$$

下体不能翻倒，但还应判断上体是否翻倒。

当

$$\chi_{2c} > \chi_{f2} \tag{7.47}$$

上体翻倒；

当 $\chi_{2c} \leqslant \chi_{f2}$，且

$$K_{fw2} = T_2 / \{[r_{2f} m_2 g(1 - \cos q_{2f}) + E_{t2}]k_f\} < k_w \tag{7.48}$$

上体不一定翻倒；

式中：k_w 为翻倒保证系数，取 1.5。k_f 为上体与下体或下体对地面翻倒过程的接触阻尼系数，取 1.1～1.2，上体取小值，下体取大值；E_{t1}，E_{t2} 分别为下、上切口支撑部钢筋拉断所需做的功，

$$E_{t1} = (A_s + 2a \cdot A_{sw}/h_0)\ \sigma_{ts} \cdot h_{ep1} \cdot \delta_s \tag{7.45a}$$

$E_{t2} = (A_s + 2a \cdot A_{sw}/h_0)\ \sigma_{ts} \cdot h_{ep2} \cdot \delta_s$；$A_s$，$A_{sw}$，$h_0$，$\sigma_{ts}$ 见 2.8 节，δ_s 为钢筋的极限伸长率。h_{ep2} 为上切口支撑部炸高和压溃总高；$h_{ep1} = h_{e1} + h_{p1}$。当切割钢筋或 3 排以上炮孔爆破时，可以认为 $A_s \approx 0$，$A_{sw} \approx 0$。

式中：χ_{f2} 和 y_{f2} 分别为下切口闭合时，上切口闭合点 f_2 的 χ 和 y 坐标。

$$\left.\begin{aligned} \chi_{f2} &= \chi_{f1} + (H_1 - h_{cu1} - h_{cf1})\sin\beta_1 \\ y_{f2} &= (H_1 - h_{cu1} - h_{cf1})\cos\beta_1 + h_{f1} + h_{f2} \end{aligned}\right\} \tag{7.49}$$

上体质心 C_2 到 f_2，f_1 的距离，C_2f_2 连线与铅垂线的夹角和 C_2f_1 连线与铅垂线的夹角分别为 r_{2f}，r_{2f1} 和 q_{2f}，q_{2f1}

$$r_{2f} = \sqrt{(x_{2c} - x_{f2})^2 + (y_{2c} - y_{f2})^2} \tag{7.50}$$

$$r_{2f1} = \sqrt{(x_{2c} - x_{f1})^2 + (y_{2c} - y_{f1})^2} \tag{7.51}$$

$$q_{2f} = -\arctan[(\chi_{2c} - \chi_{f2})/(y_{2c} - y_{f2})] \tag{7.52}$$

$$q_{2f1} = -\arctan[(\chi_{2c} - \chi_{f1})/(y_{2c} - y_{f1})] \tag{7.53}$$

上体质心 C_2 在下切口闭合后的速度水平分量 v_{2cx} 和速度竖直分量 v_{2cy} 为

$$\left.\begin{aligned} v_{2cx} &= r_{2f1}\dot{q}_{f1}\cos q_{2f1} \\ v_{2cy} &= r_{2f1}\dot{q}_{f1}\sin q_{2f1} \end{aligned}\right\} \tag{7.54}$$

上体在下切口闭合后的动能

$$T_2 = J_{c2}\dot{q}_{f1}^2/2 + m_2(v_{2cx}^2 + v_{2cy}^2)/2 \tag{7.55}$$

而当 $x_{2c} \leqslant x_{f2}$，且

$$K_{fw2} \geqslant k_w \tag{7.56}$$

满足式（7.56），上体仍保证翻倒，而下体不能翻倒。

从以上分析可见，增大下、上切口角 β_1 和 β_2，都可以增大 x_c，但以增大 β_1 最为显著，更能满足式（7.44），促成上下体共同翻倒。同时，β_1 和 β_2 增大后，机械能 U 增大，整体动能 T_{f1} 增加，转速 $\dot{q}_{f1}$ 增大，可满足式（7.45），促成上下体共同翻倒。并且由式（7.55）可见，下切口闭合后的上体动能 T_2 也会随之增加，同理以增大 β_1 最为显著，即或下体不翻倒，从式（7.56）中可见，上体也更易翻倒。因此，增大下切口角 β_1，是最主要的促使双切口剪力墙翻倒的措施。β_1 和 β_2 对剪力墙翻倒效果的实例计算，见图 7.14(a) 和图 7.14(b)。

以上各式判断的上体翻倒，在翻倒过程中，当质心 C_2 越过 f_2 竖直线后，都可能沿 f_2 点又同时向前向下滑动。当上体不能绕下体前顶面翻倒，但有可能沿下体顶面，向前下方滑动。上切口闭合后，下切口闭合产生冲击，其上体滑动模型，见图 7.11。

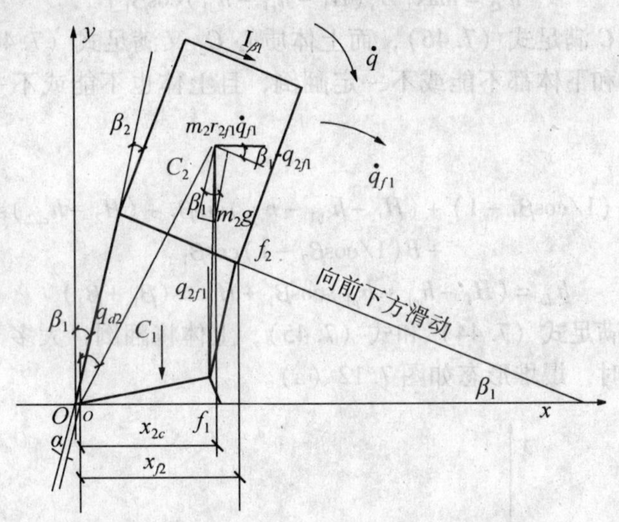

图 7.11 下切口闭合上体沿下体顶面滑动

下切口闭合后，上体沿下体顶面动量为

$$I_{\beta 1} = m_2 \dot{q}_{f1} r_{2f1} [\cos(q_{2f1} - \beta_1) + f\sin(q_{2f1} - \beta_1)] \tag{7.57}$$

式中：f 为下体顶面摩擦系数，由于上下体表面相嵌，取 0.8；而动量 $I_{\beta 1}$ 引起滑动的动能

$$T_{\beta 1} = I_{\beta 1}^2/(2m_2) = m_2 \dot{q}_{f1}^2 r_{2f1}^2 [\cos(q_{2f1} - \beta_1) + f\sin(q_{2f1} - \beta_1)]^2/2 \tag{7.58}$$

上体沿下体顶面滑动，其质心 C_2 滑出 x_{f2} 所需的动能

$$W_{\beta 1} = m_2 g (f\cos\beta_1 - \sin\beta_1)(x_{f2} - x_{2c})/\cos\beta_1 + E_{2f} \tag{7.59}$$

$$K_{f\beta} = T_{\beta 1}/W_{\beta 1} \geqslant k_{sw} \tag{7.60}$$

式中：E_{2f} 为上体滑动时，上体拉断支撑部钢筋所做的功；当 $h_{ep2} >$（$x_{f2} - x_{2c}$）$/\cos\beta_1$ 时，$E_{2f} = 0$；而 $h_{ep2} \leqslant$（$x_{f2} - x_{2c}$）$/\cos\beta_1$ 时，$E_{2f} =$（$A_s + 2aA_{sw}/h_0$）$\sigma_{ts} \cdot$ [（$x_{f2} - x_{2c}$）$/\cos\beta_1 - h_{ep2}$] δ_s；k_{sw} 为滑动保证系数，取 1.5。

满足上式时，上体质心 C_2 保证滑出下体顶面，而后上体又同时绕 f_2 下旋转动，而迭落在下体前方。如果式（7.45）、式（7.56）和式（7.60）均满足，且 $K_{f\beta} > K_{fw2}$，则上体翻倒是由上体沿下体顶面下滑而引起。如果式（7.60）不满足，则上体质心 C_2 不会或不一定会滑出下体顶面。

上体沿下体顶面前滑，下体顶面前角点 f_2 多会嵌入上体，下切口闭合引发的上体冲量，将不能抵抗剪力和弯矩的上体纵墙破坏，上体的重载将全部转移到所剩其他支撑构件上，而引发进一步压碎破坏。三切口同向倾倒剪力墙拆除，当中切口上方的中体，沿下体顶面前滑时，中体破坏也最为严重。

经以上判断，上体翻倒而下体没有翻倒的爆堆形态如图 7.12（b）所示，倒塌前沿宽

$$L_{f2} = (B-a)(1/\cos\beta_1 - 1) + (H_1 - h_{cu1} - h_{cf1})\sin\beta_1 + y_{f2}\tan\beta_2 + H_2 - h_{cu2} \tag{7.61}$$

式中：β_1，H_1，h_{cu1} 和 β_2，H_2，h_{cu2} 分别是下体和上体的倾倒角（R°）、体高（m）、切口高（m）；$\beta_1 = \beta = \beta_h$；$h_{cf1}$ 为下切口闭合时，前墙破碎高，m；β_h 为下切口闭合时，前墙倾斜角，R°。

爆堆最大高度
$$h_{d2} = \max[B, (H_1 - h_{e1} - h_{p1})\cos\beta_1] \tag{7.62}$$

当楼房整体质心 C 满足式（7.46），而上体质心 C_2 又满足式（7.48），$T_{\beta1} \approx 0$，不满足式（7.60）时，上体和下体都不能或不一定翻倒，且上体也不能或不一定滑落。爆堆形态如图 7.8b 所示。

爆堆前沿宽

$$L_{fo} = (B-a)(1/\cos\beta_1 - 1) + (H_1 - h_{cu1} - h_{cf1})\sin\beta_1 + (H_2 - h_{cu2})\sin(\beta_1 + \beta_2) + B(1/\cos\beta_2 - 1)\cos\beta_1 \tag{7.63}$$

爆堆高度
$$h_{do} = (H_1 - h_{e1} - h_{p1})\cos\beta_1 + H_2\cos(\beta_1 + \beta_2) \tag{7.64}$$

当楼房整体质心满足式（7.44）和式（7.45），上体将翻倒，大多下体也将翻倒。当上体翻倒，下体也翻倒时，爆堆形态如图 7.12（a）。

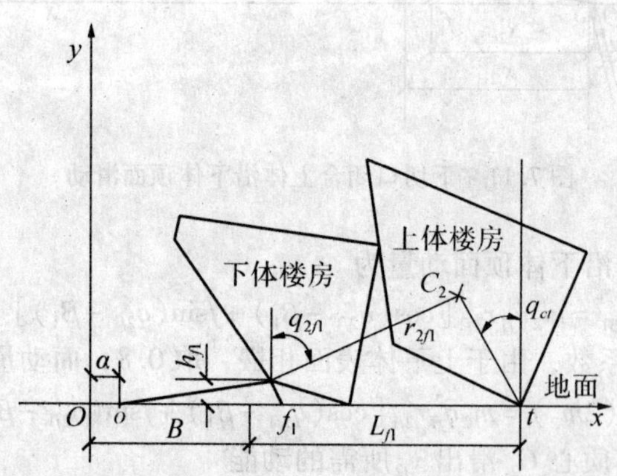

图 7.12（a） 上下体都翻倒爆堆

爆堆前沿宽
$$L_{f1} = (B-a)(1/\cos\beta_1 - 1) + H - h_{cu1} - h_{cf1} - h_{cu2} \tag{7.65}$$

爆堆最大高
$$h_{d1} = B + 2h_{f1} \tag{7.66}$$

当式（7.46）、式（7.47）、式（7.60）满足，上体将翻倒而下体不翻倒。

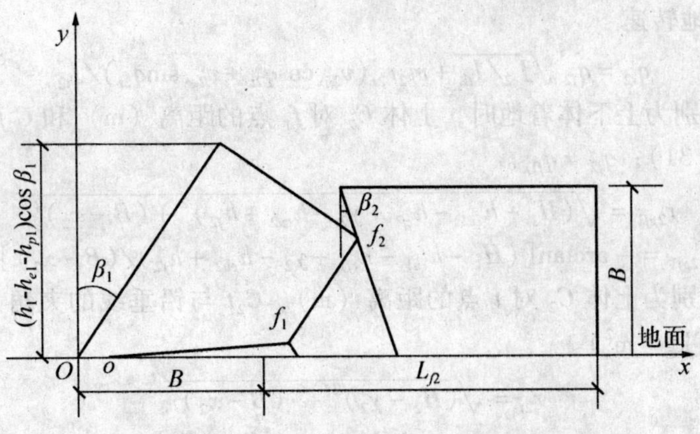

图 7.12（b）　上体翻倒下体不翻倒爆堆

当上体翻倒，下体不翻倒时，爆堆形态如图 7.12（b）。

上体从下体上翻倒时，由于上体自重促使下体前顶角向上体内的嵌入，上体楼房切口层多已破坏，实际爆堆 L_{f1} 比式（7.65）值略小，实际爆堆 L_{f2} 比式（7.61）值略小。

上体下体同时翻倒着地后，还应验算上体楼房，是否可能再向前翻转而楼顶着地，如图 7.13 所示。验算如下：

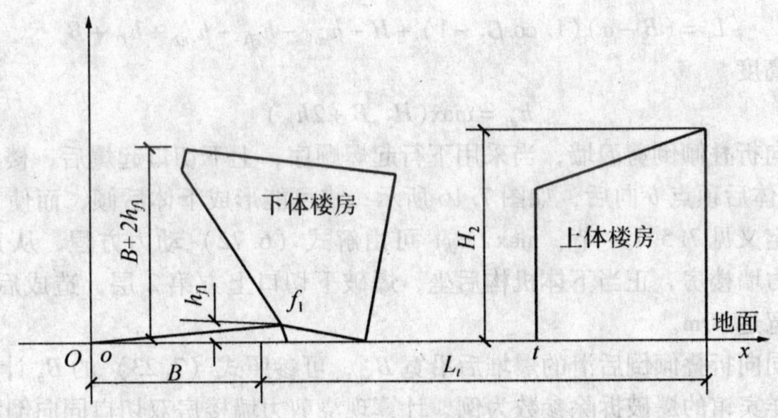

图 7.13　上下体同时翻倒后上体再翻转

上体下体同时翻倒着地的动能

$$T_{f1s}=T_{f1}+(m_1+m_2)g\{\gamma_c-[B-(b+a)+h_{f1}]\}-E_{t1}-E_{t2} \tag{7.67}$$

上下体整体翻倒着地时的转速

$$\dot{q}_{f1g}=\sqrt{2T_{f1s}/J_{f1}} \tag{7.68}$$

上体质心 C_2 着地速度的水平分量

$$v_{2gx}=r_{2gf1}\dot{q}_{f1g}\cos q_{2gf1}$$

而其着地速度竖直分量　（7.69）

$$v_{2gy}=r_{2gf1}\dot{q}_{f1g}\sin q_{2gf1}$$

楼顶前角 t 着地转速

$$\dot{q}_{t2}=\dot{q}_{f2}\sqrt{J_{c2}/J_{t2}}+m_2r_{2t}(v_{2gx}\cos q_{2t}+v_{2gy}\sin q_{2t})/J_{t2} \tag{7.70}$$

式中：r_{2gf1}，q_{2gf1}分别为上下体着地时，上体 C_2 对 f_1 点的距离（m）和 C_2f_1 与铅垂线的夹角（R°）；y_c 见式（7.31）；$\dot{q}_{f2}=\dot{q}_{f1g}$。

$$r_{2gf1}=\sqrt{(H_1-h_{cu1}-h_{cf1}+y_2-h_{cu2}+h_{f2})^2+(B-x_2)^2} \tag{7.71}$$

$$q_{2gf1}=-\arctan[(H_1-h_{cu1}-h_{cf1}+y_2-h_{cu2}+h_{f2})/(B-x_2)] \tag{7.72}$$

r_{2t}，q_{2t}和 J_{t2}分别为上体 C_2 对 t 点的距离（m）、C_2t 与铅垂线的夹角（R°）和上体对 t 点的转动惯量（10^3kg·m^2）

$$r_{2t}=\sqrt{(H_2-y_2)^2+(B-x_2)^2} \tag{7.73}$$

$$q_{2t}=\arctan[(H_2-y_2)/(B-x_2)] \tag{7.74}$$

$$J_{t2}=J_{c2}+m_2r_{2t}^2 \tag{7.75}$$

上体对 t 点的再翻倒动能

$$T_{2t}=J_{t2}\dot{q}_{t2}^2/2 \tag{7.76}$$

当

$$K_{wt}=T_{2t}/[r_{2t}m_2g(1-\cos q_{2t})]<1/k_{ws} \tag{7.77}$$

保证上体不可能向前再翻倒，爆堆如图 7.13 所示。式中安全系数 $k_{ws}=1.5$。

倒塌前沿宽

$$L_t=(B-a)(1/\cos\beta_1-1)+H-h_{cu1}-h_{cf1}-h_{cu2}+h_{f2}+B \tag{7.78}$$

爆堆最大高度

$$h_{dt}=\max(H_2,B+2h_{f1}) \tag{7.79}$$

双切口同向折叠倾倒剪刀墙，当采用下行起爆顺序，上下切口起爆后，楼房上体的后推力 F_{s2}，推动下体后顶点 b 向后，如图 7.16 所示；将可能形成下体后倾，而使 b 点机构后坐 x_{sb}，机构后坐定义见 7.5.1.1 节，max $|x_{sb}|$ 可由解式（6.72）动力方程，从其数值解中获得。青岛某剪力墙楼房，正当下体机构后坐，爆破下切口上方第 2 层，造成后倾后墙垮落，形成爆堆后沿宽达 10m。

而双切口同向折叠倾倒后滑的爆堆后沿宽 B_{bd}，可参照式（7.23）的 B_b 计算。

以青岛远洋宾馆的爆破拆除参数为例，计算现浇剪力墙楼房双切口同向倒塌效果。忽略不同爆破切口引起楼房质量 m 和转动主惯量 J_c 的变化，用本节以上公式计算 K_{fw1}，K_{fw2}，$K_{f\beta}$，K_{wt}与爆破切口角 β_1，β_2 和切口前沿高 h_{cu1}，h_{cu2}的关系。计算剪力墙一榀架的原始数据和计算结果如下：

$m=873.5\times10^3$kg；$J_b=468370\times10^3$kg·m^2；$J_c=116470\times10^3$kg·m^2；$B=15$m；$b=7.007$m；$a=1.65$m；$r_{c2}=20.07$；$M_{b2}=0$；$k_p=0.2$；$h_{e1}=0.2$m；$h_{p1}=3.0$m；$H=44.1$m；下切口炸层数分别为 2、3、4 层，上切口炸层数为 2 层，即分别下切口高 $h_{cu1}=6.5$m，9.8m，13.1m；分别对应的 $\beta_1=0.1851$R°，0.3584R°，0.5119R°；以及分别 $h_{f1}=0.8$m，1.6m，2.4m；上切口高 $h_{cu2}=5.9$m；$\beta_2=0.1851$R°；$h_{f2}=0.8$m；$H_1=17.1$m；$H_2=27$m；$x_1=6.482$m；$x_2=6.724$m；$y_1=6.926$m；$y_2=10.766$m；$l_1=13.9$m；$h_{ep1}=3.2$m；$h_{ep2}=2.6$m；$m_1=292.7\times10^3$kg；$J_{c1}=9580\times10^3$kg·m^2；$m_2=4915\times10^3$kg；$J_{c2}=28170\times10^3$kg·m^2；

$\beta_{2,0}=0$；$A_s=0.0027\mathrm{m}^2$，$A_{sw}=16.6\times10^{-4}\mathrm{m}^2$，$\sigma_{ts}=360\mathrm{MPa}$；$h_0\approx2a$；$\delta_s=0.22$；双切口同向倾倒，采用上行起爆，时差小于0.5秒时，上切口炸2层，下切口分别炸2、3、4层，K_{fw1}，K_{fw2}，$K_{f\beta}$和计算结果如图7.14（a）和图7.14（c）。图7.14（a）中，当下切口炸到4层时，$K_{f\beta}$为负，表明上体无需做功将自行下滑。

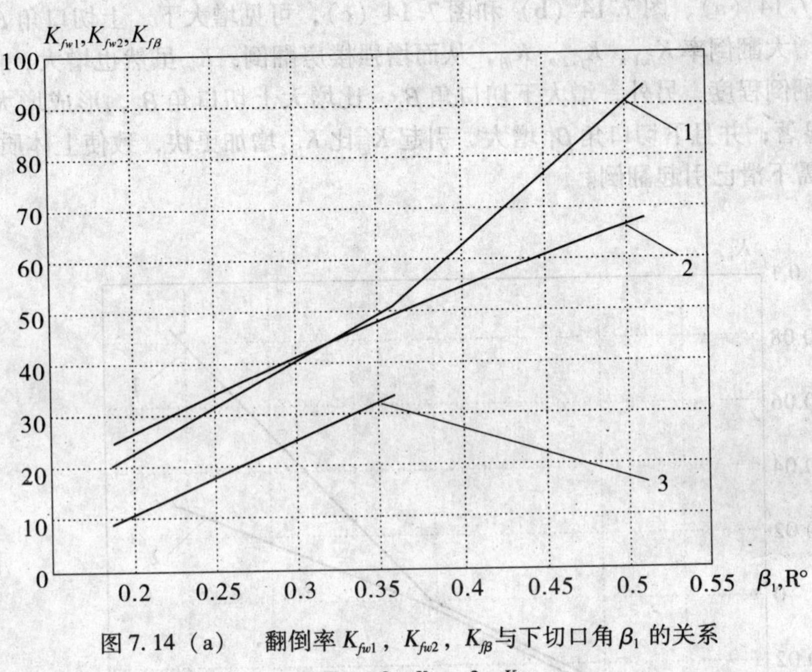

图7.14（a）　翻倒率K_{fw1}，K_{fw2}，$K_{f\beta}$与下切口角β_1的关系

1—K_{fw1}；2—K_{fw2}；3—$K_{f\beta}$

图7.14（b）　翻倒率K_{fw1}，K_{fw2}，$K_{f\beta}$与下切口角β_2的关系

1—K_{fw1}；2—K_{fw2}；3—$K_{f\beta}$

而下切口炸层数为2层，上切口炸层数分别为2、3、4层时，即分别下切口高 $h_{cu1}=6.5\text{m}$，$h_{f1}=0.8\text{m}$，对应的 $\beta_1=0.1851\text{R}°$，分别上切口 $h_{cu2}=5.9\text{m}$，9.2m，12.5m；分别 $\beta_2=0.1851\text{R}°$，$0.3584\text{R}°$，$0.5119\text{R}°$；分别 $h_{f2}=0.8\text{m}$，1.6m，2.4m；K_{fw1}，K_{fw2}，$K_{f\beta}$ 和 K_{wt} 计算结果如图7.14（b）和图7.14（c）。

比较图7.14（a）、图7.14（b）和图7.14（c），可见增大下、上切口角 β_1，β_2 时，都能不同程度增大翻倒率 K_{fw1}，K_{fw2}，$K_{f\beta}$，从而增强楼房翻倒；K_{wt} 虽然也增大，但是一般未到楼房上体再翻倒程度。另外，增大下切口角 β_1，比增大上切口角 β_2，形成增大翻倒率 K_{fw1}，K_{fw2}，$K_{f\beta}$ 更显著；并且下切口角 β_1 增大，引起 $K_{f\beta}$ 比 K_{fw2} 增加更快，致使上体质心在 f_2 之前，表明上体无需下滑已引起翻倒。

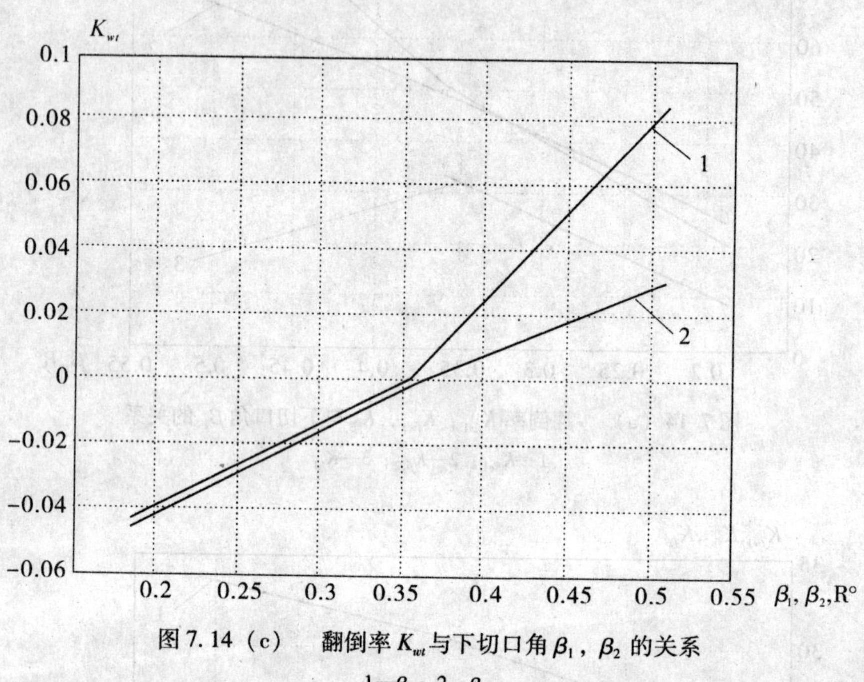

图7.14（c） 翻倒率 K_{wt} 与下切口角 β_1，β_2 的关系

1—β_1；2—β_2

剪力墙和框剪结构楼房，当欲尽可能缩小倒塌前沿宽 L_f，可采用上下切口反向倾倒，如图7.15所示。其倒塌前堆宽 L_{fs}：

$$L_{fs}=B+(B-a)(1/\cos\beta_1-1)+H_1-h_{cu1}-h_{cf1} \tag{7.80}$$

而爆堆后沿宽

$$B_{bs}=\sqrt{(H_2-h_{cu2})^2+B^2}-(H_1-h_{e1}-h_{p1})\sin\beta_1 \tag{7.81}$$

爆堆高

$$h_{ds}=B+2h_f \tag{7.82}$$

双切口楼房的侧堆宽 B_s 可参照式（7.25）计算。

剪力墙和框剪结构楼房，当采用多切口爆破拆除时，工程上重视最下两切口的状态，而其他上切口实际多先闭合，或对爆堆状态影响不大。其运动各体着地位置，倒塌姿态判断和爆堆形态计算，可参照上述双体剪力墙楼房对其判断原理和计算方法进行。

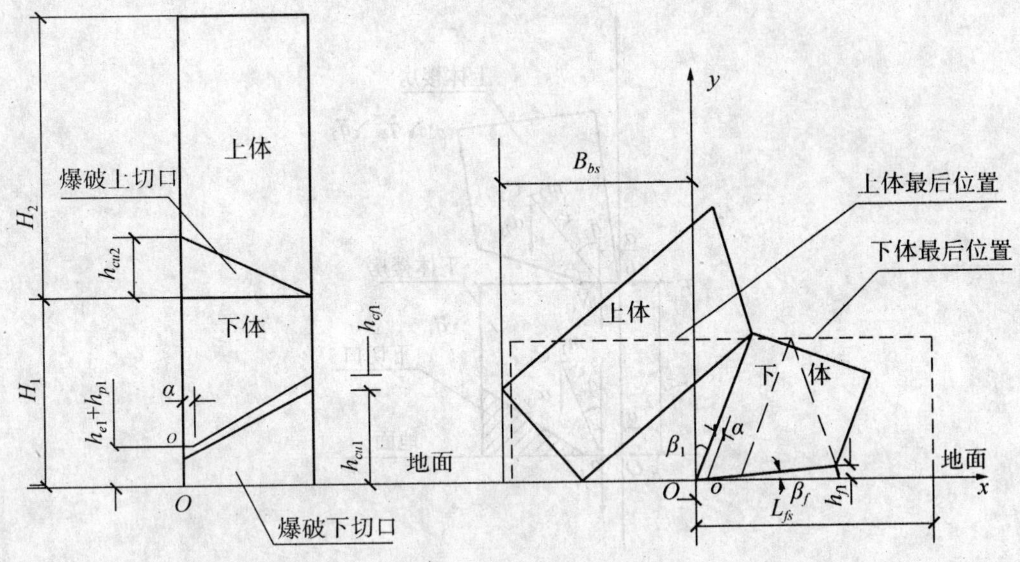

图 7.15　双切口反向倾倒

框架楼房，多切口爆破拆除时，其爆堆形态，可按剪力墙双切口爆破拆除时，各体位置、倒塌姿态的力学条件，判断框架楼房各体着地位置，再以 7.5.3 节框架各个单体着地时，各体破坏状况，计算爆堆最终形态。

本节的爆堆范围，是指建筑结构坍塌着地的范围，坍塌时构件运动和破坏所产生的飞石范围，还要在计算结构倒塌爆堆范围外推 5～10m，并视构件着地速度和前冲速度而取值。

7.4.2　剪力墙下坐及起爆次序

后支撑剪力墙的下坐，是由其支撑强度和竖直压力 N_s 决定，而带后坐的下坐可用竖直压力 N_s 和水平后推力 F_s 决定。

双切口同向折叠爆破拆除剪力墙，当采用下行起爆顺序时，起爆上切口而下切口未爆破前，下体后支撑剪力墙的作用力，由下体自重原载荷叠加单向倾倒的上体载荷形成。上体对下体的竖直压力 N_{s2} 和水平后推力 F_{s2}，可分别由式（7.21）的 N_s 和式（7.20）的 F_s 计算，如图 7.16 所示。显然，下切口起爆前，由于未爆切口内剪力墙分载，下体后支撑剪力墙承载的叠加载荷并不大，而下体最大竖直压力 N_s，是在下切口刚起爆时。这时上切口已超前起爆，上体已倾倒 t_1 时。以下推导 t_1 时的上体转角 q_{2s} 和转速 $\dot{q}_{2s}$，并以此作为下切口起爆时的初始条件，计算下行起爆顺序时，后支撑剪力墙的竖直压力 N_{sd} 和水平后推力 F_{sd}。为与上行起爆顺序比较，设剪力墙塑性铰弯矩 $M_b=0$。由于上体初速 $\dot{q}_{2,0}=0$，则上体起爆 t_1 时的 r_2 与铅垂线夹角 q_{2s} 可用式（6.38）隐式计算，即

$$q_{2s}+\sqrt{2[\cos(q_{2,0})-1]+q_{2s}^2}=\{q_{2,0}+\sqrt{2[\cos(q_{2,0})-1]+q_{2,0}^2}\}e^{\sqrt{m_2gr_2/J_{b2}}t_1} \quad (7.83)$$

上体的转连

$$\dot{q}_{2s}=\sqrt{2p_2r_2(\cos q_{2,0}-\cos q_{2s})/J_{b2}} \quad (7.84)$$

式中的其他符号与式（6.72）相同。

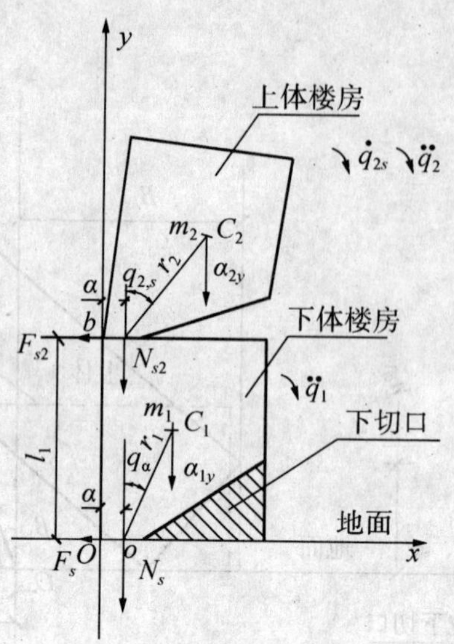

图 7.16　剪力墙双切口同向折叠倾倒力图

由此可知，当下切口起爆时，式（6.72）动力方程的初始条件为

$$t=t_1,\ q_{1,0}=0,\ \dot{q}_{1,0}=0,\ q_{2,0}=q_{2s},\ \dot{q}_{2,0}=\dot{q}_{2s}\ （顺时针为正，逆时针为负） \tag{7.85}$$

此时双体力的求解，是动力学方程的逆问题，可按以下过程求解：首先从（6.72）方程组求解 $\ddot{q}_2$，$\ddot{q}_1$，即上体的转动加速度

$$\ddot{q}_2=[-(m_2r_2l_1)^2\cos q_{2s}\sin q_{2s}\dot{q}_{2s}^2-(m_2r_2l_1)m_1gr_1\sin q_a\cos q_{2s}+(J_{b1}+m_2l_1^2)m_2gr_2\sin q_{2s}]/[J_{b2}(J_{b1}+m_2l_1^2)-(m_2r_2l_1)^2\cos^2 q_{2s}] \tag{7.86}$$

下体的转动加速度

$$\ddot{q}_1=(-m_2r_2l_1\cos q_{2s}\ddot{q}_2+m_2r_2l_1\sin q_{2s}\dot{q}_{2s}^2+m_1gr_1\sin q_a)/(J_{b1}+m_2l_1^2) \tag{7.87}$$

下体质心 C_1 的加速度的竖向分量

$$a_{1y}=r_1\ddot{q}_1\sin q_a \tag{7.88}$$

下体质心 C_1 的加速度的水平分量

$$a_{1x}=r_1\ddot{q}_1\cos q_a \tag{7.89}$$

由此上体质心 C_2 的加速度的竖向分量

$$a_{2y}=-r_2\ddot{q}_2\sin q_{2s}-r_2\dot{q}_{2s}^2\cos q_{2s} \tag{7.90}$$

上体质心 C_2 的加速度的水平分量

$$a_{2x}=r_2\ddot{q}_2\cos q_{2s}-r_2\dot{q}_{2s}^2\sin q_{2s}+l_1\ddot{q}_1 \tag{7.91}$$

上体对下体的竖直压力

$$N_{s2}=p_2-p_2(2m_2r_2^2/J_{b2})(\cos q_{2,0}-\cos q_{2s})\cos q_{2s}-m_2r_2\sin q_{2s}\ddot{q}_2 \tag{7.92}$$

上体对下体水平推力

$$F_{s2}=m_2r_2\ddot{q}_2\cos q_{2s}-p_2(2m_2r_2^2/J_{b2})(\cos q_{2,0}-\cos q_{2s})\sin q_{2s}+l_1m_2\ddot{q}_1 \tag{7.93}$$

下体质心 C_1 对支撑部底铰 o 的竖直压力

$$N_{s1}=p_1-m_1\ddot{q}_1r_1\sin q_a \tag{7.94}$$

下体质心 C_1 对支撑部底铰 o 的水平推力

$$F_{s1} = m_1 r_1 \ddot{q}_1 \cos q_a \tag{7.95}$$

当 $t = t_1$ 时上下体对地面的竖直压力

$$N_{sd} = N_{s1} + N_{s2} = (p_1 + p_2) - p_2(2m_2 r_2^2/J_{b2})(\cos q_{2,0} - \cos q_{2s})\cos q_{2s} - m_2 r_2 \sin q_{2s}\ddot{q}_2 - m_1 r_1 \sin q_a \ddot{q}_1 \tag{7.96}$$

上、下体对地面的水平推力

$$F_{sd} = F_{s1} + F_{s2} = m_2 r_2 \ddot{q}_2 \cos q_{2s} + m_1 r_1 \ddot{q}_1 \cos q_a + l_1 m_2 \ddot{q}_1 - p_2(2m_2 r_2^2/J_{b2})(\cos q_{2,0} - \cos q_{2s})\sin q_{2s} \tag{7.97}$$

对整截面剪力墙和小开口剪力墙楼房，采用双切口同向倾倒下行起爆，当 t_1 下切口起爆时，对地面的竖直压力是随上下体倾倒时间 $t > t_1$ 而减少，而对地面水平推力却加大。当 $t = t_1$ 时，楼房对地面的竖直压力 N_{sd} 大于 2.8 节的式（2.30）和式（2.33）的底层剪力墙后支撑力 N_u 时，即

$$N_{sd} > N_u \tag{7.98}$$

底层剪力墙将压坏而下坐。

当采用上行起爆次序时，起爆延迟同为 t_1，下切口首先起爆如图 7.7 所示。剪力墙对地面的作用力，也与以上推导同理，是单体倾倒动力方程（6.36）式的逆问题，其剪力墙在对地面的竖直压力 N_s 和后滑水平推力 F_s 分别见式（7.21）和式（7.20）即

$$N_{su} = (p_1 + p_2) - (p_1 + p_2)\{[(m_1 + m_2) r_c^2/J_b][2\cos q(\cos q_0 - \cos q) + \sin^2 q]\} \tag{7.99}$$

$$F_{su} = (p_1 + p_2)[(m_1 + m_2) r_c^2/J_b](3\cos q - 2\cos q_0)\sin q \tag{7.100}$$

式中：

$$(p_1 + p_2) = p \tag{7.101}$$

$$m_1 + m_2 = m \tag{7.102}$$

q 可由式（6.38）计算，其 $t_1 = t$。式中符号同图 7.7，见式（6.36）。对整截面剪力墙和小开口剪力墙楼房，采用双切口同向倾倒上行起爆，t_1 延迟上切口起爆，在 $t < t_1$ 内，

$$N_{su} > N_u \tag{7.103}$$

见式（2.34），底层剪力墙将压坏而下坐，由式（7.99）可见，当 $t = 0$ 时 N_{su} 最大。

比较双切口上行起爆和下行起爆方式，由于 $N_{su} > N_{sd}$，因此上行起爆方式，后支撑剪力墙承受更大载荷压力，也更易于下坐。另外，N_{su} 实质上是单切口爆破时后支撑对地面的压力；N_{sd} 是下行起爆时，上下切口均已起爆状况下，后支撑对地面的压力。由此可见，多切口上行起爆，后支撑对地面的最大压力与单切口爆破是相同的，也是最大的；但是多切口下行起爆，后支撑对地面的压力较小，而不易下坐。

无论单切口还是多切口，无论是哪种起爆方式，剪力墙后支撑都应尽可能少眼爆破，或仅切割纵筋，若需爆破应采用松动爆破，单排眼爆破，以免楼房下落冲击促使剪力墙底层下坐。

装配式开口剪力墙单向倾倒时，底切口爆破后，见图 6.19 所示，前肢下落倾斜，后肢向前倾倒，动力学方程见式（6.84），初始条件见式（6.84a）。求解肢体作用力，同样是（6.84）动力学方程的逆问题。其求解过程与上述相似。由此可见，连接梁两端的断裂，减小了后支撑对地面的压力，因此整截面剪力墙比装配式开口剪力墙更易于下坐。

综上所述，本节解决 2 自由度系统动力学逆问题，是可以手算出初始失稳时体间相互的

作用力，其值不含随机振动，是分析下坐的正确方法。

7.4.3 剪力墙切口角和翻倒

剪力墙楼房爆破形成切口后，破坏了楼房的平衡，而绕后支撑中性轴底铰 o 向前转动，如图 7.17 所示。楼房切口闭合的转动角为 $\beta = q - q_0$，β 也为切口闭合角，β 见式（7.15）计算。

整截面剪力墙及整体小开口剪力墙结构，当切口倾倒转动，遵从动力学方程（6.36）式，其转动的角速度 $\dot{q}$ 为式（6.37），即

$$\dot{q} = \sqrt{2pr_c(\cos q_0 - \cos q)/J_b + 2M_b[\sin(q_0) - \sin(q)]/J_b + \dot{q}_0^2} \quad (7.104)$$

式中：p，r_c，J_b 见式（6.36）；M_b 为底塑性铰机构残余弯矩 M_d/α_{tn}，见 2.8 节；当剪力墙楼下坐，后墙支撑部压塌，$M_b = 0$；q 为楼质心 C 到底铰轴 o 连线与竖直线夹角：q_0 为 $t = 0$ 的 q，当剪力墙后支撑爆破 h_e 高，并撞地破坏 h_p 高度，其形成转动的初始转速 $\dot{q}_0$，见式（7.28），即

$$\dot{q}_0 = mb\sqrt{2g(h_e + h_p \cdot K_p)}/J_b \quad (7.105)$$

切口闭合时

$$q = q_0 + \beta \quad (7.106)$$

此时质心速度的水平分量和竖直分量分别为

$$v_{xc} = r_c\dot{q}\cos q \quad (7.107)$$

$$v_{yc} = -r_c\dot{q}\sin q \quad (7.108)$$

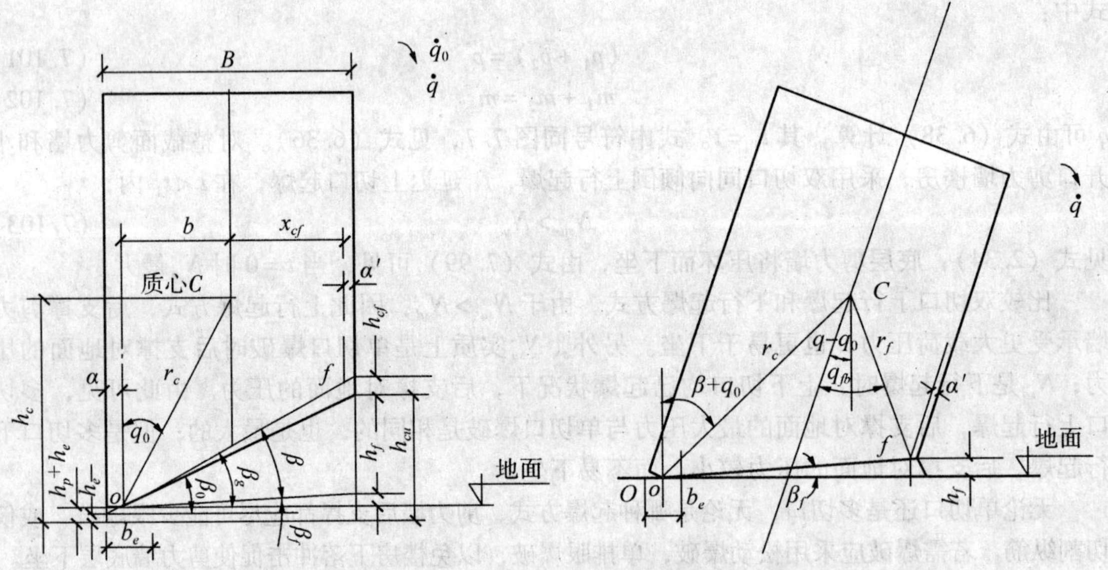

图 7.17 剪力墙爆高与切口角和切口闭合参数

整截面和整体小开口剪力墙，倾倒撞地，一般不会解体，而是在前趾 h_{cf}（一般在层高内）破坏后，以前趾 f 为轴心向前转动，整体翻转倒地。

绕 f 轴整体转动的转速 $\dot{q}_f$，根据质心动量矩定理和能量守恒定律，考虑切口闭合的完全

塑性碰撞

$$\dot{q}_f = \dot{q}\sqrt{J_c/J_f} + (mv_{xc}r_f\cos q_f + mv_{yc}r_f\sin q_f)/J_f \tag{7.109}$$

式中：J_f 为该剪力墙楼对 f 点的转动惯量，$10^3\text{kg}\cdot\text{m}^2$；$r_f$ 为质心 C 到撞地点 f 的距离，m；q_f 为切口闭合时 r_f 与竖直线夹角，R°；

$$q_f = q_{fb} - (q - q_0) = q_{fb} - \beta \tag{7.110}$$

式中：q_{fb} 为前趾撞地破坏后，r_f 与楼纵轴夹角，R°，

$$q_{fb} = \arctan[x_{cf}/(h_c - h_{cu} - h_{cf})] \tag{7.111}$$

x_{cf} 为前趾 f 到质心 C 纵轴距离，m。

切口闭合后，剪力墙楼的动能

$$T_f = J_f\dot{q}_f^2/2 \tag{7.112}$$

当 $q_f<0$，即

$$x_c > x_f, \tag{7.113}$$

剪力墙楼可以翻倒。

若 $q_f \geqslant 0$，即楼质心 C 在前趾着地点 f 的以后方向，剪力墙楼翻倒所需能量

$$W_d = r_f(1-\cos q_f)mg + E_{t1} \tag{7.114}$$

当 $W_d < T_f$ 时，(7.115)。剪力墙楼可能翻倒

设翻倒保证率

$$K_{to} = T_f/W_d \tag{7.116}$$

当 $K_{to} \geqslant 1.5\sim1.8$ 时，(7.117)；可以认为该剪力墙楼将确保翻倒。E_{t1} 为拉断支撑部钢筋所需做的功，见式（7.45a）。当 $E_{t1}=0$ 支撑部和 f 点未计滚动摩阻时，K_{to} 取大于或等于 1.8，当墙根后滑，K_{to} 可取 3.0 以上。

将式（6.37）、式（7.104）、式（7.107）、式（7.108）、式（7.109）、式（7.112）、式（7.114）和式（7.116）联立，就可求出整截面剪力墙楼和整体小开口剪力墙楼的倾倒保证率 k_{to}。

现以青岛远洋宾馆的运动参数为例，见表 7.6，忽略不同爆破切口引起楼房质量 m 和转动主惯量 J_c 的变化，用以上公式计算 K_{to} 与爆破切口角 β_0，切口前沿高 h_{cu} 的关系。

表 7.6　典型剪力墙楼榀架参数

项目	m	J_c	J_b	r_c	M_b	q_0	$\dot{q}_0$	a
单位	10^3kg	$10^3\text{kg}\cdot\text{m}^2$	$10^3\text{kg}\cdot\text{m}^2$	m	kN·m	R°	R°/s	m
	956.7	127560	531600	20.55	0	0.2637	0.029	1.65

项目	α'	B	h_e	h_p	K_p	h_{cf}	x_{cf}	h_c	h_b	h_f
单位	m	m	m	m	m	m	m	m	m	m
	0	15	0	2.7	0.169	0	7.99	22.54	0.6	0.2+（i-1）0.6

* 注：i 为切口内楼层数，各层高 3.3m。h_b 为梁高。$E_{t1}=0$。

爆破切口角 β_0，与倾倒保证率 K_{to} 的关系，切口前沿高 h_{cu}，与倾倒保证率 K_{to} 的关系分

别见图 7.18（a）、图 7.18（b）。

由图 7.18 可见，爆破切口应炸完 2 层到 3 层，可保证剪力墙翻倒；爆破切口到 4 层后，剪力墙楼的翻倒保证率 K_{to} 反而下降。由图 7.19 可见，在切口闭合至前趾 f，撞地竖直速度 v_{ys} 和质心竖直速度 v_{yc} 都随切口角 β_0 的增大而加大。质心和切口前趾下落速度见图 7.19。

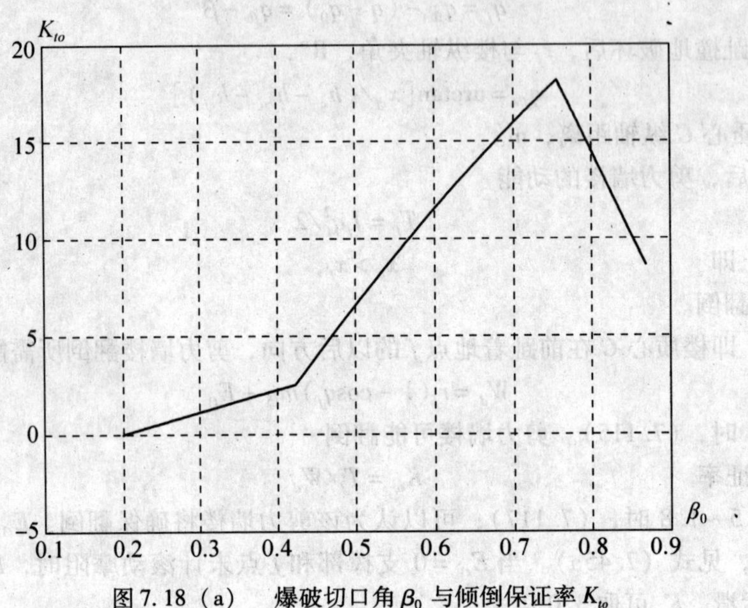

图 7.18（a） 爆破切口角 β_0 与倾倒保证率 K_{to}

图 7.18（b） 爆破切口高 h_{cu} 与倾倒保证率 K_{to}

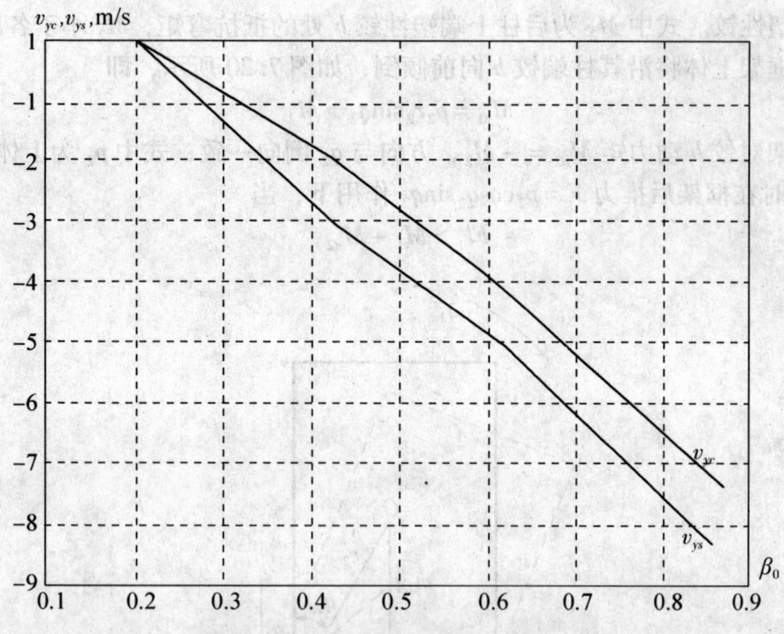

图 7.19 爆破切口角 β_0 与质心和切口前趾下落速度 v_{yc}，v_{ys}

7.5 框架和排架

建筑框架多是由大量柱、墙、梁和板所组成的非树系统，其拆除的倒塌运动也最为复杂。由于框架的同层平行柱墙和同跨的平行梁、板在倒塌机构运动中，具有相同的自由度，因而可以将框架的拆除倒塌，简化为单开链系统。这种系统，一般由 1～3 个体所组成，本章将用 1～3 体的单开链动力方程，研究框架倒塌的后坐、下坐、撞地压溃和爆堆分布的规律。

7.5.1 后坐和爆堆后沿宽

现浇钢筋混凝土框架（包括框架上的仓体）、框剪结构、装配式钢筋混凝土框架和排架，在定向倾倒中，后柱支撑着上部结构前倾同时，也相伴部分结构向后运动，此运动本文称为后坐，其最大值为后坐值。显然，该后坐是以后柱的支撑为前提。当支撑后柱失去支撑能力时，其上的结构下落，本文称为下坐，详见 7.5.4 节。从后坐形成的机理又可将后坐分为机构后坐、柱根后滑和支撑后倒，其含义将在以下各节定义。爆堆后沿是后坐的最终结果，因此本节也给予研究。爆堆后沿宽总是小于或等于后坐值的。由于后排柱上产生塑性铰的位置不同，后坐的方式也各异。

7.5.1.1 现浇钢筋混凝土框架

当切口层前、中排柱逐次延时起爆，一般来说现浇框架的重力，从质心向支撑柱传递，形成倾倒力矩 M_{t0}，在支撑柱上端 b，由于砖墙拆除，抗弯能力削弱，使倾倒力矩

$$M_{t0} > M_2 \tag{7.118}$$

则在 b 处产生塑性铰。式中 M_2 为后柱上端塑性铰 b 处的抵抗弯矩，M_2 小于各层梁端抵抗弯矩之和；因此框架上体将沿其柱端铰 b 向前倾倒，如图 7.20 所示，即

$$M_{t0} = p_2 r_2 \sin q_2 > M_2 \tag{7.119}$$

此时，框架对铰 b 动力矩 $M_{d2} = -M_2$，方向与 q_2 倒向一致；式中 p_2 为上体重量，r_2，q_2 见图 7.20；同时在框架后推力 $F = p_2 \cos q_2 \sin q_2$ 作用下，当

$$Fl_1 > M_1 + M_{d2}, \tag{7.120}$$

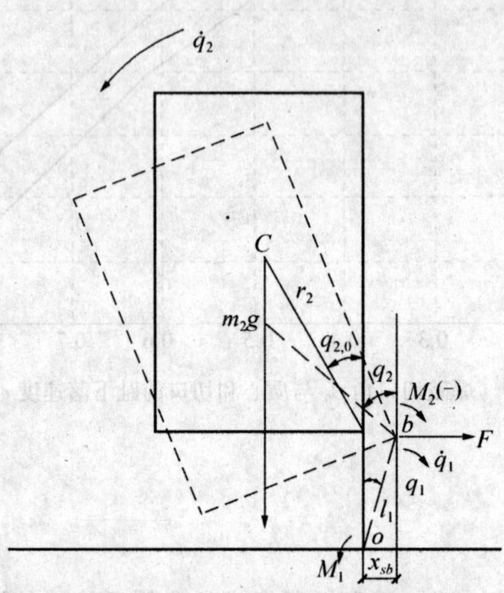

图 7.20　现浇钢筋混凝土楼双折倾倒力

（实线为初始状态，虚线为运动状态，C 为上体质心）

支撑柱将作为下体向后倾倒，式中 M_1 为柱底铰抵抗弯矩，从而形成 2 自由度体的折叠机构运动，铰 b 同时后坐，该存在体间连接铰的后坐，本文称为机构后坐[5]。其运动规律遵循 2 体运动动力学方程，详见 6.3.8 节，式（6.72），其中 $q_\alpha = 0$。图 7.20 中符号也见式（6.72）。

动力方程的初始条件为

$$t = 0,\ q_2 = q_{2,0},\ q_1 = 0,\ \dot{q}_2 = \dot{q}_{2,0},\ \dot{q}_1 = 0 \tag{7.121}$$

由于式（6.72）为二阶微分方程，目前还没有解析解，只有数值解。本节采用式（6.88）的近似解将 q_1 显示表示，即 q_1 的近似解

$$q_{r1} = (a_{r1} \cdot q_{a1} + 1)(a_{k1} \cdot q_{a1} + 1) q_{a1} \cdot a_p \cdot a_{r2} \tag{7.122}$$

$$q_{a1} = -\arcsin[r_2(\sin q_2 - \sin q_{2,0})/l_1] \tag{7.123}$$

式中：a_{r1}，a_{k1}，a_p，a_{r2} 见式（6.92）。

以上数值计算和现场观测，以东莞建丰水泥厂 4 连体罐爆破拆除为例，如实测图 7.21 所示，发现切口层上的框架（或罐体）的重心 x_c，总是企图沿重力线方程（6.91）式、（7.123）式落下，迫使立柱上端形成铰 b 而产生后坐，本文称机构后坐，并以最短距离向地面下落。即由此以重力线方程（7.123）式定义的下体与坚直线的夹角 q_{a1}，经式（7.122）修正为 q_{r1} 后，与 l_1 共同计算铰 b 后移 x_{sb} 和框架前趾的着地点。后移 x_{sb} 按前后两阶

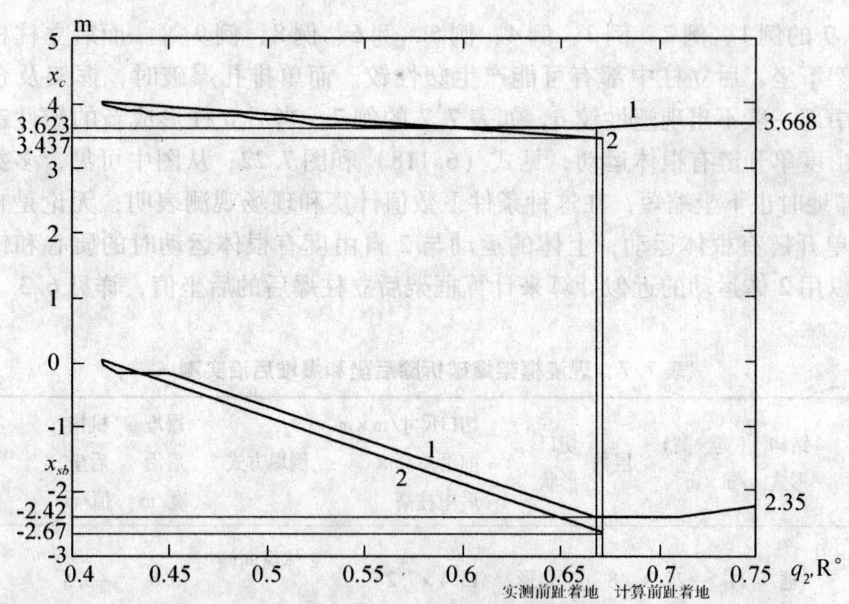

图 7.21　4 连体罐上体重心距原后排柱水平距 x_c 和后坐 x_{sb}

(1 为观测值；2 为近似解计算值)

段运动，即在前趾撞地前，铰 b 后移 $|x_{sb}|$ 是随楼房倾倒 q_2 的增大而增大；而当前趾着地后，铰 b 改为以前趾为圆心向前滚动，$|x_{sb}|$ 则转为随 q_2 增大而减小，如图 7.21 所示。图中可见，最大后移 $\max(|x_{sb}|)$ 即为框架后坐值 x_b。由此可见，框架前趾着地点可决定 x_b 值，其前趾距地面堆积物高

$$y_s = l_1 \cos q_{r1} - b_s \sin(q_2 - q_{2,0}) + y_b \cos(q_2 - q_{2,0}) - y_h \tag{7.124}$$

式中：b_s 为框架前趾距后排柱的原水平距离，m；y_b 为切口前沿比后柱铰 b 的原高差，m；y_h 为地面堆积物高，m，它包括切口内爆落的楼梁累加厚度，梁间及地面的碎块厚。

当 $y_s = 0$ 时，机构后坐值

$$x_b = l_1 \sin q_{r1} \tag{7.125}$$

当后支撑不爆破而只切割钢筋，或松动爆破，l_1 为塑性铰 b 的楼梁底立柱长，后立柱爆破并下坐后，l_1 应再减去炸高和撞地破坏的高度。若后支撑爆破撞地，还可能在柱中部 a 断裂形成塑性铰，见图 7.22，由此形成 3 体单开链运动。

力学分析与现场观测可见，后支撑柱顶塑性铰 b 的位置和柱中部铰 a 可按以下原则确定，即：三角形切口前沿炸到 2～4 层，2 层横墙拆除或低于切口顶层的下层横墙拆除，爆破前、中排支柱后，塑性铰 b 分别发生在 2 层顶梁底的后立柱上或低于切口上层的顶梁立柱上，如表 7.7 的例 1、例 2、例 3、例 6、例 9 等。框架上的仓体，爆破前、中排立柱后，塑性铰 b 发生在后立柱上，如表 7.7 的例 7、例 10。大梯形切口，切口上层横墙拆除，塑性铰 b 发生在切口上层梁底的柱端，如表 7.7 的例 4、例 5 等。若后支撑爆破，框架将失去支撑，并按有初速（广义）自由落体运动，并依质心运动定律下落。此时后支撑柱若先撞地，框架后柱中部多会折断为 2 体，见图 7.22，如切口前沿炸到 2～4 层，后立柱根以 3 排（横向）孔爆破时，框架下坐冲击，后立柱中部将断裂形成新的塑性铰 a，详见 3.3 节和表

3.2，如表7.7的例1、例2、例3、例4、例5、例6、例8、例9等。而后立柱根以2排孔爆破时，框架下坐，后立柱中部有可能产生塑性铰。而单排孔爆破时，框架及仓体下坐冲击，后立柱中部一般不出现塑性铰 a，如表7.7的例7。当后立柱形成新的塑性铰 a 后，框架将以3自由度单开链有根体运动，见式（6.118）和图7.22；从图中可见，多数前趾也快将着地，l_1 撞地时也下坐缩短，在这种条件下数值计算和现场观测表明，无论是自由落体还是3自由度单开链有根体运动，上体的运动与2自由度有根体运动时的质心和铰 b 位置相近，因此可以用2体运动的近似计算来计算框架后立柱爆后的后坐值，详见6.3.11节。

表7.7　现浇框架爆破拆除后坐和爆堆后沿实测

序号	工程名称	结构形式	（宽×高）/m×m	层数	切口形状	切口尺寸/m×m 前沿总高×后中柱高	倒塌方式	爆堆后沿宽/m	机构后坐值/m	备注
1	深圳西丽电子厂1#楼	框	11.5×25.9	8	三角形	13.4×7.2	2体纵向倾倒	3.6	−3.5	
2	深圳西丽电子厂2#楼	框	9.7×25.9	8	三角形	9.1×4.1（切口内外后柱）	2～3体横向倾倒	1.0		
3	深圳西丽电子厂3#楼	框	8.0×22.8	8	三角形	4.55×2.8（切口内外后柱）	2～3体横向倾倒	1.0		
4	深圳潮味大酒楼	框	16.2×45	11	大梯形	16×0.6（切口内后柱炸高）	2～3体横向倾倒	个别12 一般6	−3.1	大梯形切口，墙拆除 下坐冲击，后柱折断并后倒
5	深圳南山违建楼	框	20.3×30.5	8	大梯形	14×7.9	2～3体横向倾倒	5	−1.54	大梯形切口、下坐冲击，后柱折断，后墙向后倒
6	东莞信立农批市场	框	12×26.5	7	三角形	12.2×6（切口内外后柱）	2～3体横向倾倒	2.2	−2.0	
7	东莞建丰4连体水泥仓	框，仓	8×24.5	/	三角形	4.2×5.2（切口内外后柱）只切断钢筋	2体倾倒	0.5	−2.42	
8	中山古镇商业楼	平面V形框剪	9×43	13	大梯形	12.4×7.7（V形中部）	2体倾倒	6～9.0		支撑后柱后墙上铰折断而向后倒，平面V形结构又使后倒向中汇集

续表 7.7

序号	工程名称	结构形式	(宽×高) /m×m	层数	切口形状	切口尺寸/m×m 前沿总高×后中柱高	倒塌方式	爆堆后沿宽/m	机构后坐值/m	备注
9	广州恒运电厂办公楼	框	11.6×30.4	8	三角形	8×6.6	2~3 体横向倾倒	3.0	2.69	
10	云南小龙潭电厂通信楼	框	7.8×27.3	7	三角形切口，并各层梁端松动爆破	8.4×4.2	原地坍塌		没有后坐	见图 7.30
11	上海某仓储 A 座综合楼	框剪	43×67.5	16	1~4 层、7~8 层、11 ~ 12 层、各层柱等高从东向西依次延时爆破		原地坍塌后再纵向前倾 20 ~ 30m		-0.02 ~3.0	见 7.5.2.1.3 节
12	哈尔滨车辆厂综合办公楼	框	26.4×55	17	三角形	4 层高×底层 3.5	2 体纵向倾倒，跨间断裂			见图 7.33
13	南宁航运大厦	框剪	13.6 × 44.39	13	三角形	2 层高 ×0.5 (切口内后柱炸高)	单体纵向倾倒	0	没有后坐	见图 7.34
14	鹤山兰鸟时装大楼	框架	19.5×39.1	11	大梯形	15.6×0	前 4 跨与后跨断开后向前倾倒	0.5	-0.5	见图 7.31
15	保定某酒楼	框架	5 跨×48	16	梯形	4 层高（从 4 层以上布置切口）	前 4 跨与后跨断开向前倾倒		基本没后坐	后跨后柱割筋，后中柱仅炸 1 孔
16	重庆米兰大厦 B 座[18]	框	62.4×40.6 ×31.2(长)	10	梯形	梯形中部高 15.5	内向式中部原地坍塌			

* 注：例 1 至例 5 为深圳和利爆破公司的爆破拆除，见表 3.2、表 7.10，并简称“和利爆破”。例 15 由某单位爆破。

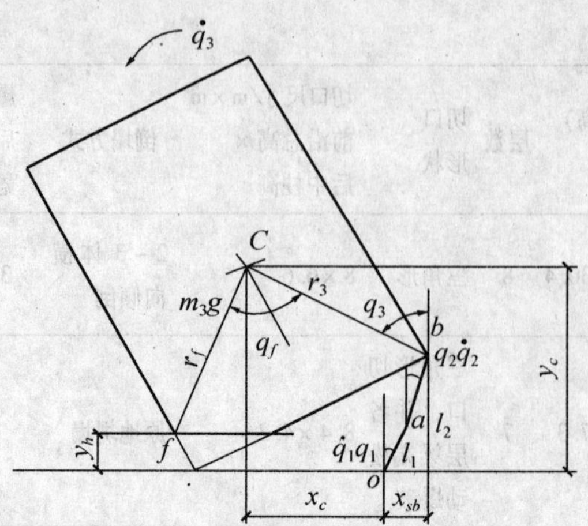

图 7.22　框架楼 3 体运动示意图，C 为最上体质心

爆堆后沿宽 B_b 不仅与框架后坐有关，而且还与框架前趾着地位置 x_s，并前滚拉起后立柱时，钢筋断开的位置有关，x_s 计算可见式（6.102）。由图 7.20、图 7.22 可见，后立柱爆破柱根 o，炸断了部分钢筋，因此拉起立柱多在根部断开，若没有坍塌的砖墙，框架前趾着地 x_s 靠前，如表 7.7 例 7、例 10 和框架上的仓体，爆堆后沿宽 B_b 将小于后坐值 x_b，在图 7.22 中如表 7.7 例 3 的单跨楼房，当楼房宽 $B>(l_1+l_2)$ 时，爆堆后沿宽 $B_b<(h_e+h_{pf})<x_b$，h_e为后柱炸高，h_{pf}为下坐柱压碎高度。如果后坐的砖墙坍塌，如表 7.7 中例 2、例 6、例 7 楼房，当 $B<(l_1+l_2)$ 时，B_b 可近似由图 7.23 决定，框架前趾着地 x_s 靠后，则爆堆后沿宽 B_b 与后坐值相当；但是，若大梯形切口前沿高达 4 层，后立柱铰 b 高可达 3～4 层，有可能铰 b 处是小断面，其钢筋少且混凝土标号也低，而在 b 处断开，因而拉起的后立柱顺势向后倾倒，这种连接铰 b 断开，所形成后立柱的自身向后倾倒，本文称为后倒，从而形成后倒区，爆堆后沿宽将大于后坐 x_b 值，有时可达图 7.22 后立柱（l_1+l_2）长。若拉起的后立柱在 a 处断开，则爆堆后沿宽为图 7.22 后立柱 l_1 长，如表 7.7 的例 4、例 5 和例 8 等。

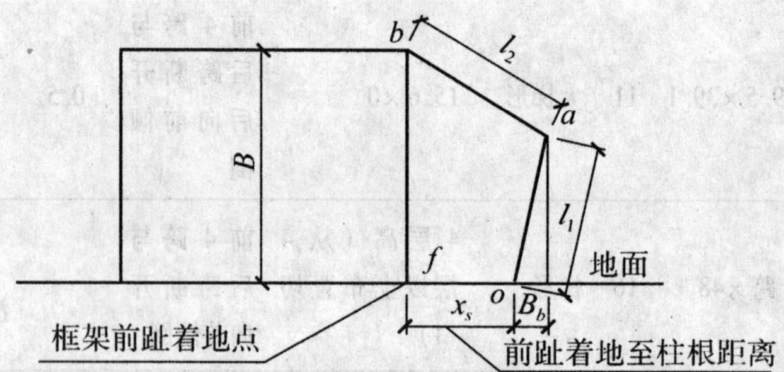

图 7.23　3 体倾倒运动框架楼爆堆后沿 B_b 宽

以广州恒运电厂办公楼为爆破拆除现浇钢筋混凝土框架倾倒的典型工程，计算爆破后倾倒的机构后坐，该楼如图 6.26，详见 6.3.9.2 节和 6.4.2.1 节及表 6.7。其中，l_1 按爆后撞地破碎后的长度 $=b$ 铰下后立柱长－爆破高度－撞地破碎段高度 $\times 2=6.1-0.9-0.55\times 2=4.1$m 计，$y_h\approx 1.4$m，后坐以 2 体运动式（7.122）、式（7.123）、式（7.124）和式

(7.125) 近似计算，见图 7.24，对应式 (7.124) 的函数 y_s 的 1 线，$y_s=0$ 的 $(q_2-q_{2,0})$，查式 (7.123)、式 (7.122)、式 (7.125) 的 $(q_2-q_{2,0})$ 与 x_{sb} 函数的 2 线 x_{sb}，得 $x_b=-2.69\text{m}$。而以后立柱爆后下落撞地折断为 2 体，则应以框架自由下落再 3 自由度单开链有根体数值模拟，得 $x_b=-2.68\text{m}$，误差仅 0.4%，近似值为工程所容许。由此可见，应用 2 体运动近似式可以计算框架爆后的后坐值。而爆堆后沿宽实测值 B_b 见表 7.7 例 9，$B_b=3.0\text{m}$ 与计算的机构后坐值 x_b 相近，因此 7.5.1.1 节提出的现浇框架后坐机理和计算方法是正确的。

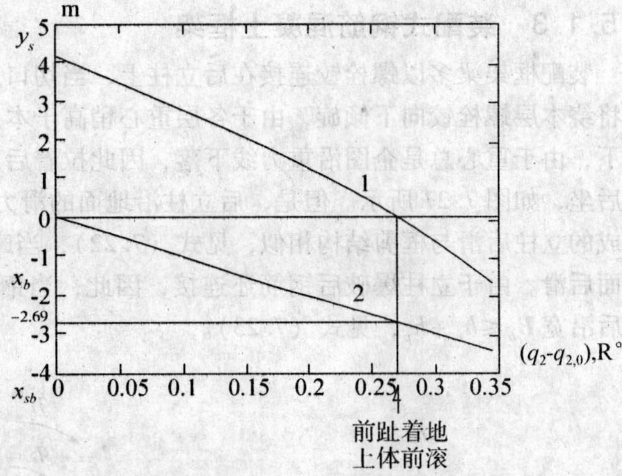

图 7.24　前趾高 y_s，后坐 x_{sb} 与上体转角 $(q-q_{2,0})$ 关系

1—y_s 函数曲线；2—x_{sb} 函数曲线。

7.5.1.2　框剪结构及多跨框架

当与后立柱或后中柱相连的横向剪力墙没有拆除，在节点 b 处的抵抗弯矩并未削弱，其 $M_2 \geqslant M_{t0}$，即式 (7.118) 不成立时，当切口爆破后，抵抗弯矩 M_2 迫使框剪结构的重心 C，只能绕柱根 o 而向前作圆弧式的下落，而结构单向倾倒，如图 7.25 所示。与该图相似，多跨框架后排立柱不炸，相邻后中柱底层少炸，当前跨爆破后，框架绕后排柱根 o 作圆弧式单向倾倒，如图 7.26 所示。框剪结构的后滑，详见 7.4.1.1 节。多跨框架后 2 立柱组成的支撑结构底部的后滑，与框剪结构的后滑判断相同。

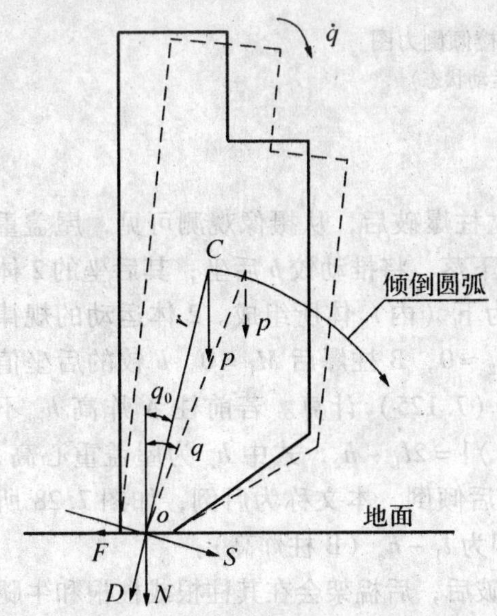

图 7.25　框剪楼房单向倾倒

（实线为初始位置，虚线为运动状态）

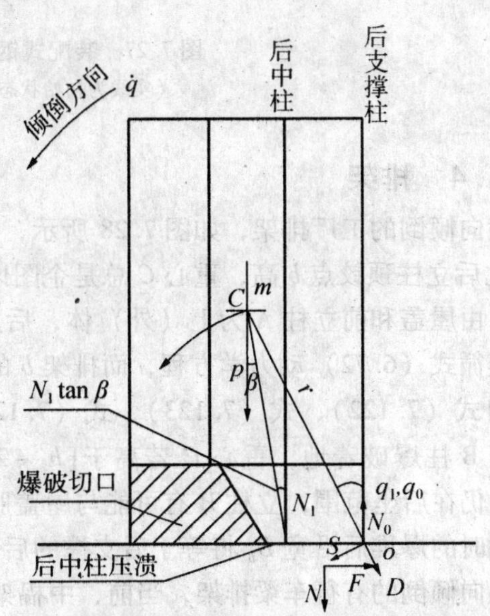

图 7.26　多跨框架后两排柱支撑单向倾倒力图

（C 为切口上楼房质心）

7.5.1.3　装配式钢筋混凝土框架

装配框架梁多以螺栓铰连接在后立柱上，当切口层前、中排立柱爆破拆除后，各层装配梁将绕本层螺栓铰向下倾旋，由于各层重心稍高于本层螺栓铰，重心很快下落至本层螺栓铰以下，由于重心总是企图沿重力线下落，因此拉着后立柱向前倾倒，螺栓铰基本上不发生机构后坐，如图7.27所示。但是，后立柱沿地面的滑力 F 仍遵循式（6.87）动力学方程，而形成的立柱后滑与框剪结构相似，见式（7.22），当摩擦力 $F_s > N_s \cdot f + t_e$ 时，后立柱根部沿地面后滑。由于立柱爆破后钢筋还连接，因此，当钢筋未拉断，柱根 o 后滑的距离 x_o 及爆堆后沿宽 $B_b \leqslant h_e + h_p$，见式（7.23）。

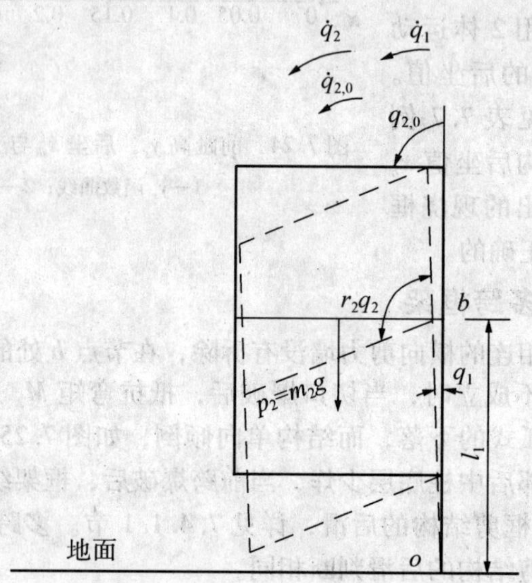

图7.27　装配式钢筋混凝土楼倾倒力图
（实线为初始状态，虚线为运动状态）

7.5.1.4　排架

横向倾倒的工厂排架，如图7.28所示，当前排立柱爆破后，从摄像观测可见，屋盖重心 C 比后立柱顶铰点 b 高，重心 C 总是企图以重力线下落，将推动铰 b 后坐；其后坐的2体运动，由屋盖和前立柱A为上（外）体，后立柱B为下（内）体所组成。2体运动的规律同样遵循式（6.72）动力学方程，而排架 b 的抵抗 $M_2 \approx 0$，B柱爆后 $M_1 = 0$，b 铰的后坐值 x_b 可由式（7.122）、式（7.123）、式（7.124）、式（7.125）计算。若前柱A炸高 h_{cu} 不够，当B柱爆破着地，重心 C 若高于 $[h_c - 2(h_c - l_1)] = 2l_1 - h_c$，式中 h_c 为屋盖重心高，则 b 点仍在后坐范围，立柱B有可能与屋盖脱离而向后倾倒，本文称为后倒，如图7.28所示，此时的爆堆后沿宽 B_b 将等于后支撑的后倒值，即为 $l_1 - h_e$（B柱炸高）。

纵向倾倒的有行车梁排架，当前、中榀架立柱爆破后，后榀架会在其柱根或柱根和牛腿下同时成铰，相应的运动计算可分别参照7.5.1.2节和7.5.1.3节。

现以茂名石化公司原灰渣处理厂为例，计算排架后倒，该处理厂排架长60m，宽 $B =$

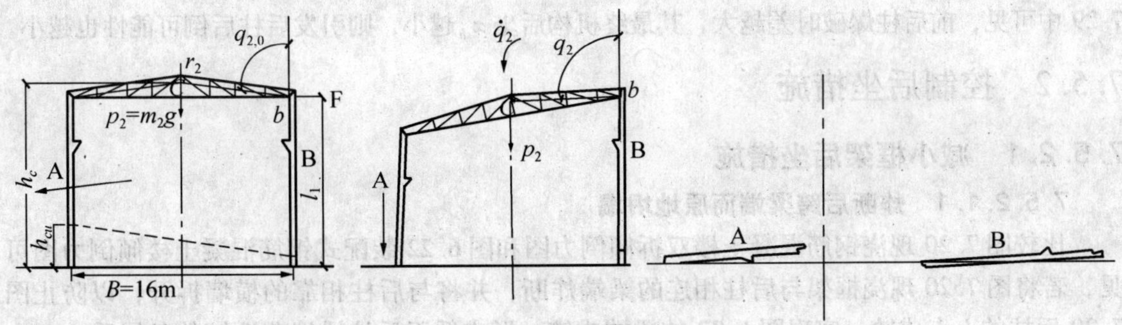

图 7.28　茂名石化公司原灰渣处理厂排架厂房爆破拆除双体运动力图

16.0m，柱高 13.0m，11 列钢筋混凝土立柱，柱间距 6m。各立柱之间无钢筋混凝土梁连接，仅靠柱顶钢屋架相连，其结构如图 7.28 所示。前 A 排立柱炸高 3.0m，后 B 排立柱炸高 0.8m，滞后前排 75ms 爆破。后排柱为下体，屋盖为上体，前排柱在爆破后剩 10m 高，考虑到炸高内裸露钢筋的支撑和立柱上段断面渐小，A 柱下落时屋盖搭接处的拉开，A 柱质量未计算，纵向单跨计算参数如表 7.8。

表 7.8　灰渣厂排架爆破拆除工程参数

项目	l_1	m_2	J_{b2}	r_2	M_1	M_2	$q_{2,0}$	B	h_c	y_h
单位	m	10^3kg	10^3kg·m^2	m	kN·m	kN·m	R°	m	m	m
参数	13	31.12	3669	8.03	0	0	1.364	16	13.676	0

以式（7.122）、式（7.123）、式（7.124）和式（7.125）近似计算，其中 $k_{mj}=2.5455$，$k_r=0.69$，当前柱炸高 3m 前柱趾着地时机构后坐 $x_{sb}=-0.25$m，见图 7.29。图中可见，最大 x_{sb} 即后坐值 $x_b=-0.275$m。而式（6.88）数值解和本节近似计算仅差 0.006m，即 3.4% 为工程所容许。实测见表 7.9 例 1，由于前柱落地时，出现 −0.25m 的机构后坐，引发后柱后倒，见图 7.28 由此证实计算接近实际。从图

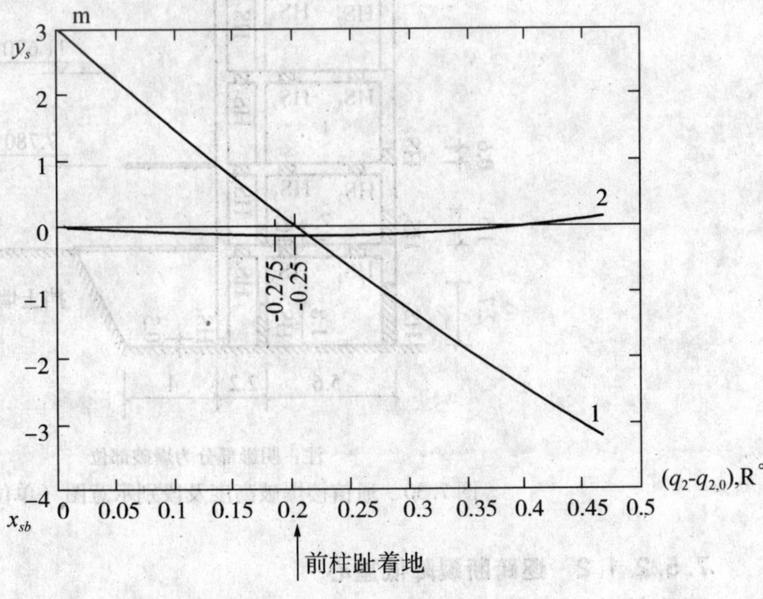

图 7.29　前排柱趾高 y_s、后坐 x_{sb} 与上体转角（$q_2-q_{2,0}$）关系

1—前柱炸高 3m 的 y_s 函数曲线；2—后柱顶后坐 x_{sb} 函数曲线。

7.29 中可见，前后柱爆破时差越大，其最终机构后坐 x_{sb} 越小，则引发后柱后倒可能性也越小。

7.5.2 控制后坐措施

7.5.2.1 减小框架后坐措施

7.5.2.1.1 炸断后跨梁端而原地坍塌

比较图 7.20 现浇钢筋混凝土楼双拆倾倒力图和图 6.22 装配式钢筋混凝土楼倾倒力图可见，若将图 7.20 现浇框架与后柱相连的梁端炸断，并将与后柱相靠的横墙拆开，以防止图 7.20 后柱的 b 点成铰，实现图 6.22 的梁端成铰，形成低于后柱梁端塑性铰的各层重心，企图沿重力线，以最短距离落地，从而牵拉后柱前倒，实现框架向前坍塌，就可以有效减少后坐。为了进一步降低通过后柱的框架重力径向及切向分量推着柱根后滑，后柱应尽可能少炸，乃至弱松动爆破，以尽量维持立柱的纵筋在柱根牵拉后柱，减少柱根后移。见文献[7]，某 7 层钢筋混凝土框架楼，将后跨梁端炸断成铰，后墙立柱根松动爆破 0.3m，框架爆破倒塌时没有机构后坐、后柱后倒和柱根后移，见图 7.30 所示。

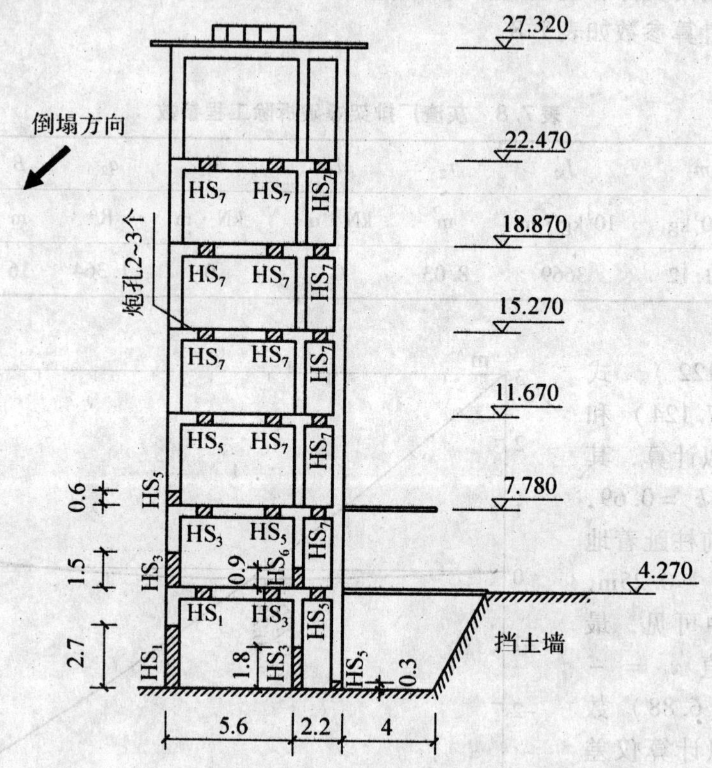

注：阴影部分为爆破部位

图 7.30 通信楼爆破高度及段别示意图（单位：m）

7.5.2.1.2 逐跨断裂降低重心

逐跨断裂，降低重心，以增大框架重心与切口层后立柱上端铰 b 连线的径向初始倾倒角 $q_{2,0}$，由此可减小框架后立柱铰 b 的机构后坐。现以广州恒运电厂办公楼为爆破拆除现浇钢筋混凝土框架倾倒的典型工程，如图 6.26，计算参数见 6.3.9.2 节和 6.4.2.1 节的表 6.7，计算的机构后坐 x_b 见图 7.31。从图中可见，当 $(q_{2,0})_c/(q_{2,0})$ 从 1 增大到 1.8 时，$(q_{2,0})$ 为典型工程的框架上体质心对后立柱上端铰 b 的径向初始倾角，$(q_{2,0})_c$ 是改变后的初始倾倒角 $q_{2,0}$，其机构后坐值 x_b 也从 2.69m 减小到 1.88m，从而减小了后坐。

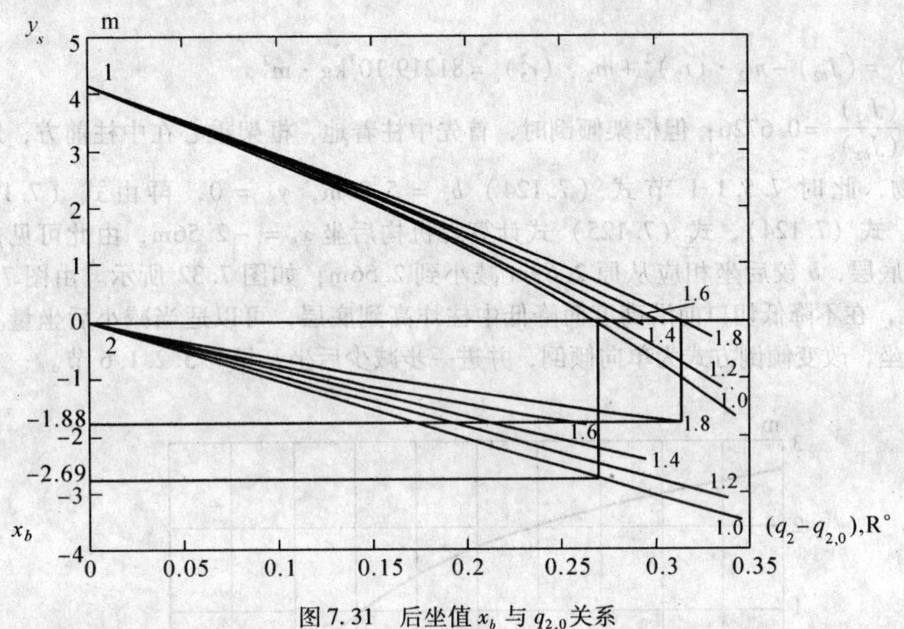

图 7.31 后坐值 x_b 与 $q_{2,0}$ 关系

1—y_s；2—x_{sb}；图中实数为 $(q_{2,0})_c/(q_{2,0})$ 值；q_2 为框架上体质心至后柱顶铰点线与铅垂线的夹角

矩形平面的框架楼房，横向倾倒时 $q_{2,0}$ 较小，$q_{2,0}$ 为框架上体质心对后立柱上端铰 b 的径向初始倾角，而纵向倾倒时 $q_{2,0}$ 较大，并且可以采用纵向逐跨断裂降低重心，进一步增大 $q_{2,0}$，因而可以减少后坐，如表 7.7 例 1 深圳西丽电子厂 1# 楼的纵向倾倒爆破拆除。逐跨断裂降低框架重心位置，从而增大初始倾倒角 $q_{2,0}$，其计算，可参见 6.3.2 节和 6.3.9.1 节。从 $q_{2,0}$ 的计算中，可见增大逐跨断裂梁对应柱间的起爆时差，可以进一步增大初始倾倒角 $q_{2,0}$，从而更多地降低重心，减小后坐。

7.5.2.1.3 全炸下层柱而原地坍塌

文献 [8]、[9] 采用了全炸下层柱，而不保留楼层下部后柱及其支撑转动的铰，实现了楼层原地坍塌又减少了后坐。并且爆破下层柱时，又采用逐柱爆破，纵向和横向依次逐跨断裂，以降低垮塌楼房重心，能更大的减小后坐。见文献 [9] 的 16 层高 67.5m 框剪 A 座楼，起爆拆除时，楼体略有轻微的倾斜，随后原地塌落，由于没有炸断后跨梁端成铰，原地塌落直至最顶部 5、6 层楼体才分别向正倒向、侧倒向倾斜，其先爆的东楼原地坍塌而无后坐，隔 2cm 沉降缝后的西楼，仍保持完好，而爆破西楼原地坍塌时，后坐仅小于 3m。

7.5.2.1.4 中柱仅炸底层

加大或保持前柱炸高，中柱仅炸底层，保留中后柱 2 层以上框架，从而有可能迫使后支撑上端塑性铰 b 产生在底层，如 7.5.1.1 节中可降低 l_1 后支撑高度，由此减小后坐。现以恒运电厂办公楼为例计算降低 l_1 后的后坐，如 7.5.1.1 节图 7.24 所示，中柱炸高从 +4.8m 降到底层梁下 +2.7m，后排柱不爆破，可将 l_1 从原4.1m 降为2.7m，而 $q_{2,0}$ 因后柱塑性铰下移而减小到

$(q_{2,0})_c = \arctan \dfrac{5.86}{(10.2606+3.3+0.6)} = 0.3924$，$r_2$ 也相应增至 l_1 顶端，从而 $k_r = \dfrac{(r_2)_c}{(r_2)}$ $=1.297$，

$(J_{b2})_c = (J_{b2}) - m_2 \cdot (r_2)^2 + m_2 \cdot (r_2^2)_c = 81219\ 10^3\text{kg} \cdot \text{m}^2$，

$k_{mj} = \dfrac{(J_{b2})}{(J_{b2})_c} = 0.6726$；但框架倾倒时，首先中柱着地，框架重心在中柱前方，地面也没有堆积物，此时 7.5.1.1 节式（7.124）$b_s = 5.25\text{m}$，$y_h = 0$，再由式（7.122）、式（7.123）、式（7.124）、式（7.125）式计算得机构后坐 $x_b = -2.56\text{m}$，由此可见，降低中柱炸高到底层，b 铰后坐相应从原 2.69m 减小到 2.56m，如图 7.32 所示。由图 7.32 和图 7.24 可见，在不降低切口前沿高度而降低中柱炸高到底层，可以适当减小后坐量。由此可减少了下坐，改变倾倒方式为单向倾倒，并进一步减少后坐，见 7.5.2.1.6 节。

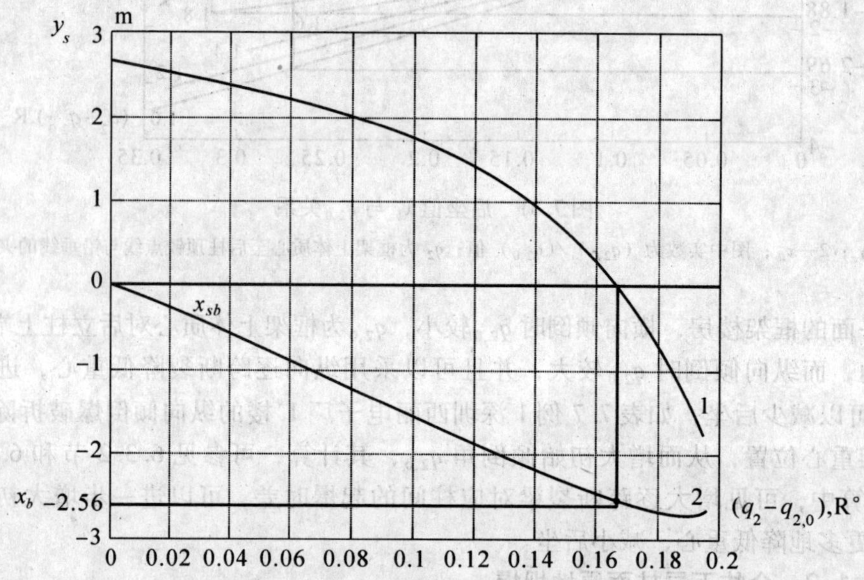

图 7.32 降低中柱炸高到底层的后坐值

$(l_1)_c = 2.7\text{m}, (q_{2,0})_c = 0.3924, (r_2)_c = 15.325\text{m}, k_r = 1.297,$

$(J_{b2})_c = 81219(10^3\text{kg} \cdot \text{m}^2), k_{mj} = 0.6726$

* 1，2 曲线意义见图 7.24。

7.5.2.1.5 框剪结构单向倾倒

某些框剪结构楼，在爆破拆除时，保留了后立柱或后中柱的纵向横向剪力墙，墙体稳定抗压、抗剪，又使立柱上端节点的抵抗弯矩 $M_2 \geq M_{t0}$ 倾覆力矩（见 7.5.1.1 节），框剪结构楼只能绕柱根而向前单向倾倒。见文献［11］的南宁航运大厦 14 层高 47.5m 东楼（包括 1 层地下室），如图 7.33 所示。从图中可见，建筑物爆破切口后，未分割的剪力墙能抵抗倾

覆力矩，其柱根能稳定克服式（7.18）的径向压力 D 和式（7.19）的切向推力 S，保证大楼绕其重心后方的⑩轴后中柱支撑点转动，而向前单向倾倒，避免在楼体倒塌前期后坐，仅距 20cm 的后方西楼完好无损。

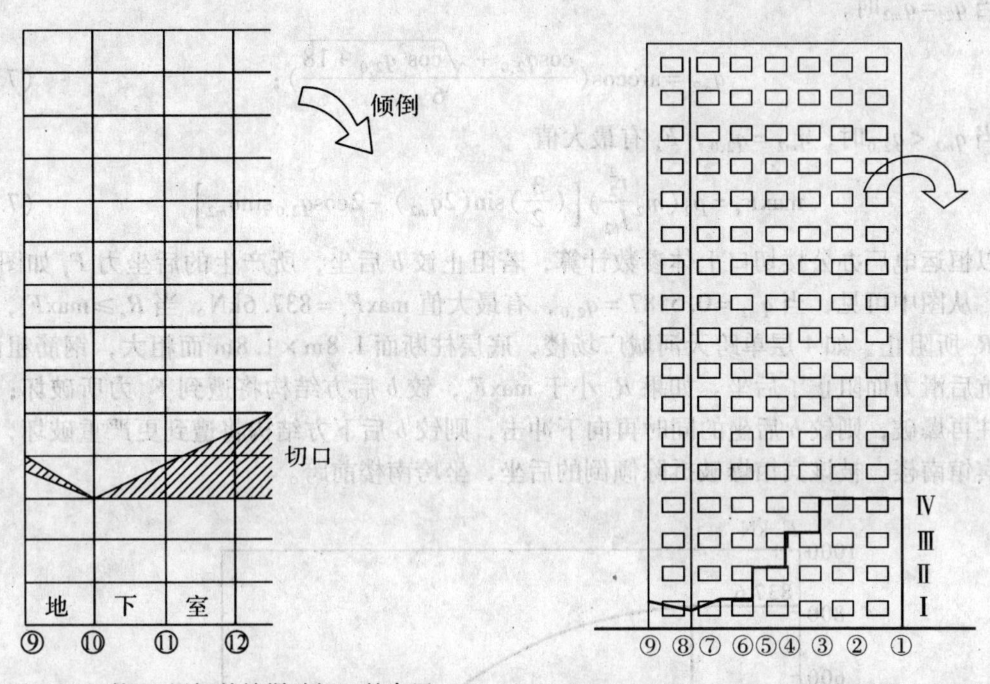

图 7.33 某 14 层框剪楼爆破切口的布置

图 7.34 某 17 层框架楼爆破部位示意图

7.5.2.1.6 多跨框架单向转双拆倾倒

多跨框架楼后 2 排立柱不炸，而柱根割筋并削弱，当前跨爆破后，若后 2 排立柱有足够的支撑力可阻止框架下坐，但框架绕后排柱根 o 为圆心，框架作圆弧单向倾倒时后中排立柱会压溃，如图 7.34 所示框架单向倾倒初期状况。但是多跨框架可沿后中排前梁端剪断，则切口上框架将转变为向前倾倒的远（外）体，后排 2 柱转变为向前倒的近（内）体，其形成见 6.3.8.3 节，如图 6.19 所示的 3 体 2 自由度倾倒。由于后 2 排立柱框架抵抗后坐的能力大，因此后滑减小和相应爆堆后沿宽也减小，为后立柱压溃高度的纵钢筋长，见表 7.7 例 14，后坐仅为 0.5m。又见文献［10］的铁道部哈尔滨车辆厂综合大楼，为 9 柱 8 跨 17 层框架，如图 7.34 所示，切口前沿①～③排柱炸到 4 层，而重心以后的⑥、⑦、⑧中排柱及⑨后排柱，从图中可见仅炸到底层，由此后柱中柱组成 2 层以上框架抵抗下坐力较大，迫使前楼④、⑤柱跨断开，前拉后楼倾倒，因此减小后坐仅为 1.8m。由此可见，中排⑦、⑧柱距后排柱越近，中柱仅炸底层，后坐也越小。又见表 7.7 例 15、后排柱仅切割纵筋，后 2 柱布 1～3 排孔，仅炸底层，其楼房倒塌后坐均在 0.5m 以下。高层多跨框架，当后 2 排立柱不足以抵抗框架的撞地冲击时，将产生严重下坐，而偏重心后方的立柱抵抗下坐力，又促使框架绕重心而前倾旋转，从而在原地坍塌下坐同时形成少量后坐，见 6.3.5 节，如图 6.9 所示。

7.5.2.1.7 抵抗后坐

在图 7.20 中，当铰 b 后方有结构抵抗后坐时，使铰 b 的上方结构单向倾倒，与图 7.36

框剪结构单向倾倒相似，其水平抗力 R_e 应大于水平推力 F_s。$F_s = D \cdot \sin q - S \cdot \cos q$；式中上方结构重心至铰 b 连线与铅垂线夹的倾倒角 $q = q_2$，D 为径向压力，见式（7.18）；S 为切向推力，见式（7.19）；

当 $q_2 = q_{m2}$ 时，

$$q_{m2} = \arccos\left(\frac{\cos q_{2,0} + \sqrt{\cos^2 q_{2,0} + 18}}{6}\right); \tag{7.126}$$

当 $q_{m2} < q_{2,0}$ 时，$q_{m2} = q_{2,0}$，F_s 有最大值

$$\max F_s = p_2\left(m_2 \frac{r_2^2}{J_{b2}}\right)\left[\left(\frac{3}{2}\right)\sin(2q_{m2}) - 2\cos q_{2,0}\sin q_{m2}\right] \tag{7.127}$$

以恒运电厂办公楼切口上体参数计算，若阻止铰 b 后坐，所产生的后坐力 F_s 如图 7.35 所示。从图中可见，当 $q_{m2} = 0.5187 = q_{2,0}$，有最大值 $\max F_s = 837.6\text{kN}$。当 $R_e \geqslant \max F_s$，后坐将被 R_e 所阻止。如 4 层单跨天河城广场楼，底层柱断面 1.8m × 1.8m 而粗大，钢筋粗而密，能抵抗后滑力而阻止了后坐。如果 R_e 小于 $\max F_s$，铰 b 后方结构将遭到 F_s 力所破坏；如果后立柱再爆破，则铰 b 后坐的同时再向下冲击，则铰 b 后下方结构将遭到更严重破坏，如广州某宾馆南楼，被该宾馆爆破拆除倾倒的后坐，坐垮南楼前跨。

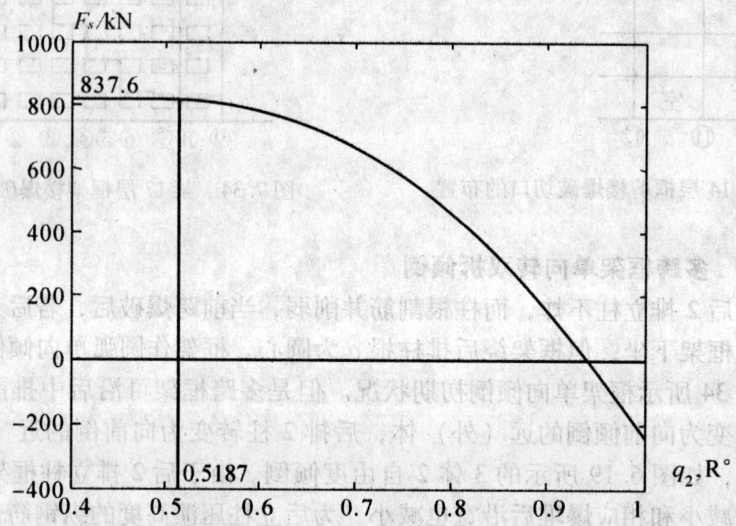

图 7.35 恒运电厂办公楼上体被阻止后坐所需力 F_s 与 q_2（R°为弧度单位）关系

7.5.2.1.8 相向拉阻后坐

在图 7.20 中，当铰 b 前方另有相同爆破拆除的结构，以切口内的梁，向前牵拉阻止铰 b 后坐。如重庆米兰大厦 B 座楼，共 9 柱 8 跨 10 层，爆破切口中部 7 柱到地面 3 层，使其原地坍塌。而切口 3 层内的梁牵拉边介柱，而阻止了外坐，见表 7.7 例 16。

7.5.2.1.9 下向爆破切口

当框架底层后方或下方有结构抵抗后坐时，可采用下向爆破切口，如图 7.36 所示，靠后的中柱仅炸底层，以保留 2 层以上框架，从而迫使后支撑上端塑性铰 b 产生在底层，而底层铰 b 的后坐，易于被后方高度较低的结构或挡墙阻止。在剪力墙上的下向切口有较大的水

平抗力，如果后方结构的水平抗力 R_e，大于框架铰 b 的后推力 F_s，即 $R_e \geq \max F_s$，后坐将被 R_e 阻止。式中 $\max F_s$ 可由式（7.126）、式（7.127）计算。如果 R_e 小于 $\max F_s$，则铰 b 的后立柱及后方结构将遭到 F_s 力所破坏。

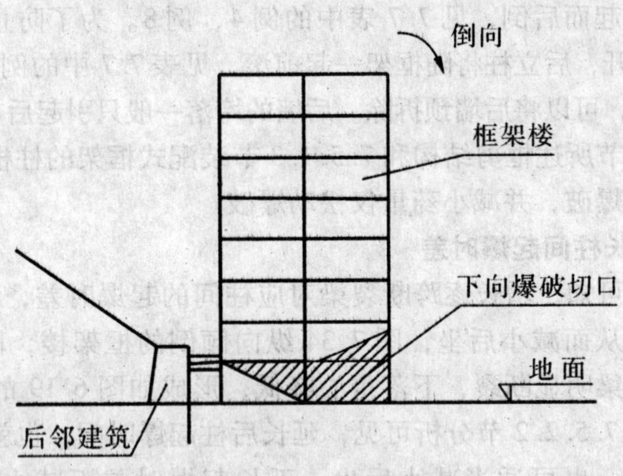

图 7.36　下向爆破切口

7.5.2.1.10　减小切口高度

在确保框架倾倒撞地坍塌或翻转倒地的前提下，适当减小切口前沿高度，也能减小图 7.20 中铰 b 的机构后坐。以恒运电厂办公楼为例，当切口前沿高度从 3 层柱 +8.0m 下降 1.0m 到 3 层底板上 +7.0m 时，由图 7.37 可见，其铰 b 的机构后坐 x_b 也从原 2.69m 减小到 2.11m。由此可见，降低切口前沿高度是可以相应减小后坐，但是必须确保框架撞地时能破坏或翻转，否则框架将炸后不倒而成危楼。

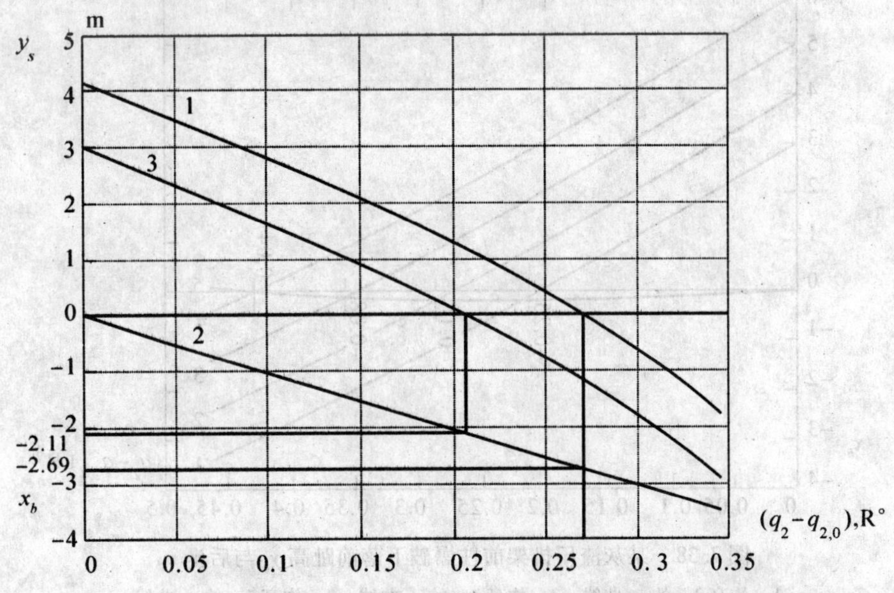

图 7.37　恒运电厂办公楼减小切口高度时后坐值 x_b 比较

1—切口炸高 8.0m 的 y_s 曲线；2—后坐 x_{sb} 曲线；3—切口炸高 7.0m 的 y_s 曲线；y_s 为前趾高。

7.5.2.1.11 防止后柱后倒和柱根后滑

上述框架的后坐，将可能引起后邻建筑的结构性破坏，后果严重。而现浇框架前趾着地时，后柱的后倒，见图 7.20 的铰 b 断开，图 7.22 的铰 a 或铰 b 断开，使后柱不随框架前趾着地而前滚，反而因拉起而后倒，见 7.7 表中的例 4、例 8。为了防止后立柱的后倒，可以在柱根 o 处将纵钢筋断开，后立柱将随框架一起前滚，见表 7.7 中的例 7。为了杜绝后墙在后立柱后倾时而向后垮落，可以将后墙预拆除。后墙的垮落一般只引起后方建筑的局部性破坏。

为了防止 7.5.1.2 节所述框剪结构和 7.5.1.3 节装配式框架的柱根后滑，应尽可能减小后柱炸高，如单排炮孔爆破，并减小药量仅松动爆破。

7.5.2.1.12 增长柱间起爆时差

从 7.5.2.2 节分析可知，增长逐跨断裂梁对应柱间的起爆时差，可以增大初始倾倒角，从而更多地降低重心，从而减小后坐，图 7.34 纵向倾倒的框架楼，段间时差增大到 2 秒，框架倾倒摄像可见前跨梁明显断裂，下落重心降低，形成如图 6.19 的双折倾倒，因此后坐也跟随减小。此外，由 7.5.2.2 节分析可见，延长后柱起爆时间，也就增长了后柱底铰的抵抗弯矩 M_1 的抵抗时间，也可适当减小后坐。延长起爆时差而减小后坐的效果，可参见 6.3.9.1 节和式（6.98）的相应计算。

7.5.2.2 减小排架后坐措施

7.5.2.2.1 提高前柱炸高

以表 7.9 排架爆破拆除序 1 为例，当前柱下落撞地时，不同前排柱炸高的后坐 x_{sb} 计算见图 7.38，从图中可见炸高从 3.0m，4.0m，5.0m，6.0m，后坐也分别从 －0.25m，－0.16m，－0.08m 到前移 0.04m。即前柱炸高 6.0m 下落撞地时，铰 b 已经没有后坐。

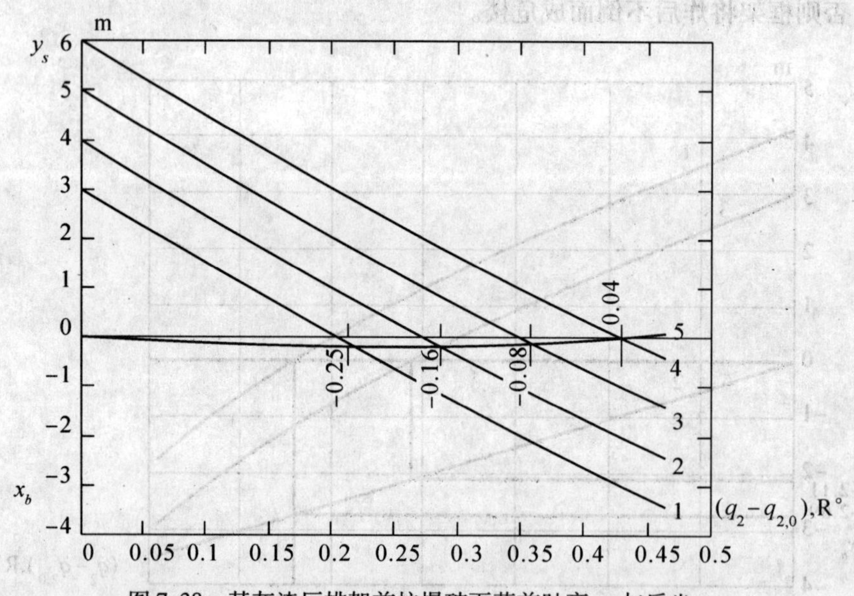

图 7.38 某灰渣厂排架前柱爆破下落前趾高 y_s 与后坐 x_{sb}

1—炸高 3m 的 y_s 曲线；2—炸高 4m 的 y_s 曲线；3—炸高 5m 的 y_s 曲线；4—炸高 6m 的 y_s 曲线；5—后坐 x_{sb} 曲线；y_s，x_{sb} 计算见 7.5.1.4 节。

7.5.2.2.2　后柱 V 形前切口

从计算和摄像观测中可见，排架向前倾倒时，后柱上端铰 b 后坐实际较小，上例图 7.29 可见 $\max(x_{sb})$ 仅为 0.275m。但是，一旦后柱重心向后，就易于整柱向后倾倒。因此，对 1.4m 以上宽的后柱，可爆成向前 V 形开口，使柱根支点后移 0.2m 以上，因而就防止了整柱向后倾倒，如图 7.39 所示。当后柱为前后两肢复合柱时，可将前肢柱加大炸高，后肢柱切割纵筋，以防止整柱后倾。见表 7.9 例 4。

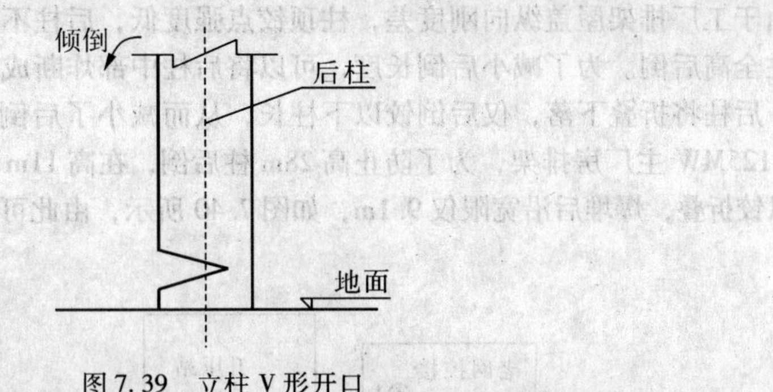

图 7.39　立柱 V 形开口

表 7.9　排架爆破拆除后坐和爆堆后沿实测

序号	工程名称	结构形式	（宽×高）/m×m	层数	切口形状	切口尺寸/m×m 前沿总高×后柱高	倒塌方式	爆堆后沿宽/m	机构后坐值/m	备注
1	茂名灰渣厂	排架	16×15	1 层钢屋架	三角形	3×0.8（炸高）	有后倒	11	-0.275	
2	镇海电厂汽机车间	框，排架	33.6×28	1 层钢屋架	平切口	11×11（炸高）	从中切口炸断下段后倒	9.1		
3	恒运电厂汽机车间	框，排架	21×19	1 层钢屋架	三角形	3.5×2（炸高）	排架被前倾框架拉向前	2		
4	韶关电厂 3# ~ 6# 汽机间及锅炉房	框，排架	25×42	1 层钢屋架	三角形	3.2×12.0（后柱上下炸点）后柱由前后肢组成，其前肢炸高 1.2m，后肢炸高 0.8m	后柱向前倾倒			由框架向前倾倒，拉动排架前倾
5	韶关钢厂三轧厂主厂房	排架	25×17	1 层钢屋架	三角形	3.5×1.0（炸高）	纵向倾倒	2.5 ~ 2.7	后柱向后倾斜约 10°，但未后倒	空心方柱的柱内充沙爆破拆除

7.5.2.2.3　排架纵向倾倒

见表7.9例5，将纵向倾倒的排架，按纵向4～8榀架一组，分组分次序向前倾倒。组内各榀架爆破切割为三角形切口，前榀架柱炸高最大，可达3.5m，最后榀架仅在柱根松动爆破1.0m，各榀架从前向后延迟0.1s起爆，利用榀架下落时差，拉动后榀架向前倾倒，而最后榀架后坐较小，但是最后一组榀架因组间吊车梁未打断，后柱向后倾斜10°而未后倒。

7.5.2.2.4　炸断后柱中部成铰

由于工厂排架屋盖纵向刚度差，柱顶铰点强度低，后柱不易拉动向前倾倒，由此可能导致后柱全高后倒。为了减小后倒长度，可以将后柱中部炸断成铰，若后柱不能为前柱拉向前倒时，后柱将折叠下落，仅后倒铰以下柱长，从而减小了后倒长度。见表7.9例2，镇海电厂2×125MW主厂房排架，为了防止高28m柱后倒，在高11m中部炸断成铰，爆堆后部可见后柱以铰折叠，爆堆后沿宽限仅9.1m，如图7.40所示，由此可见，减小了后柱后倒的长度。

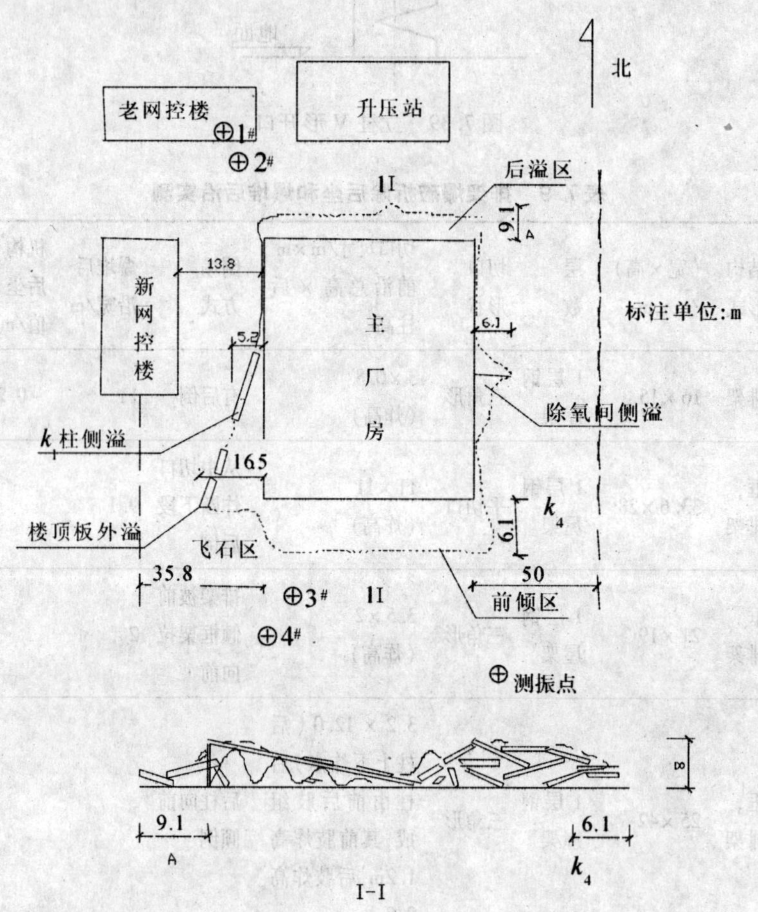

图7.40　镇海电厂房爆堆形态图（标注单位：m）

7.5.3　框架爆堆及判断

单切口现浇框架倾倒撞地，前柱前趾撞地压溃终止后，依据框架不同的动力条件和框架内的构件强度，而以不同的堆积拓扑，形成结构倒塌爆堆。爆堆以外，结构倒地溅起的飞石，以及个别构件前冲，翻转的区域，本文称为飞石区。爆堆内多体相互之间及其与地面的联系关系，本文定义为堆积。该堆积可以分为Ⅰ~Ⅴ类，既Ⅰ类——整体翻倒堆积，Ⅱ类——跨间下塌堆积，Ⅲ类——层间侧移堆积，Ⅳ类——散体堆积，Ⅴ类——整体倾倒而不翻倒。

表 7.10 现浇框架爆破拆除爆堆前沿实测

序号	工程名称	结构形式	宽×高/m×m	层数	切口尺寸/m×m 前沿高×后柱	倾倒着地前趾距前柱 dx_s/m	爆堆					备注
							类型	计算前沿宽（m）	实测前沿宽（m）	计算高度（m）	实测高度（m）	倾塌方式
1	深圳西丽电子厂1#楼	框	11.5×25.9	8	13.4×0.9	实测 -1.8	Ⅱ	13.7	11.5	4.8	—	2体纵向倾倒
2	深圳西丽电子厂2#楼	框	9.7×25.9	8	9.1×0.9	推断 -2.0	Ⅲ	14.1	12.1	11.5	9.0	2体横向倾倒
3	深圳西丽电子厂3#楼	框	8.0×22.8	8	4.55×0.9	推断 -2.5	Ⅰ	18.3	15.8	11.5	11.5	2体横向倾倒
4	深圳潮味大酒楼	框	16.2×45	11	16×0.6	实测 -1.92	Ⅲ	24	18.8	7.7	5~6	2体横向倾倒
5	东莞信和农批市场	框	12×26.5	8	12.2×1.2	实测 -2.0	Ⅰ	14.3	11.0	12	10	2体横向倾倒
6	东莞建丰4连体水泥仓	仓框	8×24.5	1	4.2×单孔切筋	计算 -3.3	Ⅰ	20.3	17.0	8	8	2体倾倒
7	中山古镇商业楼	平Ⅴ框剪	9×43	13	12.4×单孔切筋	推断 -2.0	Ⅰ	30.6	28.6	9	9	2体横向倾倒
8	恒运电厂办公楼	框	11.6×26.4	8	8×0.6	计算 -2.16	Ⅲ	20.5	20（不包含电梯房项飞出10）	5.6 4.8~7.3（加楼梯间顶高）	4（5层以下多为半墙，框架完全破碎）	2体横向倾倒
9	开平水口综合楼	框	9.4×27.3 楼梯顶加2.5	8	12.8×1.2	推断 -2.0	Ⅲ	12.2	15.5（楼梯间顶前滑）	7.3	6	2体横向倾倒
10	鹤山兰鸟时装城	框	19.5×34.8	11	14.4×切割纵筋	推断±0	Ⅲ+Ⅰ	17.4	19（电梯房前滑）	6.6	6	纵向倾倒，空中断开2部，前部前倾，后部再覆盖
11	广州水泥厂6#除尘塔	框	14.2×26.9	3	7.9×单孔	实测 -3.7	Ⅲ	11.7	11	11	11	2体横向倾倒

续表 7.10

序号	工程名称	结构形式	宽×高/m×m	层数	切口尺寸/m×m 前沿高×后柱	倾倒着地前趾距前柱 dx_s/m	爆堆 类型	计算前沿宽（m）	实测前沿宽（m）	计算高度（m）	实测高度（m）	备注 倾塌方式
12	广州水泥厂西区砖混楼	砖混	14.2×18	6	7.8×单孔	计算+0.8	Ⅰ	13.3	13～14	—	—	2体横向倾倒
13	沈阳天涯宾馆	框剪	14.7×78.5	23	43×8.8（4切口累计）		Ⅳ	10		—	28.3	原地坍塌
14	重庆米兰大厦A座[18]	框	28×77.7	22	13（矩形14m宽）		Ⅳ+Ⅰ		45	—	28	下坐单体翻转
15	哈尔滨车辆厂综合办公楼[10]	框	26.4×55	17	13.9	推断－2.0	Ⅲ	33.4	29		32	2体纵倒
16	上海长征医院（同济大学爆破公司拆除）	框	20.28×58（其上还有8m电梯房）	16	33.5（4切口累计）	推断－2.0	Ⅲ	19.6	17.3 电梯房为27.3	—	—	多切口多体同向横倒
17	武汉王家墩A附楼（武汉爆破公司拆除）	框剪	10.75×63	19			Ⅲ+Ⅰ		前6 两侧4 后2	—	10	3切口3体双向横倒
18	山东农行某中心办公楼、接待楼、宿舍楼	砖混	17×20	6			Ⅲ		9.5～10.4			见文献[12]
19	维坊大厦[21]	框	35.9×55	14	19.8（切口累计）	推断－3.0	Ⅲ	28.4	20～25	—	—	切口多体同向纵倒

*注1：爆堆堆积类型，Ⅰ为整体翻倒，Ⅱ为跨间下塌，Ⅲ为层间侧移，Ⅳ离散体堆积。

注2：2体倾倒的下体为切口层下的后支柱。

当框架运动满足式（6.132）和式（6.133）时，可形成含Ⅰ类堆积的爆堆，其爆堆前沿宽为 L_{gf1}，见图6.32所示。

$$L_{gf1} = dx_s + H - h_{cu} - h_{cf} \tag{7.128}$$

式中：dx_s 为前柱撞地点与爆前的前柱距离，dx_s 为正时，撞地点在原前柱前沿前，dx_s 为负时，撞地点在原前柱前沿后；H 为楼高或分段楼高；h_{cu} 为楼段切口前沿高；h_{cf} 为楼房撞地时前柱破碎高。

而爆堆高 $h_{gf1}=B$ (7.129)

式中：B 为楼宽。

见表7.10例3、例6框架上的仓体和例8前跨中有加装的电梯间的楼房等。框架楼前跨中加装的电梯间，在框架前趾撞地时，易于脱离框架而前冲，且电梯间翻倒着地后，撞击地面的屋盖，还可能与电梯间顶脱离，而再度翻转，如例8的电梯房屋盖。表7.10中的例5，框架倒地到上坡地形，阻止了层间侧移，也似乎形成了整体倾倒爆堆。表7.10中的例14，框剪高楼下坐倾倒着地时，速度大而前冲，上方爆堆前沿宽将大于着地处的式（7.128）L_{gf1} 1～2m，（也可归入Ⅳ类爆堆的 L_{gf5}）。

当框架构件强度满足式（3.34），各层倒塌撞地动能满足式（6.33b），而不能满足式（6.132）、式（6.133）和式（3.38）时，将形成层间侧移堆积，而形成楼梁叠饼式坍塌爆堆，简称Ⅲ类堆积爆堆，其爆堆前沿宽为 L_{gf3}，见图6.6。即

$$L_{gf3} = \mathrm{d}x_s + \sum_{nl}^{nf} k_{lf}(h_{lf} - h_b) + b_n \tag{7.130}$$

式中：$\sum_{nl}^{nf}(h_{lf}-h_b)$ 为叠饼梁下柱总高；h_{lf} 和 h_b 分别为撞地层间侧移底层 n_l 到层间侧移终止层 n_f 的层高和梁高；而飞石区的飞石和个别前冲脱离的顶层梁可超过 L_{gf3} 达10m。b_n 为楼前悬臂结构宽；k_{lf} 本文称为侧移系数，$k_{lf}=s_f/(h_{lf}-h_b)$，式中 s_f 为同层顶板和底板下相互层向侧移距离，对框架结构 $s_f\leqslant(h_{lf}-h_b)$，$k_{lf}\approx1$；对于下述砖混结构，当高宽比小于1.3时，砖混结构楼的楼盖有圈梁可视为刚体，楼的重载由纵横的承重墙支撑，当单切口爆破倾倒拆除，切口上沿前趾撞地时，楼房很难整体翻倒，但可以层间侧移倾倒，而当底层上的楼盖层间侧移还不够充分时，承重墙已经坍塌，而不能支撑楼盖充分侧移，所形成类似Ⅲ类堆积的叠饼坍塌爆堆。由于砖混楼房层间楼盖未充分侧移，砖柱和承重墙已经垮塌，故 k_{lf} 可取为0.7～0.9，见表7.10例18的3幢楼房。屋顶的电梯房和楼梯间顶房，由于向前方前冲前滑，见表7.10例8、例9和例16，其电梯房和楼梯间顶房的冲出距离超过了式（7.130）计算的爆堆前沿宽，因此，在电梯房和楼梯间顶着地区，应在地面局部区域防止其撞地前冲。

而Ⅲ类堆积叠饼式坍塌爆堆高

$$h_{gf3} = \sum_{nf+1}^{n_t} h_{lf} + \sum_{1}^{nf}(h_b + 0.1) + h_{te} \tag{7.131}$$

式中：n_t 为楼房顶层数，h_{te} 为屋盖以上的电梯房和楼梯间房高。见表7.10例2、例4、例9、例10和例11等。

当框架构件强度满足式（3.38），框架的机构运动满足式（6.140）、式（6.142）和式（6.143），而不能满足式（6.132）、式（6.133）和式（3.34）时，将产生同跨梁下塌的跨间下塌堆积，而形成本文简称的Ⅱ类堆积爆堆，其爆堆前沿宽为 L_{gf2}，见图6.20。

$$L_{gf2} = \mathrm{d}x_s + H - h_{cu} - h_{cf} \tag{7.132}$$

而跨间下塌爆堆高

$$h_{gf2} = l_{bj}\cos\alpha_b + B - l_{bj} + h_{fbj-1} - l_{bj-1} \tag{7.133}$$

式中：α_b 为图6.20所示 j 跨 l_{bj} 跨长的楼梁的下塌角；h_{fbj-1} 为 $j-1$ 跨的塌落高度，$j\leqslant2$。

框架“跨间下塌”遵循式（6.84）和式（6.136）动力方程运动，当其质心超前着地点后，而形成翻倒爆堆。但也可能撞地动能和势能迫使各下塌跨梁充分转动，克服其端弯矩消耗大量能量作功后，而形成梁柱机构平行变形堆积爆堆。跨间下塌也往往伴随大量层间叠落 h_{cf}。

见表7.10例1，由于该楼纵向倾倒，前跨是与柱整体浇注的横向通道楼梯，楼梯间的刚度大，抵抗弯矩 M_{cl} 大，而纵向次梁的梁端弯矩 M_{bj} 小，因而形成了跨间下塌堆积。当楼梯间在首跨时，H 应包含 h_{te}。短跨的高楼倾倒，也会形成跨间下塌拓扑，如深圳鱼龙村的多数12～14层2跨框架楼，跨距3～4m，楼宽7m，倾倒初期为跨间下塌，而后形成Ⅱ类堆积爆堆，且上方爆堆前沿宽将不大于着地处的式（7.132）L_{gf2} 1～3m。砖混结构有中间走廊楼，因走廊梁跨间下塌，而形成Ⅱ类堆积爆堆，其爆堆形态可按式（7.132）和式（7.133）计算，如表7.10中的例12的6层砖混楼房。

表7.10中的 dx_s，取自摄像实测值，计算值和经验推断值。带后柱（下体）的框架双体倾倒 dx_s 近似计算，可以将式（7.122）和式（7.124）联立，详见7.5.1.1节，求出 q_2 和 q_{r1}，再以式（6.102）求出前趾着地的 x_s，则 $dx_s = x_s - B$。由表7.10可知，dx_s 多为负值，而框剪结构楼和剪力墙单体倾倒爆堆

$$dx_s = (B - a)\left(\frac{1}{\cos\beta} - 1\right) \tag{7.134}$$

式（7.134）的 dx_s 为正值。

由表7.10可见，dx_s 在现浇框架双体Ⅰ、Ⅱ、Ⅲ类堆积爆堆中，为 $-1.8 \sim -3.7$m。考虑到框架倾倒的前冲，飞石区与结构倒塌爆堆区的分界模糊，从防护结构倒塌撞地冲击的安全出发，需留有一定安全余地，在式（7.128）、式（7.130）和式（7.132）的计算中，可设 $dx \approx 0$，从而可简化爆堆前沿宽的计算。

当框架运动既满足式（3.34）又满足式（6.133）时，可采用所需能量和加速度 $\ddot{q}_{cf}$，$\ddot{q}_l$ 来判断堆积发展的拓扑类型，如图6.6所示。即层间侧移所需动能为 E_l，根据式（6.29），得

$$E_l = J_l\dot{q}_l^2/2 = m_2 g h_{lf}[\cos\varphi_h - \cos(\varphi_h + q_l)] - 2M_{cl}\sin(q_l/2) + J_{lo}\dot{q}_{l,0}^2/2 \tag{7.135}$$

$$\frac{dE_l}{dq_l} = m_2 g h_{lf}\sin(\varphi_h + q_l) - M_{cl}\cos(q_l/2) \tag{7.136}$$

式中符号见式（6.29）。

而整体翻倒所需动能 E_w，根据式（6.68），当前柱底铰抵抗力矩 $M_f = 0$ 时，

$$E_w = J_{cf}\dot{q}_{cf}^2/2 = m_2 g r_{cf}[\cos q_0 - \cos(q_0 + q_v)] + J_{cf}\dot{q}_0^2/2 \tag{7.137}$$

式中：$q = q_0 + q_v$，q_v 为翻倒的转角；q_0 为初始转角，q_0 为负值；式中其他符号见式（6.66）。

$$\frac{dE_w}{dq_v} = m_2 g r_{cf}\sin(q_0 + q_v) \tag{7.138}$$

当
$$(dE_w/dq_v)/J_{cf} < (dE_l/dq_l)/J_l \tag{7.139}$$

若 $dE_l/dq_l < 0$，在 $q_v = 0$，$q_l = 0$，上式满足，框架倾倒将发展Ⅰ类堆积；而当 $dE_l/dq_l \geqslant 0$ 时，由于 dE_l/dq_l 不需再增动能，也可层间侧移，则开始形成Ⅲ类堆积爆堆。由式（7.136）

和式（7.138）可见，$M_{cl}/(m_2 g r_{cf} \sin q_0)$ 越小，h_{lf}/r_{cf}越大以及 J_l/J_{cf}越小，就越易形成Ⅲ类堆积爆堆。

当框架运动既满足式（3.34）又满足式（3.38）时，可采用力矩及其加速度来近似判断堆积类型。式（3.34）的层间侧移弯矩余量产生的加速度 M_{fc}/J_l 与跨间下塌弯矩余量产生的加速度 M_{cbj}/J_{23} 比较，当

$$M_{fc}/J_l > M_{cbj}/J_{23} \tag{7.140}$$

则框架倾倒能发展Ⅲ类堆积，否则会进入形成Ⅱ类堆积。当 M_{fc}/J_l 在小于 M_{cbj}/J_{23} 15%之内，后判断有可能失准。

当框架运动不满足式（3.34），但同时满足式（6.133）［或式（6.132）］和式（3.38）、式（6.143），则在Ⅱ类堆积的同时，框架也绕前趾翻倒。同理，当式（6.35）不满足，在Ⅲ类堆积的同时，框架也绕前趾翻倒，可按上述对应公式类推判断。

综上所述，满足式（6.132）或式（6.133）的现浇剪力墙、框剪结构、仓体、筒式结构和烟囱倾倒，易形成Ⅰ类堆积爆堆；现浇框架的实际撞地角 $\varphi_h \geqslant 20°$，式（3.34）满足，倒塌撞地动能满足式（6.33b）而不满足式（6.132）和式（6.133）及式（3.38），易形成Ⅲ类堆积爆堆；电梯间、楼梯间在前 2 跨内，沿次梁纵向倾倒的多跨框架，前柱撞地角 φ_h 在 10°～15°之间，前趾柱向撞地速度 10m/s 以上，起爆时各跨时差已将梁端在空中断裂成铰，着地仅满足式（3.38）、式（6.140）、式（6.142）和式（6.143），可形成Ⅱ类堆积爆堆。

装配式钢筋混凝土框架，当向前倾倒构件空中散落或倾倒撞地，撞地反冲量多将结构节点和机构的铰点破坏断开，断开的构件和其支承上的砖砌体在空中散落，向前形成散体堆积爆堆，简称Ⅳ类堆积，如图 7.40 所示。其爆堆前沿，应由散落堆积的砖砌体和包含其中的最长前支柱构件两者中之最大者决定。砖砌物堆积体前沿宽，可见文献［13］，采用砖混结构最大侧堆宽度，文献中 B_M 的体积平衡法计算。工厂的装配式钢筋混凝土框架爆堆，多由最长前支柱构件长 l_{cs}决定其爆堆前沿宽为

$$l_{gf4} \leqslant \max(l_{cs}) + \mathrm{d}x_s \tag{7.141}$$

式中：$\mathrm{d}x_s = \mathrm{d}x_c + B/2$；$\mathrm{d}x_c$ 为空中散落起始构件群体的质心运动着地的位置，距原前排柱的距离，向后距离为负，大多数情况下 $\mathrm{d}x_s$ 可设为零，以简化计算。

如镇海电厂 2×125MW 主厂房，前跨没有砖砌围护，爆后最长前柱长为 17m，向侧倾倒，使爆堆侧宽 B_b 达 16.5m，而爆堆前沿宽实际缩小为 6.1m，详见图 7.40 所示。以式（7.141）计算为 17m，显然是偏于安全的。

采用原地坍塌或下坐坍塌倾倒拆除的框架，可由 6.3.5 节和 6.3.6 节计算框架楼塌落切口闭合冲击撞地压溃后的高度 y_r，即以切口闭合下落 h_{cu}的 y 值，$y = h_c - h_{cu}$，经式（6.56）逆求得所需的时间 t，再经式（6.55）计算得切口闭合的速度 v_y，以式（6.59）逆求 q，以式（6.58）的 $\dot{q}$ 得切口闭合时方程式（6.60）的初始条件 $v_0 = v_y \cos q$，$q_0 = q$，$\dot{q}_0 = \dot{q}$，y_r 并以式（6.64）的 v，求得当撞地减速 $v = 0$ 时，塌落后的楼高 y_r，即为冲击撞地，质量散失，楼房支柱压溃后爆堆上的高度，或爆堆前沿宽 $L_{gf5} = y_r$，如图 6.9 和图 6.13 所示。而爆堆高度为 $h_{gf5} = y_r +(h_b + 0.1)n_{ft}$或 $B +(h_b + 0.1)n_{ft}$。当原地坍塌拆除框架时，也可以按 7.5.4.4 节，逆算式（7.157）得 y_r，见图 3.9。

原地坍塌的楼房，撞地破坏的支撑构件和砖砌体，散落在原楼房四周，形成散体堆积，

撞地未破坏的结构体，立在其上，形成Ⅳ类堆积爆堆，如图 7.40 所示。其爆堆前沿，同样也由散落堆积的砖砌体和撞地破坏各层所余最长支撑件堆积决定。四周散落堆积的爆堆宽为 L_{gf5}，考虑爆破抛掷作用，L_{gf5} 适当加大，即

$$L_{gf5}=(h_{lf}-h_b)+b_r n_{fi}+\mathrm{d}x_s \tag{7.142}$$

式中：n_{fi} 为坍塌的楼层数；b_r 为下层堆积比上层堆积物突出的水平距离，b_r 可取 0.4m；$\mathrm{d}x_s=\mathrm{d}x_c+B/2$；$\mathrm{d}x_c$ 为坍塌楼房着地时的质心位置与爆前质心位置之距离，$\mathrm{d}x_s$ 按式（7.130）处理，简化为零。而爆堆高度也可按下式计算

$$h_{gf5}=(H-h_{cu}-h_{fsb})+(h_b+0.1)n_{fi} \tag{7.143}$$

式中：h_{fsb} 为楼房压溃高，即由除去梁高和爆破高度后，立柱的压溃高度 h_{fs} 推算，$h_{fsb}=h_{fs}/(1-h_b/h_{lf})$，见式（3.24）。见表 7.10 的例 13。

拆除楼房倾倒，爆破切口闭合，但楼房并未翻倒、层间侧移和跨间下塌，各构件间也未破坏散落，楼房仍歪斜而立于切口爆堆之上，本文称为Ⅴ类堆积，如图 7.5（d），图 7.8（b）所示。该Ⅴ类堆积爆堆前沿宽，详见 7.4.1.2 节，首先计算出楼房质心位置 x_c，再以楼房原宽 B 和切口闭合后的楼房倾倒角 β 计算。

两切口以上的框架，可按 7.4.1.2 节，首先计算上下切口各段框架结构体前趾着地姿态。即框架后柱着地，可看做有根 2 体倾倒运动。然后，当上切口闭合，上体结构与下体结构可最终合为同一体运动。合一体着地爆堆，即整幢楼房着地爆堆，由各体分爆堆堆积所组成。而各分体爆堆仍按本节上述塌落堆积爆堆计算。当框架各体（段）运动着地，若某框架段满足式（6.132）和式（6.133）时，该段框架将成为含整体翻倒运动，形成含Ⅰ类堆积的分体爆堆，其前沿宽可用式（7.128）式计算。但式中 $\mathrm{d}x_s$ 却应按该段框架着地点计算。当某框架段满足式（3.34）和式（6.33b）而不能满足式（6.132）或式（6.133）和式（3.38）时，该段框架将形成层间侧移的拓扑运动，形成楼梁叠饼式坍塌Ⅲ类堆积分体爆堆，其爆堆前沿宽，应以按式（7.130）计算，但式中 $\mathrm{d}x_s$ 却应按该框架段着地点计算。框架形成Ⅱ类堆积分体爆堆，可参照上述原理，对应相应公式判断。又见表 7.10 中的例 10 框架楼，在前倾时空中拉断为 2 体，前体（远体）按Ⅲ类堆积，后体（近体）按Ⅰ类堆积整体翻倒覆盖在前体爆堆上，为 2 体Ⅰ类Ⅲ类组合堆积爆堆。当框架体（段）撞地，冲量较大时，柱梁压溃，质量散失，形成散体堆积拓扑，其分体爆堆为Ⅳ类拓扑，其爆堆前沿宽，可按式（7.142）或式 $L_{gf5}=\gamma_r$ 计算，但式中 $\mathrm{d}x_s$ 应按该段框架离散为散体的质心运动着地点计算。组合堆积爆堆的前沿宽，取堆积爆堆中之最大者；而组合堆积爆堆高将小于其中堆积爆堆高的累加值。框架段撞地压溃，见下节研究。

7.5.4 楼房下坐

框架柱压坏而失去部分支撑能力，引起其上结构重力克服支柱残余抗力而框架下落，本文称为框架下坐。框架切口层后柱、后中柱，在其上楼层重载的压力超过柱的极限强度而破坏，或因支柱爆破，楼层自由下落，支柱冲击地面，在撞地冲量作用下支柱破坏压溃，从而诱导楼层动能克服支柱残余抗力而下坐。由此可见，下坐可以由框架自重在非冲击时发生，也会在框架下落撞地的冲击条件下产生。当楼层重载超过支柱极限强度后，必要的楼层重载将持续或楼房具有足够的冲击动能，以克服支柱继续破坏所消耗的功，楼房才会最终下坐。因此，

支柱重载应力超过极限强度是下坐的必要条件，可用此作为判断下坐的判据之一；但是，若要实现楼房下坐，仅有必要的应力条件是不够的，还需要有足够的楼房冲击撞地动能，或者重载持续地超过破坏强度，才能最终确保楼房下坐。就支柱强度而言，下坐是支柱以残余强度抵抗不断继续压坏的过程。由于支柱支撑条件不同，决定其破坏形式不同，下坐压坏支柱所消耗的破坏功也各有所异。当支柱在静载作用下，支柱中段首先破坏而弯曲折断，所消耗的功小，将大大少于在冲击载荷下，层内短柱的两端首先破碎而引起的支柱压溃所消耗的功。

采用爆破切口倾倒上段框架楼房的拆除方法，切口层内后柱的下坐，减少了切口角，削减了楼房倾倒动能，甚至不足以翻倒楼房和破坏下层结构，而导致拆除失败。因此，研究后支柱上的下坐力及其下坐原理，进而研究防止下坐的措施是必要的。

与此相反，当采用原地坍塌爆破拆除框架楼房时，切口层内支柱不能可靠下坐，其上的楼房不足以获得必要的撞地动能，楼房就不可能撞地破坏，也会导致拆除失败。因此，研究诱导下坐，下坐所需动能；研究确保下坐措施，对于爆破环境复杂、没有倒塌空地的高层建筑更为必要。

7.5.4.1 支柱重载下坐

爆破现浇框架的切口后，切口以上的框架楼房，立即向前倾倒，并将框架自重、向前转动弯矩和后推力，首先传递给切口上层内的后柱顶，企图在其柱顶形成塑性铰，以便实现切口以上楼房为上体（外体）的前倾，并且实现切口层内后柱为下体（内体）的后倒，从而形成有根双体运动，如图 6.23 所示。其动力方程组简化后为式（6.88），初始条件见式(6.89)，由此可以计算初始姿态下，后支柱所承受的轴向压力 N。已知姿态求解内力是动力学的逆问题，其过程如下

$$\left.\begin{aligned}&\text{上体质心 } C_2 \text{ 的竖向绝对加速度 } a_{2y} = -l_1\ddot{q}_1\sin q_1 - r_2\ddot{q}_2\sin q_2 + l_1\dot{q}_1^2\sin q_1 - r_2\dot{q}_2^2\sin q_2\\&C_2 \text{ 的水平绝对加速度 } a_{2x} = l_1\ddot{q}_1\cos q_1 + r_2\ddot{q}_2\cos q_2 + l_1\dot{q}_1^2\cos q_1 - r_2\dot{q}_2^2\cos q_2\end{aligned}\right\}\tag{7.144}$$

当 $t=0$ 时，根据式（6.89）$a_{2y} = -r_2\ddot{q}_2\sin q_{2,0}$，$a_{2x}=0$ (7.145)

$$\sum Y = 0 \quad -p_2 - m_2a_{2y} + N\cos q_1 + F_l\sin q_1 = 0\tag{7.146}$$

式中：N 为后柱的轴向压力，F_l 为后柱的切向推力，p_2 为切口层上楼房自重；

当 $t=0$ 时，$N=p_2-m_2r_2\ddot{q}_2\sin q_{2,0}$ (7.147)

根据动力学方程（6.88）式和初始条件式（6.89）

当 $t=0$ 时，$\ddot{q}_2=m_2gr_2\sin q_{2,0}/(J_{b2}-m_2r_2^2\cos^2 q_{2,0})$ (7.148)

代入式（7.147），得 $N=p_2[1-m_2r_2^2\sin^2 q_{2,0}/(J_{b2}-m_2r_2^2\cos^2 q_{2,0})]$ (7.149)

当后支柱极限轴向抗力

$$N_u < N\tag{7.150a}$$

后长柱则折断破坏而可能下坐。

当后支柱极限轴向抗力

$$N_u < 2N\tag{7.150b}$$

后柱在重载下撞地，柱两端因应力波反射，应力叠加而破坏，从而下坐，详见 7.5.4.2 节。

以加高一层的恒运电厂办公楼为例，爆破切口改为大梯形切口，切口高从 3 层增至 4 层，填充墙拆至 4 层，并改变楼房的宽度 B，相应增加楼房的跨数，研究后排支柱的初始轴

压力 N。设改变后的楼房宽 $(B)_c=K_b\cdot B$，K_b 为改变楼宽后、前之宽度比，即 $K_b=(B)_c/B$；$()_c$ 为相应改变后的数据，则宽度改变后质心距 $(x_c)_c=K_b x_c$，$(q_{2,0})_c=\arctan[(x_c)_c/y_c]$；$(r_2)_c=\sqrt{(x_c)_c^2+y_c^2}$；$(m_2)_c=K_b m_2$；改变后的转动主惯量

$$(J_{c2})_c=(m_2)_c\{[K_j(B)_c]^2+(H-h_{cu})^2\}/12$$

式中：K_j 为质量在楼宽上的均匀分配系数，$K_j=[12J_{c2}/m_2-(H-h_{cu})^2]^{\frac{1}{2}}/B$；$(J_{b2})_c=(J_{c2})_c+(r_2)_c^2(m_2)_c$。

由式（7.149）可计算 $(N)_c$，见图 7.42 所示。从图中可见，楼宽分别增大 1.5 到 2 倍，楼跨也分别从 2 跨增加到 3 跨以至 4 跨，后柱的轴压力 $(N)_c$ 则增加到 $1.27N$ 和 $1.55N$。改变楼房宽度 B，其对应的后柱轴应力 $\sigma_p=N/S_1$，式中 S_1 为立柱断面积（m^2）。见表 7.11，从表中可见，在没有考虑安全系数和突加载荷的情况下，恒运电厂办公楼增加到 4 跨，切口爆破仅剩后柱时，后柱载荷已接近折断下坐值 9.98MPa，而柱端反射应力波叠加值已达到柱静强度 19.2MPa，而可能压溃下坐。因此，3 跨以上楼房，当需防止下坐时，应采取措施。

表 7.11 楼跨与后柱轴压应力

楼 跨	2	3	4	5	备 注
楼宽 $(B)_c$，m	11.6	17.4	23.2	29.0	
后柱初始静轴压 N，kN	1488	1891	2303	2734	K_m 为 1.05
后柱轴应力 σ_p，MPa	6.2	7.9	9.6	11.4	二层柱断面 $0.24m^2$
4 层支撑高度纵向失稳强度 σ_λ，MPa	9.98	9.98	9.98	9.98	C_{20} 静强度 19.2MPa 纵向稳定系数 0.52

由式（7.149）可见，N 随楼房质量代表值 m_2 和重力荷载代表值 p_2 的增大而增加。楼房的质量代表值

$$m_2=K_m.\ m_{02} \tag{7.151}$$

式中：K_m 本文称为质量系数，为 1～1.2，即建筑物计算所用质量与结构裸装质量之比，楼房可取 1.05；m_{02} 为按结构图计算的裸装质量，本文为方便计算，梁、板以中轴为边。由式（7.151）可见，m_2 已包含了楼房的装修质量，拆除前遗留在楼房内的物品、设备、家具和管道的质量，以及未计入的楼梯质量。本文中烟囱的质量代表值 m，因没有装修，和悬吊、安装的其他物品很少，K_m 取 1。而仓体的质量代表值 m，因仓内可能还遗留未放完的物料，K_m 可取 1.2。同一建筑取不同 K_m 值，不改变 m/J_b，而 M/J_b 稍有变化，因 M/J_b 项所占数值相对前者比较小，而对多体姿态计算影响很小。

框架楼房前倾后，后柱上的轴压力 N_t 也随之减小。N_t 的计算，也是动力学的逆问题，可仿照上述初始轴压力 N 的计算方法，先数值解算动力学方程（6.88）式，而求出 $t>0$ 的运动姿态 q_1，$\dot{q}_1$，q_2，$\dot{q}_2$，$\ddot{q}_1$ 和 $\ddot{q}_2$；也可以用 q_2 和 6.3.9.1 节，近似计算出近似值 q_{r1}，$\dot{q}_{r1}$ 和 $\dot{q}_2$，并以式（6.88）算出 $\ddot{q}_1$ 和 $\ddot{q}_2$；运动姿态求出后，再在惯性坐标系，求出楼房上体的

绝对加速度 a_{2y} 和 a_{2x}，并按达朗贝尔原理求出立柱的轴压力 N_t。恒运电厂办公楼，当中柱爆破后，后柱若不爆破，所求出的后柱轴压力 N_t，如图 7.41 所示。从图中可见 $N_t < N$，框架前柱、中柱爆破拆除 0.5s 后，后柱轴压力下降为初始轴压力的 0.587 倍。因此，以式 (7.150a)，转换为用初始轴压力的峰值 $N \leqslant N_u$，判断框架楼房后柱稳定后倒而不至下坐，是可靠的。

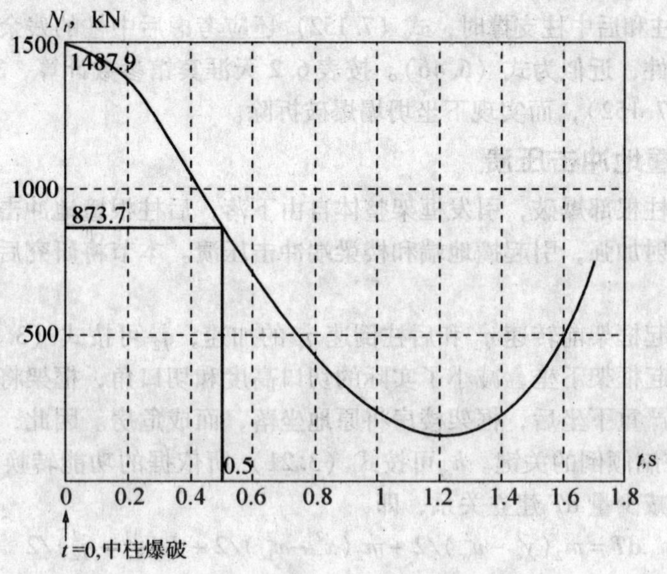

图 7.41 办公楼后柱轴压力 N_t（后柱不炸）

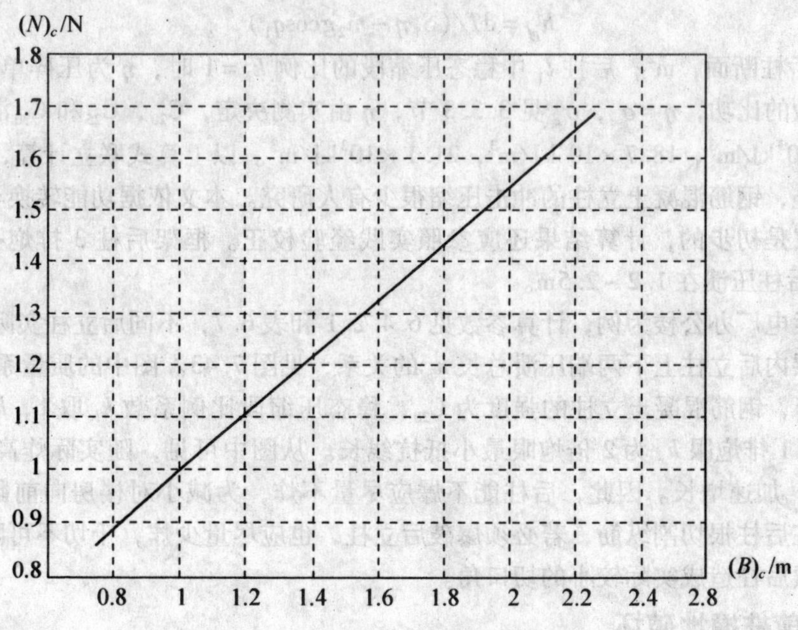

图 7.42 后柱压力 N 与楼宽 B 关系

由式（7.150）和图7.41可见，后柱下坐要考虑后柱轴压力 N_t，随楼房前倾而减小的事实，因此要确保下坐，就应该长时的轴压力 N_t，总是大于后柱压坏后向残余强度变化的支撑力，即完全下坐的条件，近似的可以认为

$$N > N_u \cdot k_i \tag{7.152}$$

式中：k_i 为初载富余系数，即初始重载 N 与支柱极限抗力 N_u 之比，取1.1。如6.3.5节所述，高楼切口后方有后柱和后中柱支撑时，式（7.152）还应考虑后中柱的残余支撑力 N_{a2}，因此，后柱完全下坐的条件，近似为式（6.46）。按表6.2天涯宾馆参数计算，3跨23层高层建筑后支柱可满足式（7.152），而实现下坐坍塌爆破拆除。

7.5.4.2 后柱撞地冲击压溃

现浇框架的后柱根部爆破，引发框架整体自由下落，后柱根撞地冲击，由于冲击应力波在底层后柱两端反射加强，引起撞地端和楼梁端冲击压溃。本节将研究后柱撞地两端的冲击压溃。

后柱撞地必引起框架前转速 $\dot{q}_2$ 和后柱倒速 $\dot{q}_1$ 的加速，$\dot{q}_2$ 可按式（3.31）计算。后柱撞地冲击压溃，也引起框架下坐，减小了实际的切口高度和切口角，框架将难于如设计者的意图倾倒，甚至框架严重下坐后，框架楼房将原地坐落，而成危房。因此，研究框架后柱撞地压溃高度 h_{pf}，是控制倾倒的关键。h_{pf}可按式（3.21）所依据的功能转换与守恒原理，与后柱撞地框架动能的减少量 dT 建立关系，即

$$\mathrm{d}T = m_2(\dot{y}_c^2 - v_{yc}^2)/2 + m_2(\dot{x}_c^2 - v_{xc}^2)/2 + J_c(\dot{q}_c^2 - \dot{q}_2^2)/2 \tag{7.153}$$

式中：$\dot{y}_c$，$\dot{x}_c$，$\dot{q}_c$ 和 v_{yc}，v_{xc}，$\dot{q}_2$ 分别为框架撞地前、后的质心竖向、水平向和转动速度，v_{yc} 和 v_{xc}以式（3.28）计算，其中 $\dot{q}_1$ 由式（3.30）表示，$\dot{q}_2$ 按式（3.31）计算。而后柱压溃高度

$$h_{pf} = \mathrm{d}T/(S_1\eta - m_2 g\cos q_1) \tag{7.154}$$

式中：S_1 为后柱断面，m^2；后柱 l_1 中稳态压缩段的比例 $k_l = 1$ 时，η 为压碎单位体积 m^3 钢筋混凝土需做的比功，$\eta = \sigma_e$，σ_e 见3.3.3节，η 由实测决定，C_{20}，C_{25}和 C_{30}混凝土的 η 分别取 $15.6 \times 10^3 \mathrm{kJ/m^3}$，$18.7 \times 10^3 \mathrm{kJ/m^3}$，$21.1 \times 10^3 \mathrm{kJ/m^3}$。以上算式联立计算，详见6.3.10节。迄今为止，钢筋混凝土立柱的冲击压缩很少有人研究。本文依据功能转换与守恒原理建立的算式，仅是初步的，计算结果还应参照实践经验校正。框架后柱3排炮孔炸高0.6~1.2m，一般后柱压溃在1.2~2.5m。

现以恒运电厂办公楼为例，计算参数见6.4.2.1和表6.7，不同后立柱实际炸高 h_e 与柱冲击撞地，层内后立柱上下两端压溃总长 h_{pf}的关系，见图7.43。图中的质量系数 K_m，为表6.7中的1.05，钢筋混凝土立柱的强度为 C_{20}，稳态压缩段比例系数 k_l 取1，h_e = 炮眼排数×炮眼间距，1排炮眼 h_e 为2倍炮眼最小抵抗线长。从图中可见，随实际炸高 h_e 增高，后柱压溃总长 h_{pf}加速增长。因此，后柱能不爆应尽量不炸，为减小对楼房向前翻滚的后柱拉阻力，可以在后柱根切割纵筋，若必须爆破后立柱，也应尽量少炸，千切不可随意增大后柱炸高，而压溃后柱造成实际较小的切口角。

7.5.4.3 前柱撞地破坏

现浇框架切口的前柱、前中柱撞地冲击，将引起框架下部多层立柱上下端破坏，其破坏高度 h_{cf}可见6.4.1.2.1节，而相应的稳定压缩段比例 k_l 和立柱压溃等效接触断面系数 k_{sc} 见

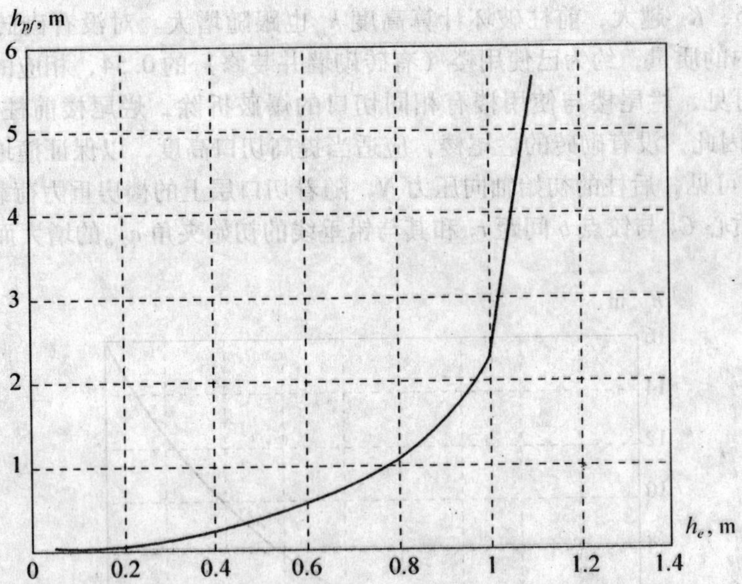

图 7.43 后柱炸高 h_e 与撞地压溃总长 h_{pf}（迭代误差 0.09m）

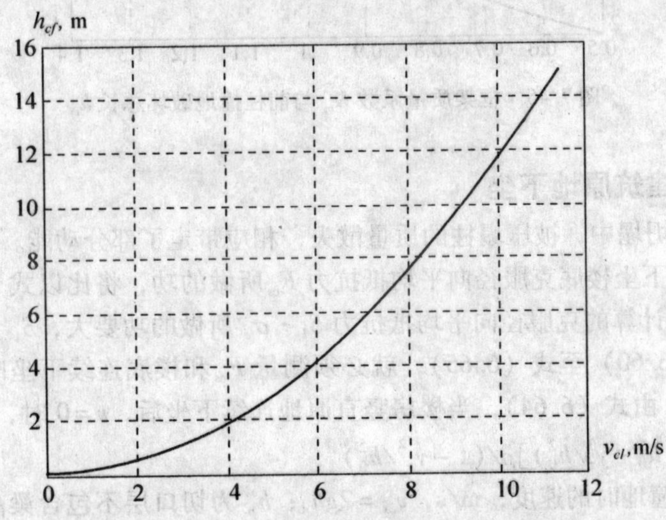

图 7.44 前柱质心纵向撞地速度 v_{cl} 与柱总破坏长度 h_{cf}

3.3.2.2 节，即 h_{cf} 由式（6.126）计算。若以恒运电厂办公楼为例，参数见 6.4.2.1 节，当不改变撞地角 $\varphi=0.2873$，仅改变式（6.125）的质心柱纵向撞地冲击速度 v_{cl}，其前撞地柱总破坏高度 h_{cf}，如图 7.44 所示。从图中可见，恒运电厂办公楼，当质心柱纵向撞地速度为 $v_{cl}=-7.54\text{m/s}$ 时，前柱纵向撞地速度 $v_l=-10.407\text{m/s}$，前柱破坏高达 6.702m，本框架已经解体，h_{cf} 随着前柱撞地纵向速度增加而平方倍加速增大，当撞地质心纵向速度达到 10m/s 以上，前柱破坏总长将达 12m（若不考虑中柱和折算墙断面），框架楼房已充分解体。若 $\varphi=0.2873$，$v_{cl}=-7.54\text{m/s}$ 不变，仅改变框架质量系数 K_m，其前柱撞地破坏总高 h_{cf}，如图 7.45 所示。从图中可见，计算建筑物采用不同的质量系数，其前柱的撞地破坏总高也不同，

一般 K_m 取 1.05，K_m 越大，前柱破坏计算高度 h_{cf} 也跟随增大。对没有砌砖的烂尾楼框架，其不包含切口内的质量，约为已使用楼（有砖砌墙并装修）的 0.54，相应的质量系数 K_m 取 0.54。从图中可见，烂尾楼与使用楼有相同切口的爆破拆除，烂尾楼前柱的破坏高度 h_{cf}，仅为 2.405m。因此，没有砌砖的烂尾楼，应适当提高切口高度，以保证撞地框架充分解体。由式（7.149）可见，后柱的初始轴向压力 N，随着切口层上的楼房重力荷载代表值 p_2 增加而增大，随着质心 C_2 与铰点 b 间距 r_2 和其与铅垂线的初始夹角 $q_{2,0}$ 的增大而减小。

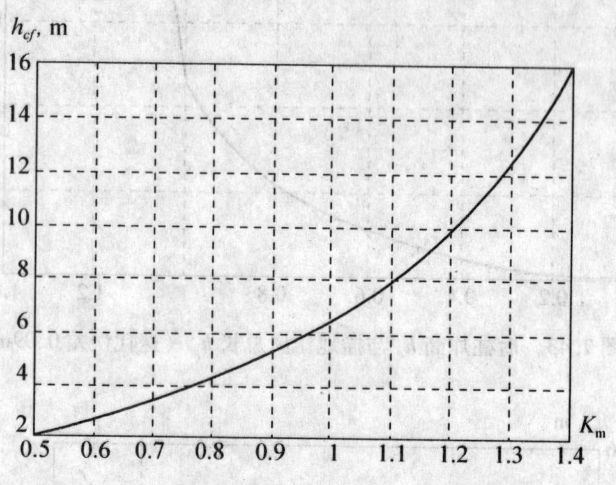

图 7.45　框架质量系数 K_m 与前柱撞地破坏总长 h_{cf}

7.5.4.4　高层建筑原地下坐

高层建筑原地坍塌中，被压塌柱的质量散失，相应带走了部分动能。因此，在动力学方程（6.60）式中，下坐楼底克服径向平均抵抗力 F_{cs} 所做的功，将比以式（3.19）立柱冲击破坏等效强度 σ_e，计算的克服径向平均抵抗力 $S_1 \cdot \sigma_e$ 所做的功要大，S_1 为底层立柱总横断面积。要应用式（6.60）至式（6.65），就必须测量 F_{cs} 和楼底连续下坐时克服立柱的动强度所做的比功 σ_{cg}。由式（6.64），当楼房竖直原地连续下坐后，$v=0$ 时，$q_0=0$，$\dot{q}_0=0$，得

$$F_{cs}=[v_{os}^2+(2/3)g(h_0-y_r^3/h_0^2)]\rho/(1-y_r{}^2/h_0^2) \tag{7.155}$$

式中：v_{os} 为建筑物撞地时的速度，m/s，$v_{os}=2gh_p$；h_p 为切口层不包含梁高的楼房下落高度（撞地前下落高度），m；h_{fp} 为楼房切口高；h_0 为楼房刚着地时的在切口层爆堆上的楼高，m；y_r 为楼房着地停止坍塌时，在切口层爆堆上的楼高，ρ 为楼房沿高度的线质量，10^3kg/m。$h_0=H-h_{fp}$，h_{fb} 为切口层梁堆积所形成的爆堆高，m；见图 3.9。

天涯宾馆竖直下坐时，楼原高 $H=78.5$m；$h_p=22.40$m，为 4 个切口，各排柱平均爆破高度；$h_0=H-h_{fp}=51.2$m，h_{fp} 切口高度，可按切口内各排柱的平均层高（后排柱炸高小于层高 1/2，仍采用实际柱炸高），$h_{fp}=27.3$m；$y_r=16.3$m；$S_1=3.425\text{m}^2$。由式（7.157）得 $F_{cs}=46.733\times10^6$N，因此，C_{30} 混凝土柱的

$$\sigma_{cg}=F_{cs}/S_1 \tag{7.156}$$

即 $\sigma_{cg}=13.645\times10^6\text{N/m}^2$（Pa）。

楼房下坐坍塌后的切口层爆堆上的楼高 y_r，可由式（6.60）得到的下列方程，即

$$F_{cs}(y_r^2-h_0^2)/\rho+(2/3)g(h_0^3-y_r^3)+2gh_ph_0^2=0 \tag{7.157}$$

以天涯宾馆的条件，解（7.157）方程，得切口高度 h_{fp} 与 y_r 楼房坍塌后楼高关系，如表7.12所示。

表7.12 切口高度 h_{fp} 与坍塌下坐后楼高 y_r 关系

h_{fp}/m	9.6	14.4	19.2	24.0	备 注
y_r/m	45.04	35.35	26.94	19.21	$h_p=h_{fp}\times4.1/4.8$

* 4.1/4.8＝层内柱高/层高。

应用式（7.157）在实际工程时，应提高 σ_{cg} 数值，以留有足够余地。

而高层建筑以下坐坍塌并倾倒拆除时，将遵从6.3.5节和6.3.6节所述的式（6.49）至式（6.65）描述的规律。现以表6.2所列参数，计算图6.11所示爆破拆除方案，当切口闭合后，F_{cs} 由 $\sigma_{cg}=13.645\times10^3\text{kN/m}^2$ 计算，不同切口高度 h_{fp} 与坍塌下坐倾倒后楼长（高）y_r 关系，如表7.13所示。

表7.13 爆破切口高度 h_{fp} 与下坐倾倒后楼长（高）y_r

h_{fp}，m	9.6	14.4	19.2	24.0	备 注
(h_0-y_r)，m	8.44	6.05	2.43	0.01	
y_r，m	60.46	58.05	56.87	54.49	v_0 为切口闭合时楼房下塌速度
v_0，m/s	−8.55	−9.56	−8.79	−1.42	
q_0，R°	0.1296	0.2762	0.5897	1.4355	
$\dot{q}_0$，R°/s	0.1391	0.2556	0.4992	1.0886	

从表中可见，随着爆破切口高度增高，切口闭合时楼房倾倒角 q_0，和倾倒角速 $\dot{q}_0$ 都增大，当 $h_{fp}\geqslant14.4$m 时，楼房重心已移出前趾，楼房必然翻倒到地。随着楼房重心移出前趾，楼房着地速度反而减小。而楼房撞地下溃的高度（h_0-y_r），都随切口增高而减小，楼房下坐坍塌后楼长（高）y_r，逐渐仅由 h_{fp} 形成。

7.5.5 控制下坐的措施

爆破拆除楼房的效果，基本上是由控制下坐而实现的。要实现倾倒拆除，必须尽可能减少后支撑的下坐。而要实现楼房原地坍塌倾倒，则要诱导支柱压溃下坐。

7.5.5.1 减少下坐

从7.5.4节的楼房下坐机理分析和计算中，可见要减少乃至防止框架后支撑的下坐，首先要适当地增大后支撑的极限支撑力 N_u。

7.5.5.1.1 前中柱仅炸底层

从表7.11中可见，当4跨以上框架前、中柱爆破拆除后，后柱的应力 σ_p 已接近失稳强度 σ_λ，并随跨数的增加，而超过4层支撑高度的纵向失稳强度，因此，后柱很可能压塌。为减少后柱的压溃，可将后中柱的炸高，也限制在框架底层内，不宜破坏底层梁柱节点，让第2层后柱和后中柱与底层顶梁形成局部框架，共同抵抗楼房框架重载，从而增大后支撑的极限支撑力 N_u。如表7.10的例10、例15和图7.34、图7.46所示，它们都因后中柱炸高仅在底层内，而提高了后柱和后中柱联合的极限支撑力，以至框架楼房前部跨间拉断，后支撑都未压塌，而阻止了下坐又同时减小了后坐。

图7.46 11层兰鸟城前楼下塌，两排后柱抵抗下坐而前倾（和利与宏大爆破）

7.5.5.1.2 分段爆破切口前中部

由7.5.5.1.1节可见，要增强后支撑的能力，在框剪结构和框架倾倒初期，应少炸切口前中部，可保持后支撑足够的断面宽度，或形成包含后柱、后中柱及其底梁所组成的后支撑局部框架，以便抵抗倾倒开始时的楼房突加载荷。在楼房倾倒过程中，当切口快要闭合时，为增大切口闭合的速度，再分段后爆破切口前中部的上层，从而扩大切口高度，以加快楼房前柱撞地速度。这时虽然楼房的后支撑断面缩小，或成为单柱，但是已不再有突加载荷且随后竖直载荷也减小，下坐的可能性大为减小，并且即或发生下坐，切口已快闭合，下坐量也少。

7.5.5.1.3 框剪结构保留纵横剪力墙

某些框剪结构楼，在爆破拆除时，保留了后支柱或后中柱的纵向横向剪力墙，如7.5.2.1.5节所述，可使框剪结构单向倾倒，以减小后坐。虽然框剪结构单向倾倒的下压力 N_s，由式（7.21）计算比 N 大，N 为后柱向后倒且框架向前双体运动时的后柱轴压力，N 由式（7.149）计算，但是，保留的纵向和横向剪力墙，也增大了后支撑的面积，从而增加了抵抗下坐的支撑能力。见表7.7中的例13及图7.33所示。

7.5.5.1.4　多切口下行起爆

框剪结构和框架，当双切口或多切口采用下行起爆时，如同7.4.2节相似的原理，随上切口的爆破，上体对下体的压力减小，因此，下切口后支撑的压力也跟随降低。上体对下体的竖直压力 N_{s3} 可近似为式（7.92）N_{s2}，下体对后支柱的轴压力 N_2 可为式（7.149）N，上下两体下行起爆对后支柱的轴压力 $N_1 \approx N_2 + N_{s3}$。而当上行起爆时后支柱的轴压力 N 应由式（7.149）计算，由此可见，$N_1 < N$，因此下行起爆，后支柱上的轴压力是小于上行起爆的，从而可防止楼房下坐。

7.5.5.1.5　炸断后跨梁端

现浇框架与后支撑相连的梁，将其两端炸断后，梁端成铰，若后跨的梁端弯矩 $M \approx 0$，小于框架后立柱顶铰 b 的柱端弯矩 M_2，即 $|M| < |M_2|$，见图7.20，而形成图7.27形式的2自由度3体倾倒。若略去根体后支撑的 m_1，J_{b1}，可近似地用动力方程（6.88）描述，则在初始时刻，梁所传给后支撑的力 N，其 $q_{2,0} = \pi/2$，$(r_2 \sin q_{2,0}) = r_{c2}$ 不变，$\cos q_{2,0}$ 为零，即后支撑力 N 由式（7.149）得 $N = p_2(1 - m_2 r_{c2}^2 / J_{cb2})$；式中：$J_{cb2} = J_{c2} + m_2 r_{c2}^2$，$r_{c2}$ 为框架质心距后柱水平距离，故 $J_{cb2} < J_{b2}$。由此可见，后柱轴压力 N 将大为减少，因而可防止楼房下坐，如表7.7中例10、图7.27所示。

7.5.5.1.6　逐跨炸断前方柱

为了避免爆破拆除前部柱所承担的楼重，向后支撑柱整体转移形成较大突加载荷，可逐跨由前向后炸断切口内立柱，以形成楼重分部分别向后支撑转移承载，减小附加的突加载荷冲击，以减小下坐可能性。

7.5.5.1.7　不炸后柱仅切纵筋

由7.5.4.2节和图7.43可见，爆破后柱将给后柱极大的冲击撞地而压溃，炸高 h_e 越大，立柱撞地压溃长度也加速增长。因此，减小楼房下坐，应不炸后柱或仅炸一排松动炮孔，并切割后柱单侧纵筋。尤其是水泥厂的筒仓，单切口倾倒拆除时，后立柱的炸高，应限制在单排炮孔。如表7.10的例6和楼房例11、例12、例15。

7.5.5.2　确保下坐

7.5.5.2.1　增大爆破切口前部

增高爆破前柱炸高，采用大梯形切口，均可以增大前柱、前中柱在倾倒撞地时的质心纵向速度 v_{cl}，如6.4.1.2节所述，其撞地引起前柱的破坏，见式（6.126），前柱撞地破坏层间总高 h_{cf}，随 v_{cl} 的增大而成平方倍增加，见图7.44，如7.5.4.3节所述。h_{cf} 破坏在楼层内多分布在各层柱的两端，由此减小了抵抗层间侧移的柱端弯矩 M_{cl}，详见式（3.34）。

7.5.5.2.2　切口上层柱切割纵筋诱导冲击

由3.3.2.2节可知，冲击压溃钢筋混凝土的等效强度 $\sigma_e < \sigma_{cs}$ 随机强度均值。因此，要形成压溃，不能等待静载达到并超过立柱动随机强度均值 $k_d \sigma_{cs}$，才形成楼房下坐。而应当首先诱导冲击，而当载荷应力超过 σ_e 后，楼房的下坐将连续维持。在切口上的楼层柱内，切割纵筋，减小混凝土柱的支撑断面，切口爆后，起动楼房下坐，首先切口上楼层底层压坏，再陆续压溃以下切口高度以内的框架剩余立柱，如表7.10例14。

7.5.5.2.3　单段爆破切口

为了充分利用爆破拆除前部柱所承担的楼重，向后支撑转移的突加载荷，应同时单段爆破切口内的立柱，以增大转移的附加突加载荷，促使后支撑压溃下坐。

7.5.5.2.4　减小下坐楼房的倾斜

由表7.13可见，随着下坐楼房倾斜角 q_0 的增大，变质量压溃立柱的长度（h_0-y_r）并不随切口高度 h_{fp} 增大而线性增大，反而增大率减小。因此，楼房下坐倾倒拆除，最终楼高 y_r 为倾倒后爆堆前沿 L_{gf5}，从而随切口高度增加，接近切口以上的楼高（$H-h_{cu}$）。

7.5.6　切口角和撞地效果

7.5.6.1　框架切口

现浇框架楼，当切口范围内前排、中排支柱爆破拆除后，后排柱的下端切割纵钢筋并爆破单排孔形成0.3～0.4m炸高，后排柱切口层上端形成塑性铰，其柱可简化为有根体向后旋转，而切口层以上结构，可视为另一自由度体，绕有根体的支撑向前旋转，形成2体的变拓扑运动，如图6.23所示。采用不同的爆破切口高，其变拓扑运动的形成也各不相同，分两种类型，如表7.14所示。

第1类型为较低切口，2体运动经拓扑1后，上体前趾着地转变为向前翻转的拓扑3；第2类型为较高切口，2体运动经拓扑1，在空中上体向前倾转与下体将其连接铰拉断，而进入拓扑2，上体可近似认为自由下落并转动，当上体前趾撞地时，也进入拓扑3。

表7.14　爆破拆除框架楼后支撑松动爆破时楼房倒塌拓扑切换点和动力方程初始条件

拓扑类型	切换点	初始条件	切换点类型
拓扑1：切口层前排柱、中排柱爆破，后排柱单排孔松动爆破，切口以上框架上体向前倾旋，后支撑柱下体向后倾倒	$t=0$	$q_i(t)=[0,\ q_{2,0}]$ $\dot{q}_i(t)=[0,\ 0]$	时间 t_1 切换点
拓扑2：框架上体与后支撑体下体剪切，其连接铰断开，上体向前倾旋自由下落，下体向前倾倒	$t=t_1$ $\dot{q}_{2,2}=\dot{q}_2(t_1)$ $q_{2,2}=q_2(t_1)$	$q(t_2)=q_{2,1}$ $\dot{q}(t_2)=\dot{q}_{2,1}$ $y_c=y_{c,2},\ v_{yc}=v_{yc,2}$ $x_c=x_{c,2},\ v_{xc}=v_{xc,2}$	动力切换点，体间剪切大于其抗剪强度，而成为单体
拓扑3：框架上体的前趾着地，上体以着地压碎点，向前旋转	$t=t_2$ $\dot{q}_{2,3}=\dot{q}_2(t_2)$［或 $\dot{q}_2(t_1)$］ $q_{2,3}=q_2(t_2)$［或 $q_2(t_1)$］	$q(t_3)=q(t_2)$（或 $q_{2,1}$） $\dot{q}(t_3)=\dot{q}_{2,2}$（或 $\dot{q}_{2,1}$）	空间切换点，切口闭后，前趾撞地，已为单体

*注：$q_{i,j}$—i 为体数，j 为拓扑数；t_j—j 拓扑类型；x_c，y_c 为质心坐标；v_{xc}，v_{yc} 为质心速度坐标分量。

现以恒运电厂8层办公楼为例计算不同爆破高度，含2类拓扑变化类型的运动状况，楼房横剖面如图6.26所示，切口高6.6m以上时，1～2层墙全拆，3层以上的中柱和墙均未拆，上体动力运动参数仍以三角形切口，质量均布近似计算，质量系数 $K_m=1.05$。

切口角
$$\beta_0 = \arctan(h_{cu}/B) \tag{7.158}$$
式中：h_{cu}为切口前沿高，m；B为楼宽，m。

拓扑的动力学方程见（6.72）式。拓扑2和拓扑3的动力学方程分别见式（6.107）和式（6.66）。当爆破切口高度在2.7m、7.1m和10.4m时转为拓扑3，为第1类变化拓扑类型；而爆破切口高度13.7m时，在$t=1.5$s后由拓扑1转到拓扑2，再当$t=1.6$s时才转到拓扑3，为第2类变化拓扑类型。当框架上体前趾f着地，其质心已在f之后，为便于翻倒分析，可假设前柱不破坏而整体框架翻倒，着地时r_f的与竖直线夹角q_f，其翻倒转速$\dot{q}_f$，框架动能T_f和翻倒所需能量W_d可分别用式（3.32）、式（7.159）和式（7.160）计算，

$$T_f = J_f\dot{q}_f^2/2 \tag{7.159}$$

$$W_d = r_f m_2 g(1-\cos q_f) + E_{t1} \tag{7.160}$$

当$W_d < T_f$时，框架楼可能翻倒，其翻倒保证率$K_{to} = T_f/W_d$
各切口高h_{cu}的K_{to}，可见表7.15。K_{to}的变化趋势与式（6.133）的K_{tc}是相同的。

$$K_{to} \geqslant 1.5 \sim 1.8 \tag{7.161}$$

或满足式（6.132）时，可以保证翻倒。E_{t1}为拉断后柱钢筋所需做的功，参见式（7.45a）原理计算，柱底切割钢筋，或3排以上炮孔爆破时$E_{t1}=0$。当未计绕前柱前趾f的滚动摩阻时，K_{to}取大值以上。

事实上，大多数情况前趾撞地，前柱都要破坏。当C_{20}钢筋混凝土抵抗冲击破坏应力取9.06MPa，前柱截面为$0.4\times0.6=0.24\text{m}^2$，不同切口高$h_{cu}$的前柱压碎长度$h_{cf}$，按式（6.126）计算，见表7.15，相应形成新的着地点f'和新的框架上体动力运动参数及框架质心C到f'的与竖直线夹角q_{cf}，以式（6.131）计算，式中φ_h以压溃h_{cf}增加了框架转角；以及爆堆前沿宽距原前柱距离L_{gf3}，以式（7.130）计算，结果见表7.15。

表7.15　爆破切口与框架最终运动状态参数

切口高	h_{cu} (m)	切口角β_0 (R°)	(γ_s-h_f) (m)	K_{to}	h_{cf} (m)	q_p (R°)	q_{cf} (R°)	L_{gf3} (m)
第2层	3.3	0.2772	−0.3636	0.14	4.04	0.1448	0.275	24.06
第3层	7.1	0.5492	−0.541	2.0	5.97	0.3683	0.052	21.29
第4层	10.4	0.7309	−0.844	0.93	8.12	0.50	0.444	18.15
第5层	13.7	0.8682	−0.585	0.01	8.63	0.561		13.6

*注：$E_{t1}=0$。

从表中可见，如果框架撞地没破坏，爆破切口炸到第2层，K_{to}小于1，将不会翻倒；而翻倒保证率，当以爆破切口到3层以上+0～0.5m为最大，K_{to}可超过2.0，而K_{tc}大大超过2，因此框架如果不破坏以及实际前柱压溃都会翻倒；当切口爆破到4层后，K_{to}反而降低。但是框架不同于整截面剪力墙，前柱撞地必定要破坏，其破坏高度h_{cf}随切口高度增加而从4.04～8.63m逐渐增大，柱端的破坏从而促使式（3.34）中M_{cl}极限抵抗弯矩减小接近零；前柱与竖直线夹角q_{cf}，在4层以上切口时撞地角已超过1R°，因此框架也会叠饼式破坏。从

框架撞地观测可见，表7.15所示切口角0.5R°以上的前柱着地与竖直线夹角q_p（φ）已大于0.35R°，“层间侧移”弯矩余量M_{fc}增大，框架必定层间侧移而叠饼式破坏。

综上所述，当切口高度大于7m，切口角大于0.5R°，爆破拆除框架，将整体翻倒或“层间侧移”倾倒坍塌破坏。而楼宽大于本例$B=11.6$m时，同理也应保持切口角大于0.5R°，并适当提高切口高度，拆除框架也可“层间侧移”倾倒坍塌破坏。保证“层间侧移”的计算，详见6.3.3节，计算实例见6.4.2.3节后段。当切口角不便大于0.5R°，且宽高比超0.48的楼房应尽可能让前柱撞地角φ_h大于20°，并在中部过道跨或中跨前后柱爆破时差增大到1.0～2.0s，使中跨在空中断开，着地跨间下塌，形成中跨梁两端铰连结的前后着地分结构体，并分别促使其质心超前着地点或满足式（6.132）或式（7.161），而相互协作倾倒而堆积倒地，见表7.10中例10、例15。实现“跨间下塌”，应以（6.84）动力方程和（6.136）动力方程相关公式判断，见6.4.1.2.2节后。

7.5.6.2　框架上仓体及起爆延时

仓体框架，切口的前排柱可全部炸掉，而后排柱起爆时差及其炸高将影响仓体是否翻倒的关键。设爆破拆除仓体的拓扑，如表7.16所示。

表7.16　爆破拆除仓体框架时仓体倾倒拓扑切换点和动力方程初始条件

拓扑类型	切换点	初始条件	切换点类型	备注
拓扑1：切口层前排柱、中排柱爆破，后排柱不爆破仅切割纵筋，仓体向前倾旋，后支柱（下体）向后倾倒	$t=0$	$q_i(t)=[0,q_{2,0}]$ $\dot{q}_i(t)=[0,0]$	时间t_1切换点	
拓扑2：后柱爆破3排以上炮眼，仓体倾旋自由下落	$t=t_1$ $\dot{q}_{2,2}=\dot{q}_2(t_1)$ $q_{2,2}=q_2(t_1)$	$q(t_2)=q_{2,1}$ $\dot{q}(t_2)=\dot{q}_{2,1}$ $y_c=y_{c,2}$，$v_{yc}=v_{yc,2}$ $x_c=x_{c,2}$，$v_{xc}=v_{xc,2}$	空间切换点，仓体前漏斗着地	后柱炸高应确保前漏斗先着地；已为单体
拓扑3：仓体前漏斗着地，向前翻倒	$t=t_2$ $q=(t_2)$ $\dot{q}=\dot{q}(t_2)$	$q(t_3)=q(t_2)$ $\dot{q}(t_3)=\dot{q}(t_2)$	空间切换点，前仓前趾随仓体倾倒而着地	单体

＊注：$q_{i,j}$—i为体数，j为拓扑数，t_j—j为拓扑的类型，x_c，y_c为质心坐标，v_{xc}，v_{yc}为质心速度坐标分量。

现以东莞建丰水泥厂4连罐仓爆破拆除为例，当前、中柱同时起爆时计算不同后柱起爆时差与仓体翻倒保证率K_{io}的关系。仓体的纵剖面如图6.29所示，其动力参数见表7.17。

表7.17　仓体倾倒动力参数

h_{cu} (m)	m_2 (10^3kg)	J_{b2} (10^3kg·m^2)	b_s (m)	y_d (m)	r_c (m)	$q_{2,0}$ (R°)	l_1 (m)
4.6	626.488	89664	6.5	2.1	9.89	0.4165	4.6

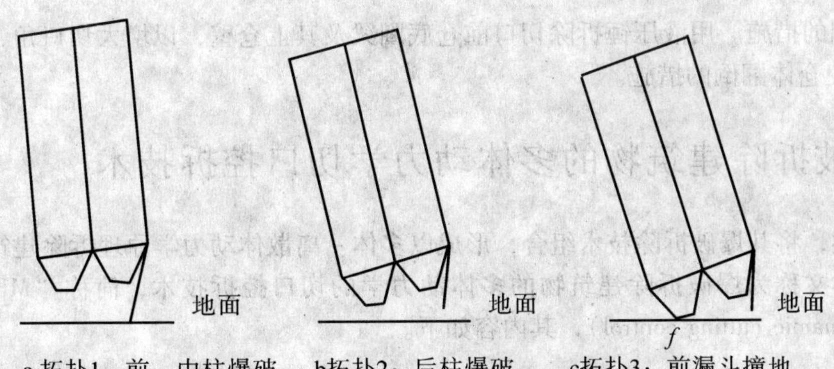

a 拓扑1：前、中柱爆破　b拓扑2：后柱爆破　c拓扑3：前漏斗撞地

图 7.47　爆破拆除仓体框架时倾倒拓扑

表 7.17 中 h_{cu}，m_2，J_{b2}，r_c，$q_{2,0}$，b_s，y_d 分别是仓体的梁底柱高（切口高）、仓体质量、对后柱顶的转动惯量、质心距后柱顶距离、其对应 r_c 与铅垂线初始夹角、前漏斗前沿距后柱水平距和漏斗下口距仓梁底距离，l_1 为后柱压缩中的支撑平均长度。

拓扑 1 的动力学方程见式（6.72），拓扑 2 和拓扑 3 的动力学方程分别见式（6.107）和式（6.66）。拆除倾倒的仓体前漏斗前沿首先在 f 点着地，如图 7.47c 所示，x_f 为 f 距爆破前的后柱根水平距离，x_c 为着地时质心 C 距爆破前的后柱根水平距离。当 $x_c < x_f$，翻倒保证率 K_{to}，按 7.4.3 节式（7.116）和 7.5.6.1 节式（7.161）计算。t_f 为后柱起爆延时。

表 7.18　仓体后柱起爆延迟 t_f 与翻倒保证率 K_{to}

t_f	s	0.2	0.3	0.4	0.5	0.6	0.7	1.0
K_{to}		3.03	53.3	121.4	$x_c > x_f$	$x_c > x_f$	$x_c > x_f$	$x_c > x_f$
l_e	m	3.5	2.8	2.2	1.7	1.2	0.9	0.5
备注					仓体着地已翻倒			

＊注：t_f 延迟前柱时间，l_e 为形成前漏斗首先着地的仓体后柱最小炸高，m，$E_{t1}=0$。

$$l_e = l_1 - l_b$$

式中：l_b 为原后柱底与仓底后铰距离，m；l_b 可按式（6.111）计算。

不同起爆延时 t_f 的仓体撞地的翻倒保证率 K_{to} 和仓体前漏斗首先着地的后柱最小炸高 l_e，见表 7.18。从表中可见 t_f 越长，仓体 K_{to} 越大，标志越容易翻倒，当 t_f 在 0.5s 以上，已 $x_c > x_f$，仓体着地已经翻倒，而相应所需的最小炸高 l_e 也越小。当实际炸高小于 l_e 时，后柱将先撞地，如果此时后柱不折断，撞地冲量将引起仓体加速前转，见公式（3.31）中 $\dot{q}_2$，从而增加前仓漏斗着地的撞地角，而增大 K_{to}，实际后柱炸高越小，K_{to} 也越大，或 $x_c > x_f$，仓体越易翻倒。因此，当前柱不便提高炸高时，为了仓体翻倒，后柱起爆时差应延长至接近前漏斗着地时间，且后柱炸高应跟随尽可能减小，以至不炸仅切割纵筋，可防止后柱折断，又加速仓体翻倒。对仓底装有余料或者浅仓，将比本例深仓难于翻倒，不炸后柱仅割纵筋，将是促使仓体翻倒的措施。用液压锤拆除切口前仓底圈梁及其上仓壁，以增大切口角，从而增大 K_{to}，也是促使仓体翻倒的措施。

7.6 爆破拆除建筑物的多体动力学切口控拆技术

综上所述，将其爆破拆除技术组合，形成以多体－离散体动力学原理拆除建筑物的切口控制技术，本文称为爆破拆除建筑物的多体动力学的切口控拆技术，简称“MBDC 技术”(multibody dynamic cutting control)，其内容如下。

7.6.1 高烟囱单切口倾倒爆破拆除技术

当钢筋混凝土高烟囱有单体倾倒的场地，可以采取单切口单体倾倒拆除。单切口多为低位切口，拆除时爆破量最少，成本低，是拆除的首选方案。其设计原则详见 7.2.2.9 节，切口圆心角参见 7.2.2.1 节、7.2.2.3 节、7.2.2.4 节，定向窗角由 7.2.2.5 节决定。切口高度参见 7.2.2.7 节、7.2.2.6 节，切口内段间起爆次序可采取 7.2.2.8 节、7.2.2.2 节所述，由此组合为高烟囱用单切口的单体单向倾倒爆破拆除技术，典型实例可见茂名沸腾炉 120m 高钢筋混凝土烟囱爆破拆除工程，详见文献［14］，和成都市热电厂 210m 钢筋混凝土烟囱爆破拆除工程，详见文献［15］。

7.6.2 高烟囱定倒向、定落点折叠爆破拆除技术

当钢筋混凝土高烟囱前后两侧的倒塌场地均有限，不足以容纳单体倾倒范围时，可以采取定倒向定落点折叠倾倒拆除技术，其设计原则详见 7.2.2.10 节，切口圆心角参见 7.2.2.1 节、7.2.2.3 节、7.2.2.4 节，定向窗口角由 7.2.2.5 节决定，切口高度参见 7.2.2.7 节、7.2.2.6 节，由此组合为高烟囱双切口或多切口折叠定倒向定落点爆破拆除技术，典型实例可见 4.6 节广州纸厂 100m 高钢筋混凝土烟囱 3 折叠双向倾倒爆破拆除工程，详见文献［1］。

7.6.3 高耸楼房同向折叠倾倒爆破拆除技术

当高耸楼房仅许可单向倾倒，但倾倒场地有限，不够单体倾倒范围时，可以采取双切口或多切口同向折叠倾倒拆除技术。其设计原理和爆堆形态预计详见 7.4.1.2 节，及见 7.5.3 节，由此组合成楼房同向折叠倾倒爆破技术。典型实例可见中人爆破工程有限公司爆破拆除的中山山顶花园 106m 高剪力墙楼 3 折叠同向倾倒爆破拆除工程，和青岛远洋宾馆 14 层东楼 2 折叠同向倾倒爆破拆除工程，详见文献［16］。

7.6.4 楼房折叠双向倾倒爆破拆除技术

当楼房前后两侧的倒塌场地均有限，不足以容纳单体倾倒范围时，可以采取双切口或多切口双向倾倒拆除技术，且所需倒塌场地较小。其设计原理和爆堆形态详见式（7.80）、式（7.81）、式（7.82）及参见 7.5.3 节。典型实例可见武汉市王家墩 19 层框剪大楼 3 折叠双向爆破拆除工程，参见文献［17］，和青岛远洋宾馆 15 层西楼 2 折叠双向爆破拆除工程，

参见文献［16］。

7.6.5 高耸楼房下坐倾倒爆破拆除技术

当高耸框剪楼房，仅许可单向倒塌，但倒塌场地不够单体倾倒范围时，可以采取单切口下坐再倾倒拆除，且爆破切口的爆破量少。其设计原理详见7.5.4.4节和6.3.5节和6.3.6节，爆堆形态参见表7.13，采取诱导下坐的措施参见7.5.5.2.1节、7.5.5.2.2节和7.5.5.2.3节。由于实例少，为确定准确下坐量还应多观测，多研究措施。典型实例可见重庆米兰大厦22层框剪A楼单切口下坐倾倒爆破拆除工程，参见文献［18］。

7.6.6 多层楼房原地整体坍塌爆破拆除技术

当多层框架楼房，四周没有倒塌场地，可以采取原地坍塌拆除，且所需倒塌场地最少。其设计原理详见7.5.4.4节、6.3.5节和6.3.6节，爆堆形态参见表7.12，采取诱导下坐的措施参见7.5.5.2.2节、7.5.5.2.3节和7.5.5.2.4节。由于实例少，为确定准确下坐量还应多观测，多研究措施。典型实例可见重庆米兰大厦8层框架B楼矩形单切口整体坍塌爆破拆除工程，参见文献［18］，和上海仓储A座16层综合楼爆破拆除工程，参见文献［9］。

7.6.7 建（构）筑物单切口单向倾倒爆破拆除技术

当楼房有单体倾倒场地，可以采取单切口单体倾倒拆除，由于单切口多为低层切口，因此爆破量及相关工作最小，拆除工程成本也低，是爆破拆除的首选方案。根据建（构）筑物的结构形式，其拆除设计原理也各有相异，剪力墙详见7.4.1.1节和7.4.3节，框架和框架上的仓体详见7.5.6节和7.5.3节。对宽高比较大的框架，要防止后柱压溃下坐，详见7.5.4.1节和7.5.5.1.1节；对需整体翻倒的仓体和框架、框剪结构和剪力墙，设计详见6.3.7节和6.4.1.2.2节；对可撞地"层间侧移"的框架，设计详见6.3.3节；对撞地可能"跨间下塌"的框架，设计见6.4.1.2.2节后；爆堆形态，参见7.5.3节；为防止下坐，参见7.5.4节和7.5.5.1节；为控制后坐，参见7.5.1节，为减少框架后坐，可采取的措施，参见7.5.2.1节，为减少排架后坐，可采取7.5.2.2节的措施。典型实例可见6.4.2节的恒运电厂8层框架办公楼爆破拆除工程，6.3.9.3节的东莞建丰水泥厂4连罐体水泥仓爆破拆除工程和恒运热电厂A厂汽机间、锅炉房排架爆破拆除工程，参见文献［19］。

7.6.8 爆破拆除建（构）筑物控制后坐综合技术

详见7.4.1.1节、7.5.1节、7.5.2节、2.7.5节和7.2.2.6节。

7.6.9 爆破拆除建（构）筑物控制下坐综合技术

详见7.4.1.1节、7.4.2节、7.5.4节、7.5.5节和7.5.6.2节。

7.6.10 高大薄壳筒体弧铰折合倾倒技术

典型工程详见文献［20］。

同一建筑物可将以上爆破拆除控制技术组合，如青岛远洋宾馆，将7.6.3节和7.6.4节的控拆技术组合，如重庆米兰大厦将7.6.5节和7.6.9节的控拆技术组合等。

参考文献

[1] ZHENG Bingxu, WEI Xiaolin. Modeling studies of high-rise structure demolition blasting with multi-folding sequences [A]. New Development on Engineering Blasting [C]. Beijing: Metallurgical Industry Press, 2007: 236-332.

[2] 李守巨，等. 爆破拆除砖烟囱切口范围的计算 [J]. 工程爆破，1999，5 (2).

[3] 傅建秋，魏晓林，张中宏. 厚壁砖烟囱爆破切口范围分析 [A] //工程爆破文集（第七集）[C]. 乌鲁木齐：新疆青少年出版社，2004：458-463.

[4] 南京工学院. 砖石结构 [M]. 北京：中国建筑出版社，1981.

[5] 魏挺峰，魏晓林，傅建秋. 框架和排架爆破拆除的后坐数值分析 (1) [J]. 爆破，2008，25 (2)：12-18.

[6] 魏挺峰，魏晓林，傅建秋. 框架和排架爆破拆除的后坐数值分析 (2) [J]. 爆破，2009，26 (3)：32-37.

[7] 沈朝虎. 电厂通信楼控制爆破拆除 [J]. 爆破，2004，21 (4)：60-62.

[8] 黄士辉. 国内城市高层建筑爆破拆除方式的探讨 [J]. 工程爆破，2006，12 (4)：22-27.

[9] 黄士辉，朱军，朱立昌，王德昌. 内爆法 (Implosion) 拆除68m框剪结构大楼 [J]. 工程爆破，2007，13 (2)：48-50.

[10] 齐世福，胡良孝，李尚海. 17层综合办公大楼定向爆破拆除 [J]. 工程爆破，2003，9 (3)：29-33.

[11] 赵周能，程贵海，张健平. 紧邻被保护建筑的高层楼房定向爆破拆除 [J]. 工程爆破，2004，10 (4)：40-43.

[12] 林从谋，李建军. 楼房类型及爆破方案的现场实验研究 [J]. 爆破，2001，18 (1)：24-26.

[13] 冯叔瑜. 建筑物定向倾倒爆破堆积范围的探讨 [A] //冯叔瑜爆破论文选集 [C]. 北京：北京科学出版社，1994：127-137.

[14] 郑炳旭，高金石，卢史林. 120m钢筋混凝土烟囱定向倒塌爆破拆除 [A] //工程爆破文集（第六集）[C]. 深圳：海天出版社，1997：149-153.

[15] 黎丹清，俞诚，汤月华，黎军. 210m钢筋混凝土烟囱定向爆破拆除 [J]. 工程爆破，2009，15 (1)：48-50.

[16] 刑光武，李战军，傅建秋，郑炳旭. 同层位无时差双向折叠爆破新技术的应用 [J]. 爆破，2009，26 (3)：54-57.

[17] 谢先启，韩传伟，刘昌邦. 定向与双向三次折叠爆破拆除两栋19层框剪大楼 [A] //中国爆破新技术Ⅱ [C]. 北京：冶金工业出版社，2008：366-370.

[18] 施富强，梁震宇，张卫彪. 重庆米兰大厦控制爆破拆除 [A] //中国爆破新技术Ⅱ [C]. 北京：冶金工业出版社，2008：371-376.

[19] 郑炳旭，傅建秋．电厂大跨度厂房及100m高烟囱定向爆破拆除［A］//工程爆破文集（第七集）［C］．乌鲁木齐：新疆青少年出版社，2004：471－474.

[20] 傅建秋，郑建礼，刘孟龙．略阳电厂84.8m双曲线冷却塔定向爆破拆除［J］．爆破，2007，24（4）：41－44.

[21] 段宝福，毕卫国，高文乐，陈士海，张金泉．钢筋混凝土框架结构高层建筑物的爆破拆除［J］．爆破器材，2007，36（4）：20－23.

8 建（构）筑物拆除的综合观测

要创建新的拆除爆破理论，首先要采用现代信息技术、数字技术、结合计算机技术，对爆破拆除进行观测，从观测实践中总结新理论，又从定量观测中检验理论和数值模拟的正确，摒弃缺乏事实基础的逻辑推导和猜想。建筑物倒塌的摄影测量要立足当前不断发展的计算机图像处理技术和数码摄录机，简化过去高速摄影、编辑、数字化仪到判读系统，开发简单、可靠、成本低廉，又满足爆破拆除需要的测量技术，让我国的工程爆破公司都用得起、使用方便、易于推广。利用现代信息技术完善拆除爆破的观测，将是本文理论研究的基础和内容。在本章中，讨论了建筑物爆破拆除的三种观测方法：建（构）筑物倒塌动态摄像测量；大断面支撑部（构件）破坏外观群组摄像观测；支撑部、支柱应力应变电测，并以实例说明三种观测操作方法以及观测的效果和相应工程概况。

8.1 建（构）筑物倒塌动态摄像测量

摄影测量技术，在20世纪经历了模拟摄影测量、解析摄影测量[1]、[2]和数字摄影测量阶段的飞速发展，信息技术和计算机图像处理技术，大大简化了图像信息数字化的过程。现在数字摄像机的图像，已经可以用计算机自动提取观测目标物的像坐标，因而使图像数字化更加容易，设备单一[3]。建（构）筑物倒塌动态摄像属近景摄影测量，用非量测用摄像机测量技术[4]，则更为方便。

8.1.1 三维摄像测量

以两台非量测用摄像机，在建（构）筑物的侧面及正倒向拍摄，拍摄光中轴尽可能相互垂直，摄像机布置如图8.1所示，利用待拆建（构）筑物及周围环境，可容易地分散设置6个以上已知坐标点，以解算空间坐标条件方程待定系数。拍摄物上设导爆管团，以作为起爆显示光源。拍摄图像经视频采集卡转为计算机视频文件，并逐幅抓获为静态图像，经鼠标点击半自动数值化后，解算空间坐标共线条件方程组。

当利用摄影测量直接线性变换法时，可选出分布均匀的6个以上坐标点空间位置（X，Y，Z），解算空间坐标条件方程，其变换公式为[5]

$$\begin{cases} x + (L_1X + L_2Y + L_3Z + L_4)/(L_9X + L_{10}Y + L_{11}Z + 1) = 0 & (8.1) \\ z + (L_5X + L_6Y + L_7Z + L_8)/(L_9X + L_{10}Y + L_{11}Z + 1) = 0 & (8.2) \end{cases}$$

求得 $L_1 \sim L_{11}$ 待定系数，式中 x，z 为已知位置坐标点在摄像平面内的像坐标。再经畸变差的改正，最后由两像对已知 x，y，z 摄像平面坐标，算出物方空间坐标（X，Y，Z）。

如镇海电厂150m高烟囱爆破折叠拆除、山东新汶120m高烟囱爆破拆除以及广州纸厂100m高烟囱3折叠爆破拆除倒塌摄像测量，采用了三维摄像测量技术。

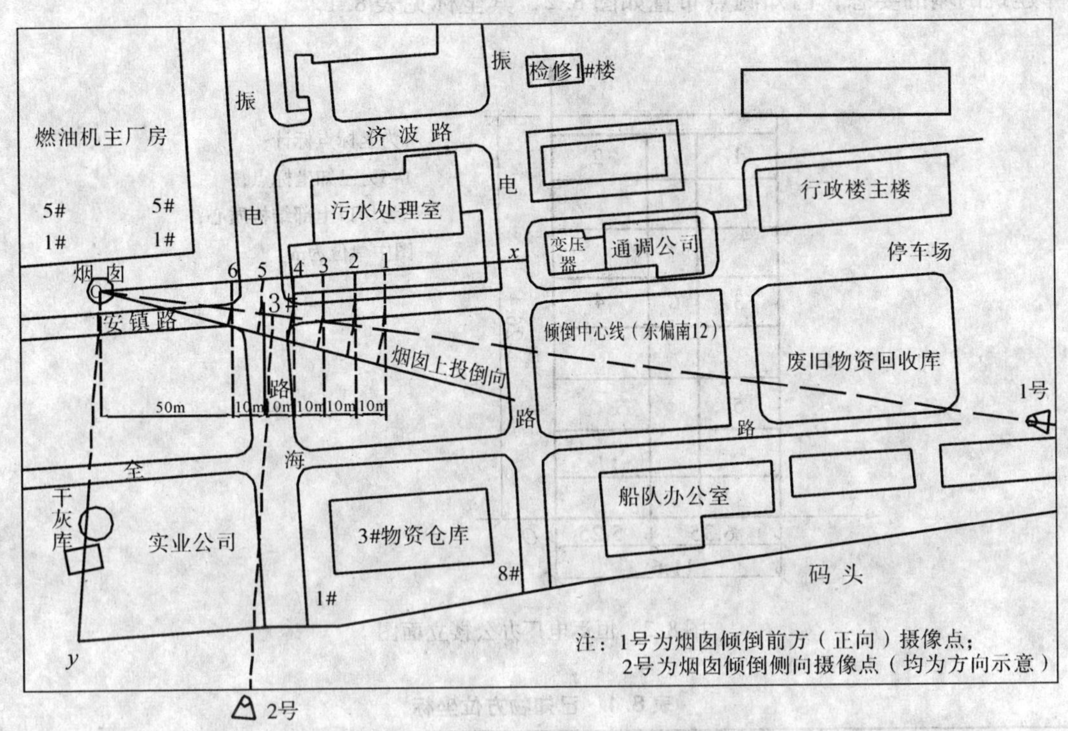

图 8.1　镇海电厂烟囱摄像机布置图

8.1.2　二维摄像测量

另一种简便近似解算物方坐标方法，可以假设建筑物在 x，z 平面内运动，即用一台非量测用的摄像机，在建筑物的正侧面拍摄。该平面摄像测量方法忽略了畸变差，这对建筑物的倒塌偏离设计倒向方位5°以下，还是许可的，并且由此带来的计算误差也与鼠标点击数值化精度相适应。因此，式（8.1）、式（8.2）中的 Y 为常数，再将 Z 改为 Y，并得到二维直接线性变换解法的公式[5]

$$\begin{cases} x + (L_1X + L_2Y + L_3)/(L_7X + L_8Y + 1) = 0 & (8.3) \\ y + (L_4X + L_5Y + L_6)/(L_7X + L_8Y + 1) = 0 & (8.4) \end{cases}$$

只需选出在设计倾倒立面上比较均匀分布的 4 个以上坐标点，求得 $L_1 \sim L_8$ 8 个待定系数，并由建筑物目标点的像平面坐标 x，y，解线性代数方程组式（8.3）、式（8.4），即解

$$\begin{cases} X(L_1 + xL_7) + Y(L_2 + xL_8) + (L_3 + x) = 0 & (8.5) \\ X(L_4 + yL_7) + Y(L_5 + yL_8) + (L_6 + y) = 0 & (8.6) \end{cases}$$

由此算出建筑物目标点的物方坐标 X，Y。

如广州恒运电厂办公室爆破拆除的近景摄影观测[6]，正侧面如图 8.2。为了研究爆破拆除框架的倒塌规律，在楼房侧同一平面布置了 5 个测点标志，采用非量测用的数码摄像机在楼正侧面摄影测量，摄速 30 帧/秒。在切口上缘测点 5，可见雷管起爆光以作起始时刻，而后倒塌时被下方皮带栈桥遮挡，在楼顶前后对称布置的 1 ~ 4 测点，可消除观测误差，便于

计算建筑倒塌的姿态，已知测点布置如图 8.2，其坐标见表 8.1。

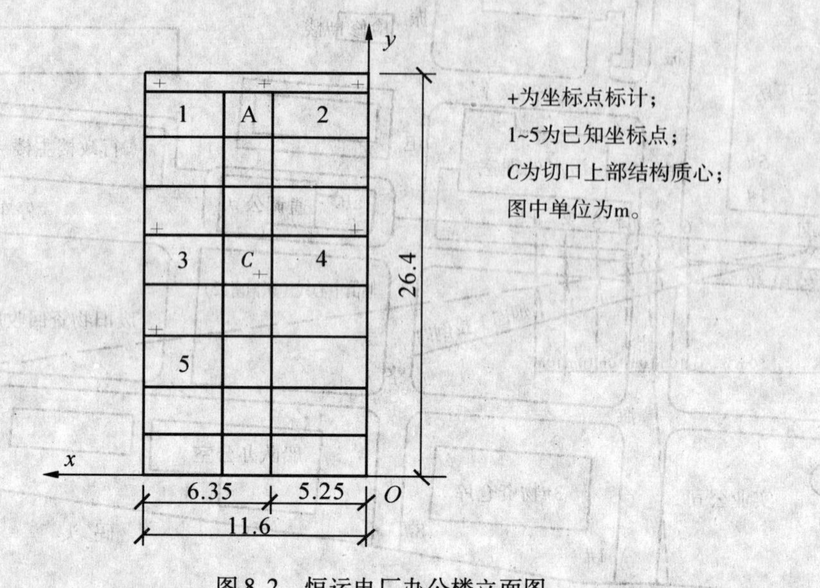

图 8.2　恒运电厂办公楼立面图

表 8.1　已知物方位坐标

测点标号	测点坐标（m）	备　注
1	(11.35，26.0)	1～5 点均用“红十字”标记。
2	(0.25，26.0)	
3	(11.35，16.4)	
4	(0.25，16.4)	
5	(11.1，10.0)	
A	(5.8，26.0)	1，2 两点的中点，计算获得
C	(5.86，16.86)	计算得爆破切口上部结构的质心

拍摄过程中，摄像机的位置不能改变，因此爆破前所摄已知物方位坐标点坐标，所计算的 $L_1 \sim L_8$ 系数，就可以用来从爆破后建筑倒塌时所摄影片中，计算其像坐标点的运动物方坐标。所计算办公楼框架倒塌转动角，即 1～2 连线转动倾角，见图 6.33，以 A 点和转动角计算的爆破切口上部结构质心 C 位置，见图 6.24。当已知控制坐标点多于 4 个时，解算的式（8.3）、式（8.4）为超定方程组，可用超定线性方程组来求解 $L_1 \sim L_8$ 待定系数。

8.1.3　一维摄像测量

高层建筑用原地坍塌法爆破拆除时，如果难于在它的周围选出比较均匀分布的 4 个已知坐标点，而只能沿高程在建筑的中轴线上选取已知坐标点时，为了减小式（8.3）、式（8.4）的解算物坐标的误差，也可以在建筑竖直塌落观测时，采用一维直接线性变换法，即一维直接线性变换式[5]

$$x+(L_1X+L_2)/(L_3X+1)=0 \tag{8.7}$$

因此，在高楼中轴线上或竖直物方直线上至少应用3个以上已知坐标点，即已知该3个点之间彼此的距离，以求出 $L_1 \sim L_3$ 3个待定系数，再在以建筑像平面坐标 x，以式（8.7）计算出坍塌楼房目标点的高程 X。如重庆22层米兰大厦原地坍塌倾倒法爆破拆除，采用一维直接线性变换法，读取质心高程时，计算机显示的画面见图8.3。

图8.3 重庆22层米兰大厦爆破拆除重心读取计算机画面

求出建筑物爆后各时刻的一维至三维空间位置，经分阶段曲线拟合后，可判读速度和加速度。

8.2 大断面支撑部（构件）破坏外观群组摄像观测

8.2.1 工程概况

以镇海电厂150m烟囱观测为例。150m高烟囱为整体现浇钢筋混凝土筒体结构，底部外直径11.66m，壁厚400mm；顶部外径6.54m，壁厚150mm，混凝土标号 C_{30}，整体重量3400t。烟囱底部正北方向有一个宽×高＝1.8m×2.5m的出灰口，正东和正西＋5.0m～＋12.5m，各有一个宽×高＝3.42m×7.5m的烟道口。

烟囱四周环境是：北距1#、2#机主厂房9.2m，东距振电路120m，距变压器130m，南距金海路68m，西距中电路60m。周围环境如图8.4所示。安镇路上位于振电路东侧电缆沟处于运行状态，金海路上的电缆沟全部处于运行状态。

本工程的特点是：其一是2003年亚洲地区爆破拆除的最高烟囱；其二是环境复杂，四周均为生产厂房及电厂电缆沟，倒塌范围狭小，仅限于东偏南18°范围内倒塌；其三是烟囱壁薄，根部壁厚仅400mm。

爆破方案：采用双向折叠爆破方案。利用＋30.0m的工作平台，在＋30.0m处开设一个切口；在地面开设一个切口，实现双向折叠倒塌。＋30.0m以上的烟囱向东倒塌，＋30.0m以下烟囱向西倒塌，倒塌在变压器以西金海路以北的范围内，倒塌范围增大到29°。

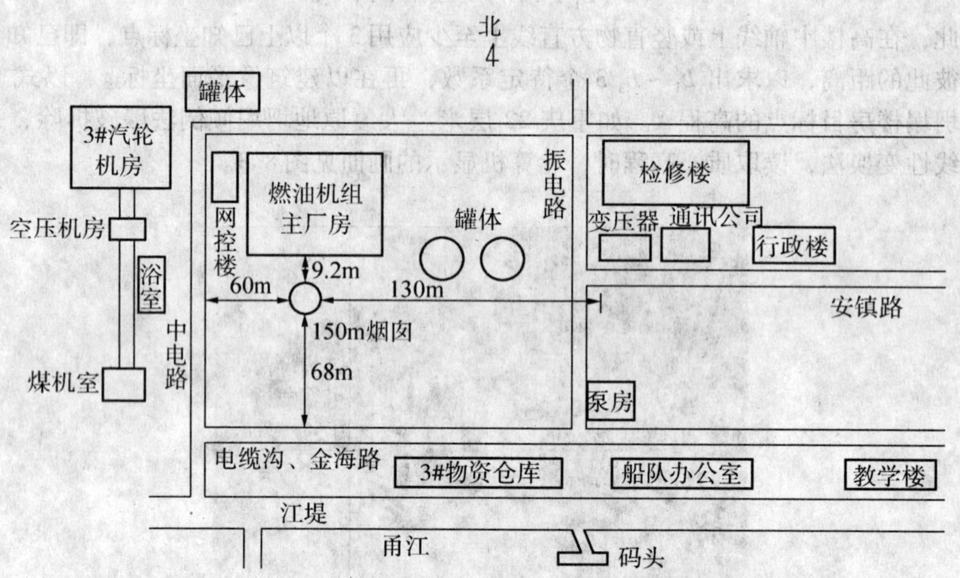

图 8.4 烟囱周围环境

烟囱倒塌方向为东偏南 12°（东西烟道轴线为正东、正西方向）。上切口位于烟囱 +30.0m 处；切口形状为正梯形，梯形底角 30°；切口高度：2.0m；切口对应圆心角 $\alpha=210°$。下切口位于烟囱 +0.6m 处；切口形状为正梯形，梯形底角 45°；切口高度为 4.8m；切口对应圆心角 $\alpha=240°$。

8.2.2 摄影观测方案

+30m 平台距支撑部外筒壁 0.6～0.9m，分 2 组布设 11 个摄像头，以分辨 1mm 裂纹，摄像分幅 25 帧/秒（见图 2.7）。以计算机硬盘录像 DVR 监控系统生成视频图像（图 8.6），并经计算机编辑、增强、去噪、放大等辅助处理，发挥多机编辑巨大图像信息的优点，由此显示钢筋和混凝土的断裂及其发展时序。第 1 摄像组共 9 个摄像头，置于正对上支撑部外侧壁面，自切口端 $x=0$ 开始沿顺时针排列，编号为 1～9 号；第二摄像区 2 个摄像头，编号为 10 和 11，置于正对上支撑面另半侧，也从切口端开始计算；第三摄像区 1 个，编号为 12，安装于 +0.6m 平台正对下支撑面近北切口。共抓获照片数千幅。照片编号 A－B，A 为摄像头（区）号，B 为选出特征的照片号，照片组见图 2.10、图 8.7。从图中可见，大断面构件破坏外观群组摄像观测，能发现钢筋和混凝土的断裂及其发展时序，为大断面构件塑性铰的生成、发展、位移提供实测依据。爆破烟囱切口时，炮烟在 0.5s 内大多飞散稀释，因此裂纹观测清楚。而建筑物近地面切口爆破时，炮烟浓而不易飞散，而难于观测。各摄像区的划分，各摄像点布置见图 2.7、图 2.8。

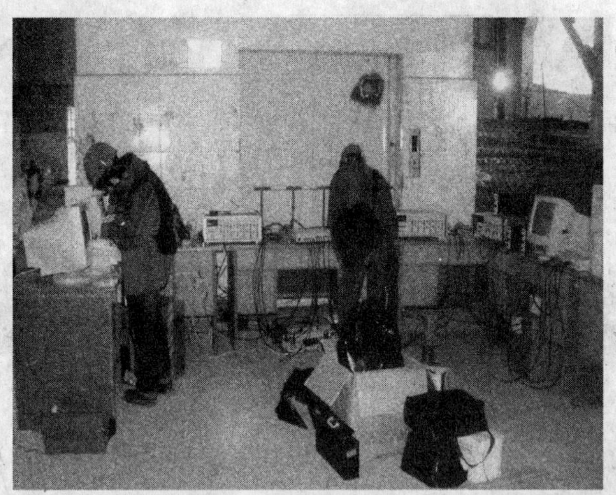

图 8.5 镇海电厂测试现场

图 8.6 摄像临近记录现场计算机屏幕

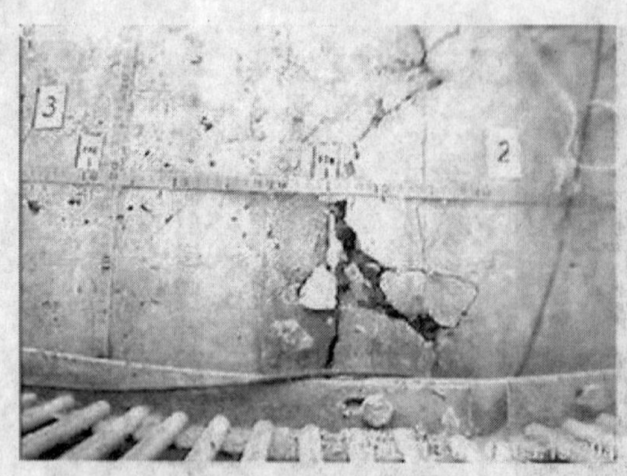

照片2-4 起爆后2.270s
（混凝土保护层外鼓，2#测点裂缝所在水平位置离切口0.7m）

照片1-10 起爆后2.660s
（切口周围破坏，裂缝张开宽度约10mm）

照片3-9 起爆后3.584s（3#测点横向钢筋脱开）

照片9-4 起爆后3.64s（新水平裂缝发生在9#测点）

图 8.7 典型测点裂缝发生、发展及环筋变形拉断图

8.3 支柱应力应变电测

8.3.1 工程概况

以沈阳市东阳阁饭店为例，介绍应变测量。沈阳市东阳阁饭店（天涯宾馆）位于沈阳市友好街东侧、北站二路南侧，共有 23 层，高约 76m。该饭店东西长 38.6m，南北宽 16.4m，为框架－剪力墙结构。框架体系为“肥梁胖柱”型，开间跨度大，立柱的最大截面为 95cm×95cm。框架体系内分布电梯、楼梯和剪力墙，结构稳定，刚度大，剪力墙厚度 25～35cm。沈阳市东阳阁饭店的外观见图 8.8。

东阳阁饭店四周环境复杂。东面为空地；西面 25m 为友好街，友好街西 20m 为在建建筑工地；南面为已拆的 4 层家具店楼房，距 30 层高的框架－剪力墙结构的省工商银行大厦 81m；北面距待拆的 4～5 层框架楼房 motel 128 的最近距离为 3m，距北站二路为 30m。环境示意图见图 8.9。

图 8.8　东阳阁饭店外观

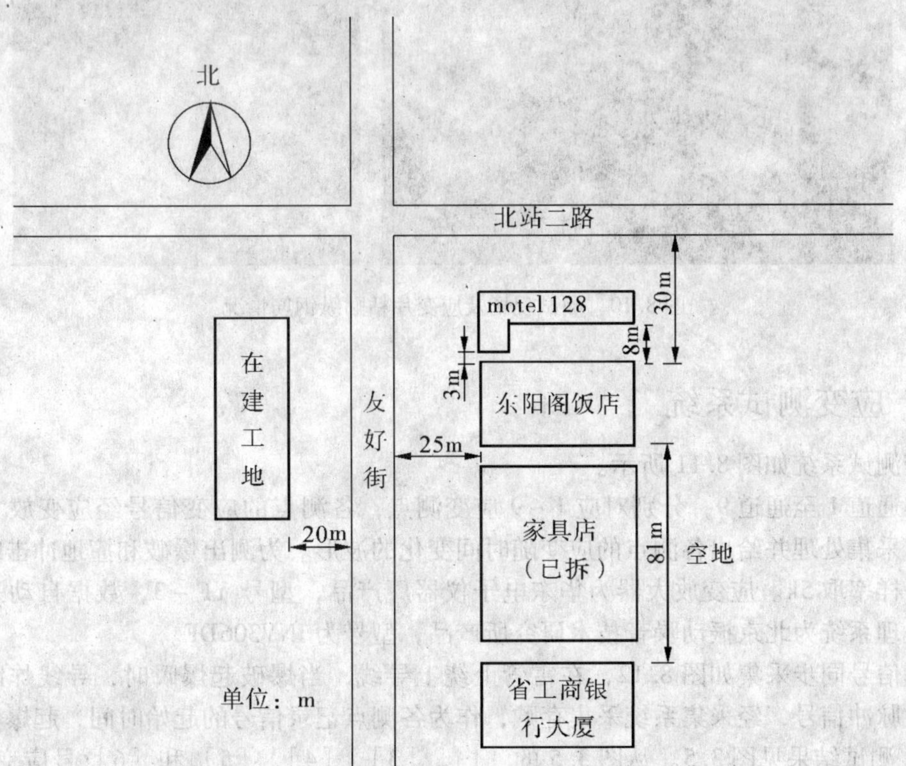

图 8.9　周边环境示意图

爆破方案：采用双切口折叠、原地座塌式向南倾倒的爆破方案。将大楼开上下2个定向爆破切口，上切口先起爆，下部切口后起爆，使其发生同向折叠倒塌；同时，对定向爆破切口以上的楼层进行爆破解体，削弱结构的整体性，使其在倒塌的过程中冲击、压缩解体。综合利用双定向切口同向折叠和爆破解体冲击坍塌效应，控制爆破坍塌范围，以确保道路及地下管线不受破坏。

8.3.2 应变测试方案

东阳阁饭店是一幢23层框剪结构楼，为了观测爆破拆除倾倒过程中的下座和后座时应力应变变化情况，共布置了9个应变测点：在西北面框架后柱上，一、二、三楼分别布置了3个、2个、4个测点，在西北面中柱的三楼布置了1个测点，各测点离楼面高度及编号如图3.4所示，应变片型号为BX120－3AA，浙江黄岩测试仪器厂产品，应变片现场布置粘贴情形如图8.10所示。

图8.10 测试现场及应变片粘贴纵钢筋情况

8.3..3 应变测试系统

应变测试系统如图8.11所示。

采集通道1至通道9，分别对应1～9应变测点，各测点的应变信号经应变放大器放大后，进行采集处理并给出各测点的应变随时间变化的波形。为测出爆破和撞地冲击时的应变波形，采样率取5k。应变放大器为华东电子仪器厂产品，型号YF－3，数据自动采集装置及软件处理系统为北京振动噪音技术研究所产品，型号为INV306DF。

起爆信号同步采集如图8.12，在雷管上绕上导线，当爆破起爆瞬时，导线炸断，电源断开产生脉冲信号，经采集系统采集存贮，作为各测点记录信号的起始时间，起爆信号设在10通道。测试结果见图3.5。从图3.5的［1］、［3］、［4］、［5］和［6］号应变光标中，可见钢筋混凝土立柱撞地冲击破坏时，发生稳定持续压碎的应变波形。

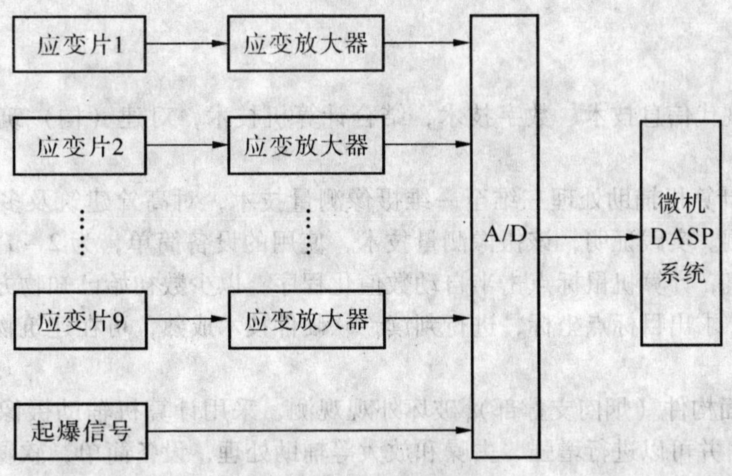

图 8.11　应变测试系统

8.3.4　观测结果及分析

经过对应变波形的分析，可得出如下结论：

（1）一楼前排起爆与 16 楼前排起爆时差约为 0.97s；

（2）16 楼前排起爆瞬间，一楼至二楼中部的后排柱受压，而从二楼中部至三楼的后排柱受拉，表明从二楼中部开始首先发生向前微倾；

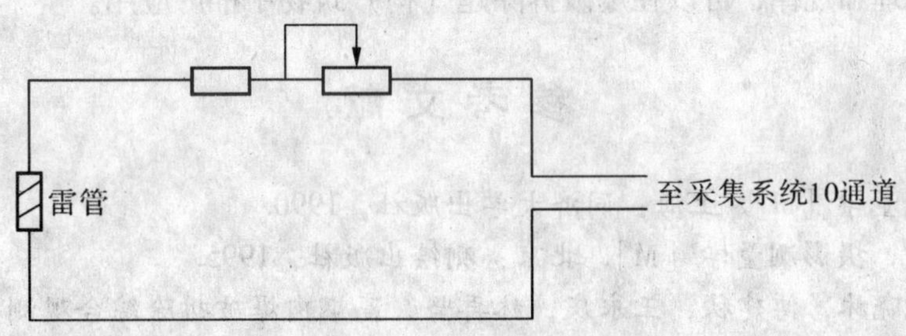

图 8.12　起爆信号采集电路

（3）一楼前排起爆瞬间，一楼至二楼中部的后排柱受拉，而从二楼中部至三楼的后排柱受压，表明从二楼中部开始发生向后微倾；

（4）经过 1.4s，上述（3）现象相反，即一楼至二楼中部后排柱受压，而从二楼中部至三楼后排柱受拉，表明此时从二楼中部开始又发生向前微倾；

（5）从上述现象可看出，二楼中部相当于一个塑性铰，后坐是从二楼中部开始而二楼中部以下受压；

（6）经过 1.9s 后，一楼后排柱爆破受压后，下落时变形恢复受拉，而后撞地冲击破坏，接着三楼受压继而也冲击破坏，约经 2.6s 楼全部坍塌。

（7）钢筋混凝土立柱撞地冲击的应变波形分析，详见 3.3.2.2 节。

8.4 小结

本文采用现代信息技术、数字技术，结合计算机技术，对建（构）筑物进行了综合观测，即：

（1）采用计算机辅助处理三维至一维摄像测量技术，对高耸建筑及多层建筑爆破拆除倾倒进行了观测。实践证明，该摄像测量技术，使用的设备简单，为2～1台非量测用低速相同性能摄像机，计算机鼠标点击半自动数值化程序，以少数初始已知物方位坐标，解算坐标条件方程组，求出目标点坐标，进行判读，软硬件技术成熟，可在建筑物爆破拆除倾倒观测中应用。

（2）大断面构件（烟囱支撑部）破坏外观观测，采用计算机辅助摄像监测技术，计算机能编辑图像，并可以进行增强、去噪和放大等辅助处理，设备简单，软硬件成熟，可以了解大断面构件破坏，及其发展时序，观测塑性铰的生成、发展和位移过程，是应用并丰富多体系统动力学铰理论的实测基础。

（3）钢筋混凝土支柱的应变观测，在爆破拆除建（构）筑物时进行，该技术可以了解框架倾倒时塑性铰的生成，支柱、剪力墙等建筑构件中的爆破应力以及冲击撞地破坏时应力的变化，为研究复合材料构件冲击受力状态提供了观测依据。

（4）以上计算机辅助的摄像测量技术，构件破坏外观观测计算机群组摄像监测，以及应变测量技术集成，形成了爆破拆除建（构）筑物综合观测技术，是建筑宏观运动观测、细观破坏观测和应变测量相结合的实测技术，便于多方位全面深入地认识建（构）筑物倒塌破坏的力学机理和规律，可以在爆破拆除建（构）筑物中推广应用。

参考文献

[1] 顾孝烈．测量学［M］．上海：同济大学出版社，1990.
[2] 王世俊，等．摄影测量学［M］．北京：测绘出版社，1995.
[3] 郑炳旭，魏晓林，傅建秋，王永庆，林再坚．高烟囱爆破拆除综合观测技术［A］//中国爆破新技术［C］．北京：冶金工业出版社，2004：859－867.
[4] 释效军，罗武．基于非量测数字相机的近景摄影测量［J］．铁路航测，2002（1）：9－11.
[5] 冯文灏．近景摄影测量［M］．武汉：武汉大学出版社，2002.
[6] WEI Xiaolin，FU Jianqiu，WANG Xuguang. Numerial modeling of demolition blasting of frame structures by varying-topological multibody dynamics［A］. In：New Development on Engineering Blasting［C］. Beijing：Metallurgical Industry Press，2007：333-339.